世界露天煤矿开采技术与装备发展研究

国能宝日希勒能源有限公司
应急管理部信息研究院　编著

应急管理出版社

·北京·

图书在版编目（CIP）数据

世界露天煤矿开采技术与装备发展研究/国能宝日希勒能源有限公司，应急管理部信息研究院编著． -- 北京：应急管理出版社，2024

ISBN 978 - 7 - 5237 - 0166 - 9

Ⅰ.①世… Ⅱ.①国…②应… Ⅲ.①煤矿开采—露天开采—开采工艺—研究—世界 ②煤矿开采—露天开采—采矿机械—研究—世界 Ⅳ.①TD824 ②TD422

中国国家版本馆 CIP 数据核字（2024）第 001895 号

世界露天煤矿开采技术与装备发展研究

编　　著	国能宝日希勒能源有限公司　应急管理部信息研究院
责任编辑	赵金园
责任校对	李新荣
封面设计	于春颖
出版发行	应急管理出版社（北京市朝阳区芍药居35号　100029）
电　　话	010 - 84657898（总编室）　010 - 84657880（读者服务部）
网　　址	www.cciph.com.cn
印　　刷	北京盛通印刷股份有限公司
经　　销	全国新华书店
开　　本	787mm×1092mm $1/16$　印张　$25 \, 3/4$　字数　607千字
版　　次	2024年6月第1版　2024年6月第1次印刷
社内编号	20230543　　　　　　　定价　298.00元

版权所有　违者必究

本书如有缺页、倒页、脱页等质量问题，本社负责调换，电话：010 - 84657880

编 委 会

名誉主任 李全生　贺佑国
主　　任 刘　勇　刘文革
副 主 任 于海旭　鞠兴军　倪　坤
编　　委 张周爱　刘　闯　王贵鹏　杜志勇　王　晗
　　　　　　刘　欣　张　鹏　李雪健　周少统　金　磊
　　　　　　王　妍
编写人员（按姓氏笔画排列）
　　　　　　于景斌　马风虎　王　妍　王　晨　王玉珏
　　　　　　王茜颖　王晨光　田　羽　田浩然　白　羽
　　　　　　白继元　冯宇峰　刘　闯　刘　宇　刘宏宇
　　　　　　杜勇志　李　伟　李　超　李庆建　李洪清
　　　　　　李浩然　李雁飞　李新鹏　杨骅骝　肖　兵
　　　　　　张　超　张广立　张子光　张佩翼　张秋园
　　　　　　张津鹏　张潇卓　陈　闯　陈金刚　邵恩刚
　　　　　　武　懋　国雁德　卑若楠　周少统　周志伟
　　　　　　赵　浩　赵玉国　赵忠齐　胡　雁　胡雪峰
　　　　　　柏　通　姜　琳　姚　勇　贺思宇　贺希格图
　　　　　　贾宏君　倪　坤　徐　煦　徐勇超　高思华
　　　　　　郭　雷　唐晓骞　海素峰　鹿立新　蓝晓梅
　　　　　　蔡明祥　翟禹镓　缪卫峰　颜　杰　戴　林

前　　言

　　露天开采具有资源回收率和生产效率高、安全性好、适应市场能力强、开采成本低等特点，在世界固态矿产资源开采中得到广泛采用，占全球固态矿产资源开采总量的 80% 以上。国外主要产煤国家的煤炭开采多以露天开采为主，露天煤矿产量占比平均在 80% 以上。美国露天煤矿生产效率是井工煤矿的 3 倍，露天煤矿百万吨死亡率是井工煤矿的 1/5。在我国非煤矿山行业，露天矿山产量占比也在 80% 以上。受煤炭资源分布、开采条件、开采技术与装备、经济发展水平的限制，我国露天煤矿产量占比曾长期低于 5%；进入 21 世纪以来，随着内蒙古、新疆煤炭资源的大规模开发，露天开采煤炭产量开始迅速增长，目前已超过 20%，但仍远低于世界其他主要产煤国家和我国非煤矿山行业。因此，大力发展露天煤矿，对于进一步提高我国煤矿安全水平，提升煤矿保供能力，保障能源安全，推动煤炭行业高质量发展具有重要意义。然而，我国露天煤炭产区主要分布在内蒙古东部草原、新疆戈壁荒滩、土壤盐渍化地区等生态环境敏感区域，露天开采带来的草原、戈壁等地表占用和扬尘问题，已经成为制约我国露天煤矿发展的最大障碍。为此，研究借鉴美国、澳大利亚等国外主要露天采煤国家在草原、沙漠地区露天煤矿开发及生态环境保护方面的做法和经验，掌握世界各主要露天采煤国家的露天开采技术与装备发展情况，研究适合我国露天煤矿的开采技术，对促进我国露天煤炭事业进一步发展具有重要意义。

　　国家能源集团是全球最大的煤炭生产企业之一，旗下露天煤矿以千万吨级以上的特大型露天煤矿为主，2023 年露天煤炭产量约 280 Mt，占全集团的 45% 左右。国家能源集团始终以践行新发展理念、建设现代化经济体系、服务"四个革命、一个合作"能源安全新战略、保障国家能源安全为责任使命，积极推动解决制约我国露天煤矿发展的主要问题。为此，国能宝日希勒能源有限公司委托应急管理部信息研究院牵头，组织国内外露天煤矿企业、高校、设计院、装备厂商开展了"世界露天煤矿开采技术与装备发展研究"课题研究工作。课题研究采用历史资料查阅、实地调研、对比分析等研究方法，召开多次项目研讨和座谈会，通过分析研究中国、美国、澳大利亚等十余个主要采煤国家露天煤炭资源及赋存条件、开采工艺及技术、开采装备和生态环境保护情况，解剖国内外露天煤矿各种典型露天开采工艺技术和开采装备应用状况、特点、适应条件，考察调研卡特彼勒、小松、太原重工、北方重工等国内外主要露天采矿装备制造商，分析主要露天采矿装备的生产制造状况、性能参数和发展趋势，研究美国、澳大利亚等国在露天煤矿开采及生态环境保护方面的做法和经验，探索提出与我国露天煤矿发展趋势相适应的露天开采技术与装备发展建议，并在制定我国高寒草原、戈壁荒滩地区露天煤矿生态环境保护技术标准和原则制定等方面形成了6项重要成果，为政府管理部门决策、科研单位学术研究和露天煤矿技术发展方向选择提供了翔实可靠、系统完整的基础参考资料。

世界露天煤矿的发展历程表明，优先发展露天煤矿是世界各国共同的选择。1913—2021年，美国、澳大利亚、德国、俄罗斯等国外主要产煤国家露天煤矿的发展经历了快速发展、存量发展和平稳提升三个主要阶段，产量持续攀升；21世纪以来，中国露天煤矿煤炭生产规模不断扩大，保供能力也不断提升。

课题对比分析了我国露天煤矿与国外主要产煤国家露天煤矿的资源禀赋条件，提出了我国露天煤矿可持续发展的三项建议。国外主要产煤国家适合露天开采的煤炭资源丰富、赋存条件优越，美国、澳大利亚等国适合露天开采的煤炭资源量占煤炭资源总量的50%以上；而中国适合露天开采的煤炭资源相对较少、赋存条件复杂，占比仅为10%~15%。为此，提出进一步推进我国露天煤矿煤炭开采可持续发展的三项建议：一是要加大勘探投入和力度，增加可供露天开采的煤炭资源储量；二是加强露天煤炭资源开发规划，整装煤田统一规划、统一开发，减少矿权设置数量，建设大型和特大型露天煤矿，将中小矿整合为大矿进行开采；三是加强部际协调，强化用地保障，避免露天煤矿采剥失调。

深入研究了我国与国外露天煤矿的生产结构，提出了我国露天煤矿仍需进一步提高开采集中度的建议。世界露天煤矿生产结构符合"二八定律"，以大型化为主。近年来，我国露天煤矿生产能力增长较快，大型露天煤矿数量和产量远远高于其他产煤国家，特别是现有在产特大型露天煤矿产能已达极限。2020年我国年产量小于4 Mt/a的中小型露天煤矿数量占比约为85%，产量占比约为15%；大于4 Mt/a大型露天煤矿数量占比约15%，产量占比约85%；与"二八定律"存在差距。由此可见，我国需进一步整合中小型露天煤矿，提高露天煤炭开采集中度：一是加强大型、特大型现代化露天煤矿建设，尽量以"一个矿区一个开发主体"为目标，优先建设资源条件较好的露天煤矿;二是推动中小型露天煤矿资源整合,对同一煤田具有整合条件的中小型露天煤矿,鼓励煤炭企业实施兼并重组与资源整合,减少煤炭资源的浪费;三是优化露天煤矿原有经营模式,鼓励露天煤矿装备制造企业参与露天煤矿的经营,保证人员和设备的充分利用。

研究提出了我国露天煤矿开采工艺的发展方向。欧美国家的露天资源条件远好于亚洲国家,并且研发了各有特色的开采工艺。发达国家露天煤矿开采早期以单一开采工艺为主,并逐步向综合开采工艺发展;发展中国家露天煤田赋存条件较为复杂,在单斗–卡车开采工艺的基础上均大力发展以吊斗铲倒堆开采工艺和轮斗连续开采工艺为主的综合开采工艺。与发达国家相比,发展中国家主要露天煤田大部分煤层埋藏深、倾角大、构造复杂,煤层层数多,剥采比大,气候条件恶劣,在现有生产露天煤矿中,尤以我国赋存条件最为复杂,俄罗斯次之。我国露天煤矿区的开采条件多数属于复杂型,无法简单套用国外开采工艺。因此,应当根据露天煤矿资源禀赋条件和生产计划发展适合的工艺。建议重点发展以单斗–卡车开采工艺和自移式半连续开采工艺为主的综合开采工艺。

通过对比分析,提出我国露天煤矿装备制造的三个发展重点。国外露天煤矿设备向智能化、大型化、集约化、环保方向发展。国外露天煤矿设备的先发优势明显,部分设备的发明至今已逾百年,具有可靠性高、效率高、综合成本低、节能等特点。我国的露天采矿装备制造之路经过一百余年的发展,制造水平整体得到很大提升,但一些核心技术和关键零部件依赖国外,仍需突破性发展。一是攻克露天采矿设备核心技术瓶颈,开发研制大型采装设备、运输设备的动力总成、传动部件、电控系统、特种钢组件等。二是更新矿山机械产品开发理念,开展适合我国露天煤炭资源禀赋条件的高效原创工艺设备研发,逐步推动露天煤矿设备控制智能化、操作无人化、功能模块化、绿色低碳化。三是全方位提升我国露天煤矿装备制造水平,扩大国产设备在国内矿山的使用规模,推动露天矿山设备全面国产化。

研究发现美国、澳大利亚等国露天煤炭开发的基本原则是"恢复原有生态功能",并设立了矿区复垦的专门管理机构。目前,我国矿山土地复垦管理工作涉及土地、林业、环保等多个部门,无法对矿山土地复垦过程及成果进行有效的监督和验收。基于此,提出了实现我国露天煤炭开采良性循环的三项建议:一是出台专门的矿山土地复垦法;二是完善矿山土地复垦资金保障体系,设立专门账户,专款专用,避免资金不足掣肘矿区土地复垦;三是设立独立的矿山复垦监管机构。完善的立法、足够的资金、独立的监管机构和

前　言

专业化的技术是露天煤矿开采与生态环境协调发展的关键。

本书中引用的文献资料和数据的基准年度截至 2021 年。编写组成员为保证数据的真实性和有效性，查阅了大量国内外文献资料，但由于国际数据统计的滞后性，一些数据的基准年度可能相差一两年。

本书的撰写工作，得到国家相关部门、科研单位和企业及有关专家的大力支持与帮助，特别是中国煤炭工业协会、国家能源集团等有关单位的领导和专家，在此一并深表感谢。

编委会
2024 年 1 月

目　　次

第1篇　综　　述

1 露天煤矿在世界主要产煤国家所处地位 ········· 3
 1.1 露天开采的优势 ········· 3
 1.2 国外主要产煤国家优先发展露天煤矿 ········· 6
 1.3 国外露天开采历程 ········· 9
 1.4 中国露天开采历程 ········· 10

2 世界主要产煤国家露天煤炭资源 ········· 12
 2.1 世界适合露天开采煤炭资源分布相对集中 ········· 12
 2.2 国外主要产煤国家露天煤炭资源丰富 ········· 12
 2.3 国外主要产煤国家适合露天开采的煤炭资源赋存条件较好 ········· 13
 2.4 中国露天煤炭资源占比较低且赋存条件复杂 ········· 18

3 世界露天煤矿开发现状 ········· 19
 3.1 露天煤矿规模结构 ········· 19
 3.2 露天煤矿开采效率及技术装备应用 ········· 24

4 世界露天煤矿生态环境保护 ········· 32
 4.1 发达国家矿山环境保护立法情况 ········· 32
 4.2 国外矿山土地复垦情况 ········· 34
 4.3 国外露天煤矿开发原则 ········· 35
 4.4 国外矿山生态环保技术发展情况 ········· 36
 4.5 中国露天煤矿生态环保技术发展情况 ········· 37
 4.6 环境保护是履行社会责任的重要组成部分 ········· 37

5 主要结论和建议 ········· 39
 5.1 主要结论 ········· 39
 5.2 发展建议 ········· 42

第 2 篇　世界露天煤矿开采技术

1　概述 ··· 47
　　1.1　露天煤矿生产结构不断优化 ··· 47
　　1.2　美、澳等国硬煤露天开采工艺 ··· 47
　　1.3　德国等国褐煤露天开采工艺 ··· 48
　　1.4　半连续工艺和综合工艺的优势 ··· 49
　　1.5　世界露天煤矿生产效率提高的关键装备 ··· 50

2　中国露天煤矿开采技术 ··· 51
　　2.1　概述 ··· 51
　　2.2　露天煤矿开采工艺技术 ··· 66
　　2.3　露天煤矿生态建设发展情况 ··· 77
　　2.4　典型露天煤矿 ··· 88

3　美国露天煤矿开采技术 ··· 94
　　3.1　概述 ··· 94
　　3.2　露天煤矿开采技术特点 ··· 102
　　3.3　典型开采工艺与装备应用特点 ··· 106
　　3.4　露天煤矿生态环境保护技术 ··· 107
　　3.5　典型露天煤矿 ··· 120

4　澳大利亚露天煤矿开采技术 ··· 134
　　4.1　概述 ··· 134
　　4.2　露天煤矿开采技术特点 ··· 139
　　4.3　典型开采工艺与装备应用特点 ··· 144
　　4.4　露天煤矿生态环境保护技术 ··· 148
　　4.5　典型露天煤矿 ··· 154

5　德国露天煤矿开采技术 ··· 165
　　5.1　概述 ··· 165
　　5.2　露天煤矿开采技术特点 ··· 173
　　5.3　典型开采工艺与装备应用特点 ··· 177
　　5.4　露天煤矿生态环境保护技术 ··· 179
　　5.5　典型露天煤矿 ··· 184
　　5.6　经验与启示 ··· 187

6 俄罗斯露天煤矿开采技术 ··· 188

    6.1 概述 ·· 188

    6.2 露天煤炭开采技术特点 ·· 195

    6.3 典型开采工艺与装备应用特点 ·· 202

    6.4 露天煤矿生态环境保护技术 ·· 208

    6.5 典型露天煤矿 ·· 215

7 哈萨克斯坦露天煤矿开采技术 ··· 227

    7.1 概述 ·· 227

    7.2 露天煤矿开采技术特点 ·· 231

    7.3 典型开采工艺与装备应用特点 ·· 232

    7.4 露天煤矿生态环境保护技术 ·· 233

    7.5 典型露天煤矿 ·· 234

8 印度露天煤矿开采技术 ··· 237

    8.1 概述 ·· 237

    8.2 露天煤矿开采技术特点 ·· 245

    8.3 典型开采工艺与装备应用特点 ·· 247

    8.4 露天煤矿生态环境保护技术 ·· 251

    8.5 典型露天煤矿 ·· 253

9 印度尼西亚露天煤矿开采技术 ··· 257

    9.1 概述 ·· 257

    9.2 露天煤矿开采技术特点 ·· 259

    9.3 典型开采工艺与装备应用特点 ·· 260

10 加拿大露天煤矿开采技术 ··· 263

    10.1 概述 ·· 263

    10.2 露天煤矿开采技术特点 ·· 267

    10.3 典型开采工艺与装备应用特点 ·· 269

    10.4 露天煤矿生态环境保护技术 ·· 271

    10.5 典型露天煤矿 ·· 277

11 南非露天煤矿开采技术 ··· 280

    11.1 概述 ·· 280

    11.2 露天煤矿开采技术特点 ·· 282

    11.3 经验与启示 ·· 282

第 3 篇　世界露天煤矿开采装备

1 概述 ··· 285
   1.1　国外露天煤矿开采装备的发展特点 ·· 285
   1.2　我国露天煤矿开采装备的发展特点 ·· 287

2 钻孔设备 ··· 291
   2.1　国外钻孔设备 ··· 291
   2.2　国内钻孔设备 ··· 297

3 采装设备 ··· 307
   3.1　国外采装设备 ··· 307
   3.2　国内采装设备 ··· 323

4 破碎设备 ··· 336
   4.1　国外破碎设备 ··· 336
   4.2　国内破碎设备 ··· 342

5 运输设备 ··· 352
   5.1　国外运输设备 ··· 352
   5.2　国内运输设备 ··· 362

6 排土设备 ··· 376
   6.1　国外排土设备 ··· 376
   6.2　国内排土设备 ··· 380

参考文献 ··· 396

第1篇 综　　　　述

20世纪以来，伴随着全球经济的快速发展，人类对石油、煤炭等化石能源的需求经历了一个快速增长时期，露天煤矿开采受此影响发展迅速，在工艺技术革新、机械设备制造等方面取得了重大成就。在全球范围内，露天矿煤炭产量持续、稳定、快速增长，露天矿煤炭产量在煤炭总产量中所占比重不断增大；各主要煤炭生产国家通过优先发展露天煤矿，扩大本国煤炭产能及产量，露天开采比例普遍提升，尤其哈萨克斯坦、印度尼西亚、印度、南非等国，露天煤炭工业实现了跨越式发展。与此同时，我国露天矿煤炭产量已超过其他产煤国家，跃居世界第一位。在产能产量实现跨越式发展的同时，各国纷纷开始探索以节能环保及循环经济为核心的绿色开采技术，在实现露天煤炭资源规模化、集约化开发的同时，更加注重资源综合利用、环境友好及矿山的可持续发展。当前，世界先进露天煤矿正在向绿色、安全、高产高效、智能化及智慧化的方向发展。

1 露天煤矿在世界主要产煤国家所处地位

从全球范围来看,露天开采是世界主要采煤方式。随着全球经济的发展,对煤炭的需求大幅增加,露天矿煤炭产量占世界煤炭总产量的比例逐步提升,全球煤炭产量增加量的75%由露天煤矿贡献。美国、澳大利亚、俄罗斯及印度等几个主要采煤国家大力发展露天采煤事业,除中国外其他几个主要采煤国家露天采煤比例基本在50%以上,部分国家甚至达到90%以上。

1.1 露天开采的优势

1.1.1 露天开采安全性和经济性好、资源回收率高

一是露天开采作业安全、生产事故少。井工开采的地质灾害具有突发性强、危害性大等特点,如井下突水、瓦斯和煤尘爆炸、煤与瓦斯突出等,而露天开采不存在这些地质灾害,因此露天开采安全性更高。2021年,美国煤矿露天开采比重为61.8%、煤矿百万吨死亡率0.019,澳大利亚煤矿露天开采比重为81.3%、煤矿百万吨死亡率为零,中国煤矿露天开采比重为23%、煤矿百万吨死亡率为0.043。二是露天开采成本低、经济效益好。基本建设周期短,投产达产快,吨煤投资低。据中国东北、新疆及晋陕蒙地区投资估算及统计,露天煤矿吨煤投资比井工煤矿平均吨煤投资低20%~30%。世界露天开采成本约为井工开采成本的1/2,目前中国露天开采成本为井工开采成本的1/3~1/2。露天开采金属、电力的消耗少,中国露天开采吨煤消耗的金属材料比井工开采少61%,电力消耗节省67%。露天开采有利于共伴生矿物的开采,中国煤系中共伴生矿物资源丰富,露天煤矿开采时需要进行大量的剥离工程,在完成煤层揭露的同时,即可顺势完成对共伴生矿物的回收,无需额外的掘进和采矿工程量。三是露天开采资源回收率高、生产效率高。据统计,中国露天煤矿资源回收率一般高于85%,而井工开采井田范围资源回收率低于60%,由此可见井工开采资源回收率远远低于露天开采;露天开采生产效率高,露天开采作业空间不受限制,生产规模大,机械化、自动化程度高,世界露天开采劳动生产率是井工开采的5~25倍,美国、澳大利亚露天煤矿的生产效率是井工开采矿井的3倍,中国露天开采的劳动生产率为井工开采的5~10倍。

1.1.2 露天开采对生态环境的长期影响较小

从长期来看,露天煤矿开采有害气体排放量比井工开采要少,露天开采对生态环境的影响小于井工开采。露天煤矿开采资源回收率约为井工开采的1.5倍,动用地质储量少。在煤炭开采过程中,大量的有害气体排向大气,但由于露天开采动用储量少,因此有害气体的排放低于井工开采。据统计,中国露天煤矿每开采0.01 Mt煤炭平均造成土地占用

0.08 hm²，排土场占用 0.12 hm²。露天煤矿可以边开采、边回填、边复垦、边绿化，通过生态环境治理，开采终了后的采场、排土场可以恢复甚至超过原矿区生态，可重新投入农、林、牧业生产；而井工煤矿每开采 0.01 Mt 煤炭平均造成土地沉陷 0.2 hm²，并堆砌矸石山，土地复垦一般要待矿井煤柱及矿坑塌落后才可进行，复垦时间无法确定。因此，长期来看，露天开采对生态环境的影响更小，更有利于生态环境保护。

1.1.3　露天煤矿生产规模大、产量高、灵活性好

国外主要产煤国家露天煤矿平均产量是井工煤矿的 3 倍以上，且可在短时间内扩充生产设备来增加产能，满足市场需求的快速增长。澳大利亚煤炭产量增长主要依靠露天煤矿产能的迅速增加，德国和印度尼西亚现有煤炭生产全部是露天开采，印度露天煤矿人均工效是井工煤矿的 15 倍；2022 年，中国在册露天煤矿 350 余处、生产煤炭 1.057 Gt，在册井工煤矿 3768 处、生产煤炭 3.503 Gt，露天煤矿的平均产量规模是井工煤矿的 3.25 倍。2022—2023 年，为保证中国国内市场的煤炭供应，内蒙古煤矿产能迅速提高，其中露天煤矿产能占 70%，由于开采方式的限制，井工煤矿产能在短时间内提升几乎是不可能的。

1.1.4　世界十大露天煤矿代表了世界煤炭开发的发展方向

2021 年世界煤炭产量规模最大的十个露天煤矿主要指标见表 1-1-1，进入前十位的露天煤矿年生产规模在 30 Mt 以上，普遍拥有赋存条件较好的煤炭资源、开采效率很高的装备，代表了世界优质煤炭资源的开采方向。

表 1-1-1　2021 年世界煤炭产量规模最大的十个露天煤矿主要指标

煤矿名称	2021年产量/Mt	国家、地理位置	储量/Gt	开采条件	煤种	隶属关系、开采装备等
北羚羊罗谢尔	56.97	美国怀俄明州波德河煤田	1.70（可采）	采深 50 m，煤层厚 18～24 m	动力煤（烟煤）	隶属博地能源集团，占地面积 21.6 km²，1983 年北羚羊矿投产、1985 年罗谢尔矿投产，1999 年两矿合并；3 个拉铲和 5 个卡车电铲车队剥离覆盖层
黑雷	53.85	美国怀俄明州波德河煤田南部	1.14（总储量）	缓倾斜，煤层厚 22 m，采深 15～75 m	动力煤（次烟煤）	隶属阿奇煤炭公司，1977 年投产，占地面积 144.5 km²；5 台大型吊斗铲剥离覆盖层，煤炭车队由 5 台 P&H 2800 电铲和 1 台超大型挖掘机 Marion 351-M 组成，煤炭运输由利勃海尔 T-262 和小松 930E 运输卡车车队进行
库斯穆达	42.33	印度恰蒂斯加尔邦 Korba 煤田	0.96	采深 50 m	动力煤（褐煤）	隶属印度煤炭公司，1986 年投产，占地面积 16 km²
格威喇	41.00	印度恰蒂斯加尔邦 Korba 煤田	1.34（探明）	采深 50 m	动力煤（次烟煤）	隶属印度煤炭公司，1981 年投产，占地面积 40 km²

表 1-1-1（续）

煤矿名称	2021年产量/Mt	国家、地理位置	储量/Gt	开采条件	煤种	隶属关系、开采装备等
天池能源南露天	40.00	中国新疆准东煤田	14.89（地质储量）	采深95~550 m，煤层厚度69~77 m，煤层倾角4°~19°	动力煤（长焰煤等）	是中国单坑产能最大的露天煤矿，矿坑东西长4.5 km、南北宽2.5 km、深260 m；剥离生产采用外包运营模式，挖掘机有8台卡特390、2台卡特6015B、6台日立1200、10台日立890、4台利勃海尔9100和1台利勃海尔9150BE，电铲有1台卡特6018、1台卡特6040、20台徐工1250及三一重工的2台980H、16台1350H、1台1250H，自卸卡车有11辆60吨级、95辆70吨级、154辆80吨级、240辆90吨级四种，还有推土机、装载机、洒水车等辅助设备
贝乌哈托夫	38.22	波兰罗兹煤田	0.57（总储量）	采深50 m	褐煤	隶属Polska Grupa Energetyczna（PGE）公司，1981年投产，占地15.1 km²；剥离设备是德国克虏伯4600轮斗挖掘机、ERs链斗挖掘机等
伊敏河	35.00	中国内蒙古伊敏煤田	2.31（累计查明资源量）	采深50 m，可采煤层4层	动力煤（褐煤）	隶属华能集团，1985年投产，占地42.36 km²；于2009年投入使用中国第一套全移动破碎站
勇士	32.00	哈萨克斯坦埃基巴斯图兹煤田	3.00（总储量）	采深60 m，煤层厚30~35 m	动力煤（烟煤）	隶属于Samruk能源公司，1979年投产；采用俄罗斯EKG-20矿用挖掘机、中国徐工LW300F装载机及美国卡特彼勒公司CAT 785自卸卡车、D9N8推土机和16H平地机等
汉姆巴赫	30.10	德国鲁尔煤田	1.35（总储量）	采深50 m，煤层厚度30~50 m，倾角30°~70°	动力煤（褐煤）	隶属莱茵集团，1978年投产，占地43.8 km²；剥离用德国克虏伯Bagger 293轮斗挖掘机、Absetzer760排土机（全球最大，生产能力为300000 m³/d）等
黑岱沟	30.00	中国内蒙古神府-东胜煤田	1.50	煤层赋存近水平，平均厚度28 m，平均埋深170 m	动力煤（长焰煤）	隶属国家能源集团，准格尔煤田中部、面积42 km²；1999年投产，首次使用交流电驱动行走式拉铲，生产低硫低灰煤炭；主采设备共168台，其中钻机12台，采掘设备20台，卡车97台，推土机39台

1.2 国外主要产煤国家优先发展露天煤矿

1.2.1 煤炭开发政策推动了露天煤矿的发展

国外主要产煤国家煤炭工业的发展特点是，依据本国煤炭赋存条件优先发展露天采煤。这些国家的煤炭开发政策对露天煤矿的发展起到了至关重要的作用，推动了露天煤炭开采的发展，主要表现在以下三个方面，详见表 1-1-2。

表 1-1-2　主要产煤国家煤炭开发政策

国家	主要法律法规	政策要点和技术标准
美国	《矿产租赁法》（1920）	进入公共土地开采矿产，必须获得政府批准；煤炭租约一般是 20 年；政府向公共土地的租赁方收取租金，煤炭是总收入的 12.5%
	《联邦煤炭租赁修正法》（1975）	所有煤炭租约都要通过竞争途径授予等系列要求，规定了开发指引框架及最低产量（商业产量）、持续经营时间限制等
	《联邦土地政策和管理法》（1976）	确立了美国公共土地政策，制定了联邦土地管理指南、土地利用规划等。政府在公共资源利用中获得公平的市场价值是土地管理局在管理煤炭租约中遵循的主要原则
	《露天采矿管理与复垦法》（1977）	露天和井工煤矿进行地表作业以前必须得到联邦或州政府的许可，即到露天采矿复垦执行办公室申请和取得采矿许可证
	《美国法典》第 30 卷《矿产资源和开采》、第 43 卷《公共土地》	是政府管理煤炭资源的主要法律依据，《矿产资源和开采》有 13 章内容直接涉及煤炭勘查开采方面的活动，《公共土地》主要是对煤炭勘查开发活动土地使用的相关规定
	《联邦矿山安全与健康法》（1977）	强化联邦执法人员在煤矿的监察执法权，每年须对露天矿和井工矿分别进行 2 次和 4 次安全健康监察；矿主有义务保证矿工安全与健康，并赋予矿工劳动作业场所安全权，采矿企业必须实行全员培训，所有地下煤矿设立矿山救护队；矿山安全监察员必须有 5 年以上的相关工作经历
德国	《联邦矿业法》（1980）	1980 年，德国联邦法院与联邦委员会联合通过了《联邦矿业法》，1982 年 1 月 1 日起实施。该法包括矿山采矿权的划定、开采作业前的获取条件、矿产资源勘探、开采及加工程序和条件、采矿后矿山环境的恢复治理、禁止及限制等
	《煤矿安全管理条例》（1970）	包括井下和井上作业的规定、地下开采的附加规定、地面作业的附加规定等
加拿大	《煤炭保护法》（2013）	确立了阿尔伯塔省能源监管机构（AER）对本省煤炭资源开发及相关设施建设的监管制度，适用于煤矿前期建设、生产、加工洗选及运输。该制度涵盖了规划，以及生产出和运输中的煤炭。适用范围及目的，监管机构的权责界定，煤矿开发、经营和退出，选煤厂的运营和退出，矿区规划（包括煤炭气化/液化）、巡视、登记、记录和报告及其他通用条款等
	《加拿大煤矿职业健康与安全条例》（2006 年修订）	主要对下述方面做出相关规定：记录、报告、计划和程序；矿长、井下经理或工头任职资格，任命和监管，炸药和雷管，工作场所的安全占用，井下运输和提升，通风，爆炸和火灾防护，计划，危险发生（员工报告，雇主调查和调查报告），进入关闭矿井等

表1-1-2（续）

国家	主要法律法规	政策要点和技术标准
澳大利亚	《矿产资源法》（1989）	昆士兰州自然资源、矿山和能源部（DNRME）负责该法的执行，规定了5种矿权形式，普查许可证、采矿请求权（有效期最长可达10年、可转让）、勘探许可证（5年、可续期）、矿产开发许可证（一般期限是5年）和采矿租约（期限由部长决定）
	《煤炭开采与健康法》（1999）、《煤炭开采安全与健康规程》（2017）	是昆士兰州政府在《煤炭开采法》（1925）、《煤炭开采法修正法》（1929）等一系列法律实施效果的基础上，不断地进行制修订形成的两部重要的关于煤矿安全生产和员工职业健康的法律和规程，这两部法律和规程的及时制修订为2000年之后昆士兰州煤矿安全实现8个年度的"零死亡"提供了法治保障
	《矿业法》（1992）	新南威尔士州规划、工业和环境部（DPIE）负责该法的执行，规定了5种形式的矿权，勘探许可证（5年、可续期）、评估租约（相当于保留租约、一般期限是5年）、采矿租约（最长期限21年、可续期）、矿产请求权和蛋白石普查许可证
俄罗斯	《俄罗斯联邦矿产资源法》（1992年制定，2019年是最近一次修订）	《俄罗斯联邦矿产资源法》（2019）建立了矿业权制度、许可证制度和矿产资源利用费制度，要点分别如下：矿业权制度，煤炭在内的矿产资源具有独立性、不是土地的构成部分，矿产资源归国家所有，统一规划、合理开采与保护等；许可证制度，矿产资源地质研究、矿产勘探和开发均应进行国家登记，获得相应的使用权许可证等；矿产资源利用费制度：一次性矿产资源利用费、固定的矿产资源利用费等
	《煤炭（油页岩）开采（加工）和利用领域重组与煤炭行业工人社会保障法》	1996年颁布，主要是为了保护煤炭（油页岩）工业重组过程中失去工作岗位的行业工人的合法权益，以及解决与煤炭（油页岩）工业重组相关的环境问题而设立的专门法律
印度	《煤矿国有化法》（1973年制定、1994年修订）	根据此法，1975年成立了印度煤炭公司（Coal India Limited，CIL）。煤矿国有化有效地促进了印度煤炭工业的发展，经过30年的发展，印度于2009年成为世界第三大产煤国，2019年83.1%的煤炭产自于印度政府所属的印度煤炭公司，露天煤矿产量占94.9%
	《矿山法》（1952）、《矿山条例》（1955）、《煤矿条例》（1957）	《矿山法》规定通过提供必要的安全措施规范矿山的工作条件，以保障矿山工人的安全。为了确保《矿山法》的实施，联邦立法机关又制定了《矿山条例》，要求矿主作为业主、承租人或代理人履行矿山和采矿作业、矿山健康和安全的职责；并规定了矿山的工作时间、最低工资和其他有关事项
印度尼西亚	《矿山法》（1967年第11号，2009年重新修订）	把对矿产资源控制管理的负责划分给各个地方政府和中央政府，中央政府只负责政策、管理监督和直接管理12海里以外的海底资源。增强了地方政府的作用，如果矿区位于该县或该市，由县长或市长颁发许可证；如果矿区位置跨越于几个县或市之间，许可证将要获得省省长的审批和颁发；如果矿区面积超过一个省，则由矿业和能源部进行审批并颁发许可证等
波兰	《地质与采矿法》（1995）	包括从业准入和安全监管等，内容涵盖煤炭地质、开采、矿产资源保护及环境保护等方面，规定任何公司进行矿物开采活动必须获得许可证
哈萨克斯坦	《地下资源及地下资源利用法》（1993）	对煤炭资源的勘探、开采与利用进行约束与监管，实现国家对能源矿产资源的有效控制和优化整合。2004年对该法案进行修改时首次提出"国家拥有优先购买转让的矿产利用权或矿产利用权相关对象的权利"；2005年的修订扩充了国家优先权的内容，规定"国家拥有收购非国民在矿产资源开采项目中所占股份的优先权"；2007年的修订主要是增加了政府可以修改或取消合同的条款——只要该项目被认定为具有战略重要性的或影响到国家安全的

表 1-1-2（续）

国家	主要法律法规	政策要点和技术标准
南非	《矿产和石油资源开发法案》（2002）	包括煤炭勘探、储量和资源、采矿、选矿和关闭各阶段的具体要求，全面规定了采矿活动全过程的环境管理要求
	《矿山安全和健康法》（1995）	制定了采矿业的职业健康和安全标准，对矿山工作的安全和健康问题做了规定，包括检查、特殊工作设备和个人防护设备（PPE）；并对矿山救援的有关要求作了规定

美国、德国、加拿大煤炭资源管理开发政策法规出台较早，有力地推动了煤炭产量的增加，特别是露天开采规模的扩大。美国 1920 年颁布的《矿产租赁法》是煤炭资源勘查开采的核心法律，颁布之后历经 40 多次修改，2008 年之前煤炭生产总产量和露天煤矿产量逐年上升，2008 年达到峰值。德国褐煤协会成立于 1885 年，一直致力于推动褐煤工业技术、科学、经济和政策发展，1936 年褐煤露天开采产量超过井工硬煤产量，达到 0.16 Gt；1990 年东西德合并之后，德国联邦预算委员会于 1996 年批准了 15 亿马克的预算，用于褐煤露天矿区的环境治理，保证了褐煤露天煤矿的可持续发展。加拿大煤炭开发以露天开采为主，1990—1997 年为迅速增长阶段，之后受煤炭退出影响，总体处于下降阶段。

以煤炭出口为主的澳大利亚促进露天开发，俄罗斯恢复露天煤矿生产水平。澳大利亚昆士兰州 1925 年颁布了《煤炭开采法》、新南威尔士州 1946 年颁布了《煤炭工业法》，促进了两个主要采煤州煤炭工业的发展，1975 年露天煤炭开采所占比重超过了井工煤矿。俄罗斯 1992 年制定的《俄罗斯联邦矿产资源法》帮助煤炭工业恢复了生产水平，特别是露天煤矿开采规模不断扩大，2021 年露天煤矿产量比 1990 年增加了 119 Mt、占比提高了 22.5 个百分点。

印度尼西亚、哈萨克斯坦、波兰、南非、印度利用煤炭资源优势，大力开发露天煤矿。印度尼西亚等 5 国有关法律法规的出台时间基本在 20 世纪中后期，之后进行了修订，出台和修订目的主要是加强国家对矿产资源的所有权和管理权。印度成立了印度煤炭公司、掌控着绝大多数的煤炭生产，印度尼西亚和哈萨克斯坦确立了国家对于矿产资源的各种优先权等。

1.2.2 美国、澳大利亚等国煤炭开发以露天为主

国外产煤国家优先发展露天开采。20 世纪 60 年代以来，美国、俄罗斯及印度等国家的露天煤矿开采业快速发展，同时许多新兴产煤大国也都把露天采煤作为煤炭工业的发展重点。2021 年国外产煤国家煤炭产量约 4 Gt，其中露天煤矿产量约 3.2 Gt，约占全部煤炭产量的 81.0%；而井工煤矿产量仅 0.73 Gt，不足露天煤矿产量的四分之一。2021 年 11 个产煤国家的露天煤矿产量占比在 50% 以上，其中印度、印尼、德国、加拿大露天产量占比在 90% 以上；澳大利亚、俄罗斯露天煤矿产量占比在 70%~90% 之间；美国、南非、哈萨克斯坦露天煤矿产量占比在 50%~70% 之间。同期，我国煤炭产量达到 4.13 Gt，其中井工煤矿产量 3.18 Gt，是国外井工煤矿产量的 4.4 倍，约占全国煤炭产量的 76.9%；露天煤矿产量 0.95 Gt，约为国外露天煤矿产量的 30%。

1.3 国外露天开采历程

近百年来国外露天开采经历了3个主要阶段，如图1-1-1所示。第一个阶段是1913—1980年，露天煤矿煤炭产量的年平均增长速度达到4.19%，是露天煤矿产量比重赶超井工煤矿产量比重、露天煤炭产量由少到多的快速发展阶段。随着装备制造业水平提高，露天煤矿开采逐渐规模化，产量由不到100 Mt增加到约1.4 Gt，占比由不到7%增加到约44%。此阶段美国、澳大利亚露天煤矿发展迅速，露天煤矿产量比重超过了井工煤矿。第二个阶段是1981—2000年，露天煤矿煤炭产量的年平均增长速度为1.23%，部分发展中国家露天煤炭产量较快增长，露天煤矿煤炭生产进入缓慢发展阶段。世界煤炭需求中心转向亚太地区，印度、俄罗斯、哈萨克斯坦等国露天煤炭产量在其煤炭总产量中的占比超过了井工煤矿，这些国家煤炭总产量增量全部由露天煤矿提供。第三个阶段是2001—2021年，露天煤矿煤炭产量的年平均增长速度为2.58%，产量增加到约3.2 Gt，占比提高到约81.0%，是露天煤矿平稳提升阶段。此阶段露天煤矿煤炭产量的增量是煤炭总产量增量的约2倍，同期井工煤矿产量减少50%左右，占比下降到不足20%。

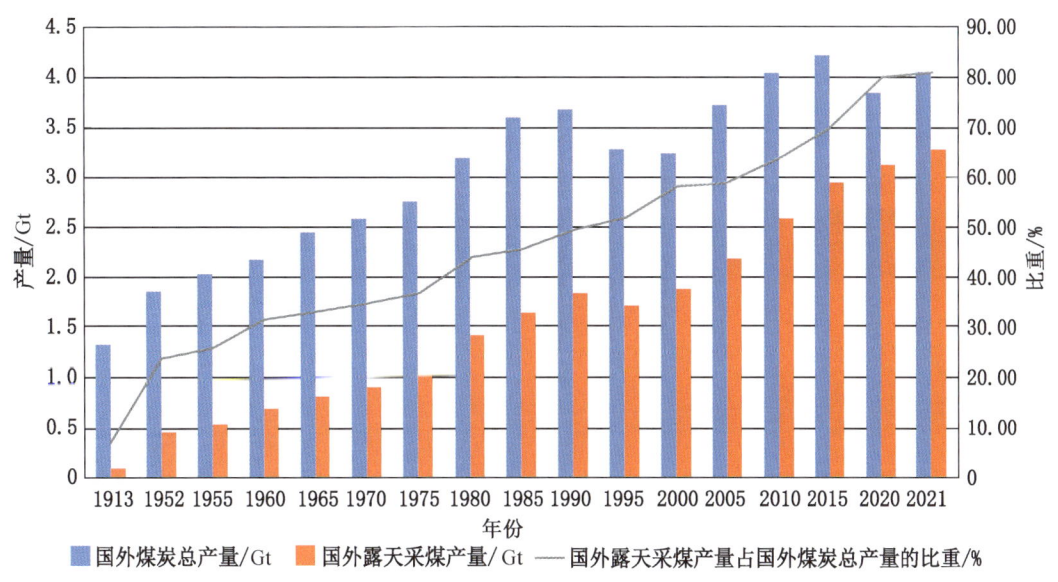

图1-1-1 1913—2021年国外露天煤矿发展历程

3个主要产煤国家露天煤炭开采代表了国外煤炭露天开采的3个历程，如图1-1-2所示。1970年，美国、澳大利亚、俄罗斯露天开采的煤炭产量增长迅速，分别比1940年增长了约5倍、4倍和19倍。1995年，美国、澳大利亚、俄罗斯露天煤炭开采的煤炭产量分别比1971年增长了约1.2倍、10.5倍和0.2倍，露天煤矿煤炭产量占比分别为61.6%、72.0%、57.8%。美国露天煤矿产量所占比重于1971年超过井工煤矿，达到55.17%；澳大利亚露天煤矿产量所占比重于1975年超过井工煤矿，达到51.31%；俄罗斯露天煤矿产量所占比重于 1985 年超过井工煤矿,达到 50.40%。2021 年,美国、澳大利亚、俄罗斯露天煤矿开采的煤炭产量变化不同,但露天煤矿煤炭产量占比仍分别为 61.8%、83.8%、77.9%。2021 年,美国煤炭总产量和露天煤矿产量分别比 1996 年下降了 45.7% 和 45.4%,澳大利亚和俄罗斯露天煤矿产量分别比 1996 年增长了 273 Mt、183 Mt。

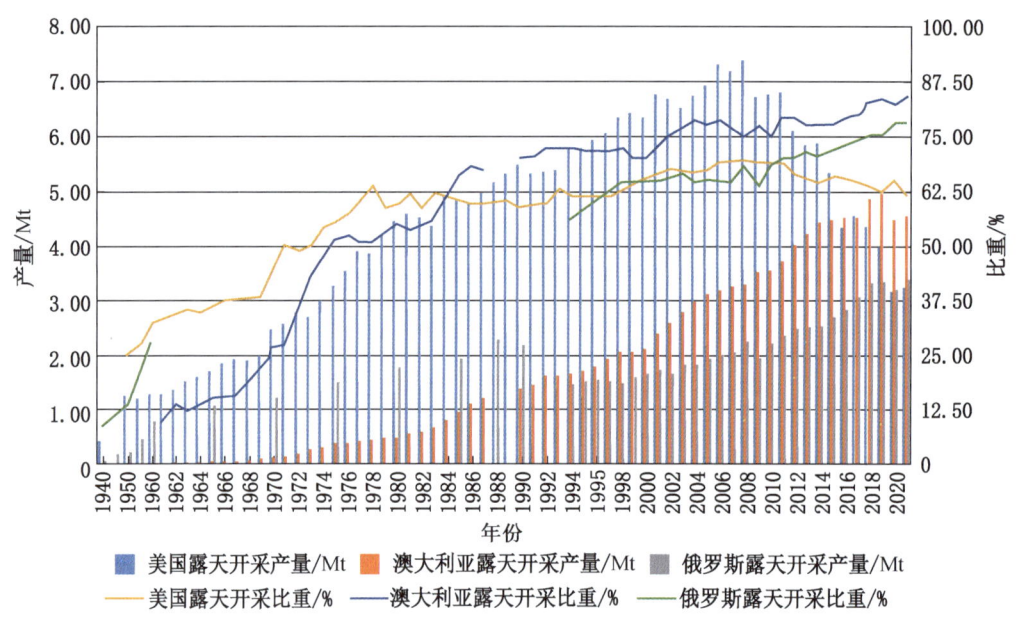

图 1-1-2 1940—2021 年美国、澳大利亚、俄罗斯煤炭露天开采历程

1.4 中国露天开采历程

中国露天煤矿经过百年发展、产量占比仍较低。中国露天煤矿 100 多年的发展主要经历了 3 个发展阶段,前两个阶段(1913—2002 年),受露天装备制造水平、资源分布、市场需求的影响,我国露天煤矿发展缓慢,产量长期保持低位,从 2 Mt 增长到 50 Mt 左右,比重在 3%~4% 之间徘徊,处于低位波动阶段;21 世纪,特别是 2003 年以后进入大发展阶段,随着市场需求改善,国外先进装备的大量引进和国产装备制造水平的提高,边远地区露天煤炭资源开采的经济效益开始显现,迎来煤炭黄金十年大发展,大批千万吨级现代化露天煤矿集中建设投产,2003—2021 年,露天煤矿煤炭产量增长了约 6.3 倍、占比增长了 19 个百分点,达到 23%;但与国外主要产煤国家相比,露天煤矿占比仍然较低。

2021 年,中国露天煤矿煤炭产量 950 Mt,所占比重仅为 23%,但绝对产出量已经超过世界其他国家的煤炭总产量,如美国(524 Mt)和澳大利亚(479 Mt)等。近年来,中国露天煤矿煤炭产量已经陆续超过其他国家的煤炭总产量,具体时间节点是:2009 年中国露天煤矿煤炭产量超过印度尼西亚煤炭总产量,2010 年中国露天煤矿煤炭产量超过俄罗斯煤炭总产量，2012年中国露天煤矿煤炭产量超过澳大利亚煤炭总产量，2019年中国露天煤矿煤炭产量超过美国煤炭总产量，2020年中国露天煤矿煤炭产量超过印度煤炭总产量。1981—2021年中国露天煤矿煤炭产量与国外主要产煤国家煤炭总产量变化对比，如图1-1-3所示。

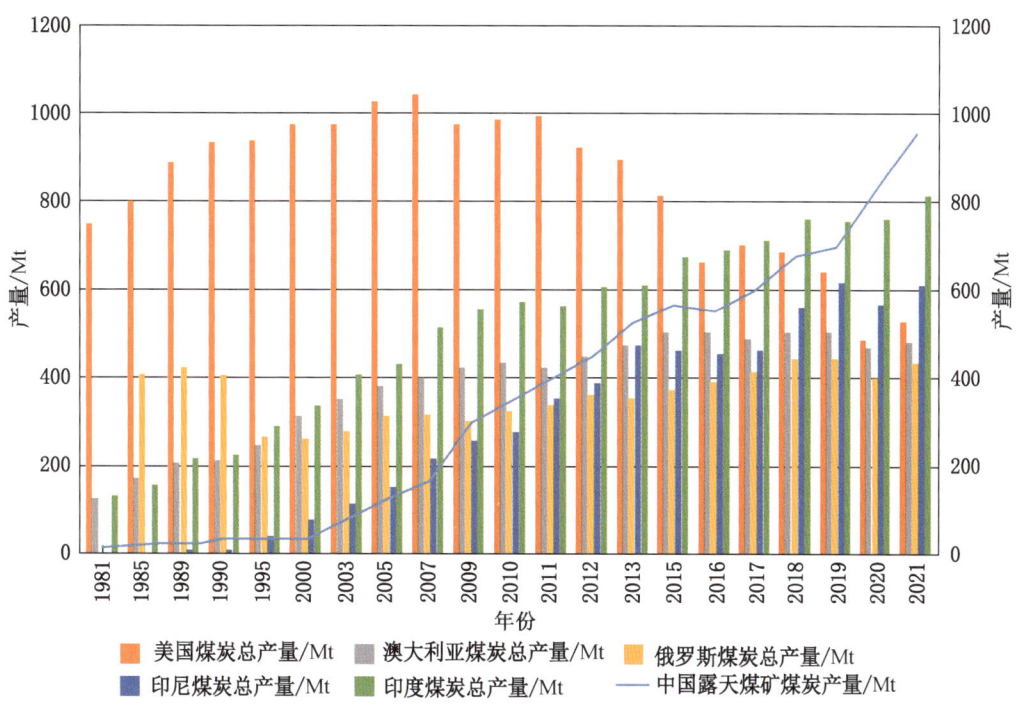

图1-1-3　1981—2021年中国露天煤矿煤炭产量与国外主要产煤国家煤炭总产量变化对比

2 世界主要产煤国家露天煤炭资源

2.1 世界适合露天开采煤炭资源分布相对集中

世界适合露天开采的煤炭储量 75% 以上分布在北半球，主要分布在美国、德国、俄罗斯、印度、中国等国，其中，美国、俄罗斯、澳大利亚、印度 4 国适合露天开采的储量约占世界露天开采总储量的 72%。从各国内部分布看，美国适合露天开采的煤炭储量 75% 分布在密西西比河以西的怀俄明州、伊利诺伊州和蒙大拿州等地，俄罗斯适合露天开采的煤炭储量 98% 分布在乌拉尔以东地区，德国适合露天开采的次烟煤和褐煤 92% 分布在西部的莱茵河地区、8% 分布在东部地区，中国 90% 以上的露天煤炭资源分布在新疆、内蒙古等地，印度露天煤炭资源主要分布在奥里萨邦、恰尔肯德邦、恰蒂斯加尔邦等地。从煤种看，适合露天开采的储量中褐煤略多于硬煤，俄罗斯、德国等中东欧国家几乎全部是次烟煤和褐煤，其中俄罗斯褐煤储量占 83%；中国适合露天开采的煤种以褐煤、次烟煤为主；美国比较特殊，适合露天开采的硬煤储量占 83%。

2.2 国外主要产煤国家露天煤炭资源丰富

2021 年，国外适合露天开采的煤炭探明储量约 600 Gt，占国外煤炭探明总储量的 56% 左右。其中，从绝对量看，美国、俄罗斯、印度和澳大利亚超过 100 Gt，美国位列第一；从占比看，德国和印度尼西亚现有开采资源几乎全部适合露天开采，煤炭资源适合露天开采且占比大于 50% 的国家有俄罗斯、澳大利亚、印度、德国、印度尼西亚、哈萨克斯坦、加拿大，占比小于 50% 的国家有美国、南非、波兰。截至 2021 年底，国外 9 个主要产煤国家适合露天开采的煤炭资源分布及占比，详见表 1-2-1。

表 1-2-1 2021 年底国外 9 个主要产煤国家适合露天开采的煤炭资源

国家	占比/%	露天煤炭资源分布
美国	适合露天开采的煤炭探明储量约 133 Gt，占煤炭探明储量的 31% 左右	主要分布在阿巴拉契亚、波德河（蒙大拿州东南部和怀俄明州东北部）、伊利诺伊、中部、尤因塔和西部六大煤田；按行政区划分，西北部的蒙大拿州和怀俄明州、北部的北达科他州、中部的伊利诺伊州、中东部的肯塔基州及西南部的得克萨斯州共计 6 个主要产煤州，适合露天开采的煤炭探明储量占其煤炭探明总储量的 33.93%
澳大利亚	适合露天开采的煤炭资源探明储量约为 113 Gt	煤炭资源中的硬煤主要蕴藏在昆士兰州的二叠纪博文煤田（约占 64%）、新南威尔士州悉尼和冈尼达煤田（约占 33%）；博文煤田约 80%、悉尼和冈尼达煤田约 75% 的硬煤资源适合露天开采；2 个煤田大部分煤层在 300 m 以浅，博文煤田上部煤层厚 45~75 m、下部煤层厚 20~150 m，悉尼煤田煤层厚度在 1.5~3.5 m、18~60 m 不等。褐煤主要分布在维多利亚州的吉普斯兰煤田，适合露天开采

2 世界主要产煤国家露天煤炭资源

表1-2-1（续）

国家	占比/%	露天煤炭资源分布
德国	现约有36 Gt次烟煤和褐煤100%适用露天开采	形成于古生代、中生代和新生代，古生代煤层主要为烟煤，分布在西部北威州，新生代次烟煤和褐煤分布在西部的莱茵河地区和东部地区。烟煤埋藏深、适用井工开采，但占比很少，2018年全部关闭；次烟煤和褐煤埋藏浅，适合露天开采
俄罗斯	适合露天开采的煤炭资源丰富，储量为117.2 Gt，占比达到72.3%	94%的煤炭资源集中分布在西伯利亚和远东地区。适合露天开采的煤炭储量99%集中在俄罗斯东部地区，包括库兹巴斯、坎斯克-阿钦斯克、伊尔库茨克三大煤田，东西伯利亚和远东几个矿区。三大煤田适合露天开采的煤炭储量占比分别达到66%、80%以上和接近100%，合计储量约为76 Gt，占比约为46.9%
印度	适合露天开采的煤炭资源约110 Gt，贡达瓦纳煤田占99.5%	硬煤资源聚集在晚石炭世-二叠纪的贡达瓦纳煤田和第三纪沉积煤田内，前者位于印度半岛东部和中南部，后者位于东北部；炼焦煤资源占贡达瓦纳煤田探明储量的30%；褐煤资源主要分布在奈维利煤田
印度尼西亚	现有探明储量约35 Gt，近100%适合露天开采	煤系地层主要为新生界第三系中新统、渐新统、世新统。聚集在加里曼丹和苏门答腊两大煤炭富集区；煤炭资源埋藏较浅，地质条件优良，非常适合大规模露天开采。位于加里曼丹岛的三马林达、博努阿拉瓦斯矿床，苏门答腊岛的拉哈特矿床等为优质煤炭资源富集区
哈萨克斯坦	适合露天开采的煤炭资源约为7.1 Gt，占煤炭资源探明总储量66.7%	主要含煤盆地有卡拉干达（烟煤）、埃基巴斯图兹（烟煤）、迈库边（褐煤）和图尔盖（褐煤），煤层赋存条件很好，卡拉干达盆地、图尔盖盆地北部、埃基巴斯图兹盆地为优质煤炭资源富集区
加拿大	煤炭资源探明总储量约6.6 Gt，将近100%适合露天开采	95%以上集中在面积最大的西部沉积盆地，横跨阿尔伯塔省、不列颠哥伦比亚省和萨斯克测温省；含煤地层的年代跨越泥盆纪至第三纪；西部属于晚侏罗世-第三纪，东部为晚石炭世，类似于欧洲西部和美国的阿巴拉契亚地区，其他地区勘探开发程度较低
南非	适合露天开采的煤炭资源约为2.1 Gt，占煤炭资源探明总储量21.1%	主要盆地是主卡鲁盆地，其北部是稳定的Kaapvaal克拉通，二叠纪煤炭沉积在克拉通盆地稳定的大陆架上，埋藏浅，多数赋存在地下200 m以深，70%煤炭可采储量赋存在Witbank、Highveld和Vryheid煤田

2.3 国外主要产煤国家适合露天开采的煤炭资源赋存条件较好

适合露天开采的煤炭资源赋存条件优越。美国、俄罗斯、澳大利亚、南非等国主要含煤盆地大多位于克拉通盆地内，盆地区域构造稳定，成煤和保煤条件较好，含煤盆地一般面积大、含煤层系厚、煤炭资源量丰富，适合露天开采的煤炭资源量大。印度含煤盆地虽然也属于克拉通盆地，但多为裂谷盆地，煤盆地分散、含煤面积有限、含煤层系厚度和煤炭资源量变化较大，适合露天开采的煤炭资源量较大。德国褐煤煤田有西部的莱茵煤田和东部的劳齐茨煤田，开采条件十分有利，煤层厚，埋藏浅，适合露天开采。印度尼西亚煤炭资源主要赋存于第三纪地层中，位于三大板块交界处，新生代以来的板块碰撞形成多个沉积中心，煤炭沉积分散，煤层埋藏浅，适合露天开采。哈萨克斯坦地处中亚造山带，煤炭形成于中晚泥盆世、早石炭世、晚石炭世、二叠纪、侏罗纪和古新世，早石炭世是主要含煤盆地（卡拉干达、埃基巴斯图兹）及几个储量巨大矿床的形成时期，构造整体平缓，含煤层系厚、埋藏较浅，适合露天开采的煤炭资源较多，约占煤炭储量的2/3。加拿大煤炭资源主要赋存在阿巴拉契亚褶皱带、科迪勒拉褶皱带和因努伊特褶皱带内的山间盆地中，煤炭地质构造比较复杂。国外主要国家露天煤炭资源赋存条件见表1-2-2。

美国适合露天开采的煤炭资源赋存埋藏浅、剥采比大，整体简单。美国东部地区煤层埋深一般为10～40 m，少数60～100 m；煤层较薄，一般为1～2 m、少数达4～5 m，多为近水平单一煤层，剥采比可达15～30 m³/t，地形多丘陵或山地、煤层多露头，适于发展中小型露天矿；西部与东部煤层条件不同，煤层厚度较大，可达10～15 m，埋深较大，剥采比一般为0.5～4 m³/t，适于建大型露天煤矿。位于美国东部的阿巴拉契亚煤田，99%是水平或近水平煤层，埋藏浅、平均开采深度90 m；煤层破坏很少，煤质坚硬，瓦斯含量小；可采煤层30余层，煤层厚度1～2 m，埋深小于640 m，发热量30～33 MJ/kg，低灰、低硫、低磷，是优质炼焦煤。地处蒙大拿州东南部和怀俄明州东北部的波德河煤田东西向长190 km，南北向长320 km，煤层厚度60～110 m，埋深30～120 m，是优质动力煤，发热量217.36 MJ/kg（8800 Btu/lb）、含硫量小于0.2%。伊利诺伊煤田埋深100～300 m，煤层平均厚度1.5 m等。

澳大利亚适合露天开采的煤炭资源几乎未被构造扰动、埋藏浅、产状近于水平、厚煤层多。澳大利亚煤炭探明储量占世界煤炭总储量的14.0%，位居第三位。其中，昆士兰州博文煤田（80%）、新南威尔士州悉尼和冈尼达煤田（75%）分别约有76.92 Gt、37.18 Gt硬煤资源适合露天开采。大部分煤层在300 m以浅，博文煤田上部煤层厚45～75 m、下部煤层厚20～150 m，悉尼煤田煤层厚度在1.5～3.5 m、18～60 m不等。博文盆地是煤炭资源最多、煤质最优、开采条件最好的含煤盆地，也是澳大利亚最重要的二叠纪煤炭产地，拥有世界最大的烟煤矿床和澳大利亚70%的炼焦煤资源；硬煤经济可采储量为47.18 Gt，适合露天开采的煤炭资源丰富，在产煤矿露天产量占比80%以上。悉尼-冈尼达盆地是澳大利亚二叠纪煤炭的第二产地，硬煤经济可采储量为24.33 Gt，炼焦煤约占1/4，构造简单、煤层产状大多接近水平，倾角变化范围为5°～10°，煤层开采深度120～300 m，适合露天开采的煤炭资源丰富，在产煤矿露天产量占比75%以上。

俄罗斯适合露天开采的煤炭资源埋藏浅、储量高。俄罗斯煤炭探明储量占世界煤炭总储量的15.1%，位居第二位。库兹巴斯煤田主产炼焦煤，煤质特点是低硫、低灰、发热量高；坎斯克-阿钦斯克煤田褐煤储量最大，煤层厚度可达70 m、埋藏浅；伊尔库茨克煤田的煤炭硫含量3.4%～5.4%。

加拿大适合露天开发的煤炭资源层数多、厚度大。加拿大阿尔伯塔煤田含煤煤层最多达13层，煤层厚度有3 m、5 m、24 m不等，拥有低、中、高挥发分烟煤，发热量28.0～35.0 MJ/kg，硫分0.3%～0.7%；不列颠哥伦比亚省东北部的东库特尼煤田含煤煤层4～30个以上、煤层累计厚度70 m以上，和平河煤田含煤煤层4～5个、每个煤层厚度5～10 m；萨斯喀彻温煤田8个可采煤层，厚度2.4～4.8 m，褐煤，平均水分29%～37%，灰分5%～10%，发热量13.4～18.3 MJ/kg。

2 世界主要产煤国家露天煤炭资源

表1-2-2 国外主要国家露天煤炭资源赋存条件

国别	主要露天煤矿区（煤田）	煤质煤种	岩石硬度	埋藏深度	煤层厚度	煤层数	煤层倾角	剥采比
美国	波德河煤田	优质次烟煤	顶板为砾岩、砂岩、粉砂岩、泥岩、炭质页岩	60 m以内	煤层厚度累计60~110 m，最上面达克煤层厚度8~53 m，平均厚30.5 m	可采煤层达20层以上	水平近水平	3 m³/t 以下
美国	阿巴拉契亚煤田	优质焦煤和动力煤	顶板为砂岩、砂页岩或灰岩	一般埋藏在距地表300 m以内，青塔基州煤区中东部地区埋藏在60 m深内	一般煤层厚度0.7~2.5 m，平均1.7 m	30多个	水平近水平	15~30 m³/t
美国	伊利诺伊煤田	烟煤	顶板为砂岩或灰岩	一般埋深100~300 m	3个煤层累计可采厚度25 m左右	可采煤层超过20个，其中经济可采煤层3个	煤田边缘煤层出露地表，倾角平缓，埋藏浅	水文地质条件中等复杂
美国	库兹巴斯煤田	硬煤	覆盖层硬度大	煤层埋藏较浅，矿井平均开采深度为350 m	可采煤层有89层；煤层可采厚，1 m以上煤层占可采煤层的90%，6.5 m以上煤层占22%，2个主采煤层平均厚2.2 m。2个主采煤层厚度2.5~40 m	可采煤层有89层；2个主采煤层	缓倾斜、倾斜或急倾斜	
俄罗斯	坎斯克-阿钦斯克煤田	褐煤	表土松软，无需爆破	覆盖层10~300 m	层厚多为6~15 m，主采煤厚25~60 m，可采总厚达120 m	可采煤层2~20层	煤系呈微波状或近水平赋存，倾角2°~5°	0.8~4.4 m³/t

表1-2-2（续） 露天资源条件

国别	主要露天煤矿区（煤田）	煤质煤种	岩石硬度	埋藏深度	煤层厚度	煤层数	煤层倾角	剥采比
澳大利亚	博文煤田	烟煤、炼焦煤	需爆破，二叠系	300 m以浅，露天开采60~80 m以浅	博文盆地上部煤层厚45~75 m，下部煤层厚20~150 m	2个煤层	近水平或缓倾斜	5~7 m³/t
	悉尼和冈尼达煤田	硬煤	需爆破，二叠系	120~300 m，露天开采60~80 m以浅	悉尼盆地煤层厚度在1.5~3.5 m，18~60 m不等	2个煤层	近水平，5°~10°	5~7 m³/t
	吉普斯兰（拉特罗布河谷煤田）	褐煤	砾石、沙子、黏土，不用爆破	80~180 m	主煤层厚30~250 m，平均厚度60 m	3个煤层	近水平，1°~5°	4 m³/t
南非	威特班克煤田（Witbank）	烟煤	河流相砂岩、风成砂、泥岩及黄土，需要爆破	200 m以浅，开采20 m以浅	累计厚度9 m，露天煤厚6.5 m	发育煤层5层，露天主采No. 2煤层	煤层倾角小于5°，近水平	
	海维尔德煤（Highveld）	烟煤	河流相砂岩、风成砂、泥岩及黄土，需要爆破	200 m以浅，开采40 m以浅	主采S4煤层厚度5~6 m	发育煤层5层，主采S4煤层	煤层倾角小于5°，近水平	
	辛格芽利煤田	烟煤	砂岩和砂质黏土，普氏硬度为4	100~150 m	20~30 m	2个主采煤层	近水平煤层，1°~3°	3 m³/t
印度	奈维利煤田	褐煤	无爆破	70~100 m	10~23 m	1个煤层	近水平煤层	
	戈尔巴煤田（Korba）	烟煤和褐煤	无爆破	60~155 m	4个煤层厚度8.4~15 m，其他为2~3.6 m	10个煤层	煤层较平缓	0.66 m³/t

2 世界主要产煤国家露天煤炭资源

表1-2-2（续）

国别	主要露天煤矿区（煤田）	煤质煤种	岩石硬度	埋藏深度	煤层厚度	煤层数	煤层倾角	剥采比
印度	艾伯瑞拉煤田（Ib. Valley）	褐煤	需爆破			1～2个煤层		
	泰勒哈煤田（Talcher）	烟煤和褐煤	无爆破			3个煤层		
德国	莱茵煤田	褐煤	软砂岩	10～450 m，最大开采深度为300 m	15～100 m，平均厚度50 m	3个煤层	近水平煤层，倾角3°～7°	5.41 m³/t
	劳齐茨煤田	褐煤	砂砾和黏土	35～120 m	3～20 m	2个煤层	近水平煤层	5.1 m³/t
	中部煤田	褐煤	砂砾和黏土	80～120 m	6～100 m	5个煤层	近水平煤层	2.21 m³/t
哈萨克斯坦	埃基巴斯图兹煤田	烟煤	砂质黏土和碳质页岩互成层	采区平均深度为70～125 m	总厚度为160～210 m，其中4个可采煤层共达10～40 m	共有20层，4个可采层	近水平，缓倾斜煤层	主煤层不到1 m³/t
	卡拉干达煤田	烟煤	砾岩，砂岩，粉砂岩	埋藏较浅，探明储量中约半数在300 m深度以内	煤层平均厚度2.5 m，可采煤层总厚度30～35 m	可采煤层69层	近水平、倾斜煤层	2～3 m³/t
加拿大	东库特尼煤田（East Kootenay）	焦煤	需爆破	200 m以上	累计厚度70 m以上	可采煤层达4～30个	倾斜煤层	
	和平河煤田（Peace River）	焦煤	需爆破	约280 m	累计厚度约46 m	包含4～5个煤层	倾斜煤层	

2.4 中国露天煤炭资源占比较低且赋存条件复杂

中国露天煤炭资源占比较低。根据现有勘探资料及露天煤矿开发情况显示，国内适合露天开发的煤炭资源相对较少，占总量的比重为 10%~15%，大部分集中在内蒙古和新疆，这两个地区适合露天开发的资源占全国露天资源的 90% 以上；其余 10% 分布在山西、云南、贵州等地。

中国露天煤炭资源赋存条件（变化较大）相对较差。国外主要露天开采国家处于完整地块构成的、稳定的刚性大陆，煤田埋藏浅、构造简单，露天煤炭资源开采条件优越；中国是由汇聚的陆块拼合而成的大陆，煤盆地受挤压变形影响较大，适合露天开采的煤炭资源开采条件复杂多变，主要表现在：煤层倾角从水平、近水平、缓倾斜（平朔煤田、准格尔煤田等）、倾斜（霍林河煤田）直至急倾斜（新疆一些煤田），可采煤层从单一煤层（云南昭通煤田）到多达几十层的煤层群（乌鲁木齐煤田），煤层总厚从不到 10 m（云南越州煤田）到 100 余米（云南小龙潭煤田），煤及围岩坚硬程度从可用镐刨挖（云南一些煤田）到抗压强度 800 kg/cm^2 以上（平朔煤田）。露天煤田的绝大部分是倾斜和急倾斜煤层，约占已知露天煤田储量的 2/3，水平、近水平和缓倾斜煤层仅占 1/3 左右，使得无运输倒堆等开采工艺的运用受到限制。目前，内蒙古、山西、云南、陕西、黑龙江适合露天开发的资源基本上已被生产和在建煤矿利用，新的适合大型、特大型露天煤矿开发的资源较少，未来新建露天煤矿应该主要集中在新疆。

3　世界露天煤矿开发现状

3.1　露天煤矿规模结构

3.1.1　世界露天煤矿生产结构以大型化为主

世界露天煤矿生产结构符合"二八定律",以大型化为主。2021年世界单矿产量4 Mt/a以上的大型露天煤矿数量占全部露天煤矿的约20%,而其煤炭产量占到全部煤炭产量的约80%;单矿产量4 Mt/a以下的中小型露天煤矿数量占比为80%,煤炭产量占比达到约20%。

中国现有在产特大型露天煤矿产能已接近极限。小于4 Mt/a的中小型露天煤矿数量占比约为85%,产量占比约为15%;大于4 Mt/a大型露天煤矿数量占比约15%,产量占比约85%,与"二八定律"存在差距。主要原因有两个方面:一是新建大型露天煤矿数量较少,其产量增长主要依靠露天煤矿产能核增实现,尤其是现有在产特大型露天煤矿的产能核增已接近极限,不宜再盲目扩大头部露天煤矿产能;二是中小型露天煤矿数量多、规模小,煤炭产量低。

3.1.2　主要产煤国家露天煤矿规模与资源赋存条件、经济发展需要密切相关

11个主要产煤国家的露天煤矿数量、单矿规模及各国最大露天煤矿的规模存在较大差异,详见表1-3-1。露天煤矿数量从4处到357处,单矿规模从0.88 Mt~14.56 Mt,露天煤矿最大规模从9.5 Mt~60.93 Mt。美国在煤炭资源赋存条件最好的波德河煤田拥有世界规模最大的露天煤矿北羚羊罗谢尔露天煤矿,但由于其小型露天煤矿数量较多,所以单矿规模最低;德国露天煤矿的单矿规模最高,而露天煤矿数量较少,最大露天煤矿规模也达到了30.10 Mt;波兰和哈萨克斯坦单矿规模均在10 Mt以上,其特点是露天煤矿数量少、单矿平均产量高;单矿规模最低的3个国家是美国、中国、印度,其特点是露天煤矿数量多、单矿平均产量低。

表1-3-1　2021年世界主要产煤国家在产露天煤矿规模

国家	露天煤矿数量/处	单矿规模/Mt	最大露天煤矿规模/Mt
中国	357	2.30	40（天池能源南露天煤矿）
美国	350	0.88	56.97（北羚羊罗谢尔）
澳大利亚	67	5.90	28（罗杨）
德国	10	14.56	30.10（Bergheim）
俄罗斯	81	3.94	22（Borodinsky Coal Mine）

表1-3-1（续）

国家	露天煤矿数量/处	单矿规模/Mt	最大露天煤矿规模/Mt
印度	221	3.22	42.33（Kusmunda Coal Mine）
印度尼西亚	110	4.21	60.93（KPC Operation Coal Mine）
哈萨克斯坦	9	10.32	32（Bogatyr Coal Mine）
加拿大	16	3.69	9.50（Fording River Coal Mine）
南非	37	3.84	29.70（Grootegeluk Coal Mine）
波兰	4	12.28	38.22（Bełchatów Coal Mine）

美国、德国露天煤矿数量下降，单矿规模提高。近30年来美国露天煤矿数量整体上呈下降趋势，由1993年的1279处下降到2021年的332处，降幅达74.0%；随着露天煤矿数量不断减少，露天煤矿单矿产量保持增长趋势。2021年露天煤矿单矿产量达0.98 Mt，是1993年的2.32倍，1993—2021年美国露天煤矿产量、数量、单矿规模变化情况如图1-3-1所示。近年来，德国露天煤矿数量也在不断减少，从1996年的15处减少到2021年的9处，单矿产量从12.21 Mt提高到14 Mt。

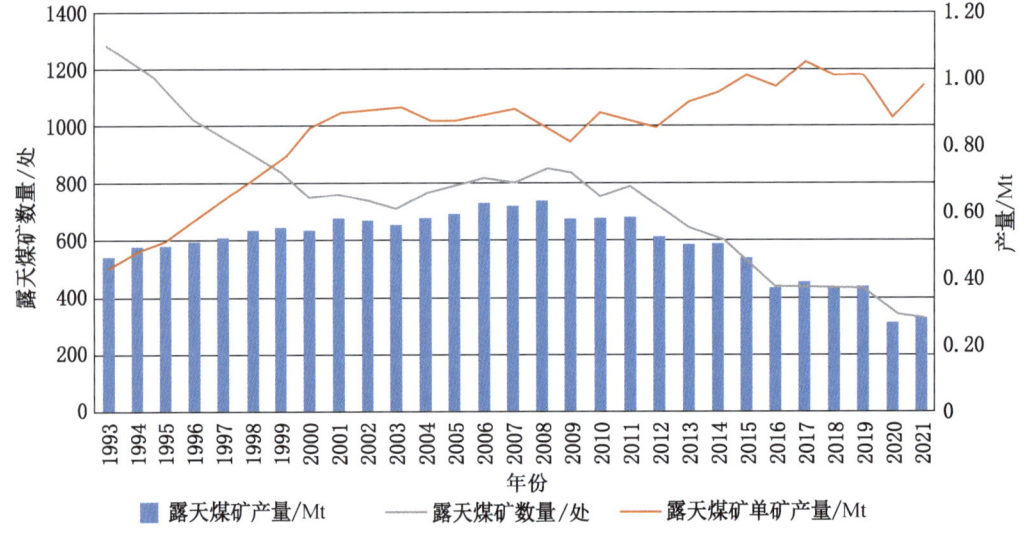

图1-3-1 1993—2021年美国露天煤矿产量、数量、单矿规模变化

依赖出口的澳大利亚露天煤矿数量和规模同时增长。澳大利亚大部分煤炭产量来自露天开采，露天采煤与井工采煤产量的比例达到5.2∶1。近30年，露天煤矿开发是澳大利亚煤炭产量增长的主要来源，占有绝对优势，一方面得益于采用世界先进的开采工艺和技术装备提升效率，另一方面得益于露天煤矿数量增加。露天煤矿单矿产量与露天煤矿产量增长趋势趋于一致。1990—2021年，露天煤矿数量一直在60处左右，期间2013年曾增加

到81处；露天煤矿产量由140 Mt持续增加到453 Mt，增幅为223.60%，占煤炭总产量的比重由69.93%提高到83.89%；年平均增长速度为4.45%；露天煤矿单矿产量由2.30 Mt增加到7.08 Mt，增幅为207.83%，年平均增长速度为4.16%，1990—2021年度澳大利亚露天煤矿产量、数量与单矿产量如图1-3-2所示。

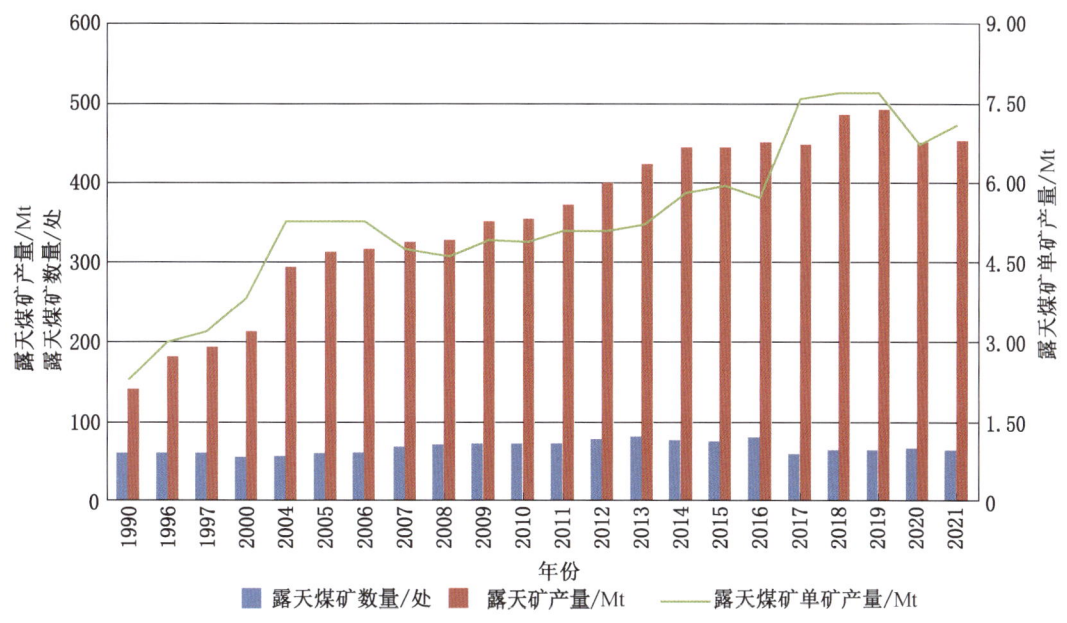

图1-3-2　1990—2021年度澳大利亚露天煤矿产量、数量与单矿产量

俄罗斯露天煤矿生产水平经历了由高到低再向高的变化。近年来，俄罗斯根据国际市场对煤炭需求的增加，有针对性地加大了露天开采的勘探开发力度。露天开采产量占比在1985年超过了井工开采，1994—2021年露天煤矿数量迅速增加，从65处增加到130处，露天开采产量从150 Mt增加到319 Mt，露天开采占比从56.1%提高到77.0%。苏联解体和经济衰退导致对煤炭工业的投资显著减少，露天开采设备老化严重且更新不及时，单矿产量从1998年开始出现较大幅度的下降，直到2015年才恢复至煤炭工业改革初期的水平。2021年露天开采的平均单矿产量为2.5 Mt，比1994年的平均单矿产量高0.24 Mt，1994—2021年俄罗斯露天煤矿煤炭产量与单矿产量如图1-3-3所示。

3.1.3　主要产煤国家露天煤矿生产主体高度集约化

11个主要产煤国家露天煤矿的生产主体高度集中在2～7家企业。这些国家露天煤矿的集中度可以分为四类，详见表1-3-2。第一类是集中度最高的德国、印度、波兰，1～2家企业控制着近100%或90%的露天煤炭产量；第二类是哈萨克斯坦、加拿大，3家企业露天煤炭产量的集中度在80%～85%；第三类是中国、美国、澳大利亚、俄罗斯、南非，4～6家企业露天煤炭产量的集中度在60%～70%之间；第四类是印度尼西亚，集中度比较前三类国家稍低一些，7家企业露天煤炭产量的集中度接近60%。

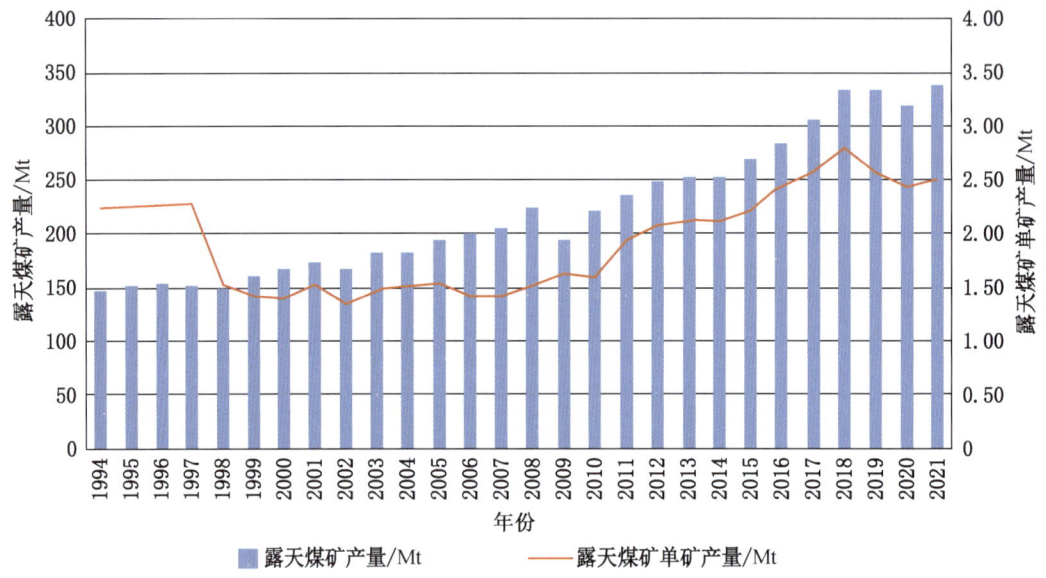

图1-3-3 1994—2021年俄罗斯露天煤矿煤炭产量与单矿产量

表1-3-2 2021年世界主要产煤国家露天煤矿生产主体

国　家	生　产　主　体	露天煤矿产量/Mt	占该国露天总产量的比重/%
中国	国家能源集团	272	33.1
	国家电投集团	125	15.2
	中煤能源集团	71	8.7
	华能集团	36	4.4
	合计	524	61.4
美国	皮博迪能源集团	85.55	27.1
	雷霆煤田有限责任公司（Thunder Basin Coal Company LLC）	53.85	17.1
	纳瓦霍印第安保留地（Navajo Transitional）	43.28	13.7
	Eagle Specialty Materials LLC	25.40	8.1
	The Coteau Properties	11.41	3.6
	合计	219.49	69.6

表1-3-2（续）

国　家	生　产　主　体	露天煤矿产量/Mt	占该国露天总产量的比重/%
澳大利亚	嘉能可（Glencore）	103.72	26.3
	必和必拓三菱（BHP & Mitsubishi Corporation）	88.58	22.4
	兖煤澳洲（Yancoal）	44.56	11.3
	皮博迪集团	23.89	6.0
	Energy Australia	18.35	4.6
	合计	279.10	70.6
德国	RWE Power	74.32	51.0
	EPH	70.99	48.8
	合计	145.31	99.8
俄罗斯	西伯利亚煤炭能源公司（SUEK）	86.30	27.0
	乌拉尔采矿冶金公司（Ural Mining Metallurgical Company）	37	11.6
	俄罗斯煤炭公司（Russian Coal）	21.87	6.9
	西伯利亚实业联盟煤炭公司（SBU）	20	6.3
	SibAnthracite Group	17.30	5.4
	米切尔矿业公司	13.30	4.2
	合计	195.77	61.4
印度	印度煤炭公司	606.09	85.3
	NLC India Limited	24.81	3.5
	合计	630.90	88.8
印度尼西亚	Bumi Resources	91.28	19.7
	Adaro Energy	51.69	11.2
	Indika Energy	34.55	7.5
	Global Energy Mines	28	6.0
	Bayan Resources	24.58	5.3
	Berau Coal Energy	24.30	5.2

表 1-3-2（续）

国　家	生　产　主　体	露天煤矿产量/Mt	占该国露天总产量的比重/%
印度尼西亚	Indo Tambangraya Megah – Banpu	23.08	5.0
	合计	277.48	59.9
哈萨克斯坦	Samruk – Energo, United Company RUSAL – EN and GROUP International	32	34.5
	ERG Eurasian Group	29.30	31.5
	Kazakhmys Corporation – KAZ Minerals	14.30	15.4
	合计	75.60	81.4
加拿大	Teck Resources	23	38.9
	Westmoreland	19	32.1
	TransAlta	8	13.5
	合计	50	84.5
南非	Exxaro	36	25.4
	Seriti	15.10	10.6
	South32	13.80	9.7
	Glencore	10.60	7.5
	IchorCoal	9.82	6.9
	合计	85.32	60.1
波兰	Polska Grupa Energetyczna (PGE)	81.42	99.9

3.2 露天煤矿开采效率及技术装备应用

3.2.1 世界露天煤矿生产效率总体呈上升趋势

世界露天煤矿生产效率的提升与煤炭工业技术进步密不可分。随着高新技术的应用和人员素质的提高，在资源条件适合的煤田实施露天开发成为主要趋势，而且露天煤矿的生产效率超过井工煤矿 2~3 倍；20 世纪 80 年代以来，世界煤炭工业生产效率取得了成倍提高，主要产煤国家露天开采效率也获得了成倍提升。2021 年世界主要产煤国家主要煤田典型露天煤矿生产效率见表 1-3-3，其中美国、澳大利亚、德国露天煤矿生产效率处于世界先进水平，俄罗斯、加拿大、波兰、南非、哈萨克斯坦、印度露天煤矿生产率处于中等位置，中国露天煤矿生产效率处于中等向先进迈进的位置，部分露天煤矿生产效率已达到世界领先水平。

3 世界露天煤矿开发现状

表 1-3-3　2021 年世界主要产煤国家主要煤田典型露天煤矿生产效率

国　　家		生产效率/[t·(a·人)$^{-1}$]
中国	平朔煤田	44200（安太堡露天煤矿）
	宝日希勒煤田	43900（宝日希勒露天煤矿）
美国	波德河煤田	47500（North Antelope Rochelle Coal Mine）
		36900（Black Thunder Coal Mine）
		62100（Caballo Coal Mine）
澳大利亚	博文煤田	26900（Goonyella-Riverside Coal Mine）
	悉尼和冈尼达煤田	8500（Mount Arthur Coal Mine）
	吉普斯兰煤田	46700（Loy Yang Coal Mine）
德国	莱茵煤田	23200（Hambach Coal Mine）
	劳齐茨煤田	20500（Garzweiler Coal Mine）
	中部煤田	18300（Inden Coal Mine）
俄罗斯	全部露天煤矿平均	4800
印度	泰勒哈煤田	26200（Ananta Coal Mine）
	戈尔巴煤田	20900（Kusmunda Coal Mine）
	Korba	9200（Dipka Coal Mine）
哈萨克斯坦	埃基巴斯图兹煤田	7100（Bogatyr Coal Mine）
	卡拉干达煤田	4100（Shubarkol Coal Mine）
	埃基巴斯图兹煤田	3000（Vostochny Coal Mine）
加拿大	萨斯克彻温煤田	15400（Estevan Coal Mine）
	福丁河煤田	7200（Fording River Operations）
	东库特尼煤田	6700（Elkview Coal Mine）
南非	海维尔德煤田	20000（Goedgevonden Coal Mine）
	Waterberg	9300（Grootegeluk Coal Mine）
	威特班克煤田	6900（Wolvekrans Middelburg Coal Mine）

注：中国露天煤矿员工生产效率来自中国煤炭工业协会；国外是全员效率。

近 30 年美国露天煤矿生产效率高出井工煤矿的幅度不断扩大。1990 年以来，随着煤矿开采技术的发展，煤矿从业人员的逐年减少，美国煤矿生产效率不断提高。美国煤矿工人生产效率由 1990 年的 3.47 t/(工·h)，提高到 2021 年的 6.09 t/(工·h)。其中，井工煤矿工人生产效率由1990年的2.30 t/(工·h)，提高到2021年的3.86 t/(工·h)；露天煤矿工人生产效率由1990年的5.39 t/(工·h)，提高到2021年的10.32 t/(工·h)。30年来，露天开采的效率要远高于井工煤矿开采，2021年露天煤矿生产效率大于井工煤矿生产效率的幅度比1990年时高出33.1个百分点，如图1-3-4所示。

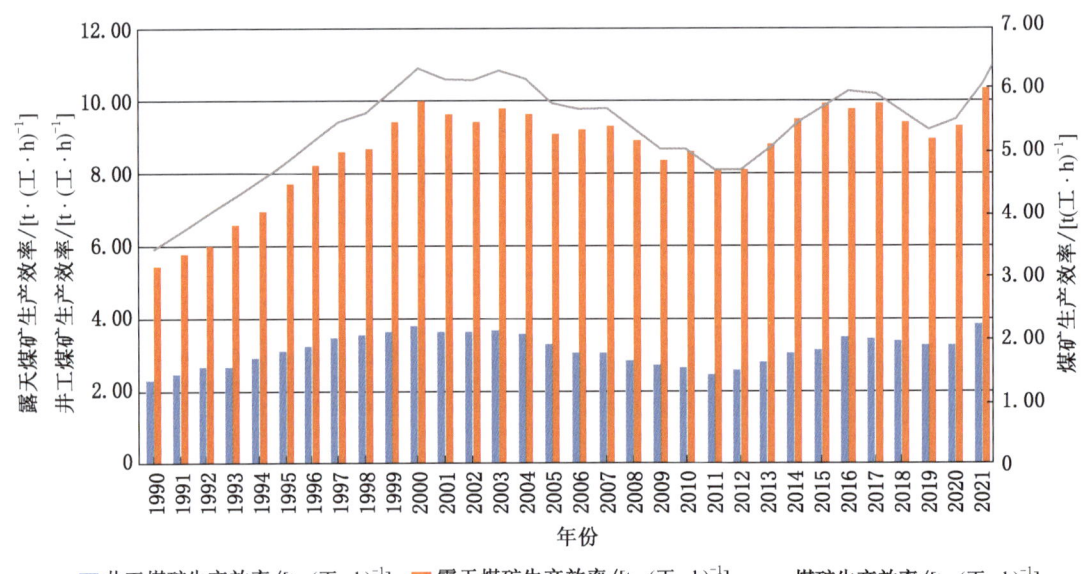

图1-3-4　1990—2021年美国露天煤矿、井工煤矿、煤矿生产效率变化

俄罗斯新建现代化煤矿对提升露天煤矿生产效率的促进作用明显。俄罗斯露天煤矿生产效率在21世纪以前较为稳定，从1994年的175 t/(人·月) 上升到2000年的198 t/(人·月)，增幅只有13%。进入21世纪的第一个十年，由于采用新技术、新装备，新建了多个现代化煤矿，在矿井数量没有显著增加的情况下，生产效率提高较快，从2010年的286 t/(人·月) 上升到2021年的400 t/(人·月) 以上，增幅高达40%。

3.2.2　各国露天煤矿开采工艺根据其资源特点确定，同时呈现出连续化、综合化趋势

开采工艺的连续化：最具代表性的全连续工艺是轮斗铲采掘/带式输送机运输/排土机排土，可实现高效率、低成本，适用于矿岩性质较软的煤田。近年来，露天煤矿半连续工艺也得到了越来越广泛的应用，代表性的半连续工艺有：单斗电铲采掘-（工作面卡车运输-）移动式破碎机（可移式破碎机）-带式输送机运输系统；轮斗挖掘机采掘-卡车运输系统等。生产环节合并与工艺简化：条件适宜时可采用吊斗铲等设备实现两到三个生产环节的合并，简化开采过程并大幅降低开采成本，巨型吊斗铲倒堆剥离、铲运机剥离是两种典型的合并工艺。开采工艺综合化：随着矿山开采的集中化，单个露天煤矿开采范围扩大，开采深度增加，开采境界内矿岩赋存条件复杂多变，多种开采工艺综合应用已成为大型露天开采的新模式。除德国、波兰、捷克露天煤矿仍然采用轮斗连续开采工艺外，欧美主流露天煤矿开采工艺仍以间断式、半连续式及连续式为主，逐步向

综合工艺趋势发展。

发达国家露天开采条件较好,发展出各具特色的开采工艺。如美国露天煤矿煤层埋藏浅,多数煤层构造简单,呈水平、近水平或缓倾斜,厚度一般不大,剥采比较大,吊斗铲倒堆开采工艺和单斗-卡车开采工艺在美国应用广泛。德国露天煤矿煤层埋藏较浅,结构简单,倾角一般较缓,厚度大(部分露天的剥离厚度也大),煤及剥离物松软,气候条件较好,露天开采技术在长期实践中形成了具有自身特点的轮斗连续开采工艺。澳大利亚硬煤资源具有埋藏浅、倾角缓的特点,主要采用无运输倒堆开采工艺(大型吊斗铲剥离,单斗-汽车开采工艺采煤);褐煤资源具有煤层厚、分布广、储量大的特点,主要采用轮斗连续开采工艺。

发展中国家露天煤田赋存条件较为复杂,采用轮斗连续开采和吊斗铲倒堆开采工艺为主的综合开采工艺。俄罗斯煤田赋存条件复杂,为适应不同资源条件,露天采煤采用单斗机械铲-铁道运输或单斗机械铲-汽车运输的间断工艺、吊斗铲无运输倒堆工艺、轮斗挖掘机-铁道运输或单斗机械铲-带式输送机的半连续工艺、轮斗挖掘机-带式输送机的连续工艺等。哈萨克斯坦煤层埋藏浅、倾角平缓,煤层层数多、厚度大,剥采比较小,主要有剥离采用单斗(吊斗)-铁道工艺和单斗-卡车工艺,采煤采用轮斗连续工艺或单斗-卡车等工艺。印度煤层埋藏浅、煤层少、剥采比小,煤层较为平缓,剥离无需爆破,单斗-卡车开采工艺和吊斗铲倒堆开采工艺使用最为广泛。印度尼西亚煤层埋藏浅、构造简单,剥采比小,主要采用单斗-卡车开采工艺。

3.2.3 露天煤矿开采装备向大型化、智能化、电动化和节能环保方向发展

国外露天煤矿开采装备大型化、智能化、电动化应用效果显著,原创性装备研发取得实质性进展。20世纪70年代中期,国外露天煤矿开采装备由机械化向自动化、大型化转变,到90年代中期自动化水平迅速提升、开采规模迅速扩大。单斗电铲勺斗容达76.5 m^3、装载重量超过100 t,与之相匹配的卡车载重量达450 t,单个露天煤矿的生产能力已逾60 Mt/a。与此同时,美国、澳大利亚等国开启矿山智能化建设,露天煤矿卡车无人驾驶技术和自动运输系统投入实际应用,卡车在无人操作的情况下与推土机、装载机和电铲有机配合,自动运行装载、运输和卸载环节,实现连续作业、减少停机时间,有效提高生产效率和安全性。截至2022年5月,应用于矿山开采的无人驾驶卡车达1068辆,其中澳大利亚最多,达706辆。液压铲电气化、纯电挖掘机和自动卡车电动技术研发与应用节省燃油并减少排放,降低了总体运行成本。力拓集团在澳大利亚西部皮尔巴拉地区的3处矿山运行的由73辆卡车组成的世界最大无人驾驶卡车系统,实现了装载、运输成本下降15%的较好经济效益。国外全新无人驾驶矿车正式发布,世界顶级重卡企业"公路之王"斯堪尼亚(Scania)2019年正式发布全新无人驾驶卡车AXL,卡车内不设驾驶室,配备七个摄像头,一台激光雷达传感器和雷达,计算机指挥卡车行动轨迹和障碍物避让;沃尔沃公司研发的纯电动型HX2自动化装载车,是由蓄电池驱动的自动化装载车,无驾驶室,载重15 t,实现了真正的无人化和清洁化。

我国露天开采装备向大型化、智能化、清洁化方向发展,原创性露天装备开始起步。我国露天装备制造经过一百余年的发展,特别是经过改革开放以来四十余年的发展,逐渐摆脱了主要生产设备受制于人的局面。随着露天采矿工艺技术的发展,露天采矿设备在大

型化、成套化基础上进一步向智能化方向发展。大型化装备基本实现国产化。电铲挖掘机是我国大型露天煤矿建设中的关键设备，太原重工是目前全球能够自主研制 55 m³ 以上巨型电铲的三家企业之一，其余两家是美国的 P&H 公司和比塞洛斯公司。智能化装备应用广泛。国内部分厂家自主研制出适应多变载荷的自适应智能辅助挖掘系统等，提高了电铲无人化作业水平，CS165E 智能型整体式露天潜孔钻机，降低了能耗，提高了凿岩效率，推动了露天煤矿山安全、高效、智能开采。我国矿用卡车无人驾驶技术研究起步较晚，2010 年以后，国产矿用卡车开始向智能化和无人驾驶方向发展，国有大型露天煤矿陆续投入矿用卡车无人驾驶技术及装备，截至 2022 年，我国已有约 300 台无人驾驶车辆在 30 余处露天煤矿开展试验。同时，随着践行环保理念的不断深入，以及履行"碳达峰""碳中和"承诺，露天采矿设备在满足开采强度的条件下选择先进可靠、生产效率高、选才性能强的设备，逐步从设备大型化向智能化、清洁化方向发展。2020 年，我国自主研发的首套电动重型卡车智能换电系统通过 100 d 高强度试运行正式投运，开启了大型工程车辆的电能替代进程；2022 年，新款世界首款采用刚性自卸车优势技术的纯电动矿车 XDR80TE 交付全球矿业巨头巴西淡水河谷公司，这款电动矿车动力强劲、续航里程长，实现了零污染、零排放。

3.2.4 露天煤矿开采装备制造商兼并整合集中化发展

国外采矿装备制造商在露天煤矿的缓慢发展阶段频繁进行兼并重组，集中化程度迅速提高。截至 2021 年，世界露天采矿装备制造商主要有美国卡特彼勒、日本小松、德国利勃海尔、瑞典山特维克等，卡特彼勒和小松 2 家企业销售收入占世界市场份额的 30%，涉及钻爆、采装、破碎、运输、排土等主要露天装备的生产制造（2020 年世界主要产煤国家典型露天煤矿开采工艺和装备见表 1-3-4）。20 世纪 80 年代中期以来，国外露天煤矿生产规模、特别是单矿煤炭产量扩张逐渐达到顶峰，露天煤矿产量进入平台期，对开采装备的使用要求不断提高，使采矿装备制造商走上了频繁并购重组之路。1981 年比塞洛斯公司在 395B 型电铲上开始采用第一代交流供电系统，1996 年该公司更名为比塞洛斯国际公司，1997 年与世界第二大吊斗铲制造商马里昂（Marion）公司合并。1997 年卡特彼勒公司收购英国燃气轮机制造商 Perkins 公司，以及德国发动机制造商 MaK Motoren 公司，使得卡特彼勒公司成为世界领先的柴油发动机制造商。1988 年小松集团收购美国德莱赛（Dresser）公司，获得了德莱赛公司矿用自卸车、大型装载机、推土机生产线，1999 年小松集团买下德马克-小松公司全部股权，获得大型矿用液压挖掘机产品线。

表 1-3-4 2020 年世界主要产煤国家典型露天煤矿开采工艺和装备

国家		开采工艺	开采装备
中国	宝日希勒煤田	单斗挖掘机-自卸卡车-地面半固定破碎站-带式输送机半连续开采工艺	单斗挖掘机、装载机、自卸卡车、平路机、推土机等
	平朔煤田	单斗-卡车间断式工艺、自移式破碎机半连续工艺	液压铲、电铲、自移式破碎机、前装机、排土机，以美国卡特彼勒和日本小松公司为主

3 世界露天煤矿开发现状

表1-3-4（续）

国家		开采工艺	开采装备
中国	准格尔煤田	综合开采工艺、吊斗铲倒堆工艺	牙轮钻机、轮斗挖掘机、电铲、前装机、带式输送机、排土机、自卸卡车、单斗挖掘机、破碎机、吊斗铲，以美国卡特彼勒和日本小松公司为主
	霍林河煤田	半连续工艺	牙轮钻机、电铲、卡车、带式输送机、推土机，以美国卡特彼勒和日本小松公司及白俄罗斯的别拉斯公司为主
美国	波德河煤田（大型特大型露天煤矿）	南部以吊斗铲倒堆开采工艺为主，北部以单斗-卡车工艺为主	主要为自主生产制造吊斗铲、电铲、卡车等间断工艺装备
	阿巴拉契亚煤田（中小型露天煤矿）	单斗-卡车和吊斗铲倒堆开采工艺	
	伊利诺伊煤田（小型露天煤矿）	吊斗铲倒堆工艺和单斗-卡车工艺	
澳大利亚	博文煤田	吊斗铲倒堆工艺或上部单斗-卡车、下部吊斗铲倒堆工艺	主要依赖从美国、日本、德国进口，近年也从中国进口部分设备（如徐工）
	悉尼和冈尼达煤田	上部单斗-卡车、下部吊斗铲工艺或单斗-卡车工艺	
	吉普斯兰煤田	特大型露天煤矿，轮斗连续开采工艺，既剥离又采煤	
德国	莱茵煤田（特大型露天煤矿）	轮斗连续开采工艺	主要为自主生产制造轮斗挖掘机、破碎机等连续、半连续工艺装备
	劳齐茨煤田（特大型露天煤矿）	轮斗（链斗）连续开采工艺	
	中部煤田（大型露天煤矿）	轮斗（链斗）连续开采工艺	
俄罗斯	库兹巴斯煤田（大型特大型深凹露天煤矿）	以单斗-卡车工艺、单斗（轮斗）-铁道工艺为主，部分露天煤矿下部采用吊斗铲倒堆工艺	近年来采矿装备以进口为主，从美国、日本进口设备，随着中国装备制造企业崛起，太重、徐工等企业也不断进入俄罗斯市场
	坎斯克-阿钦斯克煤田（大型露天煤矿）	以单斗-卡车（铁道）工艺为主，或上部单斗-卡车、下部吊斗铲倒堆工艺；部分露天煤矿采用综合开采工艺，轮斗连续工艺采煤或轮斗连续工艺用于下部剥离直接内排	
印度	辛格劳利煤田	上部单斗-卡车工艺，下部吊斗铲倒堆工艺	主要设备依赖进口，俄罗斯、美国、德国、日本设备均有。印度自身具有一定设备仿制能力
	奈维利煤田	轮斗挖掘机-带式输送机的连续开采工艺	

29

表 1-3-4（续）

国　家		开 采 工 艺	开 采 装 备
印度	Korba	单斗-卡车工艺	主要设备依赖进口，俄罗斯、美国、德国、日本设备均有。印度自身具有一定设备仿制能力
	Ib Valley	单斗-卡车工艺	
	Talcher	单斗-卡车工艺	
印度尼西亚	加里曼丹煤田	以单斗-卡车工艺为主	日本小松 PC2000 挖掘机，HM 系列、HD 系列自卸式卡车，WA 系列轮式装载机，D 系列履带式推土机；澳大利亚 Thiess 用自己的装备承包挖掘机和卡车；德国的 O&K RH120、RH340、RH400 挖掘机；中国三一重工 SY 系列液压挖掘机、SRT 系列矿用自卸卡车，徐工 XE 系列液压挖掘机、LW 系列装载机
	苏门答腊煤田	以单斗-卡车工艺为主	
哈萨克斯坦	埃基巴斯图兹煤田（特大型露天煤矿）	剥离采用单斗（吊斗）-铁道和单斗-卡车工艺，采煤轮斗连续工艺	主要设备依赖进口，以前主要依赖俄罗斯设备，近年来开始使用欧美设备进行技术升级改造，以及日本小松和美国卡特彼勒公司设备
	卡拉干达煤田（大型露天煤矿）	上部单斗-卡车+下部吊斗铲倒堆开采工艺	
加拿大	东库特尼煤田	单斗-卡车工艺	主要采用美国卡特彼勒公司采矿设备
	Peace River 煤田	单斗-卡车工艺	
南非	威特班克煤田（大型特大型露天煤矿）	单斗-卡车+吊斗铲倒堆工艺	主要设备依赖进口，以美国、日本、德国设备为主。近年来，随着中国装备制造企业崛起，中国矿山设备大量进入南非市场
	海维尔德煤田（大型露天煤矿）	单斗-卡车+吊斗铲倒堆工艺	

国外采矿装备制造商规模不断扩大、制造工艺日益精进，采矿装备的性能不断优化。卡特彼勒公司多数现有的装备型号已有几十年的历史，通过不断的优化更新局部设备和技术来提升装备性能。设备发展的方向是：改进结构、增进系列产品部件的互换性；革新驱动方式，变传统的电动-发电机组驱动系统为交-直-交变频系统或可控硅整流的驱动控制系统，以提高能量的有效利用率；广泛地改进和引进了防护和监控系统，以提高设备的安全性和自动控制水平；改进结构设计，应用新型高强度材料以提高设备的耐用性和可靠性；强调设备操纵的轻便、舒适和卫生。

当前国外露天开采装备发展的主要特点是：信息化、数字化、智能化，综合性能不断提高。当前世界正经历新工业革命时代，例如德国提出的工业 4.0 发展战略，是新工业革命最具代表性的主导技术经济范式，其核心是通过构建信息物理系统（CPS），深度整合传感器、物联网、工业大数据、人工智能等先进技术，推动物流世界和信息网络世界的深度融合，从而实现工业数字化、网络化和智能化的制造与服务。日本小松集团兼并了美国 P&H、久益（Joy）和法国 Montabert 公司等传统露天煤矿设备大厂商，美国卡特彼勒集团兼并了比塞洛斯等专业化露天煤矿设备大厂商，然后利用自身的优势技术来优化整合原有品牌设备；目前无人驾驶卡车的两家主要供应商是卡特彼勒和小松，市场占有率达到 86.5%，其中卡特彼勒 793F 和小松 930E 是最受欢迎的车型。

中国露天煤矿将进入存量发展阶段，目前采矿装备制造企业数量多、竞争力弱。中国露天开采装备经历了主要使用日德装备（20 世纪 10 年代末到新中国成立前）—苏制装备为主、授权制造与仿制相结合（新中国成立到 1977 年）—引进学习美德日装备技术、开始国产装备替代（从改革开放到 2002 年）—国内装备制造大发展、国外装备与国内自主研发装备激烈竞争（2003 年至今）4 个阶段的发展，产品品种迅速增加，产品质量和成套生产能力有了较大提高，目前呈现国外制造装备和国内自主研发装备激烈竞争的局面。近年来，中国新建露天煤矿较少，现有露天煤矿的煤炭生产经过产能挖潜核增，高速扩张时期已经告一段落，即将进入存量发展阶段；现阶段，露天煤矿装备制造厂商众多，存在单个厂商规模小、市场集中度低、过度竞争等问题。

4 世界露天煤矿生态环境保护

世界主要露天煤矿矿区生态环境多样化，露天煤矿的开发秉承着坚持"生态恢复原貌"的原则（即不低于开采前的生态水平），通过露天煤矿开发前的环境影响评价、资源开发与土地复垦一体化等法律法规的硬约束，保证了生产开发与环境保护的和谐一致。

随着时代的进步，世界各国不断强调绿色发展和可持续发展，对矿产资源的开发提出了更高要求。从项目的勘探到开发、从运营到闭坑和复垦，每个环节都涉及生态环境保护。

4.1 发达国家矿山环境保护立法情况

国外发达国家在矿山地质环境研究与保护方面起步较早。矿山地质环境保护是生态环境保护的重要组成部分，第一次工业革命以后，随着世界经济的不断发展，全世界环境污染范围越来越大、危害越来越严重，美国、德国等国家随即开始了环境保护立法工作。美国最早的环境保护法规可追溯到1872年的《黄石国家公园法》，德国的《联邦自然保护法》发布于1935年。20世纪60年代以后，美国、澳大利亚、加拿大、德国等国矿产资源开发在为经济发展提供强大动力的同时，也带来了一系列的环境问题；于是，这些国家开启"从污染到治理"的发展模式，出台了一系列矿山环境保护法律法规。

欧美发达国家矿产资源开发与环境保护的法律法规体系完整、要求严格，俄罗斯等国正在健全和完善相关法律法规。美国、德国、加拿大、澳大利亚等国环保法规主要涉及土地保护、环境影响评价、许可证制度和土地复垦等方面，实施开采复垦一体化，边开采边复垦，土地复垦率普遍较高；俄罗斯、南非等国相关法律法规正在逐渐健全，总体上比较笼统、缺乏明确和细致的要求。国外主要产煤国家生态环境保护政策要点见表1-4-1。

表1-4-1 国外主要产煤国家生态环境保护政策

国家	主要法律法规	政策要点与技术标准
美国	《露天采矿管理与复垦法》（1977）	规定了露天采矿环境治理的标准、程序、治理目标与治理技术要求，使复垦成为煤炭开采的一部分，采矿经营者必须将土地恢复到开采以前的状态；土地复垦基金属于美国国库中的单一账户，主要目的是为老矿复垦筹集资金，缴纳标准：从事煤炭开采活动的企业必须按规定缴纳复垦基金，露天煤矿35美分每吨煤，井工煤矿15美分每吨煤或其售价的10%（以少者为准），褐煤按10美分每吨煤或其售价的2%（以少者为准），按季度缴纳；土地复垦保证金制度约束矿主主动按照规定的标准进行土地复垦，保证金的数额按许可证批准的复垦要求确定，因各采矿区地理、地质、水文、植被的不同而有差异。煤矿土地复垦验收标准：规定种上植被5年后验收；规定种植牧草要每公顷产干物质1800～1900 kg；规定农用地产粮食每公顷3000～5400 kg。验收如不达标，需要过5年后再进行第二次验收，否则不返还保证金

4 世界露天煤矿生态环境保护

表1-4-1（续）

国家	主要法律法规	政策要点与技术标准
美国	《大气净化法修正案》（1990）	对各地区空气质量作了分类，对未达标地区实施制裁。环保局制定了防止酸雨计划，迫使原来生产高硫煤的中东部煤矿减产、停产，生产低硫煤的西部煤矿得到开发机会
澳大利亚	新南威尔士州《环境保护法》（1997）	该法是由《空气洁净法》（1961）、《水洁净法》（1970）、《噪声控制法》（1975）等法律的主要条款合并而成的一部综合性环境保护法规。该法关于粉尘治理的要求是：利用"最适用的方法"控制粉尘源的产生，扩大煤矿与相邻单位之间的缓冲带，减少粉尘对人和住宅的影响；当风速超过10 m/s时，需要采用除尘、喷雾装置；堆煤区必须有喷雾系统，以规定水量向煤堆表面喷雾；在运输公路上或粉尘特别大的交通运输区，需要配备每小时能够向每平方米路面洒水1.5 L的洒水车。污染治理委员会强制要求所有新建露天煤矿制定对粉尘沉降和悬浮颗粒的监测计划。关于污水的治理原则：一是采取最适用的方法使水用于矿区；二是将污水产生率降到最低程度；三是将污水与清洁水源分开，降低污水处理工作量和成本；四是对水质进行定期检测等。同时，该法制定了煤矿开采的噪声控制标准，包括爆破对居民影响的极限舒适标准、爆破管理许可条件等
	新南威尔士州《矿业法》（1992）	对各类矿山的环境保护和土地恢复工作提出了具体的要求。主要包括：防止空气、水和噪声污染；保护动植物和动物栖息地，特别是濒危物种；鉴别并预防对原住民保护地、考古地点、历史遗址和地质现场的影响；防止对自然景观和其他风景区的影响；保证公共场所、仓库和动物群的安全；逐渐恢复开采现场，制定关矿计划和污染管理计划，达到开产前的利用程度等。设立"复垦保证金"，向该州的居民承诺，该州因矿产品、石油的勘探和开发所造成的环境破坏的恢复费用，由要求在该州从事勘探开发活动的投资商承担，不会给当地居民增加额外的税收负担。根据该法与勘探许可证、评估租赁和采矿租赁有关的第3、4、5部分的条款，"复垦保证金"是投资商获得探矿权和采矿权的必要条件。新的煤炭和其他矿产品投资商获得勘探和开采租赁的要求是必须提供"采矿作业计划"和"年度环境管理报告（AEMR）"
德国	《联邦矿业法》（2013）	要求企业的环境管理必须贯穿全生命周期，采前、采中和闭坑的环境保护和治理规划需要报矿山主管部门批准。其业主对矿区复垦的具体措施，是获得项目审批的先决条件。矿山关闭要有清除危险、拆除矿山建筑物、消除污染的具体规划方案，明确生物物种和水体恢复到矿山开采以前状态
	《废弃淹水煤矿的水资源管理》（2008）	规定了废弃煤矿地下水监测、排水管理、排水处理等方面遵循的原则和技术途径
俄罗斯	《俄罗斯联邦环境保护法》（2002）	资源有偿使用和环境污染破坏补偿原则，环保监督的独立性原则。对计划进行的经济活动等有可能产生的生态危害要进行预先评估，根据环保技术标准检查项目情况、确保相关活动的有害影响降到最低等
	《俄罗斯联邦生态评估法》（1998）	生态评估信息的真实性和完整性、环评专家的独立性、公共机构（协会等）参与、征求公众意见、参与者和利益相关者保证评估结论的客观性和合法性并承担责任。目的是对生态评估客体相关经营活动进行评估、防止该活动对环境产生负面影响

表1-4-1（续）

国家	主要法律法规	政策要点与技术标准
哈萨克斯坦	《环境保护法》（1997）	煤矿开采必须进行环境影响评估；对矿物生产与利用产生的废弃物进行有毒和无毒分类与分级，允许无水的地下煤矿设置有毒废弃物存储点
	《地下资源及地下资源利用法》（2010年修订）	除了首先遵守《环境保护法》以外，还应当遵循地下资源保护规则，预防勘探、挖掘装备及材料的使用对矿区的地质、水文等生态环境造成影响；矿产开发终止时，要对矿山进行清理和密封等
印度	《环境保护法》（1986）	《矿产资源保护与开发规则》（1988）、《矿物保护和发展条例》（2017）
印度尼西亚	《环境管理法》（2009）	替代《环境法》（1997），规定"能源和矿产资源"属于需要做环境影响评价的项目；采矿权面积大于200 hm^{2}或露天采矿区域大于50 hm^{2}活动等需要进行环境影响评价
加拿大	《环境保护法》（1999）	首要目的在于通过污染预防以实现可持续发展；规定有毒物质、污染物质和废弃物质相关的使用者和生产者的责任，采用"污染者付费"的原则等
南非	《国家环境管理法》（1998）（NEMA）	确立了环境管理的基本原则，追求环境公正、政府要确保人们对环境资源利用的均等机会、发展要避免环境污染或将其限定在最低范围内等
	《矿产和石油资源开发法》（2002）	在土地复垦方面对不同矿种提出了相应的要求，主要包括地表复垦、边坡修整、覆盖等方面
	《矿区土地复垦准则》（2007）	在《南非露天煤矿复垦准则》（1981）基础上制定的，为矿区土地复垦提供了详细的标准和要求，煤矿的复垦要求是边开采边恢复或开采后统一恢复治理

4.2 国外矿山土地复垦情况

美国、澳大利亚等国政府对矿区复垦的管理多设立专门的机构。美国为强化矿区土地复垦工作，在内政部设露天采矿与复垦办公室负责监管全部矿山土地复垦工作，贯彻执行《露天采矿管理与复垦法》（1977）并监督其实施情况，负责制定颁布该法的实施细则，审批矿山开采与复垦计划等。澳大利亚矿山环境管理由联邦政府负责立法框架，各州的环境保护局负责制定适合本州实际情况的、可具体操作的政策法规。加拿大负责露天煤矿环境监管的机构包括联邦政府机构和省或领地政府两级机构，联邦政府通过"国家遗弃/废弃矿山倡议（NOAMI）"委员会来协调推进全国的废弃矿山管理工作，各省或领地政府由各自的专业部门负责遗弃/废弃矿山的生态环境恢复工作。

美国、澳大利亚等国矿山土地复垦资金来源明确稳定。美国对于《露天采矿管理与复垦法》颁布前的采矿破坏土地恢复治理问题，明确了法律颁布前和法律颁布后的治理责任，根据开采方式和矿山地形条件，法律颁布后的矿山损毁土地由开采者进行复垦，开采者向美国内政部缴纳复垦保证金，若完成复垦工作且验收合格该部分费用返还开采者；法律颁布前的采矿损毁土地由国家出资进行恢复治理，主要的资金来源于国库设立的复垦保证金，包括采矿企业缴纳的费用、滞纳金、罚款、捐款等。澳大利亚对开采者征收土地复垦保证金，复垦合格后，保证金全额退还，对复垦工作做得好的开采者，降低保证金缴纳比例，最小缴纳比例为25%；相反，对于复垦工作较差的开采者，调高其保证金缴纳比例。

4.3 国外露天煤矿开发原则

国外主要露天煤田原有生态环境呈现多元化特征，不影响煤炭资源的开发。世界主要18处大型露天煤田拥有约85%的适合露天开发的煤炭资源，每年生产约3 Gt煤炭。其所在煤田的气候主要有温带、寒带和亚热带三类，地貌特征主要有森林（包括针叶林）、平原（包括农业用地）、山地、草原四类，国外主要露天煤田原有的生态环境特征见表1-4-2。

表1-4-2 国外主要露天煤田原有的生态环境特征

主要露天矿区所在煤田	环境特征	所在国家
阿巴拉契亚煤田	温热带森林	美国
波德河煤田	寒带草原	美国
伊利诺伊煤田	温带黑土地	美国
博文煤田、悉尼煤田、吉普斯兰煤田	亚热带草原	澳大利亚
顿巴斯煤田	温带山地、平原	俄罗斯
库兹巴斯煤田、坎斯克-阿钦斯克煤田、伯朝拉煤田	寒带针叶林	俄罗斯
伊尔库茨克煤田、米努辛斯克煤田	温带山地、森林	俄罗斯
萨斯克彻温煤田	寒带森林、农业用地	加拿大
阿尔伯塔煤田	高寒森林、草原	加拿大
East Kootenay煤田和Peace River煤田	寒带山间盆地	加拿大
莱茵煤田、劳齐茨煤田	温带森林、农业用地	德国

美国、澳大利亚等国露天煤矿开发强调能够恢复为扰动之前的生态功能，生态修复与采矿工程一体化，并且将生态环保工作贯彻于整个采矿生命周期。土地复垦是矿产资源开发中保护土地的必然选择，20世纪70年代美国、澳大利亚等国相继制定了专门的土地复垦法规，对矿产资源开发的生态恢复做出了比较明确的规定。美国《露天采矿管理与复垦法》（1977）规定，采后土地必须恢复到原来的状态，同时需改善矿区扰动的生态环境；具体要求是：农田和森林恢复原状，控制水蚀和有毒物的沉积；保证地表不变和地下水位维持原有水平；注重有害和酸性物的预防和治理；防止堆积物产生滑坡等。澳大利亚新南威尔士州《矿业法》（1992）规定，采后土地需要恢复到采前的土地利用能力或恢复成与周围土壤构造相同的状态，不低于开采前的生态水平；要求恢复废弃矿区与严管生产

矿区的生态环境并举,坚持走可持续生态矿业之路,将多专业联合投入,并引入许多新计算机技术,将复垦作为开采工艺的一部分。加拿大《环境保护法》的要求是不能低于原有的生态水平。德国《联邦矿业法》要求生物物种和水体恢复到开采以前的状态;具体要求是:在采矿过程中最大程度地减少破坏生态环境,开采后进行的复垦不单是种树或整地,而是从宏观上考虑生态的变化以及居民对环境的要求。

环境影响评价是露天资源开发的先决条件。环境影响评价是对在经济活动影响下环境保护的局部预测,一般由项目申请者(公司)提交环境影响报告书或由公司出资聘请无利益关系单位专家进行评价。多数国家露天资源开发环境影响评价的具体要求由相关的采矿法提出,环境影响评价的审查和通过是采矿权审查和授予的前提。环境影响评估的要求是科学性、公开性,即环境影响评价结论要具备客观性和合法性;要考虑公众意见,有公共机构(协会)的参与等。国外主要产煤国家环境影响评价的相关法规及要求详见表1-4-3。

表1-4-3 国外主要产煤国家环境影响评价的相关法规及要求

国家	主要法律法规	政策要点与技术标准(与露天开采相关的)
美国	《国家环境政策法》(1969)	环保领域大宪章,提出了开展环境影响评价的要求,要求矿业公司在新上项目前提交环境影响报告书
美国	《新建露天煤矿环境影响评价指南》(1979)	由环保局编制,指导新建露天煤矿获得"国家污染物排放消除系统"(NPDES)许可的环境影响报告编制,具体包括:采矿废水、空气污染物和固体废弃物对环境、人体和生物的影响等
澳大利亚	新南威尔士州《环境规划与评估法》(1979)	所有与煤炭有关的开发项目归类为指定开发项目,均需编制《开采计划与开采环境影响评价报告》,即要求煤矿企业必须在开采前完成环境保护规划与措施的制定
德国	《联邦德国环境影响评价法》(2001年修订)	企业在矿山开采前、开采中和终止时,都要制订环境保护和治理规划,报矿山主管部门批准
俄罗斯	《俄罗斯联邦生态评估法》(1998)	原则:生态评估信息的真实性和完整性、环评专家的独立性、公共机构(协会等)参与、征求公众意见、参与者和利益相关者保证评估结论的客观性和合法性并承担责任。目的:对生态评估客体相关经营活动进行评估、防止该活动对环境产生负面影响
印度尼西亚	《环境管理法》(2009)	替代《环境法》(1997),规定"能源和矿产资源"属于需要做环境影响评价的项目;采矿权面积大于200 hm^{2}或露天采矿区域大于50 hm^{2}活动等需要进行环境影响评价
加拿大	《环境评估法》(1992)	该法要求对所有项目进行环境影响评估。各省矿业管理部门负责矿产资源勘探、开发、开采及矿山建设管理、清理改造和关闭复垦的全过程等

4.4 国外矿山生态环保技术发展情况

美国、澳大利亚等国矿山的生态环保技术贯穿于露天煤矿的整个生命周期。一是运用先进技术做好采前准备,国外大型露天煤矿矿区原有生态环境呈现森林、草原等多样化特征，完成环境影响评价是采矿公司取得采矿许可证的前提，需要对矿区范围地形、土壤、动植物、病虫害等方面进行技术调查，对所有潜在的环境影响进行鉴别和分析。二是运用土壤管理、粉尘监测技术做好开采过程中的生态环保工作，露天煤矿首先是进行表土回收与分类堆放，然后对开采、运输、储煤等过程进行除尘降尘，同时对排土场进行粉尘监测。三是运用复垦技术做好采后土地生态功能恢复，露天煤矿主要复垦技术包括地貌重塑、水文恢复、土壤结构优化、植被重建四个方面，采矿后地形恢复到近似原始轮廓，通过水文控制技术恢复地表水，回收所有可用的土壤进行回填和分级，以达到与采前地形非常相似的采后地形，根据采后土地用途进行土壤结构优化，准备苗床、恢复多样化永久植被。

4.5 中国露天煤矿生态环保技术发展情况

我国露天煤矿生态建设发展分为三个主要阶段。在"跟跑"阶段，我国颁布了《环境保护法》，与美国、澳大利亚等发达国家相比，我国生态环境保护法律法规体系的建设落后了十多年，露天煤矿的生态环境保护工作也处于小规模土地复垦的初级阶段。在"追赶"阶段，随着党的十六大提出树立和落实科学发展观、构建社会主义和谐社会、建设资源节约型环境友好型社会，中国生态环境保护发生了历史性转变，露天煤矿生态环境保护逐步由被动的土地复垦转变为主动的生态产业链建设。在部分"超越"阶段，党的十八大提出将生态文明建设纳入中国特色社会主义事业总体布局，煤炭产业也进入高质量发展阶段，2010年《关于贯彻落实全国矿产资源规划发展绿色矿业建设绿色矿山工作的指导意见》的发布开启了中国绿色矿山建设新篇章。五大露天煤矿作为绿色矿山建设的先行者，坚持绿色发展不动摇，遵循绿色低碳和可持续发展理念，形成了适合不同区域、气候特点的复垦与生态重建理论、经验和实践，由土地复垦和植被恢复单一发展模式转变为生态重建及农作物、动植物养殖等多元化生态产业发展模式。2022年8月1日起施行的《中央企业节约能源与生态环境保护监督管理办法》明确了中央企业节约能源与生态环境保护工作的四项原则，大型露天煤矿发挥中央企业绿色低碳消费引领作用，"坚持绿色低碳发展""坚持节约优先、保护优先""坚持依法合规""坚持企业责任主体"，积极稳妥推进碳达峰碳中和工作，科学合理制定实施碳达峰碳中和规划和行动方案，采取有力措施控制碳排放，服务于碳达峰和碳中和的国家战略。

4.6 环境保护是履行社会责任的重要组成部分

近年来，商业杂志《财富》和《福布斯》在企业排名评比时亦加上了"社会责任"标准。2000年前后，国外大型矿业公司开始建立企业内部"安全、健康、环境和社区管理系统（HSECMS）"，承诺将开采活动对生态环境、工人安全健康，以及对当地社会造成的不良影响减小到最低限度；大幅降低煤炭开采和利用中"温室气体"排放量；促进新型先进洁净煤技术的开发和转让，并促进这些技术在全球的推广和应用。

大型矿业集团的环境绩效和对矿产地所在社区的环境影响的管理对创造社会价值至关重要。这些企业在环境管理标准方面考虑ISO管理体系的要求并及时更新，以保证在煤矿全生命周期内实施有计划的煤矿关闭和土地复垦，恢复原貌。兖煤澳大利亚有限公司本格拉露天煤矿在煤炭开采过程中，对吊斗铲等大型设备产生的噪声、光和粉尘污染采取了安装专业消声器、灯罩和风控喷水装置等预防措施；必和必拓集团制定了反映当地生物多样性风险和监管要求的计划，使集团能够以更好的方式监测开采活动对生物多样性的影响，以保证煤炭生产与生态环境的和谐共存；英美资源集团在澳大利亚进行资源开发，积极支持澳大利亚煤炭工业研究计划（ACARP）和澳大利亚煤炭协会低排放技术有限公司的研究基金项目，以试验安全减排技术；博地能源集团公司通过植树和土地复垦，努力实现煤炭生产与生态环境和谐发展，同时积极资助洁净煤技术和采矿技术项目研发，推动近零污染排放技术的进步。

5 主要结论和建议

5.1 主要结论

1. 国外主要产煤国家以露天开采为主、中国露天煤矿煤炭产量位居世界第一，且超过国外主要煤炭生产国的煤炭产量

中国露天煤矿煤炭产量位居世界第一，但露天煤矿煤炭产量占煤炭总产量的比重仍低于世界其他主要产煤国家30个百分点以上。当前，世界年产煤炭超过8 Gt，前十位主要产煤国家分别是中国、美国、澳大利亚、德国、俄罗斯、印度、印度尼西亚、哈萨克斯坦、加拿大、南非，除了中国之外，其余国家露天煤矿煤炭产量的占比基本在50%以上，部分国家甚至达到90%以上。2022年，中国煤炭总产量为3.9 Gt、露天煤矿煤炭产量为1.057 Gt，均为世界第一，但露天煤矿煤炭产量占全部煤炭产量的23.18%，与其他国家相比存在较大差距。中国露天煤矿产量所占比重虽然较低，但绝对产出量已经超过国外大部分国家。2021年，中国露天煤矿煤炭产量超过了俄罗斯、澳大利亚和美国，位居世界第一。

征地难制约中国露天煤矿的发展。露天开采需占用大量土地作为采场、排土场和工业场地用地，国内许多露天煤矿存在不同程度的征地滞后问题。在保证国家18亿亩[①]耕地红线以及生态保护红线不破的前提下，随着生产能力的逐步提升，建设用地指标不足，加上办理草原、林地、土地报批手续繁杂、土地征收难、时间跨度大、审批时间长等因素的制约，部分煤矿出现无地可用被迫停产的情况。因征地问题"卡脖子"导致先进产能无法释放，影响煤炭企业的原煤产量，束缚大型露天煤矿发展。

2. 国外主要产煤国家适合露天开采的煤炭资源丰富、赋存条件优越，中国适合露天开采的煤炭资源相对较少，且赋存条件复杂

与国外其他主要产煤国家相比，中国适合露天开采的煤炭资源相对较少，且赋存条件复杂。煤田地质条件除了受煤层原始沉积环境的影响，主要受控于大地构造背景和煤田形成后所经历构造运动的期次多少与强弱情况。从世界范围内看，美国、澳大利亚、俄罗斯等国煤炭资源量丰富，适合露天开采的煤炭资源量大，占煤炭资源总量的50%以上；主要煤田大都位于大型稳定地台（地盾、克拉通地块），区域构造简单，成煤和保煤条件较好；煤层赋存平稳、倾角小、埋藏浅、含煤层系厚。我国主要煤田的地质条件与国外主要产煤国家相比，适合露天煤矿开采的资源比例较低，为10%～15%；大部分煤田受陆内造山带影响、挤压变形明显，赋存条件异常复杂；自然特征和开发条件变化较大，大部分煤田是倾斜和急倾斜煤层；露头埋藏深度较大，可采煤层层数多，但煤层间距较大。

---

① 1亩=666.6 m²。

我国露天煤炭开发超能力生产时有发生。由于露天煤矿对能力提升的限制较小，一些矿区脱离规划设计产能，盲目追求产量，组织超能力生产。一方面给生产安全带来巨大隐患；另一方面，造成采掘失调、资源过快消耗，后续资源接续困难，部分煤矿剩余服务年限不足等问题。另外，部分企业受利益驱使，采厚弃薄，采易弃难，造成煤炭资源大量损失浪费；与此同时，超能力生产往往造成生态环境严重破坏，加剧煤炭开采与环境的矛盾，将严重影响露天煤矿的可持续发展能力。

3. 中国露天煤矿生产能力增长较快，大型露天煤矿数量和产量远远高于其他产煤国家

中国大型露天煤矿生产能力与美国、澳大利亚等国相比具有较大优势。2020 年，中国年产量大于 20 Mt 的大型露天煤矿达到 16 处，比美国和澳大利亚分别多 14 处和 15 处，占世界 20 Mt 以上露天煤矿数量的 1/3；中国此类露天煤矿的产量比美国、澳大利亚同类型露天煤矿的产量高出数倍，占世界同类型露天煤矿总产量的近 1/3。2020 年，中国 10 Mt 以上的露天煤矿有近 30 处，亦多于美国和澳大利亚的同类型露天煤矿数量，占世界同类型露天煤矿数量的近 30%；中国 10 Mt 以上露天煤矿煤炭产量多于美国和澳大利亚两国同类型露天煤矿产量之和，占世界同类型露天煤矿产量的近 30%。

中国大型露天煤矿开采深度持续加大。随着开采年份和产量的增加，中国在产露天煤矿平均开采深度近 200 m，抚顺西露天煤矿开采深度达到了 400 m。开采深度加大增加了露天煤矿开采的技术难度，剥采比提高、开采工艺更新、边坡塌陷、矿坑水处理等一系列问题，对煤矿开采的安全性、经济性等方面提出了新的挑战。

4. 发达国家露天煤矿早期以单一开采工艺为主、并逐步向综合开采工艺发展，发展中国家露天煤田赋存条件较为复杂，均大力发展以吊斗铲倒堆开采工艺和轮斗连续开采工艺为主的综合开采工艺

世界各国露天资源开采条件各不相同，总体来看，发达国家露天开采条件远好于发展中国家，并且发展出了各有特色的开采工艺。美国露天煤田的特点是：气候条件较好，煤层埋藏浅，多数煤层构造简单，呈水平、近水平或缓倾斜，厚度一般不大，剥采比较大，因此美国大力发展吊斗铲倒堆开采工艺和单斗 – 卡车开采工艺。加拿大露天煤矿开采工艺与美国相似，以单斗 – 卡车开采工艺和吊斗铲倒堆开采工艺为主。德国露天煤矿开采的褐煤煤田特点是：煤层埋藏较浅，结构简单，倾角一般较缓，厚度大（部分露天的剥离厚度也大），煤及剥离物均松软，不需爆破即可挖掘，气候条件较好，没有高温、严寒、大风等对生产的影响。基于这些条件，德国的露天开采技术在长期实践中形成了具有自身特点的轮斗连续开采工艺，与德国相邻的波兰、捷克等国露天煤矿开采也广泛采用轮斗连续工艺。澳大利亚硬煤资源主要分布在昆士兰州和新南威尔士州，具有埋藏浅、倾角缓的特点，因此主要开采工艺分为无运输倒堆开采工艺（大型吊斗铲剥离，单斗 – 汽车工艺采煤，采深约 60 m）和单斗 – 卡车间断开采工艺（采深 150~220 m）；褐煤主要埋藏于南部的维多利亚州，其特点是煤层厚、分布广、灰分低、储量大，褐煤主要由轮斗连续工艺开采。近年来，随着露天煤矿开采深度加大和地质赋存条件变化，除德国露天煤矿仍然采用轮斗连续开采工艺外，欧美主流露天煤矿开采工艺仍以间断式、半连续式及连续式为主，并逐步向综合工艺的趋势发展。

与发达国家相比，发展中国家主要露天煤田大部分埋藏深、倾角大、构造复杂、剥采比大、煤层数多、气候条件恶劣，在现有生产露天煤矿中，尤以中国赋存条件最为复杂，俄罗斯次之。俄罗斯幅员辽阔，气候寒冷，主要露天煤田赋存条件较为复杂，为适应不同的资源赋存条件，俄罗斯露天采煤采用了多种开采工艺，主要包括：单斗机械铲－铁道运输或单斗机械铲－汽车运输的间断工艺，吊斗铲无运输倒堆工艺；轮斗挖掘机－铁道运输或单斗机械铲－带式输送机运输的半连续工艺；轮斗挖掘机－带式输送机的连续工艺。哈萨克斯坦气候条件恶劣，煤层埋藏浅、倾角平缓，但煤层层数多、厚度大，剥采比较小，主要开采工艺有：剥离采用单斗（吊斗）－铁道工艺和单斗－卡车工艺，采煤采用轮斗连续工艺或单斗－卡车工艺。印度气候条件较好，主要煤田煤层埋藏浅、煤层少、剥采比小，煤层较为平缓，剥离无需爆破，单斗－卡车开采工艺和吊斗铲倒堆开采工艺使用最为广泛，印度北部的辛格劳利煤田的露天煤矿使用单斗－卡车工艺＋吊斗铲倒堆工艺的综合开采工艺，印度南部的奈维利煤田使用轮斗挖掘机－带式输送机的连续开采工艺。南非气候条件好，主要露天煤田煤层较多但薄，埋藏深、较平缓，主要使用单斗－卡车工艺＋吊斗铲倒堆工艺的综合开采工艺。印度尼西亚露天煤田煤层埋藏浅、构造简单，剥采比小，主要采用单斗－卡车开采工艺。中国适合露天开采的煤炭资源条件相对复杂，露天煤矿开采工艺发展经历了新中国成立初期到20世纪80年代初以单斗－铁道工艺为主的阶段；到1987年平朔安太堡露天煤矿建成投产为标志，转向以单斗－卡车工艺为主，半连续开采工艺、综合开采工艺等并存的阶段，目前有2/3的露天煤矿采用单斗－卡车工艺。

5. 国外露天煤矿设备向智能化、大型化、节约化、环保方向发展，中国露天煤矿装备制造水平全方位提升，但大型露天开采装备制造水平仍落后

国外露天煤矿设备先发优势明显，各类装备具有可靠性高、效率高、综合成本低、人机工程良好等特点。国外厂商在矿山设备智能化的总体架构、软件层面和硬件层面得到快速发展；随着露天煤矿生产规模的不断增加，矿山设备大型化的速率加快，并且得益于矿山设备生产技术的不断发展，促使生产工艺环节减少，生产系统可靠性提高；同时，随着各国践行环保理念的不断深入，设备的生产、使用更为节能绿色。国外大型设备制造商生产的各种设备均在国外露天煤矿率先得到使用，部分设备在国外发明至今已逾百年历史，在传动方式、机械结构、动力来源、行走方式等方面针对不同工艺进行适应性升级和迭代，相关设备制造和使用水平与国内厂商相比，具有明显的先发优势。截至2021年，世界露天采矿装备制造商主要有美国卡特彼勒、日本小松、德国利勃海尔、瑞典山特维克等，卡特彼勒和小松2家企业销售收入占世界市场份额的30%，轮斗挖掘机、排土机、吊斗铲、破碎机等设备在行业内已形成垄断。

近年来我国露天开采装备制造水平持续提升，但与国际先进水平仍有较大差距。露天装备制造经过多国引进、多国合作、国内组装、自主创新等多阶段的一百余年发展，制造水平整体得到很大提升，特别是经过改革开放以来四十余年的发展，具有代表性的装备包括太原重工研制的斗容75 m^3 的单斗挖掘机、徐工生产的载重量达到400 t级自卸卡车、山推研发制造的45 m^3 推土机等，采矿关键装备及核心部件已基本实现国产化。矿山智能化建设加快，以5G＋多网络融合、大数据采集与分析、智能综合管控平台、边坡监测、无人驾驶、智能装车、固定岗位无人值守等为代表的智能化应用场景不断丰富。但智能化

开采关键装备制造技术亟待提升,我国研发制造的钻机、单斗挖掘机、矿用自卸卡车、推土机、自移式破碎机等设备能力偏低,可靠性不足,不能满足大型露天煤矿生产需求;一些核心技术和关键零部件仍然依赖国外,仍需突破性发展。

6. 世界主要露天煤炭开采矿区原有生态环境多样化,基本原则是恢复原有生态功能

世界主要露天煤炭开采矿区原有生态环境多样化,不是资源开发的硬约束。美国、澳大利亚等国18处大型露天煤矿矿区原有生态环境呈现多元化特征,其所在煤田的地貌特征包括森林(针叶林)、平原(农业用地)、山地、草原四类,气候类型有温带、寒带和亚热带三种。我国适合露天开采的煤炭资源主要分布于"三西"、蒙东、新疆、云南等地,"三西"是黄土高原(较为独特),蒙东是高寒草原(与美国波德河煤田地貌特征相似),新疆是戈壁荒滩(接近澳大利亚新南威尔士州的地貌),云南与印度尼西亚的地貌特征相似。环境影响评价是国外审批大型露天煤矿的先决条件。根据环境影响评价的要求,一方面最大程度地降低开采过程中的环境影响,保证空气质量和水质;另一方面采用先进技术进行土地复垦,恢复生态原貌,保证居民对环境的要求。

恢复原有生态功能是美国、澳大利亚等国矿山复垦遵循的基本原则,美国《露天采矿管理与复垦法》规定,土地复垦后必须恢复到原有土地利用景观,如原有土地景观是湿地,恢复后也必须是湿地;原有土地是动物栖息地,在复垦过程中,要恢复原有植被和自然景观,使复垦后的土地重新成为水生动物、陆地野生动物的栖息地。澳大利亚新南威尔士州《矿业法(1992)》要求,采矿企业必须将采矿后土地恢复到采前的土地利用能力或恢复成与周围土壤构造相同的状态。加拿大《露天煤矿和采石场控制与复垦法》(1979)要求,土地复垦后不能低于原有的生态水平;德国《联邦矿业法》要求,生物物种和水体恢复到开采以前的状态。

我国露天煤矿在土地复垦及环境保护方面已经取得了一定成就,大型露天煤矿开采工艺、环境恢复治理等技术水平均已达到世界一流,创造了黄土高原区、高寒高原区、荒漠戈壁区、草原区等不同类型的露天煤矿生态治理模式,生态环境质量持续好转,以准能、平朔、伊敏等为代表的露天煤矿区生态治理水平达到国际先进。随着人们对生态环境和发展质量认识的不断提高,露天采矿与环境保护之间的矛盾越发引起人们的关注,我国在立法、资金保障和机构设置等方面与国外还存在一定差距,部分矿区缺乏长远规划和科学设计。

5.2 发展建议

1. 中国露天煤矿具备较好的发展基础,应推进露天煤矿高质量发展

经过上百年的发展,中国露天煤炭开采具备了较好的基础,可进一步扩大露天煤矿产量总体规模。露天开采技术从人工开采到机械开采、从蒸汽动力到电力驱动和远程遥控,年生产能力从几万吨、几十万吨、几百万吨、几千万吨到几亿吨;开采设备从几立方米斗容、十几吨装载量的小型设备到几十立方米斗容、几百吨装载量的大型设备;开采工艺从人力开采、绞车提升到单斗-卡车间断工艺、半连续工艺、连续工艺及吊斗铲倒堆工艺协调配合的综合工艺;资源开发模式也由单一产业开发向资源综合利用、绿色环保方向发展。中国露天开采的煤炭生产规模已超过美国、澳大利亚等国,具有较好的发展基础,应

坚持能源安全新战略，继续扩大露天煤矿建设总量规模、提高露天煤矿产量占比，通过核心技术的突破性发展，充分发挥露天开采在安全发展、生产效率、绿色发展等方面的特殊优势，推进露天煤矿高质量发展，保障中国煤炭稳定供应和国家能源安全。

2. 中国适合露天开采的煤炭资源有限，既要增加适合露天煤炭开采的资源量、又要统一规划和开发

2020 年，中国煤炭资源总量位居世界第四位，排在美国、俄罗斯、澳大利亚之后，但中国适合露天开采的煤炭资源十分有限，仅为煤炭资源总量的约 1/7，而前三位的国家适合露天开采的煤炭资源十分丰富，均占煤炭资源总量的 1/2 以上。同时，我国一些适合建设大型露天煤矿的区域，被人为地划分成多个小露天煤矿，造成生产作业线长度短，煤矿产能无法大幅度提升；在露天煤矿生产、建设中存在征地难的问题，导致煤矿产能得不到有效释放。需进一步推进我国露天煤矿煤炭开采的可持续发展：一是加大勘探投入和力度，增加可供露天开采的煤炭资源储量；二是加强露天煤炭资源开发规划，整装煤田统一规划、统一开发，减少矿权设置数量，建设大型和特大型露天煤矿，整合中小型露天煤矿；三是推动可露天开采的井工煤矿转为露天开采，具备露天开采价值的井工煤矿采空区资源进行露天复采；四是加强部际协调，强化用地保障，避免露天煤矿采剥失调。

3. 我国中小型露天煤矿数量仍然较多，需进一步提高露天煤炭开采集中度

大型、特大型现代化露天煤矿代表煤炭工业发展的先进方向，有利于发挥规模和技术优势，降低生产成本，促进先进工艺技术装备的研发应用，提高煤炭资源回收率，减少排土占地，提高露天煤矿的环境保护和安全生产水平。我国露天煤矿生产结构中，虽然大型、特大型露天煤矿占比高于国外其他国家，但中小型露天煤矿数量仍然较多，需进一步提高露天煤炭开采集中度。一是进一步加强大型、特大型现代化露天煤矿建设。在同一煤田或同一矿区，集中资金、技术和人才力量，有序新建资源条件较好的大型露天煤矿。二是推动中小型露天煤矿资源整合、加快兼并重组。对同一煤田具有整合条件的中小型露天煤矿（如鄂尔多斯地区），鼓励煤炭企业实施兼并重组与资源整合，提高规模化现代化水平，减少煤炭资源的浪费，避免矿区资源的无序混乱开采，在中小型露天煤矿加快半连续工艺的推广应用。

4. 我国露天煤矿矿区的开采条件复杂，应当重点发展以单斗－卡车开采工艺和自移式半连续开采工艺为主的综合开采工艺

我国适于露天开采的煤田，自然特征和开发条件变化较大。煤层倾角从水平、近水平、缓倾斜（如平朔煤田、准格尔煤田等）、倾斜（如霍林河煤田）直至急倾斜（如新疆的一些煤田）；可采煤层数从单一煤层（如云南昭通煤田）到煤层群（最多达几十层），煤层总厚从不到 10 m 直至 100 余米（如云南小龙潭煤田）；煤及围岩坚硬程度从可以用镐直接刨挖（如云南一些煤田）直至抗压强度在 80 kg/cm^2 以上（如平朔煤田）；气候条件从冬季气温低于 -40 ℃、冻结深度达 3 m 以上（如霍林河煤田）到全年不冻结、气温最高在 +35 ℃ 以上（如云南一些煤田）。20 世纪 80 年代，多数拟开发露天煤矿均曾委托国外进行设计或进行合作设计，但其设计仅适用于个别露天煤矿。近年来，我国露天煤矿在单斗－卡车开采工艺的基础上，尝试了多种综合开采工艺，如国外露天煤矿普遍应用且效果很好的轮斗连续开采工艺、吊斗铲倒堆开采工艺，先后在小龙潭、霍林河、元宝山、黑

岱沟等露天煤矿进行应用,实际效果不太理想。因矿床赋存条件差异,我国露天煤矿开采工艺无法简单套用国外模式。为了避免当前我国以单斗－卡车工艺为主的综合开采工艺运距越来越远、成本越来越高的情况,在工艺发展方向上,未来我国应当发展以半连续工艺为主的综合开采工艺,尤其应当发展灵活性高、适应性强、开采成本低的自移式半连续开采工艺。煤矿企业应加强自移式破碎机应用和维护的技术研究,总结进口装备的使用经验,提高使用效能,降低使用成本,为下一步推广应用做好准备。

5. 提高国产设备在国内矿山使用规模,加大研发力度、集中攻关核心技术瓶颈,推动露天煤矿设备全面国产化

不断完善矿山机械开发人才引进和培养机制,加强创新型和技能型人才及团队建设。吸纳全社会的优势科技资源共同参与研究和示范,选择国内研究水平高的大型科研单位和研究与制造能力强的大型煤炭机械制造企业、大型煤炭生产企业,形成"产学研"联合攻关队伍,加强关键核心技术攻关。攻克露天采矿设备核心技术瓶颈,开发研制大型采装设备、运输设备的动力总成、传动部件、电控系统、特种钢组件等。单斗挖掘机、矿用卡车应当在智能无人化、节能降耗、提高效率等方面发力,提升国产装备的可靠性,进一步降低运行成本。进一步提高国产半移动破碎站的性能和可靠性,加快在大中型露天煤矿的推广应用。大型自移式破碎机要加强国产化技术攻关,尽早实现国产替代,降低推广使用成本,避免国外先进技术"卡脖子"现象,保障供应链安全。装备制造商应更新矿山机械产品开发理念,逐步推动露天矿山设备配套全球化、功能模块化、控制自动化、操作人性化,逐步提高设备国产化率。

6. 持续推进露天开采与生态重建一体化工作,实现我国露天煤炭开采良性循环

完善的立法、足够的资金、独立的监管机构和专业化的技术是露天煤矿开采与生态环境协调发展的关键。一是需要出台专门的矿山土地复垦法。我国尚未制定针对矿区扰动土地复垦的法律法规,部分与矿区土地复垦相关的规定均散落于其他法律、法规、实施办法中,且操作性不强。二是需要完善矿山土地复垦资金保障体系。我国矿产资源开发过程中征收的矿山地质环境恢复治理保证金是保障矿区土地复垦的主要手段之一,但存在缴纳标准和比例低、保证金使用不灵活、企业缴纳抵触等问题;《土地复垦条例实施办法》中规定土地复垦义务人需要按照土地复垦方案缴纳土地复垦费用,并设立专门账户,专款专用,但对于复垦资金如何有效使用、如何管理、如何适应矿产资源开采特点等未做详细规定;我国矿产资源开发活动多、矿区土地复垦任务复杂,应针对各类矿区的土地复垦建立专门的资金体系,避免资金不足掣肘矿区土地复垦。三是需要设立独立的矿山复垦监管机构。美国、澳大利亚等国对矿区复垦的管理多设立专门的机构,我国目前尚未设立针对矿山土地复垦的管理部门,管理工作涉及土地、林业、环保等多个部门,缺乏统一性,无法对矿山土地复垦过程及成果进行有效的监督和验收。四是加强低碳管理,坚持矿区"山水林田湖草沙"一体化修复和系统治理,打造生态产业,开发生态产品,创造生态效益,提升矿区生态治理现代化水平,实现我国露天煤炭开采的良性循环。

第2篇 世界露天煤矿开采技术

国外产煤国家优先发展露天煤矿，各主要露天采煤国家在开采工艺技术和装备等方面各有特色。其中美国有世界最大的露天煤矿，单矿年产量近亿吨，千万吨级的特大型露天煤矿使用了世界近一半的吊斗铲；澳大利亚在煤矿首次投用自移式破碎机半连续系统，且大部分煤矿商品煤通过长距离带式输送机运输至港口出口；德国连续开采工艺世界领先，有世界上最大的轮斗挖掘机。长期以来，美国的北羚羊罗谢尔、澳大利亚的贡耶拉瑞尔赛德等典型露天煤矿以其先进的发展理念，使世界露天煤矿开采工艺技术水平得到不断提升。

当前世界主流露天煤矿开采工艺仍以间断式、半连续式及连续式为主，并逐步向综合工艺的趋势发展。露天煤矿开采工艺的选择主要根据煤田的地质条件和机械工业发展水平等因素决定。由于各国地质条件和机械制造基础不同，美国多用吊斗铲倒堆工艺和单斗－卡车工艺；德国及欧洲一些国家，主要发展连续及半连续开采工艺；俄罗斯为适应不同的资源赋存条件，多种不同的开采工艺并存。

1 概　　述

1.1 露天煤矿生产结构不断优化

技术进步持续推进传统的露天开采行业规模化、集约化。采矿业不仅仅是提供矿物产品的传统行业，开采过程中使用的自动化机械，以及用于收集和分析大量数据的先进监控系统等使得该行业成为可与高科技行业相媲美的创新产业，员工数量减少，矿物产量和生产效率大幅提高，生产结构得到不断优化。

工艺技术进步和自动化装备的应用使得美、澳等国露天煤矿规模化优势明显。2020年美国10 Mt以上的大型露天煤矿产量占比50%以上，数量和产量占比分别比2008年提高了0.4个百分点和12400 t/a。2020年，澳大利亚10 Mt/a及以上的露天煤矿产量和数量占比分别为46.3%和19.4%，1/5的较大型露天煤矿生产了近一半的煤炭产量。维多利亚州罗杨露天煤矿主要生产褐煤，2020年该矿煤炭产量占露天煤炭总产量的比重为7.1%；昆士兰州风景露天煤矿主要生产炼焦煤，2020年度该矿煤炭产量占露天煤炭总产量的比重为4.1%。2020年世界露天煤矿生产结构见表2-1-1。

表2-1-1　2020年世界露天煤矿生产结构

煤矿统计范围	露天煤矿数量/处	露天煤矿数量占比/%	露天煤矿产量/Mt	露天煤矿产量占比/%
20 Mt/a及以上	38	2.63	1122	29.02
10（包括）~20 Mt/a	64	4.43	832	21.51
4（包括）~10 Mt/a	165	11.41	1006	26.01
4 Mt/a以下	1179	81.53	908	23.46

1.2 美、澳等国硬煤露天开采工艺

间断工艺在国外露天煤矿使用得最早。美国的大部分露天煤矿、俄罗斯的各硬煤矿区以及澳大利亚的大部分露天煤矿都采用这种工艺。自20世纪初第一台吊斗铲问世以来，吊斗铲无运输倒堆工艺在美国、澳大利亚、加拿大等国家采用非常普遍。

美国适于露天开采的硬煤煤炭资源丰富，75%以上分布在密西西比河以西的怀俄明州、北达科他州和蒙大拿州。基于特殊的煤田地质赋存条件和简化工艺的原则，发展了吊斗铲无运输倒堆工艺；在其煤炭主产地怀俄明州的波德河煤田，南部的大型及特大型露天

煤矿以吊斗铲倒堆开采工艺为主，北部的露天煤矿以单斗-卡车工艺为主；阿巴拉契亚煤田中小型露天煤矿，采用单斗-卡车和吊斗铲倒堆开采工艺；伊利诺伊煤田小型露天煤矿，采用吊斗铲倒堆工艺和单斗-卡车工艺。美国主要露天煤矿间断工艺的应用见表2-1-2。俄罗斯在开发西伯利亚地区露天煤田时，也充分遵循了这一原则，无论是近水平煤层，还是倾斜煤层拉沟露煤都巧妙地利用吊斗铲剥离倒堆。

表2-1-2 美国主要露天煤矿间断工艺的应用

序号	露天煤矿名	工艺		设备		产能/(Mt·a^{-1})
		剥离	采煤	剥离	采煤	
1	德克尔	吊斗铲倒堆	单斗-卡车	1570-W 吊斗铲	295B 单斗挖掘机，136 吨级自卸卡车	12.7
2	黑雷	早期单斗-卡车，后改吊斗铲倒堆	单斗-卡车（早期）	2800 型单斗挖掘机（早期），1300-W、1570-W、2570-W 吊斗铲	2800 型单斗挖掘机，170 吨级与 218 吨级自卸卡车	91
3	北安特洛浦/罗切斯特	吊斗铲倒堆	单斗-卡车	3 台吊斗铲	5 个电铲-卡车队	95

1.3 德国等国褐煤露天开采工艺

连续开采工艺主要用于褐煤露天矿。德国、印度、美国、俄罗斯、澳大利亚等国家和地区的大部分褐煤露天矿使用这种工艺，连续开采工艺使用的设备主要是轮斗挖掘机、带式输送机和排土机。德国凭借其先进的工业基础率先形成了典型轮斗挖掘机连续开采工艺，一大批特大型露天煤矿在该国得以建成。20 世纪 60 年代印度褐煤露天矿也进行了高切割力轮斗挖掘机采掘砂岩和硬褐煤试验，结合本国煤田地质赋存条件开展了技术攻关，相继完成了高切割力轮斗挖掘机、耐磨斗齿研制和松动爆破、爆破块度控制等技术难题的攻关工作。目前，高切割力轮斗挖掘机开采工艺在印度褐煤露天矿得到广泛应用。

德国褐煤资源生成于新生代，占总量的 92.2%；开采条件优越，煤层厚、埋藏浅，多为近水平或缓倾斜煤层，煤层赋存稳定；如莱茵煤田褐煤层厚度达 15~100 m，平均厚 50 m，主要可采煤层最厚达 100 m；主要煤层埋藏深度为 200~300 m，适于露天开采。褐煤的上覆岩层主要为砂砾和黏土，剥离难度不大，全部采用连续工艺。根据煤炭资源赋存形态的不同，采用的组合和工作方式有所不同。莱茵矿区采用以轮斗挖掘机-带式输送机-集中分流站-排土机为主的连续工艺，中部矿区采用以轮斗挖掘机/链斗挖掘机-运输排土桥为主的连续工艺，东部矿区采用以轮斗挖掘机-排土机为主的连续工艺。德国露天煤矿连续工艺应用见表 2-1-3。

表 2-1-3　德国露天煤矿连续工艺应用

矿名	工艺	产能/(Mt·a^{-1})	设备		
			轮斗挖掘机	带式输送机	排土机
弗尔图纳矿	轮斗挖掘机-带式输送机-排土机连续工艺	50	7 台，日挖掘总能力 0.82 Mm^3/d	72 台，总长 50 km	5 台，日排土总能力 0.8 Mm^3/d
哈姆巴赫露天煤矿	轮斗挖掘机-带式输送机-排土机连续工艺	50	8 台套轮斗挖掘机、带式输送机、排土机连续开采工艺系统，单台机组最高日能力 3.71 Mm^3/d，年能力 60 Mm^3/a；输送机长 120 km，带宽 2.8 m，带速为 7.5 m/s		

1.4　半连续工艺和综合工艺的优势

半连续开采工艺和综合开采工艺集合了间断与连续工艺的优点，适应性较强，成为世界露天煤矿开采工艺的新趋势。半连续工艺通过坑内破碎机将间断的采装环节和运输环节连接起来，扩大了带式输送机的应用范围；综合开采工艺的特点是能够适应不同的地质条件，改变以往单一工艺形式，对剥离、采煤等环节采用间断、连续及半连续中的多种工艺进行联合开采作业，可以克服单一开采工艺对地质、气候、煤岩条件的局限性，极大提高露天煤矿的生产效率。

世界上第一个采用半连续工艺的矿山是 1956 年原西德汉诺威市诺德水泥公司的石灰石矿，采场破碎系统采用克虏伯公司研制的能力为 250 t/h 移动式破碎站，半连续工艺系统自此以后开始发展并逐步在露天煤矿中得到广泛应用。20 世纪 70 年代，美国、澳大利亚等国开始在单斗-卡车间断开采工艺中加入了破碎机，用带式输送机替代汽车运输矿岩，在水平区段可以降低运输费用 66%，在上行区段可以降低运输费用 86%。苏联自 1980 年开始应用，1985 年占比 3.8%，到 1990 年，苏联用卡车-带式输送机半连续工艺采出的煤炭总量能够达到 24~25 Mt，用铁道-带式输送机半连续工艺采出的煤炭能达到 95 Mt，总计能达到 130~140 Mt，约占露天采煤总量的 30%~40%。世界各国露天采矿工程受此影响扩大了用带式输送机在开采硬岩中的使用范围，半连续工艺逐步在各国露天煤矿的工艺选择与应用中占据了重要位置。世界上采用半连续工艺的露天煤矿数量迅速增加，到目前为止已有数百个，其中最大的半固定式破碎站生产能力已达到 20000 t/h，移动式破碎机能力已达到 12000 t/h，使用的带式输送机的带宽为 1.5~3 m，带速达 4~7 m/s，带式输送机的输送能力达到 30000 m^3/h。从发展远景看，带式输送机的输送能力将达到 40000 m^3/h，带宽将达到 3.6 m，带速为 8~10 m/s。

典型的半连续开采工艺逐渐向综合开采工艺发展。2002 年，位于澳大利亚昆士兰州博文盆地的贡耶拉露天煤矿引入大型自移式破碎机，该矿剥离采用单斗-卡车间断工艺、单斗-自移式破碎机半连续以及吊斗铲无运输倒堆等三种工艺，是将露天煤矿的半连续工艺开采技术丰富并发展成为典型的综合开采工艺，也逐渐成为露天煤矿绿色开采的新选择。

1.5 世界露天煤矿生产效率提高的关键装备

吊斗铲、轮斗挖掘机、卡车的自动化和远程遥控是露天煤矿生产效率提高的关键装备。随着露天煤矿开采强度越来越大，以钻机、单斗挖掘机、卡车、轮斗挖掘机、吊斗铲为主的露天采矿设备和固定、半固定、自移式煤岩破碎设备的制造技术得到了快速发展。其中美国露天煤矿设备企业注重发展单斗-卡车工艺设备，如卡特、P&H；德国企业则一直引领世界连续工艺设备制造技术的发展，如德国的 FAM 公司在轮斗挖掘机、破碎机、排土机、带式输送机方面处于世界领先地位。

2 中国露天煤矿开采技术

中国适合露天开采的煤炭资源相对较少，主要分布在山西、内蒙古、新疆等15个省区；1913年至今，中国露天煤矿经历了波动发展、稳步发展、加速发展3个时期之后，产能增长了约55倍，2022年露天煤矿产量占煤炭总产量的比重增加到23.2%，露天煤矿煤炭产量跃居世界主要产煤国家的第一位；大型露天煤矿主要分布在神东、陕北、蒙东、晋北、云南、宁东、新疆7个煤炭基地，2021年年产量10 Mt以上的露天煤矿26处；平朔、伊敏、准格尔、宝日希勒等大型露天煤矿生态环境保护经历了土地复垦阶段，正处于生态重构阶段，但中小型露天煤矿大多处于土地复垦的初级阶段，在生态重建等方面仍有许多工作要做。

2.1 概述

2.1.1 适合露天开采资源量及分布

1. 各省（自治区）露天煤矿资源分布

2021年全国有15个省（自治区）有适合露天开采的煤炭资源分布，分别为山西、内蒙古、辽宁、吉林、黑龙江、河南、湖南、广西、贵州、云南、陕西、甘肃、青海、宁夏、新疆和兵团。其中，内蒙古露天煤矿数量最多，有230处；新疆适合露天开发的煤炭资源最为丰富，内蒙古和新疆两地适合露天开发的资源占全国露天资源的90%以上。山西、云南、陕西、黑龙江、辽宁、宁夏适合露天开发的资源基本上已被生产和在建煤矿利用，难以有新的适合露天开发的资源；其他省份适合露天开发的资源有限，可以开发中小型露天煤矿，且开采条件相对较差（图2-2-1、表2-2-1）。

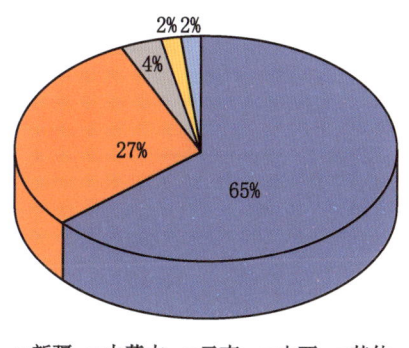

图2-2-1 中国适合露天开采资源分布图

表2-2-1 中国主要露天煤矿按省份分布

序号	省份	主要大型露天煤矿
1	内蒙古	哈尔乌素、黑岱沟、胜利西一、胜利西二、胜利东二、白音华一号、白音华三号、宝日希勒、伊敏、元宝山、平庄西露天、扎哈淖尔、霍林河南露天
2	辽宁	抚顺东露天
3	黑龙江	宝清朝阳露天、古莲河
4	山西	安太堡、安家岭、东露天
5	陕西	西湾
6	云南	布沼坝
7	新疆	五彩湾一号、新疆天池南露天、新疆天池将军戈壁二号、大南湖红沙泉

2021年底，规划露天开采的保有资源储量约为170 Gt，主要分布在新疆、内蒙古、云南、山西四省区，四省区可供露天开采的保有储量约占全国可供露天开采储量的98%，其中：新疆占65%以上、内蒙古约占27%、云南约占4%、山西约占2%。

2. 煤炭保供基地露天煤矿资源分布

为强化能源安全保供基础设施建设，推动能源基础设施高质量发展，2022年9月，国家能源局提出建设山西、蒙西、蒙东、新疆、陕北五大煤炭供应保障基地，夯实煤炭煤电兜底保障基础。全国五大煤炭供应保障基地均有露天煤矿资源分布，分别位于晋北地区、神东地区、蒙东地区、新疆地区，是我国露天资源集中的区域。此外，云贵和陕北地区也有一定的露天煤矿资源。中国保供基地适合露天开采的煤炭资源情况见表2-2-2。

表2-2-2 中国保供基地适合露天开采的煤炭资源情况　　　　　　　　　　　　　　　Mt

基地	矿区	资源条件	地质储量	可采储量
山西煤炭保供基地	平朔河保偏	平朔矿区适宜于露天开采的储量丰富，煤层赋存深度为100~200 m，厚度大（24.5~34.77 m），煤层结构简单，水文地质条件简单，剥采比较小（4.91~5.6 m^3/t），勘探程度高，适合大型露天开采。河保偏矿区适合露天开采的资源量相对较少，适合开发中小型露天煤矿	3535.34	2799.36
蒙西煤炭保供基地	准格尔神东包头	准格尔矿区储量丰富，埋藏浅，埋深为116~150 m、煤层厚，为21~48 m、赋存稳定、倾角小，水文地质条件简单，煤质优良，勘探程度高，剥采比为4.95~8.5 m^3/t，开采条件十分优越，具备建设大型露天煤矿群的资源条件。神东矿区、包头矿区的储量相对较少	6925.03	6067.84
蒙东煤炭保供基地	17个矿区	胜利矿区、伊敏河矿区、白音华矿区、宝日希勒矿区、诺门罕矿区、霍林河矿区资源丰富；其他矿区资源相对较少	45963.8	36611.94
新疆煤炭保供基地	14个矿区	吐哈区三塘湖矿区、大南湖矿区、托克逊黑山矿区、准噶尔区五彩湾矿区、大井矿区、将军庙矿区、西黑山等矿区资源丰富；其他矿区资源量相对较少	127386.8	84333.53

表 2-2-2（续） Mt

基地	矿区	资源条件	地质储量	可采储量
其他地区	云贵	小龙潭矿区资源量丰富，地质构造不复杂，水文地质条件较好，煤层不稳定。昭通矿区煤质较差，开发经济性相对较差	1084.5	709.45
	宁东	石炭井矿区适合于露天开采的储量较少，煤质条件较好，勘探程度高，开发历史较长，剥采比达 10 m^3/t 以上	174.88	129.37

（1）山西煤炭保供基地。山西煤炭保供基地的露天煤炭资源分布在晋北地区的平朔矿区，为山西露天煤矿的重点开发区域。

平朔矿区地处山西省宁武煤田的北端，地跨朔州市平鲁区、朔城区，南北长 23 km，东西宽 22 km，面积为 506 km^2。属温带大陆性季风气候，四季分明。春季雨雪少，风沙大，蒸发量大，经常出现干旱天气；夏季雨量集中，间有大雨、暴雨、冰雹等；秋季雨水少，早晚凉爽，中午炎热；冬季风多雪少，气候寒冷。平朔矿区以气煤为主，煤层埋藏浅，厚度大，水文地质条件简单，具有建设大型露天煤矿的优越条件，机械化程度较高。平朔矿区适宜露天开采的储量丰富，煤层赋存深度为 100~200 m，厚度大（24.5~34.77 m），煤层结构简单，水文地质条件简单，剥采比较小（4.91~5.6 m^3/t），勘探程度高，适宜于大型露天开采。根据《晋北煤炭基地规划》，平朔矿区地质储量 3535.34 Mt、可采储量 2799.36 Mt。主要有大型、特大型生产露天煤矿 3 处，分别是：中煤平朔集团安太堡露天煤矿、中煤平朔集团东露天煤矿、中煤平朔集团安家岭露天煤矿。

（2）蒙西煤炭保供基地。蒙西煤炭保供基地的露天煤炭资源集中在神东地区，适合于露天开采的矿区有准格尔矿区、神东矿区和包头矿区。

准格尔矿区位于内蒙古自治区鄂尔多斯市准格尔旗东部，矿区东西宽 21 km，南北长 65 km，面积约 1022 km^2，矿区内有大（同）—准（格尔）、准（格尔）—河（曲）铁路通过，交通较为便利。矿区属大陆性干燥性气候，夏季温热而短暂，冬季严寒。准格尔矿区 6 号煤为特低~低硫、中灰长焰煤，可用作动力、化工、民用燃料；9 号煤为低~中硫、富含长焰煤，可用于各种动力配煤、发电、化工和玻璃生产及民用生活领域。准格尔矿区资源储量丰富，埋藏浅，埋深为 116~150 m；煤层厚，为 21~48 m；赋存稳定、倾角小、水文地质条件简单、煤质优良、勘探程度高，剥采比为 4.95~8.5 m^3/t，开采条件十分优越，具备建设大型露天煤矿群的资源条件。根据《神东煤炭基地规划》，准格尔矿区适合于露天开采的地质储量为 6405.43 Mt、可采储量 5576.18 Mt。主要大型、特大型生产露天煤矿有 4 处，分别是：黑岱沟露天煤矿、哈尔乌素露天煤矿、长滩露天煤矿、魏家峁露天煤矿。

神东矿区和包头矿区的资源储量相对较少，神东矿区适合于露天开采的地质储量为 519.6 Mt，可采储量为 491.66 Mt；包头矿区适合于露天开采的区域主要是白彦花区，煤矿资源量为 808.72 Mt。

（3）蒙东煤炭保供基地。蒙东煤炭保供基地的露天煤炭资源集中在内蒙古东部、黑龙江和辽宁地区，17 个矿区有露天资源分布，包括扎赉诺尔矿区、宝日希勒矿区、伊敏河矿区、大雁矿区、元宝山（平庄）矿区、霍林河矿区、白音华矿区、胜利矿区、胡列也吐矿区、诺门罕矿区、白脑包矿区、贺斯格乌拉矿区、吉林郭勒矿区、白音乌拉矿区、准哈诺尔矿区、抚顺矿区、双鸭山矿区，地质储量为45963.8 Mt，可采储量为36611.94 Mt。其中宝日希勒矿区、伊敏河矿区、霍林河矿区、白音华矿区、胜利矿区、诺门罕矿区露天资源较为丰富集中。

宝日希勒矿区位于陈巴尔虎旗（简称陈旗）煤田东部，行政隶属内蒙古自治区呼伦贝尔市海拉尔区与陈旗所辖。区内交通方便，海（拉尔）—拉（布达林）—黑（山头）公路穿越矿区西部，矿区铁路专用线由海拉尔东站至露天煤矿；属大陆性亚寒带气候，经常遭受西伯利亚寒流袭击；电力、通信、水源等外部基础设施齐全，周边有大雁、扎赉诺尔、伊敏矿区，外部协作条件好。矿区走向长23.8 km，宽9.72 km，合计面积232 km^2；煤层厚度大、埋藏浅、赋存稳定、煤层倾角缓，适宜大规模露天开采，矿区煤种为褐煤，可以作为发电厂的燃料和化工原料，各露天煤矿现代化程度较高。根据矿区总体规划，矿区资源量为10816.32 Mt；主要有2处露天煤矿，分别是宝日希勒一号露天煤矿和二号露天煤矿。

伊敏河矿区位于内蒙古自治区呼伦贝尔市鄂温克旗伊敏索木境内，区内有海伊铁路（国有支线）、海伊公路和0504省道通过，交通条件十分便利。矿区属中温带大陆性季风气候，经常受西伯利亚寒流的影响，冬季寒冷漫长、夏季温凉短促、春秋两季气温变化急促，且春温高于秋温，秋雨多于春雨，无霜期短，光照充足，年平均气温为－1.9 ℃。电力、通信、水源等外部基础设施齐全。矿区（河西区）面积492.38 km^2，煤种皆为褐煤和长焰煤，主要可采煤层煤质优良，有害成分含量低。根据矿区总体规划，矿区共有资源总量13560.18 Mt，查明地质资源量11924.92 Mt；主要有7处露天煤矿，分别是伊敏河一号露天煤矿、三号露天煤矿、北露天煤矿、南露天煤矿、二号露天煤矿、四号露天煤矿、五号露天煤矿。

霍林河矿区位于内蒙古自治区通辽市境内，在哲里木盟扎鲁特旗境内，对外交通主要是通（辽）霍（林河）铁路，矿区煤炭可直接外运，交通便利；气候为寒冷、半干旱大陆性气候区，年均气温0 ℃。矿区面积约379.53 km^2，呈北东—南西条带状展布。霍林河矿区煤种以褐煤为主，煤质均为低硫煤。据矿区总体规划，矿区地质储量为11921.92 Mt；主要有3处露天煤矿，分别是霍林河南露天煤矿、霍林河北露天煤矿、扎哈淖尔露天煤矿。

白音华矿区位于内蒙古自治区锡林郭勒盟西乌珠穆沁旗，矿区交通比较方便，巴新铁路为内蒙古东部丰富的煤炭资源开发提供交通支撑。矿区气候为中温带干旱、半干旱气候，基本特征为春季风多易干旱，夏季温热雨不匀，秋季凉爽霜雪早，冬长寒冷冰雪茫。矿区长约60 km，宽约8.5 km，面积约510 km^2。矿区煤种为褐煤，煤质属低中磷、低中硫、中灰分、高挥发分、高热值煤，是良好的民用和动力用煤，适用于火力发电、各种工业锅炉。根据矿区总体规划，矿区建设总规模为60 Mt/a；主要有4处露天煤矿，分别是一号露天煤矿、二号露天煤矿、三号露天煤矿和四号露天煤矿。

胜利矿区位于内蒙古自治区锡林郭勒盟锡林浩特市西北部宝力根（胜利）苏木境内，矿区交通目前以公路为主，但与矿区相近的锡林浩特市对外已经建立了铁路运输联系；矿区属于大陆性半干旱气候。矿区走向长45 km，倾向宽平均7.6 km，含煤面积为342 km^2，煤层赋存稳定，构造简单，岩层软，煤层厚，覆盖层薄，储量丰富，上部适合于大型露天开采。煤种为褐煤，可以作为发电厂的燃料和化工原料。根据《胜利矿区总体规划》，胜利矿区内资源量为21986.65 Mt；主要有5处露天煤矿，分别是胜利一号露天煤矿、胜利西二号露天煤矿、胜利西三号露天煤矿、胜利东一号露天煤矿、胜利东三号露天煤矿。

诺门罕矿区位于内蒙古自治区呼伦贝尔市新巴尔虎左旗境内，区内交通便利；属典型中温带大陆性季风气候，冬季漫长而寒冷，夏季炎热而短促，年平均气温为1.4 ℃左右。矿区外部条件较好，水资源较为丰富，电力资源、人力资源、通信条件可以满足矿区建设发展的需要。矿区面积共635.10 km^2，煤层层数多，层间距小，且东部浅、西部深、北部浅、南部深，含煤性较好。煤种以褐煤和长焰煤为主，煤质较好。全煤田共获煤炭总资源量21383.77 Mt；主要有2处规划露天煤矿，分别为一号露天煤矿和二号露天煤矿。

(4) 新疆煤炭保供基地。新疆煤炭保供基地的露天煤炭资源集中在吐哈煤田和准东煤田，主要矿区有伊吾淖毛湖、大南湖、三塘湖、三道岭、沙尔湖、巴里坤、五彩湾、大井、将军庙、西黑山、后峡等，南疆有和田布雅、库车俄霍布拉克等。地质储量为127386.8 Mt，可采储量为84333.53 Mt。其中五彩湾、西黑山、大井、将军庙、伊吾淖毛湖、大南湖、三塘湖、巴里坤、沙尔湖、库木塔格的露天资源突出，煤质优良，开采条件优越，为未来我国特大型露天煤矿的集聚地。

五彩湾矿区位于吉木萨尔县北偏西约350°方向，属吉木萨尔县三台镇。矿区属大陆干旱荒漠气候，年温差和昼夜温差变化很大，矿区储量丰富、资源可靠、开采条件优越、市场条件良好，适宜大规模进行露天煤矿开发。该矿区东西长约9.35～36.39 km，南北宽约10.59～38.75 km，含煤面积为901.05 km^2，勘查面积988.12 km^2。矿区Bm煤层煤种为31号不黏煤，Am煤组煤层煤种为41号长焰煤。矿区煤炭资源总计为30802.542 Mt；共划分5个露天煤矿、1个矿井和1个露天勘查区，分别为一号露天煤矿、二号露天煤矿、三号露天煤矿、四号露天煤矿、五号露天煤矿、一号井和露天勘查区。

西黑山矿区地处准噶尔盆地东南缘的博格达山北麓低山—丘陵地带，隶属奇台县管辖。矿区南北最长达40.78 km，东西最宽达37.69 km，面积约为1127.32 km^2。全区适合于露天开采的储量丰富，现代化程度较高，服务年限较长，可以作为国家大型露天煤矿区开发建设。矿区内煤种以不黏煤为主，少量或部分为长焰煤，是良好的工业动力发电、民用煤，也可作为气化用煤和工业用煤。矿区内地质资源量为46885.80 Mt。其中：推断资源量及以上35354.55 Mt，预测资源量11531.25 Mt；共划分5个露天煤矿，包括将军戈壁一号露天煤矿、将军戈壁二号露天煤矿、西黑山露天煤矿、红沙泉一号露天煤矿、红沙泉二号露天煤矿。

大井矿区位于准东煤田中北部，隶属奇台县管辖。规划矿区东西最长85 km，南北宽10～28 km，面积为1335.86 km^2。大井矿区煤炭资源是良好的动力用煤。全区适合于露天开采的储量较大，产能较大，服务年限较长，开发条件良好。矿区内资源总量为59195.81 Mt；共划分为3个露天煤矿，分别为准东大井矿区南露天煤矿、北露天煤矿、东露天煤矿。

将军庙矿区位于新疆天山北坡准噶尔盆地东南部，奇台县城以北50～90 km处的冲击戈壁平原荒漠地带，行政区划主要隶属奇台县管辖，规划范围东西最长73.3 km，南北最宽50 km，面积约2308.9 km^2。矿区内西山窑组可采、局部可采煤层煤质为特低～低灰、特低硫、低磷、高热值、含油的 31 号不黏煤和少量或部分 41 号不黏煤。矿区内资源总量为 64514.33 Mt，其中：查明储量 36576.45 Mt，预测储量 27937.88 Mt。矿区共划分为 9 个井田、1 个露天矿田、2 个勘查区，其中露天矿为将军庙露天煤矿。

伊吾淖毛湖矿区位于淖毛湖煤田，属哈密市伊吾县淖毛湖镇管辖。矿区东西长约 59 km，南北宽约 12 km，面积为 440 km²。矿区划分 6 个井（矿）田和 1 个勘查区，规划建设总规模 2900 万 t/a。矿区煤种为长焰煤，煤质为低中灰～低灰分，高～特高挥发分，特低磷，中高热值，不具黏结性的煤。矿区共获得资源/储量为 7640.96 Mt；共规划 2 个露天煤矿，为白石湖露天煤矿和兴盛露天煤矿。

大南湖煤田隶属哈密市管辖，亚欧大陆桥、国道 312 由煤田东部通过，西部有哈（密）—罗（布泊）公路通过，交通便利。矿区南北宽 10～30 km，面积约 4437 km²。大南湖矿区以长焰煤为主，上部局部范围内有零星褐煤和不黏煤，煤质以低水分，特低灰～低灰，高挥发分，特低硫、低硫，特低磷～低磷，低熔灰分，中～中高发热量，含油及富油煤层为主。资源可以作为气化用煤和锅炉用煤，矿区构造简单，煤质优良，适合于露天开采的储量较大。西区资源总量为 14683.77 Mt。其中，探明资源量为 2973.36 Mt，控制资源量为 3878.18 Mt，推断资源量为 7340.19 Mt，查明资源量为 14191.73 Mt，另有预测资源量为 492.04 Mt。大南湖矿区划分三个露天煤矿，分别为大南湖北露天煤矿、大南湖露天煤矿和大南湖二号露天煤矿。

三塘湖矿区位于三塘湖煤田，属巴里坤哈萨克自治县管辖。矿区东西长约 227.5 km，南北宽约 28.9 km，面积约 6576 km²。矿区属典型大陆性干旱气候，常年少雨而多风，蒸发量大。矿区可采煤层以长焰煤为主，煤质主要为低中灰～低灰分、高～特高挥发分、特低硫、高～特高热值的煤。矿区埋深 1000 m 以浅累计查明及预测资源量约 44600.5 Mt，其中查明资源量 2200.55 Mt。该矿区的露天煤矿为石头梅一号露天煤矿，为露井联合开采煤矿。

沙尔湖矿区位于沙尔湖煤田，属鄯善县和哈密市管辖，主体位于哈密市境内。矿区东西长 45.3 km，南北宽 1.6～23.8 km，面积为 563.32 km²。矿区位于中纬度亚欧大陆腹地，气候分区为温带极干旱区，降雨量小，蒸发量大，温差大。矿区内煤种主要为低变质长焰煤和少量褐煤。矿区内资源总量为 54302.49 Mt，其中探明的内蕴经济资源量 7951.96 Mt；控制的内蕴经济资源量 19299.28 Mt；推断的内蕴经济资源量 21974.33 Mt；预测的资源量为 5076.92 Mt。沙尔湖矿区划分为 8 个露天煤矿，分别为一号露天煤矿、二号露天煤矿、三号露天煤矿、四号露天煤矿、五号露天煤矿、六号露天煤矿、七号露天煤矿、八号露天煤矿。

巴里坤矿区位于巴里坤煤田，属新疆巴里坤哈萨克自治县管辖。规划矿区东南—北西长约 75 km，北东—南西宽约 10 km，面积约 750 km²。矿区东区煤层在石炭窑向斜南翼均以中灰分、低硫、高发热量、具强黏结性的气煤为主。中区煤层以特灰分、特低硫、高发热量、具中强黏结性的气煤为主。西区煤层以特灰分、特低硫、特高发热量、不具黏结性的长焰煤为主，夹有部分气煤。矿区内共获得资源/储量为 1828.06 Mt；矿区共有 2 个露天煤矿，分别是别斯库都克露天煤矿和吉郎德露天煤矿。

库木塔格矿区属鄯善县管辖，兰新铁路、312 国道于矿区以北 50 km 处通过，交通方便。矿区东西长 21.3～24.5 km，南北宽 10～15.9 km，面积 308.53 km²，呈东西向展布。矿区内煤种主要为低变质长焰煤和少量褐煤。矿区内煤炭总资源量为 23481.67 Mt。其中，探明的内蕴经济资源量为 1280.95 Mt；控制的内蕴经济资源量 8039.10 Mt；推断的内蕴经济资源量为 12685.05 Mt，预测的资源量为 1476.57 Mt。库木塔格矿区划分为 4 个露天煤矿，分别为一号露天煤矿、二号露天煤矿、三号露天煤矿、四号露天煤矿。

（5）其他地区。云贵地区是西南最大的煤炭产地，基地内适宜露天开采的矿区主要为小龙潭矿区，位于云南省东北部，矿区南北长 7 km，东西宽 2～3 km，面积 17 km²；属亚热带气候，旱季、雨季分明；有三条公路与国家公路网相接，交通较为方便。小龙潭矿区适合于露天开采的资源量丰富，地质构造不复杂，水文地质条件较好，煤层不稳定，主要以褐煤为主。矿区适合露天开采的保有地质储量 1084.5 Mt，可采储量 709.45 Mt。

宁东地区适合露天开采的矿区主要为石炭井矿区，位于宁夏东北部，矿区南北长 10.1 km，东西宽 1.9 km，有效含煤面积 19 km²；区域属典型的温带大陆性气候，全年日照充足，降水量集中。石炭井矿区适合露天开采的储量较少，煤质条件较好，煤种以无烟煤为主，勘探程度高，开发历史较长，剥采比达 10 m³/t 以上。露天煤炭资源量为 174.88 Mt，剩余可采储量为 129.37 Mt。

3. 露天煤矿的气候环境分布

我国的露天煤矿主要集中分布在蒙东、蒙西、晋北和新疆等地，按照自然气候划分，可以将我国露天煤矿分布划分为蒙东高寒草原地区，蒙西、晋北干旱、半干旱高原地区和新疆戈壁荒漠地区。

（1）蒙东高寒草原地区。蒙东地区地处内蒙古东北部，包含东北经济区中内蒙古自治区东部的呼伦贝尔市、兴安盟、通辽市、赤峰市、锡林郭勒盟，东南与黑龙江省、吉林省、辽宁省和河北省毗邻，北与俄罗斯、蒙古国接壤。蒙东地区多为高寒干旱地区，属于寒温带和中温带大陆性季风气候，半干旱季风气候。春季干旱多风；夏季短促温热，秋季霜冻早，冬季寒冷漫长。蒙东地区是我国草原植被极其丰富的地区，拥有世界上原生植被保存最好的呼伦贝尔大草原和锡林郭勒大草原，草原地区同时也是蒙东露天煤矿资源最为丰富的地区。全国五大露天煤矿中，伊敏、霍林河、元宝山三大露天煤矿处于蒙东地区。目前，蒙东地区有包含扎赉诺尔矿区在内的 14 个矿区，地质资源储量约占全国露天总储量的 26.9%。

按照国际通行的海拔划分标准：1500～3500 m 为高海拔，高寒地区一般指高海拔、高纬度地区，气温偏低，冻土常年难化，全年日平均温度大于或等于 10 ℃，积温 1800～2000 ℃。内蒙古区域内高寒地区包括：呼伦贝尔市全部 13 个旗县市、通辽市霍林河市、兴安盟科右前旗、锡林郭勒盟全部 12 个旗县市等地区。霍林河露天煤矿位于高寒地区，全年气温较低，冻土融化困难，自然条件恶劣，给煤炭露天开采工艺技术带来较大困难。霍林河煤矿在 30 多年的开发过程中，解决了远离消费地区低热值煤炭资源开发模式，高寒地区松软岩层穿孔、爆破、采装、选采、运输、排弃、边坡稳定等露天煤矿技术工艺装备，开发模式及生态环保，以及独具特色的现代露天煤矿管理创新等方面的一系列技术难题。针对霍林河露天煤矿处于高寒区与褐煤低热值的特点，霍林河露天煤矿在国内率先实现了单斗－卡车－半固定破碎站采煤工艺，率先应用了单斗－卡车－半固定破碎站剥离工艺；率先应用了多分区同时纵采开采程序；率先解决了复合煤层选采技术以及完整的冻土爆破技术，为我国乃至全世界高寒地区褐煤露天煤矿的开发提供了开发模式及开发技术上的借鉴。

（2）蒙西和晋北干旱半干旱高原地区。蒙西和晋北高原地区主要指以内蒙古呼和浩特、包头和鄂尔多斯为核心的地区以及山西省北部地区，地处内蒙古高原南部以及黄土高原东部。蒙西和晋北地区属于大陆性高原半干旱气候，春季雨水少、风沙大；夏季雨量集中、气候炎热、蒸发强烈；秋季凉爽、冷热多变、温差悬殊、风沙频繁；冬季干旱、气候严寒。

蒙西地区适合露天开采的矿区主要集中在神东和准格尔矿区，目前地质资源储量约为 6925.09 Mt，主要露天煤矿 6 个，可采储量为 6067.84 Mt；晋北地区适合露天开采的矿区主要为平朔矿区，目前地质资源储量为 10672.01 Mt，主要露天煤矿 3 个，资源量为 3535.34 Mt。

（3）新疆戈壁荒漠地区。新疆戈壁荒漠地区主要指东天山北麓和准噶尔盆地东部的戈壁沙漠地带。新疆地区深居内陆，远离海洋，四周有高山阻隔，海洋气流不易到达，形成明显的大陆性干旱气候。早晚气温温差较大，日照时间充足，降水量少，气候干燥，蒸发量大。

新疆戈壁荒漠地区适合露天开采的矿区主要集中在吐哈煤田和准东煤田，包含大南湖、三塘湖、五彩湾、西黑山等 15 个矿区，生产和规划的主要露天煤矿有 39 个。

2.1.2　主要露天矿区煤炭资源赋存及适宜开采工艺

我国露天煤田（矿）主要分布在内蒙古、新疆、辽宁、云南、山西和陕西。矿床地质条件、气候特征、煤质（种）、储量差异都很大。总的来讲，我国的露天煤田（矿）绝大多数为倾斜或急倾斜的复合煤层，露头深度（一般 40~70 m）和开采深度（多为 200 m 以上）大，覆盖岩层比较硬，剥离物需要运往外部排土场，很少有美国或德国非常适合无运输倒堆开采工艺或连续开采工艺的典型条件。

我国适合露天开采的煤种以褐煤、长焰煤、不黏煤和弱黏煤为主，其他煤种的储量均不大。其中蒙东地区、小龙潭矿区以褐煤为主；平朔矿区以气煤为主；准格尔矿区以长焰煤为主；新疆基地吐哈区、准格尔区以不黏煤、长焰煤为主。我国露天开采的矿区，根据煤岩性质、赋存条件、气候等因素可以分成四大类。

1. 内蒙古、云南的褐煤露天矿区

（1）伊敏河、宝日希勒、胜利等褐煤露天矿区。这些区域的露天煤炭资源埋藏浅、煤层平缓、煤岩松软，地形平坦、剥采比小、气候寒冷、风力大。采用单斗-卡车工艺、单斗-铁道工艺、局部吊斗倒堆工艺，在技术上可行且经济效益可观，但受制于开采规模和环境保护条件，采用可能性不大。连续开采工艺（包括悬臂排土机横向移运）在技术上是可行的，冬季作业在俄罗斯西伯利亚地区已取得成功经验，冬季影响停产时间大大缩短，经济上合理。因此，连续开采工艺较单斗-卡车工艺更为合理。

（2）霍林河褐煤露天矿区。该矿区的煤岩硬度介于轮斗挖掘机切割力的经济临界状态，剥离采用单斗-卡车开采工艺，采煤采用单斗卡车-半固定破碎机-带式输送机半连续工艺，可以取得较好的经济效益。

（3）昭通、小龙潭等褐煤露天矿区。该地区自然条件好，采用连续工艺比较理想。

2. 平朔、准格尔、河保偏烟煤矿区

其特点是煤层埋藏较深、基建工程量大，宜建设特大型露天煤矿；煤层倾角缓，厚度大、多煤层、层间距离不大，煤岩硬度属中硬。黄土覆盖地形复杂，适于机动灵活、适应性强、基建速度快、效率高、管理简单的单斗 - 汽车开采工艺。根据条件，当黄土厚度大、底板标高稳定时，可采用连续工艺，下部煤层及其上部岩石厚度适宜时也可局部采用吊斗开采工艺。随着技术的发展，设备的大型化，以后开发的露天煤矿有可能采用联合工艺，即剥离采用吊斗工艺，采煤采用单斗 - 汽车工艺。

单斗 - 铁道开采工艺，基建量大，基建期长，内排时间晚，生产效率较低；特大型露天开采需要的铁道运输车辆以及坑内输电设备还需要引进，因而难以采用。

单斗 - 移动破碎机（或汽车 - 半固定破碎机）- 带式输送机 - 排土机半连续开采工艺受破碎机价格和破碎费用的影响，以及大型移动式破碎机的制造，近期大规模地采用可能性不大。但由于单斗 - 汽车工艺耗油量大，运输成本高，随着露天煤矿开采深度的增加和采煤工作面的推进，汽车运距越来越长，矛盾将更加突出，半连续开采工艺有可能被采用。

3. 东胜—神府矿区的烟煤露天煤矿

该矿区的马家塔、武家塔、柠条塔等三个露天煤矿煤层厚度为 5~9 m，两层煤层间距离为 25~30 m，适宜采用吊斗铲无运输倒堆工艺和单斗汽车联合开采工艺。

4. 新疆等地区的倾斜至急倾斜煤层露天煤矿

这些露天煤矿煤岩硬度大，多煤层，煤层结构复杂，宜采用单斗 - 汽车工艺。

2.1.3 各时期露天煤矿生产情况

中国露天开采经历了 3 个主要阶段。如图 2 - 2 - 2 所示，一是 1913—1977 年波动发展时期，露天煤矿煤炭产量占比从零增长到约 4%；二是 1978—2002 年稳步发展时期，露天煤矿煤炭产量占比保持在 3%~4%；三是 2003—2022 年加速发展时期，露天煤矿煤炭产量占比从约 4% 增长到约 23.2%，增长了 19.2 个百分点。

1. 波动发展时期（1913—1977 年）

1913—1977 年是中国露天煤矿波动发展时期。1914—1949 年中国露天煤矿开采技术落后，生产能力低下，发展缓慢；1949 年新中国成立，中国煤炭消费占一次能源消费总量 90% 以上，国家对煤炭企业生产、建设实行直接计划管理，大大提高了新中国成立初期煤炭工业的发展速度，1949—1952 年煤炭总产量增长了 1.1 倍，露天煤矿产量增长了 0.59 倍；1953—1957 年是国家国民经济发展的第一个五年计划时期，确定煤炭项目 25 项，其中露天煤矿项目 3 项（是阜新海州露天煤矿、抚顺西露天煤矿、抚顺东露天煤矿），煤炭总产量增长了 0.9 倍，露天煤矿产量增长了 1.34 倍；1958—1965 年是第二个五年计划及三年调整期间，国家新建了哈密三道岭等 8 处露天煤矿，比第一个五年计划期间增加生产能力 8 Mt/a 以上，露天煤矿产量经历了 1958—1960 年的增加和 1961—1965 年的下降阶段，主要原因是露天煤矿在前一阶段采剥失调造成的，露天煤矿产量降低了 0.72 倍；1966—1977 年国家"三五""四五"国民经济计划得到完成，露天煤矿产量增长了 1.2 倍，同期煤炭总产量增长了 0.9 倍，低于露天煤矿产量的增长速度。1913—1977 年中国煤炭总产量、露天煤矿产量及占比变化如图 2 - 2 - 3 所示。

第 2 篇　世界露天煤矿开采技术

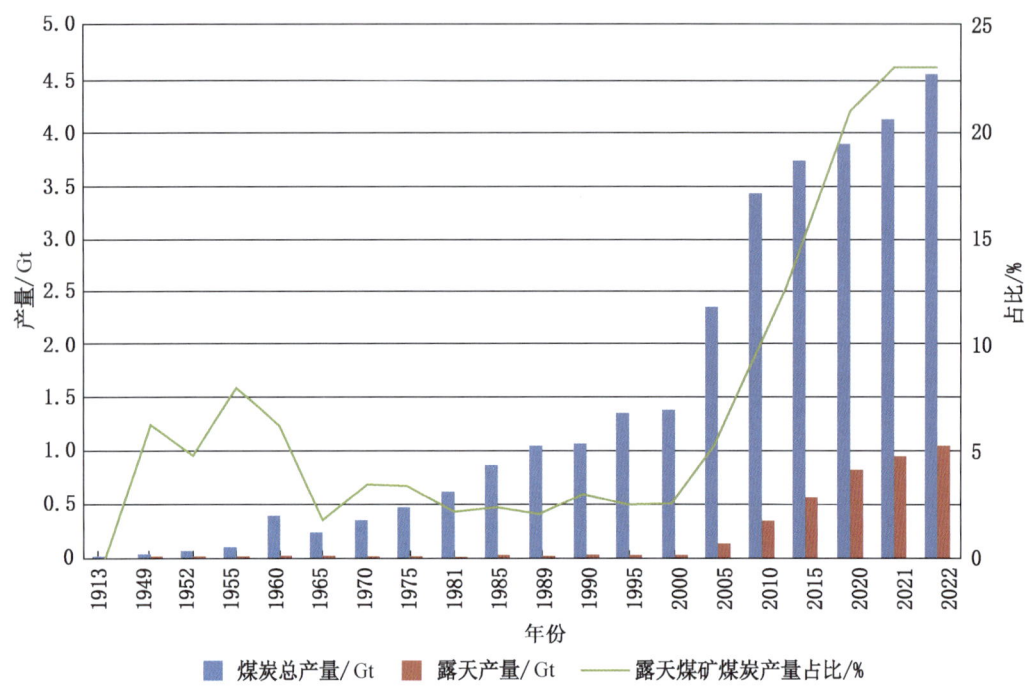

图 2-2-2　1913—2022 年中国煤炭总产量、露天煤矿产量及占比变化

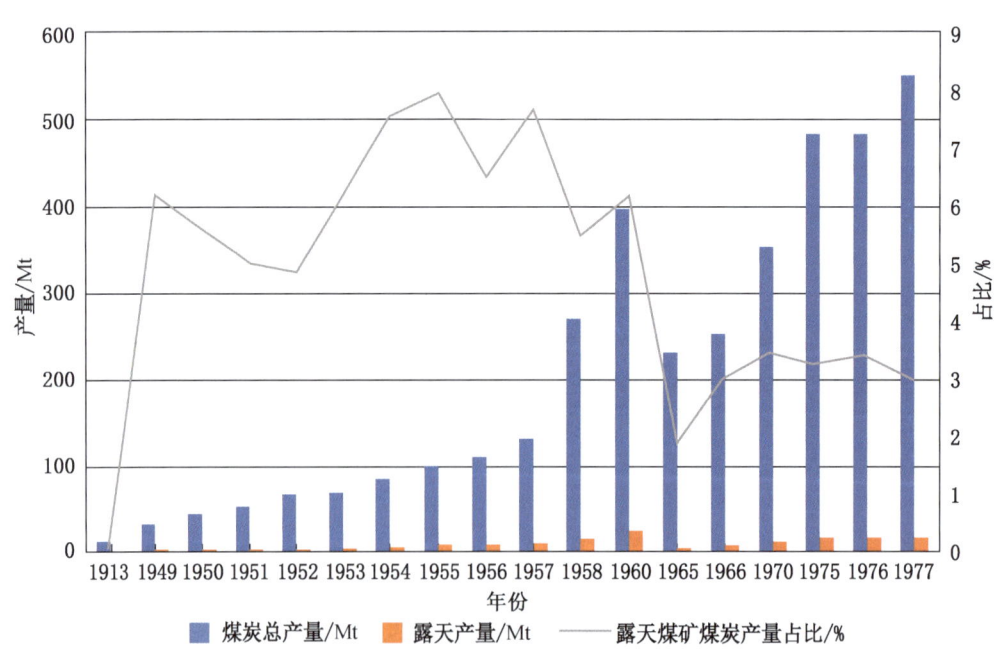

注：1958 年之后部分年度数据为国有重点露天煤矿数据

图 2-2-3　1913—1977 年中国煤炭总产量、露天煤矿产量及占比变化

2 中国露天煤矿开采技术

2. 稳步发展时期（1978—2002 年）

1978—2002 年是中国露天煤矿稳步发展时期。1978 年十一届三中全会后，按照国民经济发展的需要，煤炭工业认真贯彻执行国家制定的"调整、改革、整顿、提高"的政策，煤炭行业管理体制机制发生了深刻变化，露天煤炭工业也进入快速发展的时期。1981 年，煤炭工业部提出了把发展露天煤矿作为发展煤炭工业的一个战略方针，在"优先发展露天煤矿"和"尽快打开大露天"的方针指导下，作出了加快开发霍林河、伊敏河、元宝山、准格尔和平朔五大露天煤矿的决策。采取积极引进美国、德国、苏联等国的先进技术、装备和资金，与国外公司合作设计、合作研制开采设备，做好露天煤矿规划、地质勘探、设计前期工作，培训设计、施工建设、生产管理和主要设备操作和维修人员等一系列措施，露天开采在生产技术和建设规模上都取得了显著成就。

1978—2000 年，全国国有重点露天煤矿产量整体呈上升趋势（图 2-2-4），从 1978 年的 16.797 Mt 增长到 2000 年的 37.27 Mt；国有重点露天煤矿产量占比在 2% 和 3% 之间波动。1980 年，全国露天煤矿产量 16.99 Mt，其中国有重点露天煤矿产量为 14.03 Mt，分别占全国煤炭总产量的 2.7% 和 2.3%；已建成主要露天煤矿（0.3 Mt/a 及以上）18 座，设计能力 21.30 Mt/a。1985 年，全国露天煤矿产量增长到 25.62 Mt，其中国有重点露天煤矿产量 19.449 Mt，分别占全国煤炭总产量的 2.9% 和 2.2%。1995 年，全国露天煤矿生产规模为 51.94 Mt/a（30000 t/a 及以上），露天煤矿产量为 41.53 Mt，其中国有重点露天煤矿产量 33.87 Mt（包括小龙潭露天煤矿），分别占全国煤炭总产量的 3.2% 和 2.5%。2000 年，国有重点露天煤矿产量 37.27 Mt，占全国煤矿总产量的 2.9%。（备注：2001—2003 年没有官方统计数据）

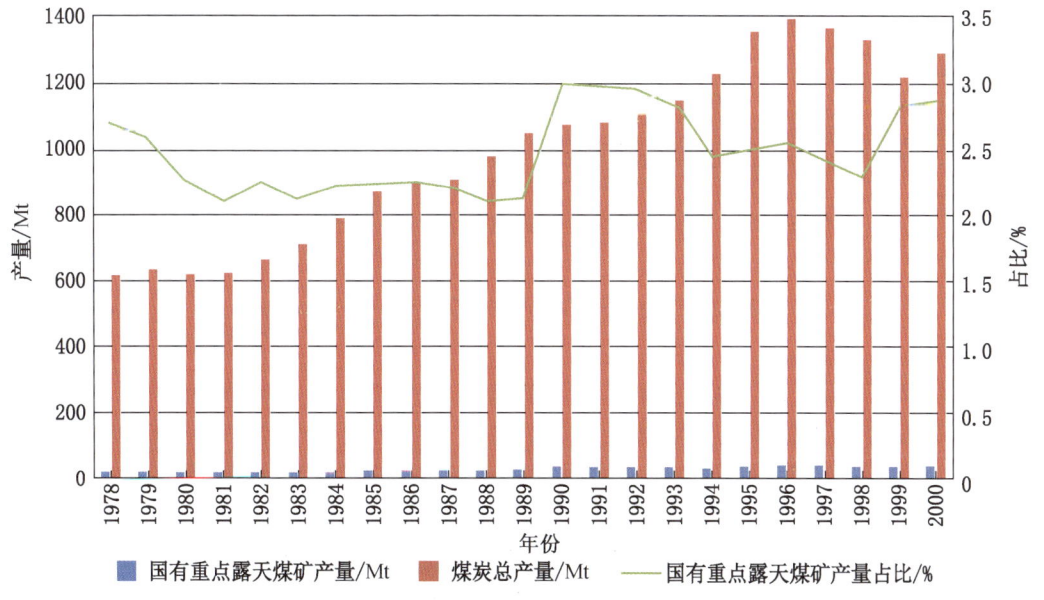

图 2-2-4　1978—2000 年中国国有重点露天煤矿产量和占比

1978—2002 年，我国相继新建了 10 处露天煤矿，主要集中在内蒙古、山西、新疆地区，包括：霍林河露天煤矿、伊敏河露天煤矿、安太堡露天煤矿、黑岱沟露天煤矿、元宝山露天煤矿、武家塔露天煤矿、马家塔露天煤矿、古莲河露天煤矿、新疆铁厂沟露天煤矿（后改造为井工煤矿）、宝日希勒露天煤矿。同时对霍林河露天煤矿、小龙潭露天煤矿、布沼坝露天煤矿、抚顺西露天煤矿、海州露天煤矿、灵泉露天煤矿等进行生产技术改造和扩能建设。

3. 加速发展时期（2003 年至今）

2003 年至今是中国露天煤矿的加速发展时期，又可细分为以下 2 个阶段。

（1）露天行业"黄金十年"（2003—2012 年）。2003 年以后，随着国民经济发展对能源需求的激增，煤炭行业进入新的快速发展期。在注重安全、环保以及资源保护的政策背景下，2003—2012 年露天煤炭行业迎来了发展最快的"黄金十年"，在新建规模、生产总量、开采工艺、科技水平、生产效率等各方面都取得了突破性进展。这个时期，单矿最大产能大幅增加，设计（核定）能力从最大 15.33 Mt/a 提高到 35 Mt/a，远景计划产能达到 60 Mt/a。胜利东二号露天煤矿二期设计能力为 30 Mt/a；黑岱沟露天煤矿核定能力达到 34 Mt/a；宝日希勒露天煤矿核定能力达到 35 Mt/a（图 2-2-5）。

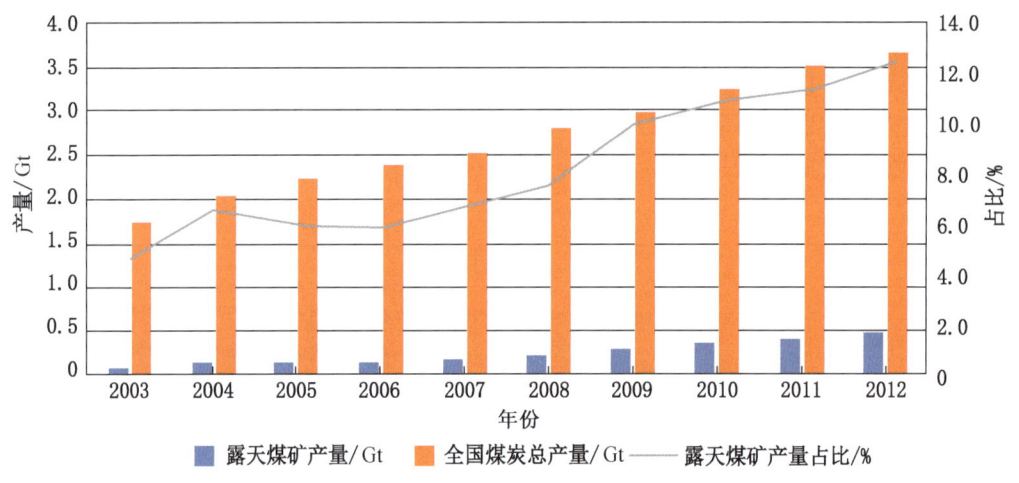

图 2-2-5　2003—2012 年中国露天煤矿产量和占比

2003—2012 年，我国露天煤矿产量不断增长，从 2003 年的 80 Mt 增长到 2012 年的 450 Mt，产量增长 370 Mt，年均增长率 22.8%，远高于同期全国煤炭产量年均增长率 9.35%；露天煤矿产量占全国煤炭产量的比重整体呈上升趋势，从 2003 年的 4.7% 增长到 2012 年的 12.3%。

2003—2012 年，我国露天煤矿建设重点集中于蒙东和新疆地区，一大批露天煤矿进入前期工作程序。十年间，特大型露天煤矿建设速度明显加快，开工新建了 10 座 10 Mt/a 及以上规模的特大型露天煤矿，分别为平朔东露天煤矿、哈尔乌素露天煤矿、白音华二号露天煤矿、白音华三号露天煤矿、胜利东二号露天煤矿（新建＋扩建）、朝阳宝清露天煤矿、神华西湾露天煤矿、吉林郭勒二号露天煤矿、胜利西一露天煤矿、大井南露天煤矿；扩建了10座大型露天煤矿，分别为小龙潭露天煤矿、元宝山露天煤矿、霍林河露天煤矿、伊敏河露天煤矿、宝日希勒露天煤矿、黑岱沟露天煤矿、安家岭露天煤矿、安太堡露天煤矿、扎尼河露天煤矿、谢尔塔拉露天煤矿。新建了小型、中型露天煤矿100多处，改扩建了中小型露天煤矿200多处，多集中于内蒙古和新疆；井工转露天开采（大部分为中小型）煤矿50多处，集中在山西和内蒙古；辽宁、黑龙江、新疆、宁夏地区开发历史较长的露天煤矿通过技术改造实现稳产和增产；乡镇小型露天煤矿得到快速发展，达到300座以上。形成了神华、中煤、中电投、国电、华能、大唐等多个露天煤矿开发企业集团。

（2）高质量发展阶段（2013年至今）。从整体看，2013年以后，尽管我国煤炭总产量略有波动，我国露天煤矿产量基本保持持续增长趋势，露天煤矿产量占全国煤炭产量的比重也持续增长，从2013年的13.1%增长到2022年的23.2%（图2-2-6）。露天煤矿开采对稳定我国煤炭产能，保障国家能源安全方面发挥了重要作用。建成101处安全高效露天煤矿，采煤机械化程度达到100%，资源回收率达95%以上，原煤工效51.8吨/工，综合单产271580 t/(个·月)，主要生产技术指标达到了世界先进水平。

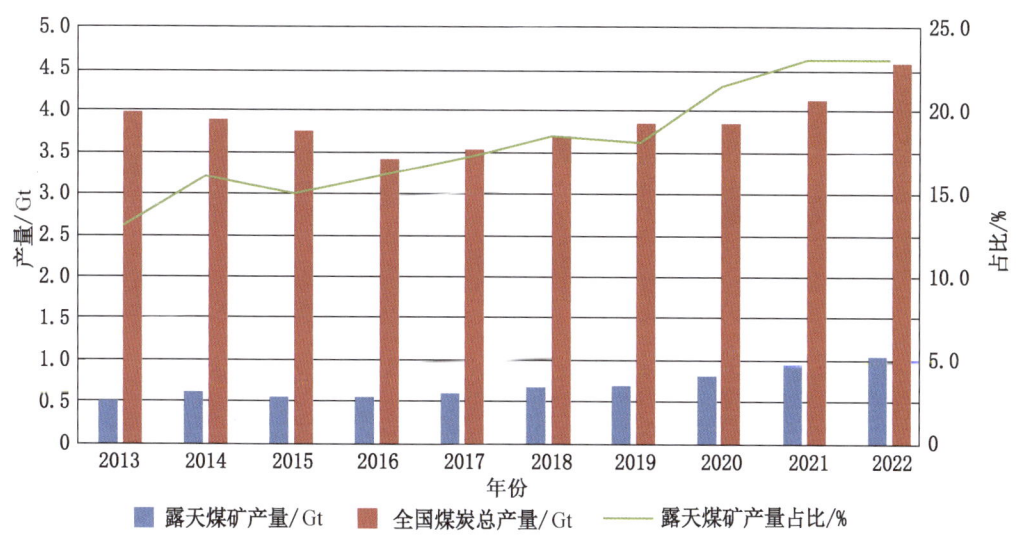

图2-2-6 2013—2022年中国露天煤矿产量和占比

2013年以后，我国煤炭行业进入高质量发展阶段。随着淘汰落后产能、煤炭资源整合以及煤炭企业重组，我国露天煤矿数量减少，生产能力和区域集中度不断提高。内蒙古、云南、山西、新疆四省（区）是我国露天煤矿集中的区域，露天煤矿数量和产能占全国的比例从2014年的80.9%和93.1%提升至2021年的87.1%和95.3%，集中度不断提高，生产能力持续增强（图2-2-7、图2-2-8）。

2021年我国建成千万吨以上露天煤矿30处以上，占千万吨级煤矿数量的一半左右。其中生产煤矿共计26处，主要分布在内蒙古、新疆、山西、陕西、云南等地区，产能

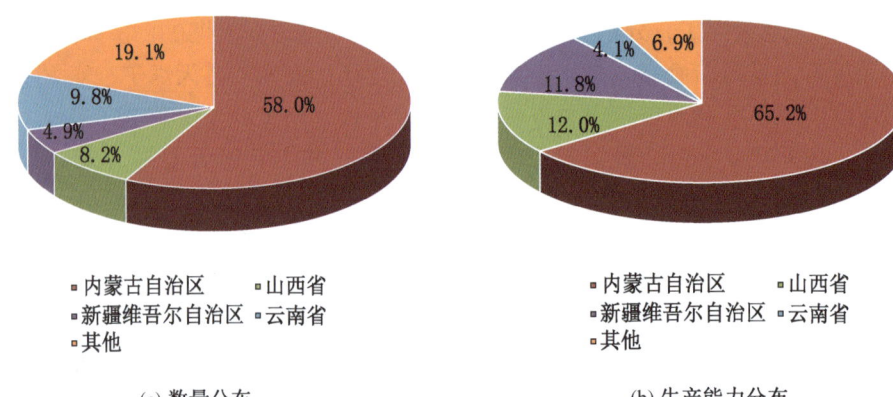

图 2-2-7　2014 年露天煤矿数量分布和生产能力分布

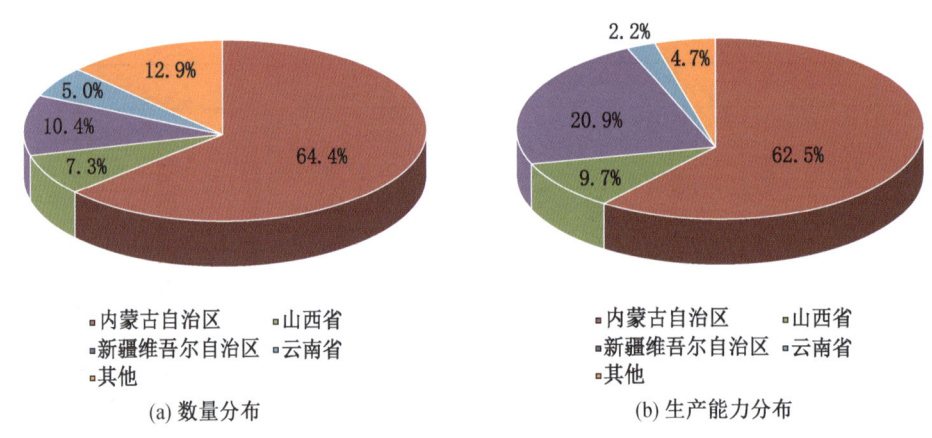

图 2-2-8　2021 年露天煤矿数量分布和生产能力分布

501 Mt/a，前十大露天煤矿核定生产能力达 323 Mt/a。2021 年我国千万吨以上露天生产煤矿情况见表 2-2-3。

表 2-2-3　2021 年我国千万吨以上露天生产煤矿情况

序号	地区	露天煤矿名称	产能/Mt	投产时间
1	内蒙古	神华准能公司黑岱沟露天煤矿	34	1996 年
2		神华准能公司哈尔乌素露天煤矿	35	2011 年
3		神华北电胜利能源公司一号露天煤矿	28	2011 年
4		神华宝日希勒能源公司露天煤矿	35	2005 年

表 2-2-3（续）

序号	地区	露天煤矿名称	产能/Mt	投产时间
5	内蒙古	华能伊敏露天煤矿	27	1984 年
6		内蒙古霍林河露天煤业霍林河南露天煤矿	18	1984 年
7		内蒙古霍林河露天煤业霍林河北露天煤矿	10	2007 年
8		内蒙古平庄煤业元宝山露天煤矿	12	1997 年
9		扎哈淖尔煤业有限公司露天煤矿	18	2003 年
10		内蒙古白音华露天煤业白音华三号露天煤矿	20	2008 年
11		内蒙古胜利矿区胜利西二号露天煤矿	10	2008 年
12		国家电投内蒙古白音华煤电有限公司露天煤矿	15	2011 年
13		内蒙古锡林河煤化工贺斯格乌拉南露天煤矿	15	2010 年
14	山西	中煤平朔集团安太堡露天煤矿	20	1987 年
15		中煤平朔集团安家岭露天煤矿	20	2001 年
16		中煤平朔集团东露天煤矿	20	2013 年
17	新疆	国能新疆托克逊能源有限责任公司黑山煤矿	10	2014 年
18		国网能源哈密煤电有限公司大南湖二分公司	10	2014 年
19		国能奇台能源有限责任公司红沙泉煤矿	20	2014 年
20		新疆天池能源将军戈壁二号露天煤矿	20	2018 年
21		新疆宜化矿业准东五彩湾矿区　号露天煤矿	20	2010 年
22		国能新疆准东能源有限责任公司	20	2006 年
23		新疆天池能源有限责任公司南露天煤矿	30	2015 年
24	陕西	陕西神延煤炭公司神木县西湾露天煤矿	13	2019 年
25	黑龙江	国能宝清煤电化有限公司朝阳露天煤矿	11	2019 年
26	云南	小龙潭矿务局布沼坝露天煤矿	10	1986 年

2000 年以后，我国露天煤矿经历了快速发展时期，2001—2015 年，我国新投产的千万吨以上露天煤矿有 16 座，产能达到 336 Mt/a。2015 年以后，我国新建大型露天煤矿明显减少，露天煤矿产量已经过了高速扩张阶段。近几年的产量增长主要依靠产能核增挖潜实现，新建露天煤矿较少，短时间内很难大规模增加产能，我国露天煤矿即将进入存量发展阶段。20 世纪 80 年代以来我国投产的千万吨以上露天煤矿数量如图 2-2-9 所示。

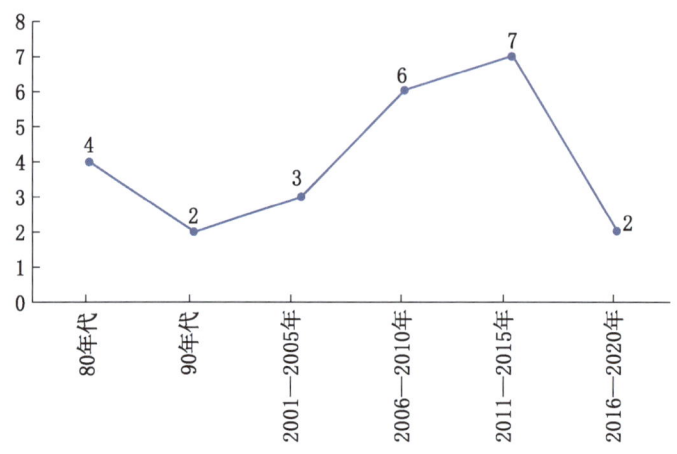

图 2-2-9　20 世纪 80 年代以来我国投产的千万吨以上露天煤矿数量

2.2　露天煤矿开采工艺技术

2.2.1　露天煤矿主要开采工艺及发展

开采工艺是推动露天煤矿技术进步的基础动力，露天采煤技术的发展是由开采工艺变革引发的。中国露天煤矿开采工艺经历了人力开采、运输到全部机械化的过程，机械开采从单斗－铁道发展到目前的单斗－卡车工艺、单斗－卡车－半固定（半移动）破碎站工艺、轮斗连续工艺、自移式破碎机半连续工艺、吊斗铲倒堆工艺及综合开采工艺。

我国露天煤矿开采工艺的发展和选择受资源地质条件、市场需求、装备制造水平等因素的影响。吊斗铲倒堆工艺对赋存条件要求严格，轮斗连续工艺投资较高且受矿岩硬度和气候条件限制，受我国资源和地质条件制约，吊斗铲倒堆工艺和轮斗连续工艺很难在我国露天煤矿大规模使用。

20 世纪 80 年代以前，受国内设备制造能力及开采技术限制，我国露天煤矿主要以单斗－铁道间断开采工艺为主。80 年代以后，国家大力开发五大露天煤矿以满足经济社会发展对煤炭需求量的增长，继续使用单斗－铁道间断开采工艺无法适应发展需要。在对外开放、利用外资方针的指引下，我国积极引进国外先进设备和管理技术，安太堡露天煤矿率先采用进口设备建成我国第一个年产超千万吨的大型露天煤矿。2000 年以后，露天煤矿产能快速扩张，外委施工形式被广泛采用，以安太堡露天煤矿的成功经验为基础，我国逐渐掌握开采工艺特点、使用和维护技术，推动单斗－卡车工艺的进步。随着电铲和卡车等设备国产化的突破，单斗－卡车工艺全面铺开，大规模应用，为 21 世纪我国露天煤矿产能的快速扩张作出了重要贡献。随着露天煤矿开采年限的增加，煤矿开采深度增大，露天煤矿的开采规模越来越大，单斗－卡车经济合理运距短、生产成本高的缺陷逐渐暴露。从长远看，随着露天煤炭存量阶段到来和人口红利减退，劳动者权益保护加强，煤矿开采深度加大，单斗－卡车工艺的优越性将大大下降。

随着煤矿产能大规模扩张时代结束，我们从追求生产规模大型化向经济效益最大化转变，半连续工艺兼具连续工艺和间断工艺的优势，适应性强，能在中硬矿岩的开采中实现物料连续运输，有利于生产规模扩大和降低生产成本，逐渐被广大露天煤矿采用。从20世纪90年代开始，我们通过引进、消化、吸收、再制造，掌握了半连续工艺的特性、使用和维护等，单斗–卡车–半移动（半固定）破碎站半连续开采工艺得到推广。尤其是2010年以后，随着露天煤矿的快速发展，半移动破碎站半连续开采工艺在大型露天煤矿得到了广泛应用。半移动破碎站半连续系统的使用成本大幅降低，效率越来越高，推动了半移动破碎站半连续工艺的广泛使用，80%以上的大型露天煤矿都采用了半移动破碎站半连续开采工艺。

破碎站随采场向前推进或者延深降段，每隔一段时间要搬迁一次，破碎站服务范围内的剥离工程将停工，对全矿的正常生产造成影响。自移式破碎机半连续工艺具有灵活、方便、机动性强的特点，不仅可以在现场加工物料，而且可随开采面的不断推进而移动，大大节约物料的运输成本与时间，具有广阔的应用前景。目前我国自移式半连续工艺刚刚得到发展，处在工艺技术摸索阶段，自移式破碎机国产化制造尚未突破，技术尚未成熟，10多年来应用较少，仅在伊敏、胜利东露天等大型露天煤矿使用。随着对工艺特性的掌握和装备制造水平的突破，自移式半连续工艺将成为未来我国露天煤矿开采工艺的发展方向。

2.2.2　单斗–卡车工艺与装备应用

1. 工艺发展历程

1973年建成投产的设计生产能力为0.9 Mt/a的宁夏大峰露天煤矿最早采用了单斗–卡车开采工艺。20世纪70年代，生产能力0.3 Mt/a及以上的露天煤矿有8座采用单斗–卡车开采工艺。80年代，平朔安太堡露天煤矿率先采用进口设备建成我国第一个年产超千万吨的大型露天煤矿，以该矿的成功经验为基础，我国改革开放以来建设的大型露天煤矿均以单斗–卡车间断工艺为主。典型的露天煤矿有安太堡露天煤矿、安家岭露天煤矿、哈尔乌素露天煤矿等。近些年单斗挖掘机–卡车间断工艺有了新的发展，如修筑临时排土场、大量使用液压电铲、使用卡车架线辅助供电系统、卡车调度系统等，给单斗–卡车工艺系统注入了新活力。

2. 工艺应用状况

20世纪80年代以来，我国大型露天煤矿广泛采用单斗挖掘机–卡车工艺。单斗挖掘机–卡车工艺和同时期的铁路运输相比具有开采深度大、卡车运距长的特点。90年代初，全国14个国营统配露天煤矿中，58%的煤和43%的剥离物由卡车运出。单斗–卡车工艺有基建工程量小、占地面积小、建设速度快、矿山工程延伸速度快、生产机动灵活、效率高、产量大的优点，但最大的弱点是生产成本高，尤其是卡车运输成本高，经济合理运距短。因此，近水平煤层的露天煤矿采用单斗挖掘机–卡车工艺剥离时一般采用双环内排方式。

3. 设备配套及技术参数变化

单斗–卡车间断式工艺的主要设备是单斗挖掘机、自卸卡车等。露天煤矿采用的单斗挖掘机主要有2种，即液压挖掘机和机械挖掘机。由于设备、材料和矿山条件等多方面因素，我国20世纪建设的大型露天煤矿基本均采用机械挖掘机，从20世纪90年代开始，国外液压挖掘机的制造和应用得到迅猛发展。新中国成立初期，我国露天煤矿主要使用引自苏联的 $1\sim4\ m^3$ 的电铲，20世纪80年代前期设计的露天煤矿采装设备以 $4\ m^3$ 电铲为主，运输设备以 $80\sim150\ t$ 电机车和蒸汽机车为主。近几十年来，随着科学技术水平的进步，露天煤矿装备向大型化、现代化方向发展，挖掘机斗容从 $4\ m^3$ 增加到 $75\ m^3$，自卸卡车从20吨级发展到450吨级；穿爆设备由冲击钻发展到高效能的潜孔钻和牙轮钻，最大钻孔直径达310 mm；斗容为 $8\sim43\ m^3$ 的液压铲也得到普及应用。

排土设备随着运输设备的变化也相应发生变化。除原有的推土犁和机械铲排土外，汽车运输的露天煤矿采用推土机排土。如霍林河露天煤矿采用320马力[①]推土机，平朔露天煤矿采用450马力推土机。在更新主要的采、运、排设备以外，也开始注重各种辅助设备在露天开采中的作用，原有和新建露天煤矿均按需配备推土机、前装机、平路机、洒水车等。

随着卡车和燃油价格的升高，卡车运输效率对露天煤矿经济效益的影响日益重要，各企业对卡车调度系统的推广应用也越发积极。伊敏露天煤矿采用煤科总院抚顺分院自主设计的卡车调度系统，运行效果良好。平朔安太堡露天煤矿、准格尔黑岱沟露天煤矿等也积极引进自动化卡车调度技术。随着露天煤矿年生产能力的加大和采矿设备制造技术的不断提高，间断工艺中的采运设备也日趋大型化。如安太堡露天煤矿使用的 $55\ m^3$ 的前装机和载重 $360\ t$ 的自卸汽车；近水平煤层的露天煤矿采用搭桥内排技术，以便缩短汽车运距；智能化卡车调度技术的应用，可以显著提高设备效率。

2.2.3 半移动破碎站半连续工艺与装备应用

1. 工艺发展历程

半连续开采工艺系统兼具连续工艺和间断工艺的优势，适应性强，能在中硬矿岩的开采中实现物料连续运输，有利于生产规模扩大和降低生产成本，因此半连续开采工艺在国际采矿界被公认为"最有生命力"的露天开采工艺。剥离半连续开采工艺有两种方式：单斗-卡车-半移动（固定）破碎站-带式输送机-排土机半连续开采工艺（半移动破碎站半连续工艺）和单斗-自移式破碎机-带式输送机-排土机半连续开采工艺（自移式破碎机半连续工艺）。采煤半连续开采工艺也有两种方式：单斗-卡车-半移动（固定）破碎站-带式输送机-储煤场半连续开采工艺和单斗-自移式破碎机-带式输送机-储煤场半连续开采工艺。

我国半连续开采工艺及装备研制工作始于20世纪70年代，首先在鞍钢的露天铁矿应用。1984年抚顺西露天矿首次采用半连续开采工艺，80年代末至今，我国大型、特大型露天煤矿设计大多数采用半连续开采工艺。特别是采煤工艺，大多数的露天煤矿，都采用半连续开采工艺。90年代，先后在伊敏河、霍林河、黑岱沟、元宝山等露天煤矿建成半移动破碎站半连续开采工艺。21世纪以来，尤其2010年以后，随着露天煤矿大发展，半移动破碎站半连续工艺使用越来越广泛，先后在五彩湾、大南湖、黑山、红沙泉、南露天、将军庙、西湾等露天煤矿建设投产。

---

① 1 马力 = 735.49875 W。

2. 工艺应用状况

我国大型露天煤矿采用半移动破碎站半连续工艺的露天煤矿有 26 座，见表 2-2-4。

表 2-2-4 我国采用半移动破碎站半连续工艺的露天煤矿

序号	露天煤矿名称	建设（投产时间）	剥离/采煤工艺	生产规模/($Mt \cdot a^{-1}$)
1	霍林河南露天煤矿	采煤半连续工艺于 1992 年投产，两套剥离半连续工艺分别于 2009 年和 2012 年投产	剥离和采煤：单斗-卡车-半固定破碎站半连续工艺	3~15
2	黑岱沟露天煤矿	1990 年 4 月开工，1996 年半连续工艺投产	采煤：单斗-卡车-半固定破碎站半连续工艺	12~34
3	元宝山露天煤矿	1990 年 10 月开工，1997 年半连续工艺投用，2005 年 4 月煤矿移交，2006 年达产	采煤和剥离：单斗-卡车-半固定破碎站半连续工艺	0.5~12
4	安太堡露天煤矿	2002 年采煤半连续工艺投产，2009 年端帮可移式破碎机端帮井巷半连续工艺投产	采煤：单斗-卡车-可移式破碎站（半固定破碎站）半连续工艺	15.33~22
5	安家岭露天煤矿	2001 年 6 月试生产，2003 年达产，投用采煤半连续工艺	采煤：单斗-卡车-可移式破碎站半连续工艺	10~20
6	宝日希勒露天煤矿	1998 年开工，2005 年采煤半连续工艺投产	采煤：单斗-卡车-半固定破碎站半连续工艺	6~35
7	白音华二号露天煤矿	2005 年开工，2007 半固定破碎站投用	采煤和剥离：单斗-卡车-半固定破碎站半连续工艺	0.5~15
8	白音华三号露天煤矿	2005 年 7 月 3 日开工，2008 半固定破碎站投用	采煤：单斗-卡车-半固定破碎站半连续工艺	0.5~14
9	扎哈淖尔露天煤矿	2003 年 7 月投产，半连续工艺 2009 年投用	采煤剥离：单斗-卡车-半固定破碎站半连续工艺	2.5~15
10	白音华四号露天煤矿	2006 年开工，2009 年半连续工艺投产	采煤：单斗-卡车-半固定破碎站半连续工艺	5~24
11	胜利西一号露天煤矿	2005 年始建，2011 年达产，半连续工艺投用	采煤：单斗-卡车-半固定破碎站半连续工艺	20~30
12	白音华一号露天煤矿	2005 年 7 月开工，2011 年半连续工艺投用	采煤：单斗-卡车-半固定破碎站半连续工艺	7~15
13	哈尔乌素露天煤矿	2006 年开工，2011 年半连续工艺达产	采煤：单斗-卡车-半固定破碎站半连续工艺	20~35
14	魏家峁露天煤矿	2012 年半连续工艺投产	采煤：单斗-卡车-半固定破碎站半连续工艺	6
15	伊敏河露天煤矿	1983 年建设，1985 年投产	采煤：单斗-卡车-自移式破碎站半连续工艺 单斗-卡车-半固定破碎站半连续工艺	35

表 2-2-4（续）

序号	露天煤矿名称	建设（投产时间）	剥离/采煤工艺	生产规模/(Mt·a^{-1})
16	国能贺斯格乌拉露天煤矿	2009 年开工建设，2010 年投产	采煤：单斗－卡车－半固定破碎站半连续工艺	15
17	胜利西二号露天煤矿	2007 年开工，2008 年投产	采煤：单斗－卡车－半固定破碎站半连续工艺	10
18	平朔东露天煤矿	2009 年开工建设，2013 年投产	采煤：单斗－卡车－半固定破碎站半连续工艺	30
19	神延西湾露天煤矿	2015 年开工建设，2019 年投产	采煤：单斗－卡车－半固定破碎站半连续工艺	15
20	神新五彩湾 3 号露天煤矿	2006 年开工建设，2008 年投产	采煤：单斗－卡车－半固定破碎站半连续工艺	25
21	新疆大南湖露天煤矿	2013 年开工建设，2014 年投产	采煤：单斗－卡车－半固定破碎站半连续工艺	13
22	神新黑山露天煤矿	2013 年开工，2014 年投产	采煤：单斗－卡车－半固定破碎站半连续工艺	16
23	湖北宜化五彩湾一号露天煤矿	2009 年开工建设，2010 年投产	采煤：单斗－卡车－半固定破碎站半连续工艺	25
24	神新红沙泉露天煤矿	2011 年开工建设，2014 年投产	采煤：单斗－卡车－半固定破碎站半连续工艺	30
25	天池能源南露天煤矿	2009 年开工建设，2015 年投产	采煤：单斗－卡车－半固定破碎站半连续工艺	35
26	天池能源将军戈壁二号露天煤矿	2014 年开工建设，2018 年投产	采煤：单斗－卡车－半固定破碎站半连续工艺	15

半移动破碎站的半连续开采工艺在技术上综合了单斗－卡车工艺中的卡车运输适应性强、灵活机动的优点和带式输送机爬坡能力大、运输效率高、运输成本低的优点，是技术成熟、发展迅速的开采工艺，对开采范围大、开采深度大、生产剥采比大、运距与运量大的露天煤矿开发将起到积极作用。该工艺在我国露天煤矿从无到有、从小到大、从用于采煤推广到剥离，已经具备了一定的规模，其中关键的破碎设备也朝着大型化、多样化、国产化方向发展。其经济性、设备投资、设备国产化程度上比单斗－卡车和轮斗连续开采工艺更具有优势。

3. 设备配套及技术参数变化

破碎机（站）是半连续开采工艺的关键设备和环节，最初使用的破碎机是齿辊式破碎机，生产能力为 2000 t/h，适用于破碎松软岩石。随着开采设备的大型化，目前半移动破碎站已经形成了成套设备系列，理论生产能力 1000～12000 t/h 各种规格的半移动破碎站均有应用，相应的单斗挖掘机、自卸卡车、带式输送机、排土机也均有技术成熟的配套设备。平朔安家岭露天煤矿采煤系统采用了2套理论生产能力为2500 t/h的半移动破碎站半连续开采工艺；准格尔哈尔乌素露天煤矿采用了2套理论生产能力为3500 t/h的半移动破碎站半连续开采工艺；霍林河一号露天煤矿剥离使用了2套理论生产能力为7600 t/h的半移动破碎站半连续开采工艺。

4. 生产厂家及应用情况

（1）英国MMD集团。MMD是世界知名的破碎机制造公司，1978年发明的筛分破碎机，是基于岩石的剪切破坏原理设计而成的。筛分破碎机由于在破碎理论上产生了突破，在性能上具有很大的优势。其优势主要体现在设备结构紧凑，体积小、重量轻，运转平稳，可靠性高，维护量小，有效控制输出粒度，节能以及使用寿命更长。

MMD公司于1991年进入中国市场，至今已为中国用户提供600多台设备。MMD公司生产的各系列破碎机和破碎站，性能较稳定，维修量少，破碎经济性较好。主要用于露天煤矿、井工煤矿以及选煤厂，在我国的主要用户是国能集团的宝日希勒露天煤矿、元宝山露天煤矿、赫斯格乌拉露天煤矿、神华胜利北电一号露天煤矿、胜利西二露天煤矿、准能黑岱沟露天煤矿、准能哈尔乌素露天煤矿、神新公司五彩湾三号露天煤矿、红沙泉一号露天煤矿；中煤集团的平朔东露天煤矿、安家岭露天煤矿；中电投的霍林河南露天煤矿、沙尔乌素露天煤矿；天池能源的南露天煤矿、将军戈壁2号露天煤矿、湖北宜化的五彩湾一号露天煤矿。井工煤矿主要用户是国能神东矿区和同煤集团等。

（1）艾尔法史密斯（FLSmidth）。艾尔法史密斯（FLSmidth）是丹麦的著名公司，旗下有两个著名的破碎机品牌，克虏伯（KRUPP）和爱邦（ABON）。其生产的破碎机广泛应用于世界范围的矿山，数量和质量在破碎机厂家中位于前列。

克虏伯公司业务范围广泛，其生产的破碎机在世界范围矿山广泛应用，数量和质量在各破碎机厂家中位于前列。在中国的主要用户为华能伊敏煤电公司伊敏露天煤矿，中电投集团的白音华2号露天煤矿、3号露天煤矿，新疆宝明矿业油母页岩露天煤矿，天池能源南露天煤矿等。

爱邦（ABON）公司是专业制造破碎机的知名公司，该公司的产品得到了各国用户的认可，该公司的破碎机在中国大多用在井工煤矿和选煤厂。在中国的主要用户是国能神东煤炭集团、中煤集团平朔煤炭集团、山西焦煤集团、内蒙古伊泰集团、同煤集团和山东莱芜矿业公司。

（3）中国中材国际哈兹马克HAZEMAG。中材国际控股子公司德国哈兹马克HAZEMAG，有180年的历史，是生产水泥和骨料破碎筛分相关设备、矿石破碎分选相关设备等领域的专业化公司。2013年中材国际收购了德国哈兹马克59.09%的股份，成为德国哈兹马克最大的控股股东。哈兹马克的单齿辊破碎机在云南小龙潭露天煤矿和新疆天池能源南露天煤矿各有一台。

2.2.4 自移式破碎机半连续工艺与装备应用

1. 工艺发展历程及趋势

自移式破碎站本身具有行走装置，可在采掘工作面内工作，由装载设备直接给料，物料经破碎站破碎后，通过转载设备转载到工作面带式输送机上，再经其他带式输送机运往储煤场或排土场。破碎站的移动随着装载设备的推进而移动,需要配套具有高度灵活性的带式输送机系统。

自移式破碎站的优点:①灵活、方便、机动性强,在进行开采、输送或加工作业时,可大大节省基建投资或设备迁址费用;②采用一体化整套机组设备安装形式、避免了在复杂场地上进行分体组件等基础设施安装作业,降低了人力、物力和财力的消耗。③不仅可以在现场加工物料,而且可随开采面的不断推进而移动,不必通过汽车、输送机等将物料搬离现场再破碎加工,可大大节约物料的运输成本与时间;④组合灵活,适应性强,可依据不同的破碎工艺要求组成不同的流程。

按行走方式,自移式破碎机有液轮式、轨轮式、轮胎式、履带式、迈步式等几种。自移式破碎站可以通过取消自卸卡车的使用来降低运营成本,并且提高生产率。国外移动破碎站起源于固定在采石场内的早期破碎机装置。1907年,德国研发出了移动式破碎机组,该移动式破碎机组依靠滚轮自行行走,并且带有分筛装置。而后,西欧和美国也相继开始研发可移动的破碎机组。1954年,德国研究出破碎-筛分-转载站的装置,两年后,德国克虏伯公司研发出了移动破碎站。该设备是世界上第一台大型移动破碎站。20世纪60年代开始,西班牙、法国等国家先后在其采石场、煤矿内逐渐采用了移动破碎站,美国、苏联和日本等国也相继从70年代开始研制并逐步采用移动破碎站。20世纪70年代,德国研制了第二代破碎站,使移动破碎站由原来的单一化系统变为由多个系统组成的、完整的破碎系统,成为近代移动破碎站发展的方向。随着大型矿山的开采以及对于降低矿山开发成本的要求,大型、高效利、高处理量的大型移动破碎站被国外各公司相继研发出来。近年来,产量为3000~10000 t/h的大型移动破碎站的制造技术发展很快,信息化和系统工程都已达到较高水平。

2. 工艺应用状况

2009年在伊敏露天煤矿采煤系统中投入使用理论生产能力为3000 t/h的自移式破碎机半连续开采工艺,这是在我国首次成功应用。随后,胜利东二号露天煤矿、白音华二号露天煤矿、白音华三号露天煤矿、平朔东露天煤矿和汇能集团长滩露天煤矿剥离和采煤系统设计中均采用了理论生产能力6000~9000 t/h的自移式破碎机半连续开采工艺系统。2012年白音华二号露天煤矿、白音华三号露天煤矿投入了3套生产能力为6500 t/h的自移式破碎机半连续工艺系统;2013年平朔东露天煤矿使用的生产能力为9000 t/h的自移式破碎机半连续工艺系统为国内使用最大的岩石剥离破碎系统,使我国自移式破碎机半连续工艺系统技术达到国际先进水平。根据我国露天煤矿矿岩赋存条件,除类似霍林河一号露天煤矿煤层赋存条件比较复杂的露天煤矿,多数露天煤矿剥离系统的地质条件均适合采用单斗-自移式破碎机半连续开采工艺。采用自移式半连续工艺的露天煤矿见表2-2-5。

表2-2-5 采用自移式半连续工艺的露天煤矿

序号	露天煤矿名称	建设(投产时间)	剥离/采煤工艺	生产规模/(Mt·a^{-1})
1	伊敏河露天煤矿	2009年自移式半连续工艺投产	采煤	22
2	胜利东二号露天煤矿	2006年始建,2010年投产,半连续工艺投用	采煤	10~30

表 2-2-5（续）

序号	露天煤矿名称	建设（投产时间）	剥离/采煤工艺	生产规模/(Mt·a^{-1})
3	白音华二号露天煤矿	2013 年半连续工艺投用	剥离	0.5~12
4	白音华三号露天煤矿	2013 年半连续工艺投用	剥离	15
5	汇能集团长滩露天煤矿	在采购阶段	剥离	20

3. 设备配套及技术参数变化

2010 年前后，自移式半连续工艺开始发展，先后在伊敏、胜利、白音华等露天煤矿使用，目前在我国露天煤矿的应用相对较少，破碎站设备的破碎能力逐渐向大型化方向发展。2009 年，中国第一套全移动破碎站的投入使用是在伊敏河露天煤矿，用于采煤作业，小时能力 3000 t/h。2011 年，白音华二号、三号露天煤矿，投入了 3 套全移动破碎站用于破碎剥离物，能力为 6900 t/h。2022 年，汇能长滩露天煤矿正在采购生产能力 10000 t/h 以上的自移式破碎站（表 2-2-6）。

表 2-2-6 露天煤矿自移式半连续工艺设备配套表

单斗铲斗容/m^3	电铲型号	破碎站能力/(t·h^{-1})	使用露天煤矿
23、25、27、35	P&H2300、P&H2800、P&H4100、WK-35、WK-55	3000~10000	伊敏河 白音华二号、白音华三号

4. 生产厂家及应用情况

（1）MMD 集团。第一台 10000 t/h 能力的 MMD 移动式破碎机于 2002 年在澳大利 Goonyella/Riverside 露天煤矿投入生产。

2005 年加拿大 Suncor 油砂矿订购了 3 套能力为 8000 t/h 的 MMD 移动式破碎站。

2013 年，英迈特（MMD）全移动破碎站交付中煤平朔集团，处理能力为 10000 t/h。

（2）克虏伯 KRUPP。2010 年加拿大油砂矿订购了 1 套能力为 7500 t/h 的全移动式破碎站。

2013—2015 年巴西订购了 5 套小时能力为 2500~3900 t/h 的全移动破碎站。

2009 年，中国第一套全移动破碎站在伊敏露天煤矿投入使用，用于采煤作业，小时能力 3000 t/h。

2011 年，白音华二号、三号露天煤矿，投入了 3 套全移动破碎站用于破碎剥离物，能力为 6900 t/h。

2.2.5 轮斗挖掘机连续工艺与装备应用

1. 工艺发展历程

连续开采工艺是露天煤矿基本开采工艺之一，是由轮斗挖掘机采掘、带式输送机运输，通过排土机排弃剥离物的连续性生产工艺，在软岩露天煤矿应用广泛。1986 年 7 月，设计年生产能力为 0.6 Mt 的云南小龙潭露天煤矿剥离系统投产，首先采用了小型轮斗挖掘机连续开采工艺，此后，云南小龙潭布沼坝露天煤矿采用中型轮斗挖掘机连续开采工艺。目前已有5个露天煤矿采用该工艺。

2. 工艺应用状况

轮斗连续开采工艺具有高效率、低成本的优点。但受大风、寒冷、物料硬度等影响较大，其初期投资较大，对剥离物的赋存稳定性要求相对较高。轮斗连续工艺主要在我国元宝山、黑岱沟、扎哈淖尔等露天煤矿使用。我国主要采用轮斗连续式开采工艺的露天煤矿统计见表2-2-7。云南小龙潭布沼坝露天煤矿大型轮斗连续工艺作业如图2-2-10所示。

表2-2-7 采用轮斗连续式开采工艺的露天煤矿统计表

序号	露天煤矿名称	建设（工艺投入）时间	生产规模/(Mt·a^{-1})
1	小龙潭露天煤矿	1986年连续工艺投产	5.5~16
2	黑岱沟露天煤矿	1990年4月开工，1996年连续工艺投产	12~29
3	元宝山露天煤矿	1990年10月，1998年连续工艺投产，2005年4月移交，2006年达产	5~12
4	扎哈淖尔露天煤矿	2013年连续工艺完成安装	2.05~15
5	伊敏河露天煤矿	完成轮斗工艺论证，2018年投用	

图2-2-10 云南小龙潭布沼坝露天煤矿大型轮斗连续工艺作业

元宝山露天煤矿建设于1990年，原设计生产能力5 Mt，已于2006年达产。经过两次改扩建，目前已经达到年产原煤15 Mt。元宝山露天煤矿上部表土层采用轮斗挖掘机-带式输送机-排土机连续剥离生产工艺。

黑岱沟露天煤矿是我国"八五""九五"重点建设项目，1990年开工建设，1996年试生产，1999年正式移交投产，年生产能力20 Mt。黑岱沟露天煤矿的剥离采用紧凑型轮斗挖掘机－带式输送机－排土机连续开采工艺。随着黑岱沟露天煤矿扩能改造尤其吊斗铲倒堆工艺形成后，轮斗连续生产工艺系统在黑岱沟露天煤矿跟踪式推进方式采矿布置中，起着龙头推进的作用。

3. 设备配套及技术参数变化

轮斗挖掘机在我国应用相对较晚，1972年我国自主研发设计了第一台小型轮斗挖掘机——WUD400/700型轮斗挖掘机，运用于石油露天煤矿挖掘油页岩、黏沙土。20世纪80年代，WUD400/700型轮斗挖掘机应用于小龙潭露天煤矿的剥离系统，小时理论能力为400～700 m³（松方），机重约164 t，线切割力为100 kgf/cm，上挖高度10 m。还包括辅助设施1 m宽带式输送机、小时理论能力为1000 m³（松方）的排土机等设备，组合台阶高度达25 m左右，采掘分层高度7～8 m，带式输送机至排土场距离为6.3 km。布昭坝露天煤矿使用的国产第二代轮斗挖掘机及配套装载机，小时理论能力为1500～2000 m³（松方），上挖土15 m，排土机小时理论能力为1000 m³（松方），组合台阶高度40 m，线切割力为120 kgf/cm，机重约500 t。

20世纪90年代，新一代大型轮斗挖掘机是沈阳机械厂与德国克房伯公司联合研制的SRS1602－250/30型3600 m³/h轮斗挖掘机，我国轮斗挖掘机走向大型化。该型号的轮斗挖掘机1994年现场组装试验作业，主要在元宝山露天煤矿使用。该设备主要参数见表2－2－8。

表2－2－8　SRS1602－250/30型3600 m³/h轮斗挖掘机主要参数

理论开采量/(m³·h⁻¹)	理论挖掘量/(m³·h⁻¹)	单位挖掘力/(N·cm⁻¹)	挖掘高度/m	挖掘深度/m	服务重量/t	履带宽度/m	对地比压/(N·cm⁻²)	斗轮直径/m	挖斗数量	每分钟卸斗数	最大伸出长度/m	输送带宽度/m
3600	2600	1200	25	25	2475	3	11	10.5	14	76	43	1.6

黑岱沟露天煤矿紧凑型轮斗连续工艺系统是从德国克房伯公司引进的。经过设计制造、现场组装、调试、空载、重载试运转，于1996年10至11月和1998年2月分别进行了冬夏季能力考核，正式投入了生产运营。根据黑岱沟露天煤矿地形地质条件，经过工艺技术和经济比选，采用轮斗－带式输送机工艺对黄土进行采掘剥离，设计确定轮斗挖掘机的黄土剥离量为18 Mm³/a。2000年轮斗系统完成黄土剥离量667 m³，占剥离黄土总量的53.63%。黑岱沟露天煤矿使用的是德国克房伯公司生产的SchRs710/1×15紧凑型轮斗挖掘机，共计4台，理论设计能力是3100 m³/h（实方）。目前，黑岱沟露天煤矿轮斗连续工艺系统已经停止使用。

伊敏露天煤矿剥离上部采用轮斗挖掘机－带式输送机－排土机连续工艺，连续工艺生产系统的额定装载量为6700 m³/h，12 m³、20 m³、35 m³电铲分别有4台、6台、2台，设计年生产能力11 Mm³。

疆纳兴盛露天煤矿与沈阳设计院合作，在兴盛露天煤矿开展轮斗连续工艺采煤示范工程项目，DWY2000全液压轮斗挖掘机在国内首台套应用，理论生产能力达到2000 m³/h，具有自动化程度高、运行稳定、体积小、重量轻、产能大的特点，和转载机及悬臂式受料车配套实现连续采煤工艺，采后煤的粒度均小于 200 mm。2021 年 2 月完成安装和初步调试，自投产之日起至 2021 年 10 月止系统已完成产能 2.8 Mt 以上。

2.2.6 吊斗铲无运输倒堆工艺与装备应用

1. 工艺发展历程

无运输倒堆开采工艺是一种先进、高效的露天开采工艺，属于间断式开采工艺范畴。它集采掘、运输和排土三个主要工艺环节于一体，将剥离物直接排弃于采空区的内排土场中，工艺流程简单，生产成本低。

2003 年，准能黑岱沟露天煤矿开始对原来的综合开采工艺进行抛掷爆破－吊斗铲无运输倒堆技术改造。2007 年 11 月，我国第一台吊斗铲投入使用，主要用于剥离煤顶板以上 40 m 厚岩石台阶。采用吊斗铲无运输倒堆剥离工艺，代表了国内露天煤矿开采工艺发展的先进水平。实施吊斗铲工艺技术改造后，黑岱沟露天采煤工作线长度由原来的 1200 m 增加到 2000 m。

2. 工艺应用状况

我国采用无运输倒堆开采工艺的露天煤矿主要是准能黑岱沟露天煤矿，吊斗铲无运输倒堆工艺与先进的抛掷爆破技术配合，主要用于露天煤矿的剥离作业，年剥离能力达 20 Mm^3，产原煤超过 30 Mt，工效达到 141 t/工。

无运输倒堆开采工艺具有生产能力大、作业效率高、环节少、设备少、生产成本低、生产可靠性高的特点。但同时也需要较高的投资，要求有较大的工作线长度，有很高的管理和维修水平，在很大程度上限制采煤工艺的作业空间和坑内储备煤量，在我国适用该工艺的露天煤矿较少，目前只有黑岱沟露天煤矿。

3. 设备配套及技术参数变化

黑岱沟露天煤矿使用的是美国 Bucyrus 公司生产的吊斗铲，设备参数见表 2-2-9~表 2-2-11。

表 2-2-9 黑岱沟露天煤矿吊斗铲的主要参数（一）

斗容/m^3	工作半径/m	悬臂长度/m	悬臂高度/m	悬臂倾角/(°)	底盘直径/m	行走长度/m	行走速度/(m·min^{-1})	行走允许坡度/(°)		空斗重量/t	满斗系数	最大悬吊载荷/t	平均铲斗装载量/m^3	
								纵向	横向				松方	实方
90	100	109.7	68	34	21.3	2.3	3.5	10	5	124.5	0.95	274.6	85.5	61

表 2-2-10 黑岱沟露天煤矿吊斗铲的主要参数（二）

最大挖掘深度/m	最大装卸高度/m	工作重量/t	工作循环时间/s	平均每小时生产能力/m^3	平均日生产能力/m^3	平均月生产能力/m^3	平均年生产能力/m^3
71	45.1	5308	47	3938±5%	86600±5%	265570±5%	2559700±5%

2 中国露天煤矿开采技术

表 2-2-11 黑岱沟露天煤矿吊斗铲的主要参数（三）

项目	理论生产能力/(m³·h⁻¹)	斗轮直径/m	铲斗数量/个	单斗容积/m³	上挖高度/m	下挖深度/m	行走速度/(m·min⁻¹)	最大排料高度/m	最小排料高度/m	装机功率/kW	整机重量/t	斗轮转速/(r·min⁻¹)
参数	2000/2800	7	12	0.46/0.65	8.5	1	6	8.3	4.6	524	320/325	0~8

2.3 露天煤矿生态建设发展情况

2.3.1 我国露天煤矿生态建设发展历程

我国露天煤矿生态建设从被动的土地复垦理念到主动的生态环保发展理念，从矿山开采土地挖损破坏后只单纯地进行土地复垦、改善矿区环境，到有目的的生态重建，进而再到追求可持续发展目标。和国外相比，我国的露天煤矿生态建设从理念、技术等方面经历了"跟跑""追赶"到部分大型露天煤矿生态建设"超越"阶段，逐步走出一条适合我国的露天煤矿生态发展之路。

1."跟跑"阶段

土地复垦是绿色露天矿山建设的初级阶段。作为露天煤矿特有的工艺环节，从20世纪50年代起我国露天煤矿开展了土地复垦工作，但都是个别矿山企业自发组织实施的小规模、零散的土地复垦工作，复垦效果较差。20世纪70年代，美国、澳大利亚等国家就已经颁布实施了露天煤矿生态建设相关的法律法规；我国1979年颁布试行、1989年正式实施《环境保护法》，环境法规体系初步建立，和国外相比在法规体系建设方面滞后。20世纪80年代后期，我国借鉴美国、澳大利亚等发达国家经验，相继发布实施了《国家建设征用土地条例》《土地复垦规定》等法律法规，生态恢复工作开始步入法治化轨道。开展了不同程度的生态恢复实践和科研工作，如加强矿山生态恢复工艺技术研究、基质改良研究、生态恢复经济分析、土地复垦专家系统模型研究等。但当时的生态恢复技术研究限于基本用途研究，着重于单一用途的生态恢复，生态环境改善不明显，生态恢复土地生产力低、经济效益差。

这个阶段，我国的法律法规不完善、组织机构不健全、资金渠道不畅通、生态恢复技术相对落后，影响了我国露天煤矿生态恢复工作向纵深发展，和国外相比处在"跟跑"阶段。

2."追赶"阶段

党的十六大以来，党中央、国务院提出树立和落实科学发展观、构建社会主义和谐社会、建设资源节约型环境友好型社会，推进环境保护历史性转变。2000年以后，我国各露天煤矿生产规模不断增长，相应排土场需要复垦的区域不断扩大。随着我国对生态建设要求的不断提高，我国的露天煤矿生态建设迅速发展并成熟。我国绿色露天矿山建设逐步由粗放型转变为以资源节约型和环境友好型为核心的集约型发展模式；由单一的土地复垦和植被恢复发展为以土地复垦为基础的生态农业，由被动的土地复垦逐步转变为主动的生态产业链建设，将以往的矿区土地复垦问题提升到矿区生态系统重建及其资源可持续利用研究上，进一步创新和发展适合不同矿区特别是生态脆弱矿区的土地复垦与生态重建技术体系。

这个阶段，我国露天煤矿优选适合本地区特点的物种，注重生物多样性和生态环境的整体性，相继制定了比较完整的土地复垦措施，确定了土地复垦和生态重构模式，已经追赶上德国等世界先进水平。

3. 部分"超越"阶段

十八大以后，国家把生态文明建设纳入中国特色社会主义事业总体布局，把生态文明建设放在突出地位，我国煤炭产业也进入高质量发展阶段。2010 年《关于贯彻落实全国矿产资源规划发展绿色矿业建设绿色矿山工作的指导意见》的发布开启了我国绿色矿山建设步伐。我国五大露天煤矿作为绿色矿山建设的先行者，始终坚持绿色发展不动摇，遵循绿色低碳和可持续发展理念，形成了适合不同区域、气候特点的复垦与生态重建理论、经验和实践，逐步由土地复垦和植被恢复单一发展模式转变为生态重建及农作物、动植物养殖等多元化生态产业发展模式。伊敏注重开发与保护并重，坚持"在开发中保护，在保护中开发"，实现回填覆绿的矿坑与天然草原融合得浑然一体。平朔坚持采矿与生态修复并重、恢复并高于原有生态水平，创新"复垦土地—现代生态农业"资源循环利用的产业模式，让复垦土地转化为生产要素，矿区生物多样性日益凸显。

这个阶段，部分大型露天矿的土地复垦和生态重建被视为高经济社会效益、生态效益的生态环境工程，最终形成集生产建设、农业养殖、旅游娱乐和野生生物保护等多层次的绿色生态产业链，最大限度地实现生态系统的经济效益、生态效益和社会效益，和国外其他国家相比，实现了露天煤矿生态环境治理部分"领跑"。

2.3.2 我国露天煤矿生态建设存在的问题

露天煤矿开采具有安全性高、开采效率高、采出率高、成本低等优点。但露天开采对环境的破坏也是客观存在的。在我国，矿山开采造成了大规模土地破坏，特别是露天煤矿开采每年破坏的土地面积达 3300 亩①，且每年以 8%～9% 的速度递增，到 2020 年破坏土地面积约 37100 亩。结合国内外露天煤矿开采情况，总结我国露天煤矿发展现状及存在的问题，可以看出露天煤矿环境保护与改善受诸多因素的制约，反映出推进露天煤矿矿区土地复垦与生态重建工作的紧迫性、必要性和艰巨性。

1. 露天煤矿生态建设缺乏顶层设计

国外主要露天煤炭生产国家，如美国、澳大利亚等，早在 20 世纪 70 年代就已经从完善法律法规、设置环境监管机构、设立生态专项资金等方面推动和保障露天煤矿生态建设工作。以美国为例，在《联邦法典》中规定露天矿要保证在开采中和开采后保持矿区原有的环境面貌，不允许破坏生态环境；根据 1977 年的露天开采管理及复垦法，专门设置了露天矿复垦执行署（露天矿管理办公室），监督各州的有关采矿法规实施及废弃矿的复垦工作；加强露天煤矿生态资金保障，设立专门的生态复垦基金用于生态修复。

对比我国，完善立法、资金保障、机构设置等露天煤矿生态建设顶层设计方面和国外

---

① 1 亩 = 666.6 m²。

先进露天煤矿生产国家相比还有一定差距。2022年颁布实施的《中央企业节约能源与生态环境保护监督管理办法》中规定，将节能降碳与生态环境保护资金纳入预算，保证资金足额投入。宝日希勒露天矿按照每吨2元的标准，提取生态治理资金，用于绿化复垦专项费用，是个别企业的自主自发投入，投入标准缺乏国家统一要求。

2. 露天矿生态治理仍以事后建设为主

我国露天煤矿的土地治理和生态建设往往是在采矿出现环境问题后才采取的一种后患处理措施，缺乏超前决策和设计，急需开展露天开采与生态重建一体化研究工作。

3. 露天矿生态重建工作多数处在初级阶段

目前我国露天煤矿生态重建工作，绝大多数处于以确保矿山企业安全生产和改善生活环境为主的初级阶段，只单纯强调防护性生态效益及减少采矿引发的地质灾害，距离重建自然生态系统的程度较远。

4. 植被复垦恢复仍停留在试验和示范阶段

植被恢复是露天煤矿生态重建工作的主要任务，国内各大露天矿区均在土壤条件改善及生物物种选用方面做了很多尝试性工作，但缺乏对于景观生态学格局与生态过程理论，以及植被恢复、土地结构之间的科学理论的研究，很多复垦技术仅停留在试验与示范阶段。

5. 尚未形成可持续发展的生态系统

我国露天煤矿矿区生态系统的功能设计和研究工作不足，导致恢复后的生态系统经济效益、生态效益和社会效益不佳，无法形成高水平、可持续发展的生态系统。

6. 露天矿生态重建评估体系研究较少

露天煤矿矿区的土地复垦、绿化、水土保持等生态修复工作，是伴随露天煤矿开采过程的、持续性的长期工作，煤炭企业为此需要投入巨大的人力、物力和财力。但人们对于生态修复工作创造的真正价值认识不清，生态投入与生态效益产出比不明确，因此，全面衡量生态修复绩效成果，科学开展生态修复的绩效评估，准确了解生态修复的价值与创造的实际效益，对有效指导后续生态修复工作具有重要意义，有利于真正实现生态环境良好与投入产出的最大化。

2.3.3 主要矿区生态治理实践

1. 平朔矿区

平朔矿区地处黄土高原脆弱生态区，全区多为黄土覆盖，区内黄土台地曾经受强烈的侵蚀切割作用，呈"V"字形，原地形地貌、地层结构、生物种群均遭到破坏。平朔矿区拥有安太堡、安家岭、东露天3座特大型露天矿，核定生产能力分别为20 Mt、25 Mt和30 Mt。矿区大规模的露天采煤活动，严重扰乱了生态环境，形成了大面积的排土场，诱发严重的侵蚀。

（1）科技引领矿区生态环境治理。平朔矿区积极探索新工艺，实施"剥－运－排－复"一体化工艺，复垦后的土地形成了"田成方、林成网、路相通"的高标准景观农田。开展产学研合作，与科研院校合作，开展生态修复治理前沿技术攻关，构建黄土高原植被与适生植物"草、灌、乔"结合的立体植被生态恢复模式，"地貌重塑、土壤重构、植被重建、水土保持、植物配置模式、堆伏排弃工艺"生态环境重构的综合技术，对我国黄土高原区生态恢复治理工作起到了积极的示范作用，为晋陕蒙黄土高原区矿山生态恢复治理的典范。

（2）打造生态环境治理品牌工程。平朔矿区将生态环境恢复治理做成品牌，打造自然资源部土地复垦野外观测基地、教育部土地复垦及测量专业教学实践基地。编制《平朔矿区复垦区生态农业产业基地规划》，打造"农、林、牧、药、生态旅游"产业链，在矿区万余亩生态示范园内建成300个日光温室，16000 m^2 智能温室，建成观礼台、植物园、博物馆、环人工湖水体景观带等景点，实现了复垦土地的循环利用。

（3）矿区生态治理成效显著。平朔矿区在1985年开始进行土地复垦工作，已经持续近40年，经历从初级的土地复垦到高级的生态重构的发展过程。累计投入资金26亿元，矿区及周边区域绿化面积20000亩，复垦土地63000亩，绿地13800亩，苗圃种植920亩，矿区内累计种植各类大小苗木1311万余株，栽植乔木27万余株，排土场植被覆盖率达95%以上，远高于原地貌不足10%的植被覆盖率，矿区现有各类植物274种，昆虫737种，陆栖脊椎动物128种。

（4）矿区取得多项生态治理荣誉。平朔矿区经过多年的实践和努力，对我国矿区生态环境治理工作起到了积极的示范作用，获得了多项荣誉。荣获第七届中华宝钢环境优秀奖、中国最美矿山、全国节能先进集体、全国循环经济工作先进单位、全国煤炭工业节能减排先进企业、全国绿化先进单位。平朔矿区采矿复垦一体化实践案例获评"2019年中央企业品牌建设典型案例"；生态建设成果被国务院国资委列为2020年"两山论"央企实践亮点；平朔公司"矿山复垦再造绿水青山"社会责任案例获评2021年中央企业"绿色低碳篇"优秀案例。平朔矿区生态治理成果如图2-2-11所示。

2. 伊敏矿区

伊敏矿区地处寒温型草甸草原地区，矿区属温带大陆性气候，有其特殊的自然条件，经过多年的理论研究和实践明确了土地复垦的方向和发展模式，即以草本为主的土地复垦方式。伊敏露天矿坚持低碳、清洁、绿色发展的原则，多年来在排土场、工业厂区及采区周边进行"植被复垦绿化示范区建设"，最大限度恢复原有生态系统。伊敏露天煤矿在矿产资源开发设计、开采各阶段中有切实可行的矿山土地保护和土地复垦方案与措施。坚持"边开采，边复垦"的做法，遵循"在开发中保护，在保护中开发"的原则，实现美丽与发展共赢。截至目前，伊敏露天矿累计投入超18亿元，用于地貌重塑、边坡及地下水治理、土壤改良、植被种植，生态环境设施建设等矿山地质环境保护工作。

（1）打造伊敏矿区生态修复示范区。将伊敏矿区生态修复示范区建设分解为生态修复及提升区、生态修复核心区、生态修复毗邻区，针对各区的特殊性开展工作。

提升区，主要进行排土场大面积复绿，开展生态恢复及提升项目，进行生态草地种植等绿化施工并对植被进行管护。核心区，2021—2023年投资2亿元，开展伊敏矿区生态修复示范区建设，完成70 hm^2 的核心区建设：重现矿区原始湖泊——伊和诺尔湖，湖泊面积26 hm^2，吸引鸥鹭、麻鸭、鱼类等多种野生动物"安家落户"；建成绿化植被恢复生态区34 hm^2，内设2.4 km沥青道路，7.1 km塑胶路面，10360 m^2 圆形观景平台，两处广场，8200棵生态景观树木，1200 m^2 明珠馆。毗邻区，进行输煤走廊、景观道路等功能厂区的亮化提升，通过运动场完善、厂区雕塑布置、设施外观美化、红色教育基地升级完善

图 2-2-11　平朔矿区生态治理成果

等全局性、整体性地实现伊敏矿区生态修复示范区整体建设。

（2）多维重构水土、动植物、景观。地下水恢复，排土时模拟原有土层结构，在排土场依次排弃泥岩、沙子、腐殖土，为植被后期生长提供透水、透气环境。同时，地表以下形成泥岩隔水层，将采坑与伊敏河完全阻隔，目前伊敏河与采坑之间的水位已恢复至原始水位 6 m 左右，实现了"系统的"、深层的环境治理。

地貌重塑。经过多年实践，结合伊敏地区草原自然坡度，将排土场放坡至 12°~15°后，再覆土绿化，使排土场最终成为缓坡小丘与自然地貌融为一体，显现了植被的生态和谐。在矿区形成植被恢复区 1069 hm²，其中生态修复示范湿地景观区 239 hm²，乔灌木 68 万株，利用乔灌草结合的方式在改善生态环境的同时，吸收二氧化碳，每年碳汇 1380 t。

土壤改良。在剥离过程中，对地表厚度只有 5~20 cm 的腐殖土进行单独回收和存放，作为绿化覆土，即使腐殖土回收成本远远高于常规剥离，仍然坚持腐殖土回收，在排土场绿化前覆盖腐殖土。与北京矿业大学、华能清洁能源研究院共同开展土壤改良研究，在排土场表面排弃泥岩位置覆盖 0.5~1.0 m 沙子后再覆盖 0.3 m 腐殖土，有利于植被对水分和养分的吸收。

生态重构。排土场及采坑周边进行分层次的生态再造，形成采坑、正在排弃的排土场、已恢复植被的排土场、乔灌草等绿化植被带、主干道路等层层相连的景观。为动植物提供完美的栖息环境的同时，给观赏者提供亲近自然、亲近野生动物、亲近矿山的环境。恢复过程中，将矿区内低洼自然地貌修复成湿地景观，实现了"开矿不见矿，矿在美中藏"（图2－2－12、图2－2－13）。

图2－2－12　矿区与草原融合

图2－2－13　矿区成为动物家园

3. 准格尔矿区

准格尔矿区地处山西、陕西、内蒙古交界处，属黄土丘陵沟壑区，为国内水土流失最严重的地区之一。矿区气候属中温带半干旱大陆性气候，冬季严寒漫长，夏季温热短暂，自然条件较差,经济农作物和林木稀少,为农业为主的农牧业结合区。从开发建设之初,准能就坚持因地制宜、科学规划,积极探索生态优先、绿色发展为导向的资源型企业转型发展之路,推进矿业开发与生态保护协同发展,能源革命与生物多样性治理共生共赢。通过绿色产业多元化发展,开辟了"造绿储金、点绿成金、守绿换金、添绿增金、以绿探金"多元转换路径,矿区生态系统生产总值(GEP)由2016年的18.46亿元增加至2022年的32.55亿元,"绿水青山"向"金山银山"的转换效果凸显,准能人用"五个创新"高标准打造了美丽中国的"准能样板"。

(1) 创新形成黄土高原生态建设技术体系。探索集成水土流失控制技术体系、生态重构技术体系、复垦绿化标准化作业流程三大技术体系,发布5项地方标准,做到排弃地复垦全覆盖、无死角,破解了黄土高原半干旱荒漠地区大型煤炭基地开发与保护协同推进的重大技术难题,为黄河流域生态环境高质量保护提供了低成本、易推广的实用技术。

(2) 创新打造高水平"生态旅游"品牌。充分挖掘自有180000亩复垦土地资源的空间梯级效能,在2017年获批国家矿山公园的基础上,建成党员教育实践(爱国主义教育)基地、矿山博物馆、生物多样性公园、婚庆文化公园、实学林等诸多特色场馆和景观群,致力打造集红色教育、工业遗迹保护、煤炭科普文化、休闲产业观光、生态文明展示于一体的"现象级"工业旅游景区。准能矿山生态旅游区累计接待游客12万余人次,辐射带动周边景区接待游客80万余人次,创造收益可达1.92亿元/年。

(3) 创新集成"生态+"多元产业。以"生态+"方式贯通工业、新能源、农牧业、文旅产业,建成生态牧场、优质肉牛养殖园、林果生产采摘园等为一体的综合园区,现存栏优质肉牛2000多头,种植牧草10000多亩,开发饲料及小杂粮种植基地3000多亩,建成涵盖83个品种的千亩果园、采摘日光温室20栋、野营观光蒙古包20座,种植观赏花卉1千多亩,矿区生态产品初级转化率稳步提升,初步形成了露天开采与生态建设有机融合、人与自然和谐共生的良好局面,走出了一条独具准能特色的绿色发展之路。

(4) 土地复垦与生态重建成果显著。准能累计投入资金27.85亿元,完成复垦绿化及生态环境整治土地98000亩,种植各类乔灌木7540万株、地被33200亩,年可吸收二氧化碳315000 t。植被覆盖率由原始地表的25%提高到了80%以上,排土场复垦率达到100%,水土流失量从13000 t/(km^2·a)降至1500 t/(km^2·a),水土流失控制率升至80%以上,矿区生态系统良性循环,区域气候显著改善,群落正向演替,生物多样性逐年递增。以生产推进、生态修复和产业布局有效关联,如今的准能"山青、水绿、景秀、物丰、人美",绿色追求终成和谐画卷(图2-2-14、图2-2-15)。

4. 宝日希勒矿区

宝日希勒矿区地处略有起伏的高平原,北部及东北部与低丘陵相接,区内地形起伏呈缓坡状。本区属大陆性亚寒带气候,经常受西伯利亚寒流袭击,春秋两季风多且风力较大,冬季严寒,夏季较热。宝日希勒矿区把打造"环境友好型"企业作为目标,以落实"认识到位、措施到位、资金到位"三个到位为途径,坚持生产到哪里,复垦绿化到哪里,做到绿化无死角。近年来,宝日希勒露天煤矿践行"绿水青山就是金山银山"理念,投入3亿多元进行绿色综合治理,打造绿色矿山,不断探索绿色矿山建设发展之路,取得较明显效果。

图 2-2-14 黑岱沟露天煤矿排土场种植的灌木及牧草

图 2-2-15 复垦后的黑岱沟露天煤矿排土场

（1）加强组织领导和考核监督。开展宝日希勒露天煤矿全生命周期土地复垦规划，从物料分类存放、地层精细重构、土壤改良增肥等方面，建立可推广的土地资源综合利用技术标准，建成优于周边地形、地貌的"山水林田湖草"一体化生态型绿色矿山；加大生态建设投入，注重资源回收与利用，开展腐殖土及亚黏土资源回收利用管理试验、亚黏土熟化研究实验，有效解决了腐殖土不足的难题；将水资源、土地、林木资源作为战略资源进行管理，建立台账、梳理家底、科学开发、合理利用；将生态建设工作纳入各单位绩效考核管理体系，出台了"复垦绿化管理办法"等管理制度，将生态建设和环境保护工作与薪酬挂钩，建立健全了环保绿化责任体系；将生态建设工作向社会开放，由社会公众进行监督。

（2）"六步走"开展绿化建设。按照"整体规划，逐步实施"的原则，宝日希勒以露天煤矿排土场和工业场区为重点，采取"一排二整三覆四种五灌六养"的做法全面恢复生态原貌。排即排土，采用采、排、复一体化作业技术，坚持"能内排绝不外排"的原则,最大限度地扩大采煤后采坑内的土方内排量,减少废弃土外排量,从根本上降低露天矿排弃土对土地的占用;整即整形,对于已经形成的高大排土场,利用液压挖掘机、铲车等设备对其进行整治造型,以有利于水土保持和植被的生长。覆即覆土,在整形后的土地上覆一层黑黏土进行含水层保护,然后在其上覆盖原先单独存放的腐殖土。种即种草植树,灌即浇灌,养即养护:选择根系发达、成活率高、速生的披碱草、紫羊茅、羊草和沙棘等作为排土场植被修复的主要植物品种。同时利用生态毯技术、混播技术、试验田技术以及喷灌技术等,在坡面及平盘种植灌木缓冲带,在北排土场边缘种植根系发达的乔木防风林带,建立乔灌草立体相结合的防风固沙生态保护模式(图2-2-16)。

图2-2-16 生态种植

(3)科技助力绿色矿山建设。近年来宝日希勒露天煤矿不断加大科技创新资金投入力度,开展"呼伦贝尔酷寒草原区露天煤炭开采生态与水资源保护关键技术研发及工业示范""东部草原区大型煤电基地生态修复与综合整治技术及示范"等项目研究,开展示范性工程建设。

(4)绿色矿山建设成效显著。通过持续的复垦整治、绿化建设以及一系列治理措施,宝日希勒露天煤矿绿色矿山建设取得较明显成效:截至2021年底,公司生态建设和环保工程累计投入资金3亿多元,完成工业厂区及排土场整型,建成樟子松和云杉苗圃实验林、景观园林、蓄水池等,排土场复垦绿化率超过90%,可复垦绿化率达到100%(图2-2-17)。

针对矿区道路的绿化整形,在主干道路周围种植了防护林,有效抑制了扬尘。建成1000 m长的防风抑尘网,将煤矿与草原隔开新建现代化的喷淋设备(图2-2-18、图2-2-19)。

排土场顶部建立了蓄水罐,保证苗圃的供水。建成30000 m²的苗圃实验林,培育30000株容器苗(图2-2-20、图2-2-21)。

建成7 m高、容积90000 m³的蓄水池,在排土场顶部平台的景观绿化示范区,复垦完成的土地上开满了金黄的油菜花(图2-2-22、图2-2-23)。

图 2-2-17　土地复垦与厂区绿化

图 2-2-18　道路绿化整形

图 2-2-19　防风抑尘网

图 2-2-20　排土场顶部蓄水罐

图 2-2-21　苗圃实验林

图 2-2-22　蓄水池

图 2-2-23 景观绿化示范区

2.4 典型露天煤矿

我国主要的露天矿区大部分集中于山西北部、内蒙古、新疆、云南、宁夏、青海地区，其中内蒙古与新疆的露天煤矿最多。本书通过山西、蒙西、蒙东、新疆、陕北五大煤炭供应保障基地，介绍我国主要露天煤矿情况。

2.4.1 山西煤炭保供基地

1. 安家岭露天煤矿

安家岭露天煤矿是中煤平朔集团有限公司下属的主要煤炭生产企业，是国家"九五"期间国家重点建设项目，中国第一座自行勘探、自行设计、自行施工安装、自行经营管理的特大型现代化露天煤矿。该矿位于朔州市平鲁区，矿田面积为 28.89 km²，矿田属于山西黄土高原朔平台地之低山丘陵，全区多为黄土覆盖，区内黄土台地曾经受强烈的侵蚀切割作用，加之区内植被稀疏，形成梁、垣、峁等黄土高原地貌景观。矿区煤炭资源丰富、煤质好、开采条件优越、交通便利。主要可采煤层为 4 号、7 号、9 号、11 号煤层，总厚度 32.38 m，煤种以气煤为主，是良好的动力用煤。2021 年底可采储量为 1168.54 Mt，平均剥采比为 5.06 m³/t，剩余服务年限 19.9 年。2022 年，安家岭露天矿核定生产能力 20.0 Mt/a。

安家岭露天矿的剥离工艺：黄土层外包剥离，采用小型挖掘机-卡车工艺；岩石采用大型电铲-卡车工艺。煤层开采：采煤采用半连续工艺，即坑内单斗-卡车-地面半固定破碎站-带式输送机。

安家岭露天矿不断加强环境保护工作。通过复用采场疏干污水，采用水车洒水、绿化喷灌系统、喷淋、喷雾降尘装置等抑制扬尘；通过采用灌注三相泡沫、注水、注浆、细水雾灭火和黄土覆盖等措施，对矿坑着火冒烟区域进行综合治理。坚持对土场进行复垦绿化、重新造田工作，同时植树种草设置防护带。工业广场绿化系数达到 60% 以上，矿区生态环境明显改善。

2. 安太堡露天煤矿

安太堡露天煤矿是中煤平朔集团有限公司旗下最大的核心煤炭生产企业之一，位于朔州市平鲁区，居大宁煤田中段，于1985年7月开工建设，到1987年9月建成投产。本矿属于高原平朔台地之低山丘陵，全区多为黄土覆盖，形成梁、垣、峁等黄土高原地貌景观。矿区内煤炭储量丰富、煤层厚、埋藏浅、地质构造简单，易于开采。矿坑有3层具有经济价值的煤层，分别为4号煤、9号煤、11号煤，煤层赋存于石炭系太原组，煤层煤质为气煤，主要用途为工业动力用煤。截至2021年底，安太堡矿剩余可采储量为42.85 Mt，平均剥采比为5.6 m³/t，剩余服务年限约3年，后续进入安太堡矿后备区进行生产。2022年，安太堡露天矿核定生产能力为20 Mt/a。

安太堡矿岩土剥离采用单斗–卡车间断工艺；原煤开采采用单斗–卡车–他移式破碎站–带式输送机的半连续开采工艺。

安太堡矿建矿之初，即坚持采矿与生态并重的环保方针，走土地复垦与生产建设统一规划、"采、运、排"与复垦一体化规划的环保道路。多年来，安太堡矿累计完成土地复垦总面积60000亩左右，排土场已到界平盘复垦率达到95%以上。通过复垦，安太堡露天矿已获得有生产力的生态园土地面积2000 hm²，复垦区现有生态系统生物多样性指标、生产力水平都优于原生态系统。

3. 东露天煤矿

东露天煤矿是国家规划的平朔矿区三大露天煤矿之一，是国家煤炭工业"十一五"规划重点建设项目和山西省重点工程项目。东露天矿位于宁武煤田北端，煤田属于山西黄土高原朔平台地之低山丘陵，全区多为黄土覆盖，区内黄土台地曾经受强烈的侵蚀切割作用，加之区内植被稀疏，形成梁、垣、峁等黄土高原地貌景观。主要可采煤层3层，分别是4号、9号和11号，以气煤为主，区内在矿田的西部及东部的部分地区分布有长焰煤。东露天矿煤炭可采储量为1458.52 Mt，剩余服务年限65年，平均剥采比为5.58 m³/t。2022年，东露天矿核定生产能力为25 Mt/a。

东露天矿剥离开采工艺：采用单斗–卡车间断工艺。原煤开采工艺：4号、9号及11号煤层采用两套单斗挖掘机–自卸卡车–他移式破碎站（端帮）–端帮带式输送机–端帮联络巷带式输送机–主斜井带式输送机–地面带式输送机–选煤厂的半连续开采工艺。

东露天矿借鉴矿田周边现有安太堡露天矿、安家岭露天矿的土地复垦方式和植被恢复措施经验，实施排土场生态恢复工程、露天矿采掘场生态恢复工程。

2.4.2 蒙西煤炭保供基地

1. 黑岱沟露天煤矿

黑岱沟露天煤矿隶属于神华集团准格尔能源有限责任公司，位于准格尔煤田中部，坐落于鄂尔多斯盆地，地表被广厚的黄土、风积沙所覆盖，由于风蚀和水流向源侵蚀造成黄土高原的复杂地形地貌，沟谷纵横交错，地形十分复杂。主要开采6号煤层，平均厚度为28 m，以低硫、特低磷、高灰熔点、较高挥发分和较高发热量的长焰煤为主，是优质动力和化工用煤。黑岱沟露天矿累计查明资源储量1413.11 Mt，剩余服务年限22年，平均剥采比为4.95 m³/t。2022年，黑岱沟露天矿核定生产能力为34 Mt/a。

黑岱沟露天煤矿黄土层及上部岩层采用单斗–卡车开采工艺，6号煤层以上平均45 m

岩层采用抛掷爆破＋吊斗铲倒堆开采工艺，采煤采用单斗－卡车＋地面半固定破碎站半连续开采工艺。

黑岱沟露天煤矿从复垦绿化、覆土区域规划到现场位置的确立，进行合理计划，并落实复垦区域土壤填充、平整、夯实等覆土准备工作。截至2020年底矿区复垦面积达到1509 hm²，到界排土场复垦率达100%，植被平均覆盖率达80%以上，植被覆盖度比自然地貌提高2～3倍，绿色矿山建设有效的防范生态环境风险，为提高准格尔矿区环境质量作出了重要贡献。

2. 哈尔乌素露天煤矿

哈尔乌素露天煤矿隶属于中国神华能源股份有限公司，矿区位于鄂尔多斯黄土高原，除黑岱沟、不连沟、哈尔乌素沟有基岩出露外，其余煤田均为30 m左右的黄土所覆盖，在北部有大片风积沙堆积。由于风蚀、水流向源侵蚀造成黄土高原的复杂地形地貌，V字形沟谷纵横交错，树枝状的冲沟十分发育，原始黄土高原地貌被肢解得支离破碎。主要可采煤层为6号煤层，平均埋深200 m，属中灰、低硫、特低磷、较高挥发分、中高发热量、高灰熔点的长焰煤，是优质动力用煤。截至2020年底，保有资源储量1502.53 Mt、可采储量为1392.23 Mt，剩余服务年限32年。核定生产能力为35 Mt/a。平均剥采比为6.12 m³/t。

哈尔乌素露天煤矿采煤工艺为单斗电铲采剥－卡车运输－破碎站带式输送机运输的半连续工艺，剥离工艺为单斗电铲采剥－卡车运输的间断工艺。

哈尔乌素露天煤矿2014年纳入第四批国家级绿色矿山试点单位，2020年1月正式列入国家级绿色矿山名录。到界排土场复垦率达100%，植被平均覆盖率达80%以上，建设公园、景观湖、枫叶林、文化长廊等矿山景观，复垦工作逐步由绿化向美化升级、由美化向景观打造。

2.4.3 蒙东煤炭保供基地

1. 宝日希勒露天煤矿

宝日希勒露天煤矿属于神华宝日希勒能源有限公司，露天煤矿地势平坦，地表被植被覆盖。宝日希勒露天矿目前主要开采煤层为1－2号煤层、3－1号煤层，煤层近水平赋存，1－2号煤层平均厚度为19.08 m，资源量为1561.44 Mt。一期建设规模为10 Mt/a，现核定能力为35 Mt/a。首采区生产剥采比为2.58 m³/t。

宝日希勒露天矿现剥离工程采用单斗－卡车间断工艺，外包和自营相结合。煤炭生产采用单斗－汽车－地面半固定破碎站的半连续生产工艺。

宝日希勒露天矿先后获得"绿色矿山标准化示范基地""国家级绿色矿山"等荣誉。2020年入选国家级绿色矿山名录。

2. 伊敏河矿区的伊敏露天煤矿

伊敏露天煤矿位于大兴安岭西坡呼伦贝尔草原，海拉尔盆地东部，伊敏河中、下游地区，地貌以低山丘陵为主；伊敏煤田位于新华夏系第三沉降带海拉尔盆地呼和湖拗陷的北端—伊敏断陷之内。可采煤层4层，分别为14、15上、16中、16下煤层，其中15上、16中、16下为全区可采煤层，14煤为大部可采煤层。本区各煤层均为低灰、特低硫、中高发热量煤。截至2020年12月31日，伊敏露天煤矿共获累计查明资源量2310.83 Mt，其中探明资源量 1153.59 Mt，控制资源量 371.80 Mt，推断资源量 785.44 Mt。共获累计保有资源量 1959.49 Mt，其中探明资源量 855.6 Mt，控制资源量 371.70 Mt，推断资源量 732.18 Mt。2022 年核定生产能力为 35 Mt/a，达产剥采比为 2.39 m^3/t。一号露天矿煤田范围内资源量为 988.8 Mt，开采境界内资源量为 911.65 Mt，可采原煤量为 956.8 Mt。

伊敏露天煤矿采用沿煤层倾向拉沟、走向推进，多出入沟口，单斗卡车与带式输送机运输联合开拓运输方式。其中上部表土采用轮斗挖掘机 – 带式输送机 – 排土机的连续生产工艺，下部岩层及部分煤层采用单斗挖掘机 – 自卸卡车 – 半固定式破碎站 – 带式输送机的半连续生产工艺，剩余煤炭采用单斗挖掘机 – 自移式破碎机 – 带式输送机的半连续生产工艺。

伊敏露天煤矿担负着伊敏煤电公司包括电厂燃煤、冷却水供应、外销煤炭生产、灰渣回填等多项业务，与伊敏电厂形成了煤、电、水、灰、土紧密联系的典型循环经济、绿色环保示范模式。在过去 40 多年的开发历程中坚持开发与保护并重，建立起绿色开采工艺应用与生态重建实践探索相结合的伊敏模式。2012 年，伊敏露天煤矿被评为国家级绿色矿山试点单位；2015 年，通过试点单位建设评估验收，成为国家级绿色矿山；2019 年，获得首届绿色矿山突出贡献奖；2020 年，获得中国矿业高质量发展示范单位荣誉称号。

3. 霍林河矿区的 3 处露天煤矿

霍林河矿区内主要有 3 处露天煤矿，分别是霍林河南露天煤矿、霍林河北露天煤矿、扎哈淖尔露天煤矿。

（1）霍林河南露天煤矿。霍林河南露天煤矿于 1979 年开始建设，一期工程生产规模 3 Mt/a，于 1984 年 9 月建成投产；二期扩建工程生产规模 10 Mt/a，于 1992 年 9 月建成投产。该矿于 2003 年又开始进行总生产规模 15 Mt/a 的扩建，并于 2004 年 11 月完成。根据 2010 年修编的矿区总体规划，煤矿长 6.9 km，宽 5.31 km，矿区面积 36.63 km^2。2015 年霍林河南露天煤矿生产能力核增至 18 Mt/a。目前南露天煤矿设计规模为 18 Mt/a。南露天煤矿原煤生产采用单斗挖掘机 – 卡车 – 带式输送机半连续开采工艺；土岩剥离采用单斗挖掘机 – 卡车间断工艺和单斗挖掘机 – 卡车 – 带式输送机半连续开采工艺。

（2）霍林河北露天煤矿。霍林河北露天煤矿位于内蒙古自治区霍林河煤田沙尔呼热一号露天区北部，始建于 1985 年，经过 20 多年的发展，2010 年通过内蒙古自治区煤炭工业管理局能力核准，核准产能为 10 Mt/a，跨入千万吨级大型露天矿行列，成为露天煤业 3 个千万吨级露天矿之一。2016 年 12 月，露天煤业公司管理层级上划后，北露天煤矿成为内蒙古公司独立运营的二级单位。煤矿长 6.26 km，宽 3.3 km，面积 20.40 km^2。主采 10 号、14 号、19 号、21 号四个煤层，煤质为优质褐煤，热值为 2700 ~ 4200 kcal/kg（1 kcal = 4.1868 kJ），具有高挥发分、高灰熔点、低磷、低硫的"两高两低"环保特点，露天可采储量为 440 Mt，剩余服务年限 40 年。

（3）扎哈淖尔露天煤矿。扎哈淖尔露天煤矿隶属于中电投蒙东能源有限责任公司开发，位于霍林河煤田二区露天勘探范围内。霍林河煤田地处大兴安岭南段脊部，是个山间盆地，四周为中低山峦所环抱，煤田整体呈东西走向，东西长 13.27 km，南北宽 1.15 ~ 3.58 km，矿区面积 30.62 km^2。含煤地层霍林河群下含煤段有四个煤层组，即 Ⅰ、Ⅱ、Ⅲ、Ⅳ 煤组，其中 Ⅲ、Ⅳ 为主要煤组，为中灰、低硫、中磷、中低发热量、抗碎强度较好、热稳定性中等、CO_2 反应性强、中等到强结渣性、低腐植酸煤。其主要用途为电厂发电用煤、气化用煤、液化用煤等。截至 2018 年设计开采境界内可采原煤量为 684.03 Mt。按建设规模 18.00 Mt/a，储量备用系数 1.1 计算，露天矿剩余服务年限为 34.5 a。

扎哈淖尔露天煤矿上部松散土层采用国际先进的轮斗-带式输送机连续工艺；浅部岩石剥离生产采用单斗-卡车间断工艺；深部剥离生产采用单斗-卡车-半移动破碎站-带式输送机-排土机半连续工艺；煤炭生产采用单斗挖掘机-卡车-半移动破碎站-带式输送机半连续工艺。

扎哈淖尔露天煤矿所处地区属于典型的半干旱大陆性气候，冬季漫长寒冷，夏季短促凉爽，生态修复工作难度较大。在此恶劣环境下，扎哈淖尔煤业公司因地制宜，高标准开展覆土整形、水土保持、土壤改良、植被重建、喷淋灌溉及养护管护六大生态修复治理工程。矿区到界土地复垦率达到 100%，2020 年排土场平均植被覆盖度达到 80% 以上，较当年全国草原综合植被覆盖度高 24%。

4. 白音华矿区的 2 处露天煤矿

（1）二号露天煤矿。二号露天煤矿由中国电力投资集团公司（中电投）和中电投蒙东能源集团有限责任公司按 75% 和 25% 比例共同组建的内蒙古锡林郭勒白音华煤电公司开发建设，属于国家电投集团。位于锡林郭勒盟西乌珠穆沁旗，地形较为平缓，主要为洪冲积平原及狭带状草原沼泽地形。可采煤层 8 层，由上至下分为 1-1、1-2、2-1 上、2-1 中下、2-2、3-1、3-2、3-3 煤层。白音华二号矿位于白音华煤田中南部，面积 25.81 km^2。2017 年，二号露天煤矿生产能力核增至 15 Mt/a。截至 2020 年末煤炭剩余可采储量 442.75 Mt，剩余服务年限 26.7 a，采出率为 96.5%；煤种为褐煤，煤质较好。

二号露天煤矿剥离工艺主要采取：单斗-卡车间断开采工艺、单斗-自移式破碎站-带式输送机-排土机半连续工艺。采煤工艺主要采取：单斗-卡车-半固定破碎站半连续工艺、单斗-自移式破碎机-带式输送机半连续工艺。

白音华二号煤矿致力打造"自维持、免维护"自然生态系统，建设"林、草、矿"三位一体的人工生态型矿区。截至 2020 年底，完成到界排土场复垦绿化 8252 亩，到界排土场台阶坡面角由原来大于 35°的自然安歇角消减至 25°以下。到界台阶治理率达到 100%，植物覆盖度提升至 85%。

（2）三号露天煤矿。三号露天煤矿由中电投蒙东能源集团有限责任公司开发，现隶属于国家电投集团。地处内蒙古高原大兴安岭南段北侧，属丘陵低山区，剥蚀堆积地形冲洪积平原，煤田内是地形平缓的草原、沼泽地形。含煤地层为白音华组三段，含 3 个煤组，11 个煤层，可采煤层 10 层，其中基本全区可采 2 层（3-1、3-3）。开发的煤炭资源为褐煤，主要用途为火力发电用煤、各种工业锅炉用煤，可在建材工业、化工工业中做焙烧材料，可经洗选生产出优质的动力用煤。矿区面积为 46.5677 km^2，2020 年三号露天煤矿生产能力核增至 20 Mt/a。截至 2020 年剩余可采原煤量 795.5198 Mt，露天矿剩余服务年限约为 36 a。

三号矿主要剥离工艺为单斗（3.5 m^3 以上液压挖掘机）-卡车（50 t 以上）间断工艺；采煤工艺，原煤（≤1200 mm）由外委自卸卡车运至半固定式一次破碎站进行破碎，一次破碎之后的物料（≤300 mm）经带式输送机运送至二次破碎车间，二次破碎后的成品煤（≤50 mm），一方面可以经带式输送机及堆取料机储存于条形储煤场，需取煤时，堆取料机在储煤场取料，煤炭通过带式输送机经配仓带式输送机储存于圆筒仓，之后上铁路快速装车站装车外运；另一方面可以经带式输送机直接储存于圆筒仓，之后上铁路快速装车站装车外运。

白音华三号矿始终高度重视生态环境保护工作，2018年成立生态环保管理委员会，制定《生态环境风险辨识与评估工作计划》，组织人员开展环境风险辨识。编制《排土场生态恢复治理》实施方案，确定"明渠暗窖，打造海绵式排土场；外排内蓄，建设生态型露天矿"的设计理念，采取"工程措施为辅，生物措施为主"的技术路线。2019年11月，公司通过内蒙古自治区地质环境协会现场评估，列入自治区绿色矿山建设名录。

5. 胜利矿区的胜利一号露天煤矿

胜利一号露天煤矿隶属于国家能源集团，处于胜利煤田西部的剥蚀堆积地形与低缓丘陵地形过渡地带，地形比较平坦，起伏不大。该矿主要可采煤层为5号和6号褐煤，均为近水平煤层，含煤面积342 km^2，地质储量22442 Mt，均为中灰、低硫、低磷的优质动力和化工用煤，煤炭平均热值3200 kcal/kg（1 kcal = 4.1868 kJ），不仅可满足火电需求，也可满足煤制气等化工需求。截至2020年末，剩余经济可采储量1350 Mt。建设规模为20 Mt/a，2020年核定生产能力为28 Mt/a。

胜利一号露天煤矿开采作业主要包括钻孔、爆破、采装、运输和排土等流程，采用横采内排的开采程序，采用公路-带式输送机联合开拓系统，公路开拓运输系统采用移动坑线布置，剥离采用单斗-卡车开采工艺，采煤采用单斗-卡车-半移动式破碎站-带式输送机半连续开采工艺。

通过多年的摸索和实践，结合该区域的自然地理，胜利一号露天煤矿创新了排土场生态修复"六步法"：即为"一排、二覆、三沙障、四种、五灌、六养护"的排土场生态修复模式，对矿区涵养水源、水土保持、植被恢复起到积极作用，为同区域排土场生态修复提供了可行的范例。

2.4.4 新疆煤炭保供基地

红沙泉露天煤矿隶属于国能新疆能源公司，位于准噶尔盆地东南，区内地势东南高、北西低，地貌形态为残丘状剥蚀平原，地表开采境界东西平均长9.4 km，南北平均宽7.5 km，面积70.32 km^2，最大开采深度700 m。可采煤层共11层，平均纯煤总厚度66 m，可采资源量3676 Mt。煤种以31号不黏煤为主，属中高发热量、低灰、低磷、特低硫，是优质的工业动力、化工原料煤和民用煤。煤矿地质储量为5102.37 Mt，可采储量为2989.74 Mt。2022年，生产规模由8 Mt/a核增至20 Mt/a。

红沙泉露天煤矿剥离工程采用单斗-卡车间断开采工艺。采煤工程采用单斗-卡车-半移动式破碎机-带式输送机半连续开采工艺。

红沙泉露天煤矿在准东地区率先开展绿色矿山创建工作，矿区种植生态防护林750亩，种植乔木、灌木合计12余万株。2019年6月通过绿色矿山评估，获得"国家级绿色矿山"称号；2020年开展新疆干旱生态脆弱区煤炭基地生态修复与保护研究，目前项目已完成外排土场种植土壤修复技术现场应用。

3 美国露天煤矿开采技术

美国是世界第四大煤炭生产国，适合露天开采的煤炭资源丰富，且分布广泛、开采条件优越；煤炭开采，特别是煤炭露天开采是美国重要的采矿领域，近70年美国的煤炭生产，特别是露天煤炭开采经历了快速发展、稳步发展和逐步下降3个主要历程，1975年露天煤矿产量比重正式超过井工煤矿比重、占比达到55.17%；2008年是露天煤矿生产的巅峰时刻，露天煤炭产量比重达到最高的69.53%；之后有所下降，2021年降为61.80%；硬煤露天煤矿主要采用吊斗铲倒堆和单斗-卡车开采间断工艺，并向多种开采工艺联合使用发展；美国露天开采技术和装备制造在世界露天矿山领域具有工艺先进、品种齐全的优势，特别是智能化开采技术的开发、无人驾驶矿车的应用居于领先水平；卡特彼勒公司拥有全工位系统化的采矿装备，占有世界采矿装备制造领域最多的市场份额。

3.1 概述

3.1.1 露天煤炭资源

1. 资源储量

美国拥有丰富的煤炭资源，依据美国能源信息署的（EIA）《2021煤炭报告》统计数据，2021年底，美国在产煤矿煤炭资源可采储量为11142 Mt，其中，适合露天开采的煤炭可采储量为5922 Mt，占煤炭可采总储量的53.15%。

美国适宜露天开采的煤炭资源十分丰富，2021年在产煤矿适合露天开采的可采储量为5922 Mt，遍布19个州，75%以上分布在密西西比河以西。在产煤矿适宜露天开采的煤炭可采储量最丰富的州是怀俄明州，其证实储量为4279 Mt，占全美在采露天煤矿可采储量的67.45%；北达科他州可采储量为563 Mt，占全美的9.51%，居第二位。露天可采储量位列第三、四位的州还有蒙大拿州（336 Mt）、得克萨斯州（265 Mt）。在适于露天开采的煤炭储量中，以次烟煤最多，占40%，其次是烟煤和褐煤分别占29%，无烟煤占2%。

2. 煤炭资源分布

按照地理位置，美国煤炭资源分为三大地区，即阿巴拉契亚煤区、内陆煤区和西部煤区（包括波德河煤田）。东部的阿巴拉契亚煤区，生成于2.2亿~3.2亿年前，属二叠纪；中西部各煤区，成煤年代约在3300万~1.4亿年前，属白垩纪和第三纪；阿拉斯加州煤田则属侏罗纪，成煤年代距今在1.35亿~1.75亿年间。东部阿巴拉契亚地区、中部和西部3个地区在探明储量中所占百分比分别为22.6%、28.1%和49.3%（图2-3-1）。

从地理分布上看，2021年煤炭储量集中在怀俄明、伊利诺伊、西弗吉尼亚、宾夕法尼亚、北达科他、蒙大拿、肯塔基、印第安纳、得克萨斯、科罗拉多10个州，这10个州的煤炭储量占全美的92.23%；其中怀俄明州拥有全国35.85%的探明储量，伊利诺伊州列第二，占15.25%，西弗吉尼亚州居第三，占11.97%。

3 美国露天煤矿开采技术

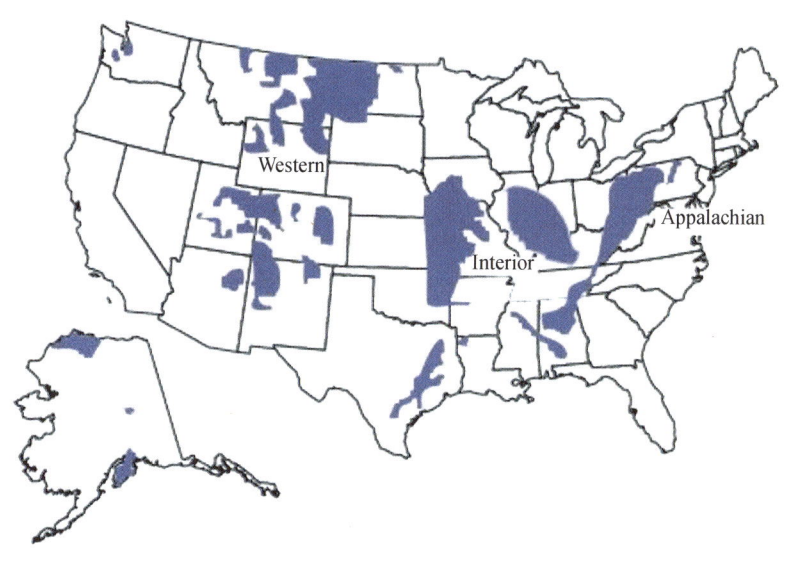

图 2-3-1　美国煤炭资源赋存位置示意图

以密西西比河为界划分，西部较东部资源丰富，占全国储量的 58.9%，且适于露天开采的储量为东部的 3 倍。东部多优质炼焦煤、动力煤和无烟煤，热值较高（288.42 MJ/kg），灰分低，不过含硫量高（2%~3%）；西部煤质相对较差，多为次烟煤和褐煤，热值低（255.72 MJ/kg），但含硫量较低（1% 左右）。

3. 主要煤田

美国的主要煤田有波德河煤田、阿巴拉契亚煤田、伊利诺伊煤田、中部煤田、尤因塔煤田和西部煤田，开发强度和储量最大的 2 个露天开采煤田是西部的波德河煤田和东部的阿巴拉契亚煤田，中部主要露天开采煤田是伊利诺伊煤田。

（1）波德河煤田。波德河煤田是美国，也是世界上已开发的探明储量最大的煤田。该煤田位于美国西北部的怀俄明州和蒙大拿州境内，成煤年代为 330 万年前的第三纪和白垩纪，含煤面积 3.1×10^4 km²，总资源量 700.0 Gt，探明储量 93.4 Gt，其中 13.2 Gt 适于露天开采。煤种为低灰（<10%）、低硫（平均约 0.4%）、中等发热量（平均约 217.36 MJ/kg）优质次烟煤。

波德河煤田的可采煤层达 20 层以上，赋存稳定平整，总计煤层厚度达 60~110 m，最上面的怀俄达克煤层厚度 8~53 m，平均厚 30.5 m，离地表一般在 60 m 以内，露天剥采比在 3 m³/t 以下，是该矿区和全美目前产煤最多的煤层。波德河煤田 1969 年开始开发，20 世纪 80 年代以来迅速发展。2021 年产量为 228.0 Mt，占煤炭总产量的 43.52%，主要为露天煤矿开采。

（2）阿巴拉契亚煤田。阿巴拉契亚煤田是美国发现最早、开采时间最长、在美国煤炭工业发展史上最重要的煤田，煤田位于美国东部，沿阿巴拉契亚山脉从北向南纵贯 9 个州（西弗吉尼亚、宾夕法尼亚、肯塔基、俄亥俄、亚拉巴马、弗吉尼亚、田纳西、马里兰、佐治亚），成煤年代在2.2亿年前的二叠纪，煤炭资源总量为316.8 Gt，计算深度为1800 m，占美国全国总资源量的9%。阿巴拉契亚煤田煤类齐全，其中褐煤占0.7%，位于南部亚拉巴马州；烟煤占92.5%，以炼焦煤为主；无烟煤占6.8%，位于北部宾夕法尼亚州东部，是美国唯一的无烟煤产地。煤的灰分平均为14%，硫分平均为1.9%，发热量为30~33 MJ/kg。

阿巴拉契亚煤田是美国传统的炼焦煤和动力煤主要产地，从美国建国后到20世纪中期，带动了钢铁、电力、机械、化学等工业部门发展，有力地支持了美国的工业发展。

阿巴拉契亚煤田的可采煤层多达30多个，且赋存稳定，断层构造少，顶底板为砂岩或砂页岩，整体性强，含水少，一般煤厚0.7~2.5 m，平均1.7 m。煤种许多是优质焦煤和动力煤。探明储量中可露天开采储量为99.7 Gt，占15%；其余85%为井工开采储量。一般埋藏在距地表300 m以内，可以方便地用露天、平硐或斜井开采。该煤田产量在1970年以前一直占美国煤炭总产量的70%以上，20世纪七八十年代仍占50%~60%以上。2021年，该煤田产量占美国总产量的26.87%。图2-3-2所示为阿巴拉契亚煤田露天煤矿分布情况。

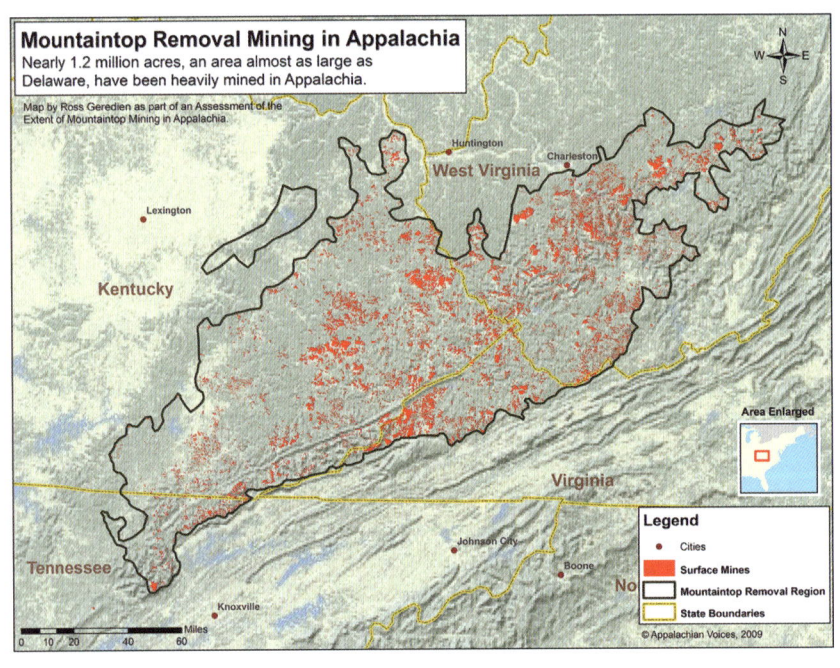

图2-3-2 阿巴拉契亚煤田露天煤矿分布示意图

（3）伊利诺伊煤田。伊利诺伊煤田位于美国中部煤炭产区，主要位于伊利诺伊州、印第安纳州和西肯塔基州境内。属不对称向斜盆地，盆地西南部有正断层。含煤地层为石炭纪，埋藏深度100~300 m，探明可采储量10.6 Gt。煤田东部有9个、南部有5个、北部有 3 个可采煤层，煤种为挥发分和硫分较高的烟煤，平均灰分 8.2%～10.3%，挥发分 31.4%～37.7%，水分 9.2%～15.7%，硫分 0.9%～4.4%。大部分煤层结构简单，分布广且稳定，煤层平均厚度 1.5 m 左右，瓦斯含量中等，涌水量小。2021 年煤炭产量占全国煤炭总产量的 12.53%。

4. 露天煤矿资源条件分析

美国适宜露天开采的煤田地质条件较为简单，煤层埋藏较浅。其中东部地区煤层埋深一般为 10～40 m，少数达 60～100 m，煤层较薄，一般为 1～2 m，少数为 4～5 m；多为近水平单一煤层；剥采比较大，一般为 7 m³/t；地形多丘陵或山地，沟谷发育，煤层多有露头，适于发展小型露天煤矿。西部地区与东部地区不同，煤层较厚，可达 10～15 m，埋深较大，但剥采比较小，一般为 0.5～4.0 m³/t，适于建设大型露天煤矿。

3.1.2 露天煤矿生产情况

1. 近 80 余年露天煤矿煤炭产量经历了快速上升、稳步上升和逐年下降 3 个阶段

在美国矿山工业中，20 世纪是露天开采快速发展与扩大的重要阶段。20 世纪初，几乎所有各种矿物和燃料都是以井工开采方式采出的，20 世纪末，露天开采量已占到矿物原料和固体燃料供应量（以产量吨数计）的 70% 以上，此外还需要剥除大量的表土和岩石，因此露天开采的矿岩总量比例要更大些。露天开采之所以如此突飞猛进完全在于它本身的优点：单位开采成本很低、作业安全效果优良、便于采用信息时代新技术、保持高开采效率，从而有利于开采单位价值（品位）很低的矿石或矿物原料。

美国的煤炭开采以露天开采为主，经历了 3 个主要阶段。第一阶段是 1940—1975 年的 35 年，露天煤矿煤炭产量增长了 6.7 倍、处于快速上升阶段，1975 年露天煤矿产量正式（1971 年的占比曾经达到 50.59%，但之后 2 年又降到 50% 以下）超过井工煤矿、占比达到 55.17%，比 1940 年提高了近 46 个百分点；第二阶段是 1976—2008 年的 32 年，露天煤炭产量增长了 1.1 倍，露天煤矿处于稳步上升阶段，露天煤矿煤炭产量占比提高了约 13 个百分点，2008 年露天煤矿煤炭产量 739.1 Mt，达到峰值；第三阶段是 2009—2021 年的 12 年，露天煤矿产量逐年下降，2021 年产量达到 323.72 Mt，较 2008 年减少 415.38 Mt，降幅达 56.2%（图 2-3-3、图 2-3-4）。

2. 近 30 年井工煤矿数量比露天煤矿下降得更快

近 30 年来，美国煤矿数量整体上呈下降趋势，如图 2-3-5 所示，露天煤矿和井工煤矿数量均呈下降状态。煤矿数量整体由 1993 年的 2475 处，下降到 2021 年的 506 处，降幅达 79.6%；露天煤矿和井工煤矿数量分别从 1993 年的 1279 处、1196 处下降到 2021 年的 332 处和 174 处，下降幅度分别为 74.04% 和 85.45%，露天煤矿数量的降幅低于总量的降幅，而井工煤矿数量的降幅高于总量的降幅。

3. 近 30 年露天煤矿单矿规模保持增长

露天煤矿单矿产量受煤矿数量的影响较大。近 30 年来，随着煤炭产业结构调整，煤矿数量不断减少，露天煤矿单矿产量保持增长趋势。2021 年露天煤矿单矿产量达 980 kt，是 1993 年 422 kt 的 2.32 倍（图 2-3-6）。

4. 露天煤矿开采效率呈上升态势

近 30 年露天煤矿开采效率整体呈上升态势。露天煤矿生产效率在 2000 年达到峰

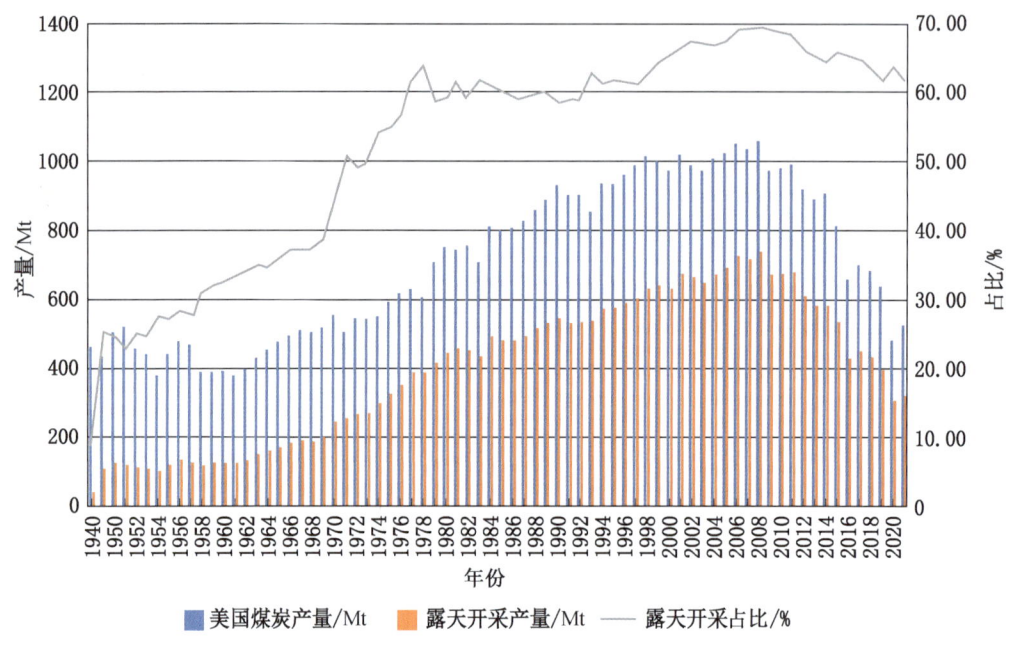

图 2-3-3　1940—2021 年美国露天采煤产量变化趋势

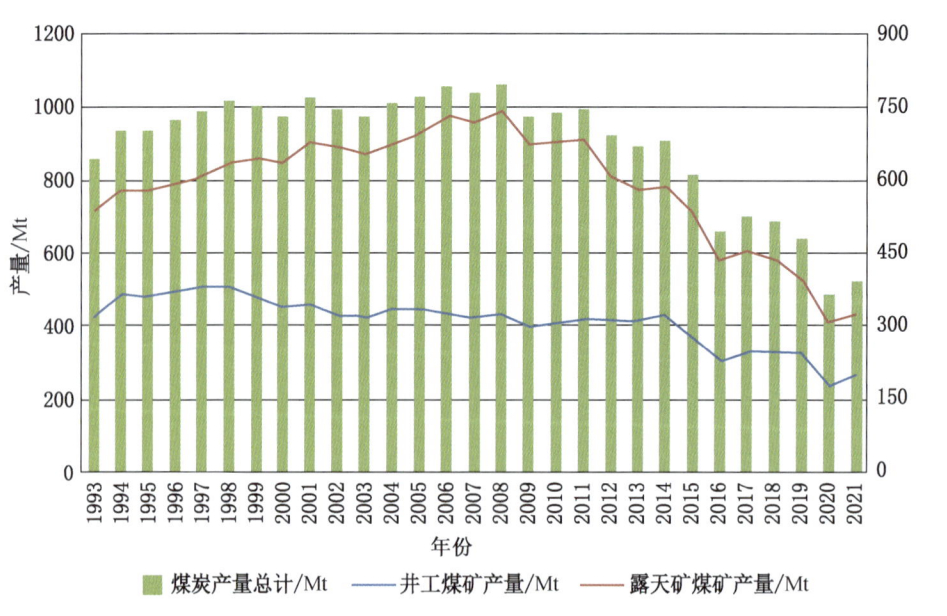

图 2-3-4　1993—2021 年美国露天煤矿和井工煤矿产量变化趋势

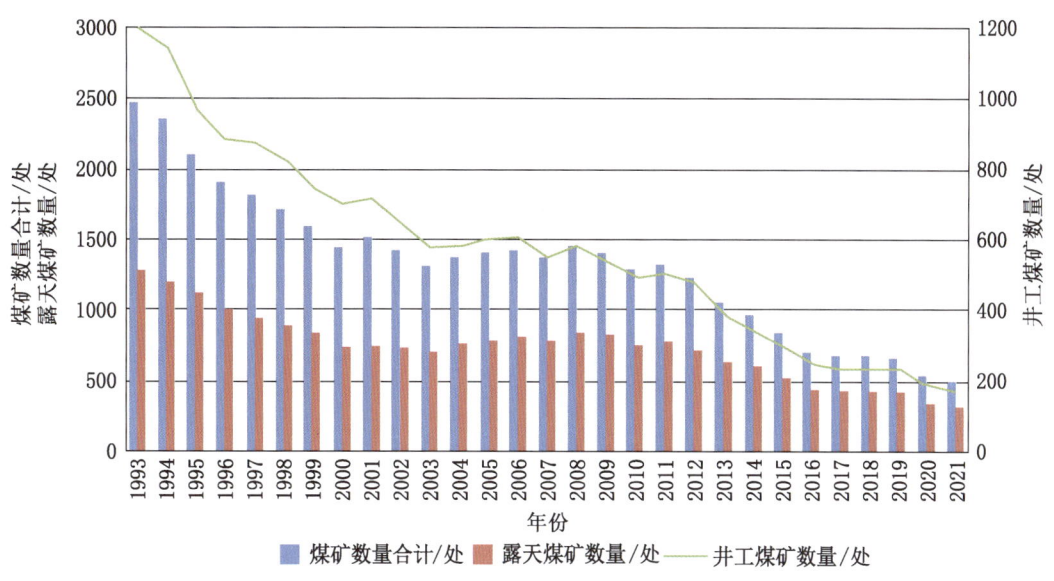

图 2-3-5　1993—2021 年美国露天煤矿和井工煤矿数量变化

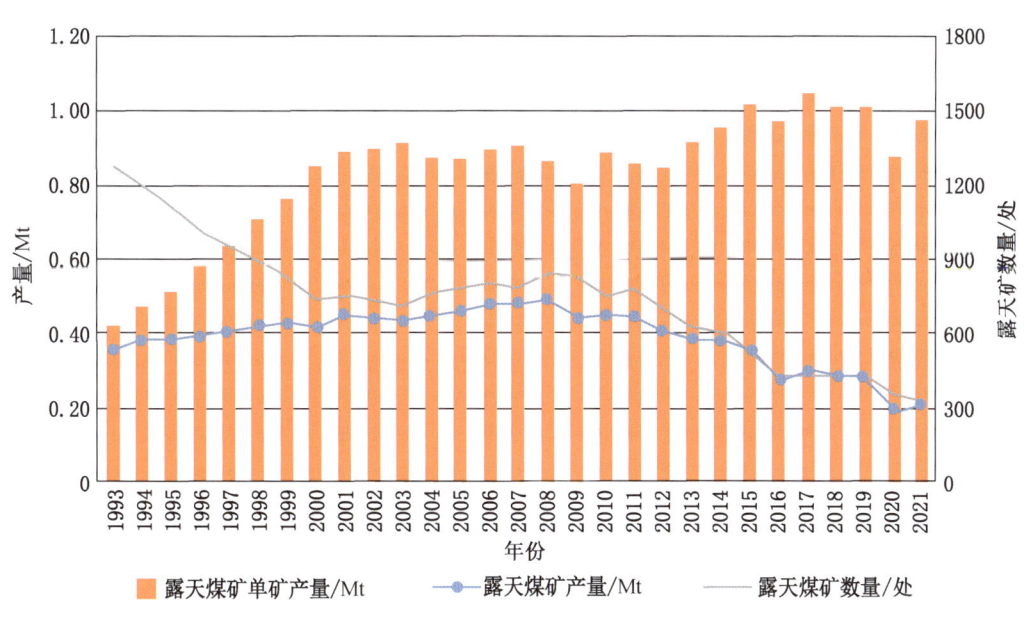

图 2-3-6　1993—2021 年美国露天煤矿单矿规模变化

值,为 9.99 t/(工·h);露天煤矿生产效率在 2012 年达到最低值,为 8.14 t/(工·h)。2013 年之后,受煤矿关闭的影响,生产效率呈现上升趋势,2021 年露天煤矿生产效率为 10.32 t/(工·h),较 2012 年的最低值上升 26.78%(图 2-3-7)。

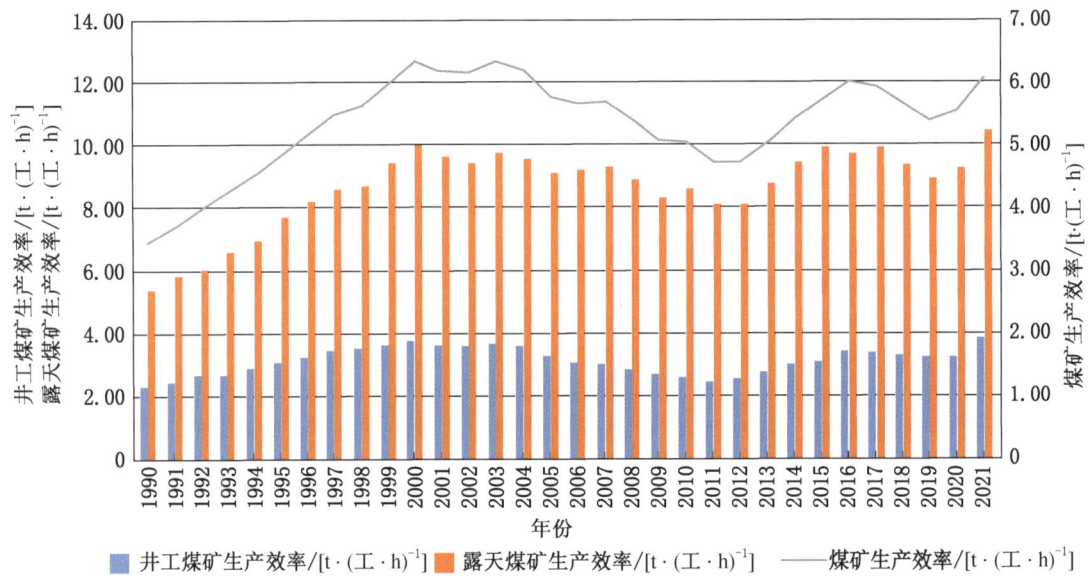

图 2-3-7 1990—2021 年美国露天、井工煤矿生产效率变化趋势

5. 露天煤矿生产结构以大型煤矿为主

2008 年是美国煤炭工业和露天开发的鼎盛时期。煤炭总产量最大、露天开采比重最高，非常具有代表性，当前美国煤炭工业处于下降期，因此有必要分析 2008 年以来美国露天煤矿生产结构变化情况。

（1）2021 年露天煤矿产量的比重较 2008 年低 7.73 个百分点。根据美国能源信息署（EIA）统计数据，截至 2021 年底，美国煤炭总产量为 523.83 Mt，其中露天煤矿总产量为 323.72 Mt，井工煤矿总产量为 200.11 Mt。与 2008 年露天煤矿产量巅峰时期相比，露天煤矿开采比重下降了 7.73%，但超过 60%，始终在高位水平运行（表 2-3-1）。

表 2-3-1　2008 年和 2021 年美国露天煤矿和井工煤矿煤炭产量及占比

名　称	2008 年		2021 年	
	产量/Mt	所占比例/%	产量/Mt	所占比例/%
美国煤矿总产量	1063.05	100	523.83	100
露天煤矿产量	739.11	69.53	323.72	61.79
井工煤矿产量	323.94	30.47	200.11	38.21

（2）小型露天煤矿数量众多拉低了美国露天煤矿平均产能。根据美国能源信息署（EIA）统计数据（表 2-3-2），2021 年平均每座露天煤矿产能仅为 973300 t/a，比 2008 年提高了 105800 t/a，但仍处于主要露天开采国家中的较低水平。主要原因是小型露天煤

矿的数量较多，规模偏小。在 4 Mt/a 以下的露天煤矿中，0~1 Mt/a 的露天煤矿数量占多数，且产量规模占小型露天总产量的约 40%；1 Mt/a 以上露天煤矿仅有 20 处。

表 2-3-2　2008 年和 2021 年产量在 4 Mt/a 以下露天煤矿统计指标

煤矿统计范围	2008 年		2021 年	
	露天煤矿数量/座	产量/(Mt·a⁻¹)	露天煤矿数量/座	产量/(Mt·a⁻¹)
0~1 Mt/a	772	111.02	298	29.76
1~2 Mt/a	25	35.73	11	18.41
2~3 Mt/a	18	45.58	6	14.65
3~4 Mt/a	9	28.98	3	10.77
合计	824	221.31	318	73.59

（3）2021 年 10 Mt 以上的大型露天煤矿产量占比 50% 以上（表 2-3-3）。2021 年 10 Mt/a 以上的露天煤矿煤炭产量 214.01 Mt/a，占露天煤矿总产能的 66.11%；与 2008 年露天煤矿巅峰时期相比，提高了 6.46 个百分点；2021 年 10 Mt/a 以上的露天煤矿数量共有 10 处，减少了 4 处，占露天煤矿总量的 3.0%，与 2008 年相比，提高了 1.4 个百分点。2021 年美国产量规模最大的露天煤矿是位于怀俄明州的北羚羊罗谢尔露天煤矿，产量为 56.9713 Mt/a，其次是同样位于怀俄明州的黑雷露天煤矿，产量为 53.8514 Mt/a。

表 2-3-3　2008 年和 2021 年主要四类露天煤矿统计指标

煤矿统计范围	2008 年		2021 年	
	露天煤矿数量/座	产量/(Mt·a⁻¹)	露天煤矿数量/座	产量/(Mt·a⁻¹)
20 Mt/a 及以上	8	353.90	2	110.82
10（包括）~20 Mt/a	6	86.98	8	103.19
4（包括）~10 Mt/a	14	76.91	5	36.12
4 Mt/a 以下	824	221.31	318	73.59
合计	852	739.11	333	323.72

（4）2021 年 4 Mt 以下露天煤矿数量和产量大幅度减少。由表 2-3-2 和表 2-3-3 可知，2021 年美国在产露天煤矿 332 处，比 2008 年减少了 520 处，其中 4 Mt/a 以下的露天煤矿减少了 506 处。2021 年美国露天煤矿产量规模在以 4 Mt/a 以下的小型露天煤矿占露天煤矿总数量的 95.78%、较 2008 年下降了 0.93 个百分点，共计产能 73.59 Mt/a，占露天煤矿总产能的 22.73%、较 2008 年下降了 7.21 个百分点，平均产能为 231400 t/a、

较 2008 年降低了 37200 t/a。

（5）露天煤矿生产区域缩小。从露天煤矿的生产开发区域分布来看，随着全球金融危机以及页岩气革命的影响，美国煤炭总产量逐年减少，露天煤炭产量也在降低。2021年进行露天煤矿开采的州由 2008 年的 26 个减少到 21 个，减少了 5 个；2020 年肯塔基州的露天煤矿数量由 2008 年最多的 320 处急剧减少到 64 处，产量规模最高的怀俄明州的露天开采煤炭产量由 2008 年的 421.0635 Mt 锐减到 213.7164 Mt。

（6）大型露天煤矿具有较强的抗压能力。2021 年美国露天煤矿从业人员数量减少 55.98%，其露天煤矿数量也减少 59.82%，这主要是因为小型露天煤矿（4 Mt/a 以下）数量的急剧减少造成的，而对怀俄明州的一些特大型露天煤矿（20 Mt/a 以上）而言，并未出现大规模的裁员，其总体产能也保持稳定。这说明在面对恶劣的市场环境下，大型露天煤矿具有较好的抗压能力，能够很好地调节自己生产规模和经济效益，这对我国露天开采也具有重要的借鉴意义。

3.2 露天煤矿开采技术特点

3.2.1 露天煤矿主要开采工艺及发展

美国硬煤露天煤矿主要采用吊斗铲倒堆和单斗－卡车开采间断工艺，并向多种开采工艺联合使用发展；有的煤矿采用露天采矿机工艺、坑内破碎机半连续工艺。约 70% 的露天煤炭产量由吊斗铲倒堆工艺生产。

硬煤露天煤矿 3 个主要生产工艺过程。一是穿爆，即穿孔和爆破，一般采用牙轮钻机进行钻孔、装药车装药、然后导线起爆；二是剥离和采煤，覆盖层剥离主要是机械铲倒堆、吊斗铲倒堆、轮斗挖掘机倒堆，采煤用机械铲和前装机，清理煤面用铲运机和推土机等；三是运煤，坑内一般用自卸卡车，地面运输一般是长距离带式输送机和管道运输等。在吊斗铲无运输倒堆工艺中，美国露天煤矿多煤层分采的经验是一个矿用 2 台吊斗铲开采 5 层厚为 2.14～3.95 m、夹层厚为 5.18～8.5 m 的近距离煤层等。

随着开采条件的日益复杂，硬煤露天煤矿由开采初期的单一开采工艺、单斗－卡车工艺，向吊斗铲剥离与采装设备－卡车运输采煤的联合开采工艺过渡，吊斗铲台数增加到 3～4 台、斗容不断扩大；吊斗铲倒堆剥离工艺由简单的一次倒堆作业、扩展到平台倒堆作业和内排土场面倒堆作业 3 种形式。

3.2.2 露天煤矿主要开采设备及发展

1. 总体情况

美国露天煤矿开采设备规格、品种齐全，拥有世界最大型的吊斗铲、机械铲、自卸卡车、牙轮钻机等，20 世纪 60 年代露天煤矿已经使用斗容达 168 m^3 的吊斗铲、138 m^3 的剥离机械铲。

早期使用的剥离设备机械铲在 20 世纪 70 年代后较多被吊斗铲取代。20 世纪 70 年代以后，吊斗铲斗容不断扩大并逐渐取代机械铲，1969 年 B－E 公司制造的 4250 W 型吊斗铲的斗容为 168 m^3，臂长 94.5 m，为世界之最；目前美国使用的吊斗铲大部分斗容为 42～88 m^3，少数大型吊斗铲斗容大于 88 m^3。对于小型迈步式吊斗铲，为便于安装及拆卸，已设计成组合式。还采用了可控硅整流转换系统取代交流变直流的电动机～发电机组。履带式吊斗铲在小露天煤矿中使用也较多，其斗容可达 16.8 m^3，臂长 78 m。

在采装设备中，各种类型的单斗挖掘机使用广泛。单斗铲规格不断增大，最大为 49.5 m^3。引入重型液压单斗铲是一项革新，其斗容达 23 m^3，而以斗容 7.6~17 m^3 者应用最多。轮斗挖掘机作为连续开采设备，原只适用于采掘松软的覆盖层，新一代的轮斗铲已能适应较硬物料，如页岩、硬煤、某些石灰岩等。前装机可作为装载机械，也可作为采运设备。由于灵活性好，在中小露天煤矿中广泛使用。

集采装、运输、卸土为一体的拖拉铲运机，在露天煤矿中广泛用于多种物料的移运。铲运机的装载容量可达 33.6 m^3，装运煤时可达 42.8 m^3 或 37 t。

矿内运输，主要以矿用卡车为主，其载重量在 20 世纪 80 年代以 154 t 的矿用卡车为主，近年来，250 t 和 400 t 汽车应用得较多。

带式输运机运输方式由于运量大、可靠性好、运输成本低而获得广泛应用。

2. 美国矿用卡车的发展

矿用卡车是硬岩露天煤矿山的主要运输设备，世界采用卡车运输的露天煤矿山，运输费用占全部生产费用的 50% 或更多，大型露天煤矿山一般需要几十或上百台自卸卡车，美国矿用卡车的发展是露天开采装备中发展最为突出的，主要包括以下 3 个方面。

矿用卡车规格不断更新。随着新型柴油发电机的开发、新型卡车轮胎以及传动系统的增多，矿用卡车载重量翻了一番，规格不断更新。矿用卡车最大载重量由 20 世纪 80 年代初期的 154 t 提高到 1999 年中的 290 t，2000 年已经发展到 327 t，露天煤矿单位运费降低了 50%。目前美国最大的矿用卡车是 400 吨级。

矿用卡车传动效率不断提高。在激烈的市场竞争形势下，电传动和机械传动矿用卡车供应商都在努力提高卡车传动装置效率，以提升卡车的运行效率。使高效交流传动装置驱动的 290 t 卡车行驶速度高于 154 t 的卡车速度，同时由于交流减速系统本身的特性，这种大型卡车能在短距离内刹车，保证了大载重量的卡车在下坡运行时能以更快速度行驶，行驶速度提高了 30%，缩短了卡车的运行循环时间，提高了运输效率。卡特彼勒公司 1999 年生产的 Cat 777D 型卡车比 20 世纪 80 年代初生产的 Cat 777 型卡车运输效率提高了 1 倍。

矿业卡车完好率与可靠性不断增强。20 世纪 80 年代初期，露天煤矿山矿业卡车车队的标准完好率一般在 70% 以内，有时还要低些。随着设计与制造水平的提高，1999 年签订的卡车购买或租赁协议均能保证卡车完好率在 90% 以上，运营良好的车队通常能达到 85%~90% 的完好率，从而降低了单位开采成本。同时，相应提高了卡车可靠性。

3.2.3 露天煤矿智能化技术

与原有的矿用卡车相比，无人驾驶矿车每天多作业 2~3 h，年作业时间近 7000 h，可提高生产效率 20%~30%；而且，无人驾驶卡车不会因驾驶员疲劳和误操作而引发事故。

1. 卡特彼勒无人驾驶矿车技术的发展

无人驾驶矿车的起步。20 世纪 80 年代末美国卡特彼勒公司开始矿用卡车无人驾驶的研究，以 135 t 的 785 型矿用卡车为基础改装出"矿用自动化卡车"（Autonomous Mine Truck，AMT）；1996 年，卡特彼勒在矿业展览会首次推出了第一辆无人驾驶矿用卡车，该型卡车前、后、侧面均配备了扫描雷达系统,可检测道路上的人员和障碍物,卡车到达装车位置时自动停车。

矿山之星系统(Mine Star)在无人驾驶矿车的应用。2008 年开发了 240 t 的 793F 大型无人驾驶矿用自卸卡车;之后推出了综合性的采矿作业与设备管理系统——矿山之星(Mine Star),该系统由车辆管理系统(Fleet)、生产现场管理系统(Terrain)、安全探测系统(Detect)、设备诊断系统(Health)与协同指挥系统(Command)5 个性能套件组成。系统性能为全集成式,所有信息可被整个系统共享,用于优化生产效率、增强安全性、提升装备的利用率及工作时间。

无人驾驶矿车在矿山的应用实践。2012 年 7 月,卡特彼勒为所罗门铁矿制造了 45 台 793F 无人驾驶卡车,并提供完整的矿山之星系统,无人驾驶卡车增加至 63 辆;2013 年,福特斯克金属集团使用卡特彼勒的矿山之星管理 59 台无人驾驶卡车,建立了世界单一矿区规模最大的露天煤矿无人车队;2019 年,卡特彼勒为力拓集团制造生产 20 台 793F 无人驾驶矿用卡车组成的车队,助力其实现矿山自动化和数字化。卡特彼勒公司至今已经拥有无人驾驶卡车超过 350 台,累计运量超过 5 Gt。

2. 卡特彼勒全集成式矿山之星系统的开发

卡特彼勒公司与其结盟伙伴共同开发出来的综合采矿信息系统,即矿山之星系统是目前可以进行数据收集、矿山计划、矿山测量、设备维修动态显示以及设备总体管理的实时监控系统之一。矿山之星系统包括设备状况与作业效率监测、设备与物流跟踪、钻机管理、计算机辅助土方工程系统(CAES)以及先进的汽车计划与调度程序。Fleer Commander 矿车计划与调度程序在黑雷(Black Thunder)露天煤矿成功应用,该矿年采煤量 75 Mt、表土剥离量 183 Mm^3。

矿山之星系统的 8 个主要作用。①车队指挥:此系统编制车队作业进度计划与调配汽车,最大限度地提高汽车作业率与电铲利用率并且减少汽车等待时间;②生产效率监测:此系统提供汽车、装载设备以及土方机械的连续性作业效率信息,以提高矿山生产效率;③机况监控:此系统通过无线网从 VIMS(可视信息管理系统)获取单台与整队设备的机况信息,并报告给维修中心或生产数据库以改进设备维修工作;④物料跟踪:此系统监控物流方向及物料种类,对物料运输路线有误的司机和计划员发出报警信号,以确保矿石或废石运到正确地点;⑤设备跟踪:此系统监控整队设备中每台的所在位置并且具有倒回重放功能,以便分析汽车卸载动作和道路堵车情况;⑥经营管理:此系统综合各项管理功能,如,矿山计划实时产量、设备状况、财务及人力资源信息,并将其传输给矿山公司各企业管理系统(Enteprice System);⑦CAES:此系统向各设备司机提供实时作业现场平面图,使之能以最有效的方式完成土方工程任务;⑧钻机管理:此系统控制钻机作业,以达到最大钻孔效率,并且提供物料特性鉴定结果。

3. 无人驾驶矿车供应商的解决方案

无人驾驶矿车的研究开始于 20 世纪 70 年代。目前,全球有六大矿用卡车供应商都在进行无人驾驶矿用车的应用与研究(表 2-3-4)。1994 年,卡特彼勒公司 2 台无人驾驶矿用卡车在美国投入使用;1995 年,小松公司 1 台载重 77 t 的矿卡在日本的一个采石场进行无人驾驶采矿试验。

3 美国露天煤矿开采技术

表 2-3-4　无人驾驶矿车解决方案主要供应商

公司	国家	自动驾驶矿卡型号	首次商用时间	商用项目	矿种	合作伙伴	商业运营数量
卡特彼勒	美国	卡特789D、793D、793F、797F、小松930E、卡特794AC	2013年	澳大利亚、加拿大、巴西	铁矿、铜矿、油砂矿、金矿、煤矿	必和必拓、力拓集团、淡水河谷、帝国石油（Imperial Oil）、泰克资源（Teck）	280+
小松	日本	适用于自有品牌的矿卡	2008年	澳大利亚、智利、加拿大	铁矿、铜矿、油砂矿、煤矿	力拓集团、智利国家铜业公司（Codelco）、桑科能源公司（Suncor）	250+
ASI	美国	适用于其他品牌的矿卡	2018年	澳大利亚、乌克兰	铁矿	福瑞斯克公司（Ferrexpo）、罗伊山公司（Roy Hill）	90+
沃尔沃	瑞典	FMX货车	2018年	挪威	石灰石矿	布伦纳与卡克公司（Brønnøy Kalk AS）	6
日立	日本	日立EH5000AC-3矿卡	2018年	澳大利亚	煤矿	澳大利亚电力公司斯坦维尔集团（Stanwell）	
BELAZ	白俄罗斯	BELAZ-7513系列矿卡	2018年	俄罗斯	煤矿	西伯利亚煤炭能源公司	

卡特彼勒公司矿山之星系统的5个功能模块及运行。车辆管理系统、生产现场管理系统、安全探测系统、设备诊断系统与协同指挥系统是"Mine Star"系统的5个功能模块。车辆管理系统能够提供实时的设备跟踪，按作业计划分配车辆及利用率统计管理。生产现场管理系统能对挖掘、装载、排土等作业进行精细管理。安全探测系统依靠环境感知探测器与报警系统用于辅助操作避免发生碰撞。设备诊断系统能够显示设备运行状况及运行数据，实现对设备诊断分析并实时上传数据。矿山之星系统的各个功能模块相关数据和信息可以共享，实现卡车装载、运输、卸载等环境信息感知以及车辆装载点、卸载点、行驶路径的规划。

小松公司自动化运输系统（AHS）在矿用卡车的应用。小松公司矿用卡车的无人驾驶主要通过自动化运输系统（Autonomous Haulage System，AHS）实现，系统用控制装置、GPS卫星、无线通信技术和软件来取代原来坐在驾驶室内的司机。自动化解决方案有限公司（ASI）主要为其他品牌或型号的矿用卡车提供后装自动驾驶方案。

3.3 典型开采工艺与装备应用特点

3.3.1 典型开采工艺特点分析

美国典型开采工艺包括吊斗铲无运输倒堆开采工艺、单斗－卡车间断开采工艺，轮斗－带式输送机－排土机连续工艺等。

1. 吊斗铲倒堆间断工艺在西部波德河煤田浅埋藏、近水平、厚煤层露天煤矿的应用

这类露天煤矿集中在西部的波德河煤田，该煤田是美国，也是世界上已开发的探明储量最大的煤田，大部分煤炭资源适合露天开采，开采条件优越，表土层薄、煤层厚，剥采比为 $1\sim4$ m^3/t；20 世纪 70 年代到 80 年代的 10 年间新建了 18 处 10 Mt 以上的露天煤矿，采取吊斗铲倒堆开采工艺，分区开采，前一个采区采完后作为后一采区的排土场，主要分布在怀俄明州。

吊斗铲倒堆剥离是生产环节合并式工艺，采用大型挖掘机（机械铲或吊斗铲）进行倒堆剥离，在美国沿用已久，应用最广。用这种方式移运剥离物，集采装、运输、卸土于一机，效率高、成本低。

2. 吊斗铲倒堆开采工艺在东中部煤田的深埋藏、近水平、薄煤层露天煤矿的应用

这类露天煤矿大多位于东部的阿巴拉契亚煤田和中部的伊利诺伊煤田，地形平缓，覆盖层厚、煤层薄，覆盖层在 $12\sim15$ m 时用单斗铲、厚度达 45 m 左右用吊斗铲，剥采比较大。开采多煤层时，吊斗铲先在剥离段的工作帮一侧，煤面露出来后，吊斗铲在排土场一侧挖煤层间的夹石，其行走方向与剥离走向平行。

3. 单斗－卡车工艺在东部煤田的山坡地形和丘陵地形露天煤矿的应用

这类露天煤矿主要分布在阿巴拉契亚煤田，山坡地形露天煤矿采用等高线开采法剥离和采煤，沿等高线向上剥离，剥采比逐渐增大，最大可以达到 30 m^3/t，当超过经济合理界限时就改变工作线推进方向；主要装备是前端式装载机、矿用卡车、推土机。丘陵地形露天煤矿在山坡地形露天煤矿开采工艺的基础上进行了改进、称为箱形等高线开采法，划分成几个块段，利用地形条件，逐段进行开采，就近排土；主要装备是推土机、前端式装载机，有些煤矿也使用规模较小的吊斗铲。

3.3.2 主要装备应用效果评价

1. P&H 单斗挖掘机（电铲）参数

20 世纪末，柏林 & 哈尼施菲格公司（Pawling & Harnischfeger，P&H）生产的单斗挖掘机斗容为 $10\sim45$ m^3，剥离铲斗容 25 m^3、采煤铲斗容 35 m^3；P&H 系列电铲，采用工业领先的 IGBT 交流电技术，装有 Centurion 电控系统，具有监控和数据集成功能，可通过通用性电铲交互界面与矿山管理系统交换数据，并拥有 PREVAIL 远程状态监控系统，进行实时设备状态和性能管理。目前在产的主要有 8 个型号，最小的是 1900XPC，挖掘高度 13 m，挖掘半径 17.8 m，铲斗容量范围 $7.5\sim19.1$ m^3，标称有效负载 18 Mt；最大型号是 4100C Boss，斗容 49 m^3，标称有效负载 90.7 Mt，挖掘高度 16.9 m，挖掘半径 24.7 m。

2. 比塞洛斯国际公司和卡特彼勒公司吊斗铲参数

美国露天煤矿爆破后采用吊斗铲倒堆剥离，吊斗铲斗容为 $30\sim168$ m^3，臂长为 $70\sim125$ m。比塞洛斯国际公司（B－E）20 世纪 50 年代末生产的吊斗铲，最大斗容是 168 m^3，

臂长94.5 m，整机重量12000 t。

20世纪末，黑雷露天煤矿有3台B-E公司的吊斗铲，最大的一台是BE-2570WS型，斗容122 m³，臂长110 m，机重6700 t；第二台是BE-1570W型，斗容69 m³，臂长97.5 m；第三台是BE-1300W型，斗容34 m³，臂长92 m。

美国卡特彼勒公司目前生产3款吊斗铲：CAT8000型号吊斗铲斗容24~34 m³，臂长75~101 m，工作重量1988 t；CAT8200型号吊斗铲斗容46~61 m³，臂长100 m，工作重量4100 t；CAT8750型号吊斗铲斗容76~116 m³，臂长109.7~132.5 m，工作重量7500 t。

3. 卡特彼勒卡车参数

20世纪末，卡特彼勒生产的自卸卡车载重量为86 t、177 t、218 t；主要应用于波德河煤田的大型露天煤矿（1991年黑雷露天煤矿的产量是28.1 Mt，采用斗容30 m³和42 m³的机械铲、170 t自卸卡车。当时美国最大的机械铲斗容达137 m³，最大自卸卡车载重318 t）。

目前，卡特彼勒矿用自卸卡车主要有7个型号，最小型号是785，载重136 t，也是卡特彼勒第一台矿用卡车；最大型号是798AC，载重372 t。卡特彼勒当前液压机械传动自卸卡车型号有785、785D、789D、789、793F、793D、797F。最大型号卡特797F，柴油发动机、Tier 4排放标准、4000马力（1马力=735 W），总重量约624 t，标称载重364 t。卡特彼勒电传动自卸卡车主要有794AC、796AC和798AC三款，载重范围从297 t到372 t。卡特电传动系统的特点是高电压（2600 V）、低电流。卡特彼勒自己开发的Mine Star Command自动驾驶系统，该系统已经装卸超过2.4 Gt。

3.4 露天煤矿生态环境保护技术

美国具有较为完备的露天煤矿环境监管机制，除了美国联邦政府环保局总体负责露天煤矿的环境监管外，还有露天煤矿复垦执行署和联邦土地管理局两个机构负责露天煤矿的复垦和土地管理等职能。此外，美国联邦政府制定颁布了各类露天煤矿环境保护和复垦的法律法规，在相关环境修复和土地复垦方面均具有较为成熟的技术。

3.4.1 主要露天煤矿区的生态环境分类

美国大部分地区属于大陆性气候，南部属亚热带气候，中北部平原温差很大。美国国土地形变化多端，地势西高东低。东海岸沿海地区有着海岸平原，南宽北窄，一直延伸到新泽西州，在长岛等地也有一些冰川沉积平原。在海岸平原后方的是地形起伏的山麓地带，延伸到位于北卡罗来纳州和新罕布什尔州及阿巴拉契亚山脉为止。美国适合露天开采的主要煤田生态环境特征见表2-3-5。

表2-3-5 美国适合露天开采的主要煤田生态环境特征

国家	煤田和主要矿区地理位置、气候	矿区环境特征
阿巴拉契亚煤田	沿阿巴拉契亚山脉由北向南纵贯9个州	动植物丰富，约140种树木的森林，蕨类植物、苔藓、伞菌类生物等
波德河煤田	位于蒙大拿州东南和怀俄明州东北，北羊罗谢尔、黑雷、羚羊这三大露天煤矿位于该煤田	西北地区的北部大草原
伊利诺伊煤田	位于伊利诺伊州中部和南部	中部黑土地

阿巴拉契亚煤田位于美国东部的温带气候区，该区域受拉布拉多寒流和北方冷空气的影响，冬季寒冷，1月的平均温度为-6℃左右，夏季温和多雨，7月的平均温度为16℃左右，年平均降雨量为1000 mm左右。阿巴拉契亚煤田沿阿巴拉契亚山脉由北向南纵贯9个州，主要包括宾夕法尼亚州、俄亥俄州、马里兰州、西弗吉尼亚州、弗吉尼亚州、肯塔基州、田纳西州、亚拉巴马州、佐治亚州等。

波德河煤田位于美国西部产煤区，该区域主要为内陆性气候，气候干燥，高原上年温差较大，科罗拉多高原的年温差高达25℃，年平均降雨量在500 mm以下，高原荒漠地带降雨量不到250 mm。波德河煤田地处该区域的北部大草原，包括怀俄明州北部及蒙大拿州西南部。怀俄明州西部落基山脉占该州面积的2/3，高山集中于西北部黄石公园周围及其南面山地，最高的甘尼特峰海拔4200 m；偏南为怀俄明盆地、系半干燥高原，东部为大平原的一部分、平均海拔约2000 m，南、北两半部的大盆地是个灰尘多而少树木的区域，北部山区平均大约为660 mm。蒙大拿州自然地形有落基山脉的北端及大草原两大特征，草原覆盖了蒙大拿州3/5的面积，除了一些孤立的山脉和河谷之外，蒙大拿州的草原一直延伸到西边的落基山脉，这地区的气候非常的不稳定。

伊利诺伊煤田位于美国中部产煤区的伊利诺伊州、印第安纳州和西肯塔基州境内。该区域主要为大陆性气候区，呈大陆性气候特征，冬季寒冷，1月的平均温度为-14℃左右，夏季炎热，7月的平均气温高达27~32℃。伊利诺伊州地势平坦，平均海拔182米，自北向南倾斜。西北部较高，有起伏平缓的丘陵；全境最高点海拔378 m，在西北角有查尔斯丘；北部和中部的黑土非常肥沃，为世界上最佳耕地之一。地表有厚层冰川沉积，叫作冰碛层。南部马里恩附近小丘区是大陆冰川南进的限界。南端河岸港开罗以南未受冰川的刨蚀。

3.4.2 露天煤矿环境监管机构及相关法律

1. 环境监管机构

美国煤矿、各煤炭企业是独立法人，其根据市场需要来调节自身生产，在取得政府有关部门的批准后，可以独立地进行采矿活动。政府除了按规定收税外，不干预企业的任何活动。企业需遵守有关安全和环保等法律，可自行安排生产、运营等企业合法行为。美国露天煤矿的环境监管总体由美国环保局（EPA）管理，是美国联邦政府直接领导的独立局。美国环保局是按1970年的第三号改组法案建立的独立准部级机构，总部设在华盛顿特区，在美国其他地区设有10个地区办公室。其他参与管理部门还有露天采矿与复垦办公室（露天采矿与复垦执行署）（OSMRE）和土地管理局（BOLM）。

（1）露天采矿与复垦办公室（露天采矿与复垦执行署）。露天采矿与复垦办公室依据《露天采矿管理与复垦法（1977）》设立。其宗旨是帮助各州执行全国性的环保计划，防止由于采煤活动造成对社会和环境的不利影响，确保露天煤矿的开采不会对土地和水资源造成永久性的破坏。由于目前大部分采煤的州已经自行立法，管理井工和露天煤矿的开采活动，该署的主要职能就是监督各州有关采矿法规的实施，以及废弃矿的复垦工作。协助各州达到环保法规的要求。对于少数不承担有关立法管理采矿责任的州，该署还承担无管理采矿责任的州的立法和管理工作。该署总部设在首都华盛顿，在匹兹堡和丹佛有两个技术中心，另外还有13个现场分署和8个地区分署。这些派出机构与州政府或联邦政府有关部门合作实施有关的立法工作和矿区复垦计划。它们还负责对各矿的采矿规划和申请使用联邦土地的申请书进行审批。该署的工作包括制定全国性的露天煤矿管理和复垦的法规和政策，审核和批准以前批准的法规的修正案，审核各州的有关新法规。它还负责征集、支付和会计废弃矿用土地费，执行民事惩处条例，制定复垦项目技术标准和政策法规，并对各州和联邦的矿用土地复垦和环保问题进行研究，以及人员培训和技术转让指导。

（2）土地管理局。土地管理局于1946年7月16日成立，该机构由1812年成立的土地总署和1814年成立的牧场服务署合并而成。1976年通过的联邦土地政策及管理法是当前的主要法律，规定了该局的宗旨。该局的总部设在首都华盛顿，设有丹佛服务中心、波依斯灭火中心和菲尼克斯的培训中心。管理范围包括两亿七千万英亩的公有土地，约占美国总面积的十分之一。这些土地主要位于美国西部和阿拉斯加州，在其他各州也有小块的公有土地。该局除了管理这些公有土地的矿产资源外，还管理其余约3亿英亩土地上的属于联邦政府所有的地下矿产资源。土地管理局管辖的资源包括森林木材、各种矿产、石油、天然气、地热、野生动植物、濒危动植物种群、牧场植被、风景区及文化名胜、指定的保护地和自然保护区及空地等。该局的宗旨是对这些方面在综合利用和可持续性生产的原则下进行保护和有秩序的开发利用。它还负责森林灭火等。土地管理局还负责和管理有关能源和矿产资源的租赁，并监督各公司依法进行开采活动。因此，许多煤炭公司都需要向土地管理局申请土地使用权和矿产开采权，尤其是在美国西部进行采矿活动。

2. 环境保护相关法律法规

《联邦法典》中有关环境保护方面的法律主要集中在第四十卷中。这一卷又分两个部分。第一部分是关于美国环境保护署的条款，相应为第1条至第799条；第二部分是关于环境质量委员会的条款，相应为第1500条至第1599条。

（1）有关煤炭开采和燃用的环保法规。与煤炭开采有关的环保问题主要集中在两个方面。一个是露天煤矿开采对环保的影响，另一个是有关煤炭使用带来的环保问题。其他方面的问题相比之下没有那么突出。如井工煤矿的排水问题基本上不严重，排矸问题更不突出，因为美国煤矿采深浅、水量小，基本上不掘岩巷。煤炭业的环保问题是最近几年中才重新受到重视的。但是，环境保护工作者的工作重点目前已转移到酸雨的防止、全球的气候变化、热带雨林的消失、有毒性垃圾的处理和饮用水的卫生等问题上。这是因为1977年通过的露天煤矿管理和复垦法已经取得了很大的成效。从实施这个法律以后，制止了无证开采活动和任意排放矸石的野蛮作业方式。大多数露天煤矿至少必须进行回填，并在采完后整复地表，在开采过程中也对水源进行分流和处理。

（2）《露天采矿管理与复垦法》（1977）。《露天采矿管理与复垦法》（1977）的宗旨是要保证在开采中和开采后保持矿区原有环境面貌，不允许破坏生态环境。1977年通过的法案中指出，"许多露天煤矿由于破坏环境，损坏了或减少了土地的商业性、工业性、居住性、娱乐性、农业性或森林的利用价值，造成土地侵蚀和滑坡、水患、污染水源，或破坏野生动物和鱼类生存，损坏自然景观，侵犯公民财产，由于使社区质量降低而对生命财产造成损失，破坏政府有关保护土壤、水和其他自然资源的计划，给商业和公众福利造成负担和损失"。这一段话实际上是《露天采矿管理与复垦法（1977）》的前言，它使国会通过了美国有史以来最严格的一项立法，这以前，美国东部的煤矿，尤其是露天煤矿，已经污染了一万多英里的河流。1972年在西弗吉尼亚州布法罗河由于煤矿排矸堤决口造成的水灾使125人丧生，100间民房倒塌。这些事件加深了公众对煤矿环保问题的关注。1977年，国会通过了露天煤矿管理和复垦法。这一法律规定，采矿作业及采矿计划中必须增加有关全面复垦的内容。到90年代，美国煤矿已经复垦土地达100多万公顷，相当于特拉华州的面积。每年还有40000 hm^2 以上的废弃的老矿区实现复垦。

该法律的核心原则是采矿权必须配以相应的复垦义务。在煤炭公司获准开采前，必须经过一系列的审批，包括联邦政府、州政府和地方政府的批准。这一过程所需的时间很长，一般要3年以上，而且需要大量投资，以对矿区现有状况进行深入研究，采矿对水文、表土可能造成的影响都要进行分析，矿区的古迹也要有保护措施，对当地的野生动植物也要有严格的保护。进行了这些准备工作后，煤炭公司要向有关部门提出申请，申请书中要明确记载矿区原貌及原用途，供复垦时作为依据。还要列出计划的开采方法、时间及复垦的措施和进度表等。还要列出达标措施及复垦后的土地使用计划安排。法律还规定要留出一段足够长的时间征求当地居民意见。

除了以上措施外，煤炭公司还要交纳环保复垦保证金，最高可达每英亩10000美元。开采结束经过复垦验收还要观察5~10年，确认复垦达标后才返回这一保证金。这包括要做到表土平整、恢复植被，水质和空气质量达标、野生动物恢复等。如果某个矿主没有按这一法律办事，就会向矿主发出通知，要求定期纠正，并要支付罚金。罚金数量由违法的程度来决定。如果严重违法，有关当局即下令停产。另外，这一法律禁止在国立公园内森林地区、野生动物保护区、风景区及古迹区进行开采，并规定矿区必须与住宅、公路、建筑物、学校、教堂和公园等保持一定距离。

（3）清洁水法对煤矿的要求。对于水源的保护，美国还制订了清洁水法。按照这一法律的要求，开采活动不得破坏现有水源的水质。因此，煤炭公司的水文地质工程师必须对当地的水质作详细的调查记录，并在开采中随时进行监测。

美国部分矿井的排水为酸性水，这给水质控制带来很大问题。造成酸性排水的原因很多，如地质条件、土壤化学成分、细菌、微生物、硫化铁矿等。硫化铁结核在空气中氧化并溶解在地下水中后，就会造成酸性地下水。处理酸性水的主要办法是添加碱性物予以中和。目前，美国煤炭业及政府部门还在加紧研究对付酸性排水的有效方法。

（4）清洁空气法对煤炭燃用排放的要求。煤炭使用后产生污染的问题，有关的法律最早是在1955年通过的。当时，城市的空气污染已经引起公众的注意，美国国会通过一项法律来对空气污染的控制问题进行研究和技术协助。1955年的清洁空气法指出："由于城市化、工业开发和大量使用汽车，使空气污染的程度和复杂性日益严重，对公众健康安全危害日益增大，如损坏农作物、危害畜牧业，损坏建筑物，对航空和交通造成危险。"这项法律主要是支持有关的科研、提供信息、对有关州提供财政支持。该法案公开表示对州政府和地方政府控制大气污染的责任和权力予以认可，但对联邦政府的责任未作规定。1963年通过的新的清洁空气法开始扩大联邦政府的权限以便通过直接立法来限制空气污染。这项法律为减少空气污染制定了两项措施，一是由联邦政府给州政府和地方的环保机构提供基金来控制空气污染，另一个是建立洲际的联合污染控制机构，由于环保问题往往是超越州与州的界线的，这项法律解决了洲际污染治理问题。1967年一项新的空气质量法在国会获得通过，这项法律进一步扩大了联邦政府制定空气污染内容到污染标准的权力。它授权联邦政府的一名部长（健康、教育和福利部长）来划定诸多空气质量保护区，并制定空气质量水平的标准以保护公众健康，并要求各州执行相应的空气质量标准。1970年，国会对清洁空气法提出了一个修正案，它大大扩充了联邦政府在控制空气污染上的作用。由于在此以前，除了加州以外其他各州和地方政府所采取的控制空气污染的措施非常有限，国会决定以全国空气质量标准作为保护公众健康的合理标准，否决了为减少成本而提出的降低标准的观点。授权新成立的环境保护局负责制定空气质量标准。各州都要制定相应实施方案，并规定要在1975年达标，空气标准中列了6种污染气体的指标，即颗粒物、二氧化硫、一氧化碳、二氧化氮、氧及非甲烷类碳氢化合物。1978年，在标准中又增加了铅含量。1979年，对有关氧的标准进行了修改，目前，所有这些标准都继续有效。

为了便于清洁空气法的实施，美国全国被划分为274个空气质量控制区。每个区都要达到相应的空气质量标准。对于没有达标的地区，1970年的法案要求有关州制定达标计划以确保达到环保局的最低要求，未达标区内的新的或改后的排污源必须达到最低排放标准。

1970年的法案还创立了新污染源的全国排放标准，限制燃煤锅炉的二氧化硫（SO_2）、氧化氮（NO_2）及烟尘的排量。1971年，环保局按1970年的法案授权颁布了新排放源的性能标准。该标准要求1971年8月17日后兴建或改建的容量在73 MW以上的燃煤电厂锅炉，每百万英热单位 SO_2 排放量不得超过0.55 kg。电厂烟气排放超标达连续3小时就要罚款。该标准中还规定了新排放源的氧化氮及粉尘排放量；烟煤锅炉的氧化氮排放量不得超过0.32 kg，次烟煤和褐煤锅炉不得超过0.27 kg；粉尘排放量则限为0.045 kg。1977年，美国国会通过了新的清洁空气法修正案。该案对各地区的空气质量作了进一步的分类，不达标的地区要开始制裁并采取特殊措施。1979年，环保局又对排放标准进一步修改，使之更加严格，并适用于1978年9月后新建或改建的所有73 MW以上的锅炉。要求所有锅炉的总的二氧化硫排放量按比例递减，所有燃煤锅炉的烟道气排放中的二氧化硫脱除量必须达到90%，使烟煤锅炉每百万英热单位的 SO_2 排量不超过0.27 kg，NO_x（氮氧化物）的排量不超过0.27 kg，粉尘排量不超过0.014 kg。1990年，国会通过了新的一轮清洁空气法、这次在条款内加了第4章，它要求美国环保局实施一项防止酸雨计划。同时，这一新的法案对各个电厂的污染排放量实行了指标性定量管理。各电厂的污染排放指标甚至可以拿来进行交易。但从1990年11月15日以后的新建电厂则不给排放指标，即新电厂只能向老电厂购买排放量指标，以控制全国排放总量不增加。这对于随着经济不断发展，用电和用煤量不断增加的美国来说，是一项非常严格的自律性要求。

防止酸雨计划分两个阶段实施，第一阶段从1995年到1999年，主要针对 SO_2 和 NO_x 的主要来源——大型电厂。这些大型燃煤电厂共261个。第二阶段从2000年开始，范围扩大影响到所有电厂。目标是为了到2010年使电厂的年排放 SO_2 总量比1980年水平减少

10 Mt，NO_x 排放总量减少 2 Mt。2000 年所有电厂锅炉都必须采用新的低排放 NO_x 燃烧技术。为了达到所规定的污染排放量标准，这些电厂只有改烧低硫煤，增设烟道脱硫设备，或改用其他燃料，对锅炉进行改装等，其中改变煤种是最方便的办法。因此，这一新法案使各煤矿受到很大冲击。原来生产高硫煤的美国中部矿井被迫减产、停产，而生产低硫煤的矿井则得到了新的发展机会。东部一些薄煤层矿由于煤质好，经济效益改善，从而可以继续开发，如阿巴拉契亚中段煤田（位于肯塔基州东部、弗吉尼亚州西部和西南部）。此外，美国西部的波德河煤田的次烟煤虽然灰分较高，但由于含硫低，也得到开发的机会。为了达到控制污染的目标，美国能源部相应加强了洁净煤技术的开发，使煤炭工业和电力工业的技术面貌发生了重大的变化。

3. 露天煤矿复垦工程计划

1975—2020 年，美国采矿工程共占用了 1264099 hm^2 土地，占美国国土的 0.13%。同期，不同采矿工业部门占用土地的情况见表 2-3-6，煤炭工业是最大的土地占用者，其占用土地占采矿业用地总面积的 90% 以上。

表 2-3-6 1975—2020 年美国采矿业占用土地的情况

指标	煤矿用地	非煤用地	采矿业用地
面积/hm^2	1155095	109003.7	1264099
占比/%	91.4	8.6	100

复垦工程有严格的法律要求。在 1965 年前，仅有西弗吉尼亚（1939）、印第安纳（1941）、伊利诺伊（1943）、宾夕法尼亚（1945）、俄亥俄（1947）等 7 个州颁布了采矿后复田的法律；1977 年联邦《露天采矿管理与复垦法》（1977）通过后，有采矿作业的 37 个州中的 31 个州对复垦工程均进行了一定程度的控制。

煤炭开采对水、土地及空气等资源都有多方面的影响。露天采煤作业需要以下有关部门的审查与批准，见表 2-3-7。

表 2-3-7 露天采煤作业审查批准部门

序号	审查部门	序号	审查部门
1	露天开采局（OSM）	5	陆军工兵部队
2	州与联邦渔业及野生动物管理机构	6	矿山安全保健总局（MSHA）
3	州历史保护官员及历史保护咨询委员会	7	州有关机构
4	环境保护局（EPA）	8	法律机构

为获准进行露天开采，需提交复田工程计划。法律对复田及作业计划要求的内容由有关条文规定（表 2-3-8）。

表2-3-8 法律对复垦计划及作业的要求

序号	相 关 要 求	序号	相 关 要 求
1	作业计划，总的要求	11	引水工程
2	作业计划，现有结构	12	公园及古迹保护
3	作业计划，爆破工程	13	公路改道或利用
4	空气污染控制计划	14	多余废石的排弃
5	渔业及野生动物计划	15	运输设施
6	复垦计划，总的要求	16	矿井开拓矸石处理
7	复垦计划，水源平衡保护	17	地表沉降控制计划
8	复垦计划，采矿原土地利用	18	选矿尾渣排弃至地下井巷
9	复垦计划，池塘、蓄水、堤坝	19	所需特殊种类采矿图纸
10	复垦计划，近矿井处露天开采		

整个复垦工程应有计划地逐步实现，计划步骤如下：

（1）采矿前的条件应做记录储存。

（2）考虑到各项影响因素，对于该地区采矿后的需求作出评估及决定。

（3）分析不同采矿及复垦方案以求达到优化目标。

（4）制定出适应技术、社会及经济条件的采矿土地恢复与利用计划。

3.4.3 露天煤矿生态环境修复典型案例及技术

1. 基于《露天采矿管理与复垦法》（1977）的露天煤矿复垦技术应用

美国露天煤矿企业根据《露天采矿管理与复垦法》（1977）（SMCRA）的规定，开展采矿后场地恢复工作。

《露天采矿管理与复垦法》（1977）要求露天煤矿土地需要恢复到"近似原始等高线"，同时要将弃土回填至矿场，以确保稳定性。由于岩石材料在爆破后会膨胀10%~30%，因此需要根据恢复后的土地用途来确定对地表的压实方案。对于恢复后的矿场用于修建机场、购物中心和工业园区的，需要压实表面回填材料；对于恢复后用于种植作物或植物的，则需要进行土壤结构恢复。由于长期的煤炭开采，其回填的煤矸石、剥离土壤石灰石含量较高，土壤碱性较大，因此很多复垦企业在矿场回填后，需铺设相应的酸性土壤材料，以恢复土壤的pH值，至植物能够顺利生长存活。复垦实施企业会根据恢复后的用途，确定具体的恢复方案，常见的恢复状态为农田、干草土地、牧场、森林和工商业土地开发。

（1）若矿区恢复至农田标准，则一般从其他农田移植A/E、B和C三个土壤层（土壤包括O、A、E、B、C、R六层）至复垦区，如果无法移植，则使用单独的植物存储堆，以恢复矿区复垦土地的农作物生长能力。

（2）若矿区恢复至干草土地和牧场标准，则需要在回填后移植一层天然土壤，由于需要恢复土壤pH值，移植的土壤中一般含有30%的淤泥和黏土，并且不应含有过多的岩石，并定期投入石灰和肥料，以保证草木生长。从实际情况来看，美国东部地区气候湿润，其复垦后能够作为生产畜牧饲料的干草土地使用；西部地区气候干燥，其复垦后适合作为畜牧场所。

（3）若矿区重建森林系统，则需要较高的复垦技术，常规复垦流程基本无法使森林树种重新建立。在 SMCRA 指导下，美国企业开发了林业开垦方法，其目的用于美国东部矿区森林重建，目前已被广泛应用。其具体方法为在已回填的矿场中，铺设更适于树木生长的培养基土壤；之后先播种草本植物，用来进一步优化土壤环境，随后逐步、梯次种植对生长环境有要求的树木。其周期也是所有复垦方案中最长的。

（4）若矿区用于工商业土地开发，如建设工厂、机场、商业建筑或住宅等，一般将弃土铺设压实，达到相应工程的规范标准即可。同时，这些施工程序旨在最大限度地减少建筑物的沉降，确保整个建筑支撑区发生的沉降缓慢且均匀。矿区恢复至工商业土地开发的情况较少，且基本适用于美国东部地区。

2. 怀俄明州露天煤矿复垦技术与做法

半干旱环境中大型露天煤矿的可持续复垦实践有助于提高开采活动的质量与生态环境的长期保护。怀俄明州位于美国西部，是露天煤矿最集中的州，露天煤矿产量占美国露天煤炭产量的 60% 以上。该州属于半干旱地区，未开发土地的主要用途是种植作物、放牧。其露天煤矿可持续复垦的实践活动包括，采矿后地形恢复到近似原始轮廓，通过水文控制技术恢复地表水，回收所有可用的土壤进行回填和分级，以达到与采前地形基本近似，准备苗床、恢复多样化永久植被。相关复垦工作的可持续管理是通过联邦和州政府机构制定的标准和执行程序实现的。

西部山区西北高平原采后生态重建（土地的复垦）包括地貌重塑、水文恢复、土壤管理、植被重建有四个方面。

（1）运用新式地貌分级法（GeoFluv）进行地貌重塑。美国联邦政府和大多数州政府的法律法规要求煤矿经营者，必须进行采后土地的地貌重塑、尽可能接近原始轮廓，除非由于过度缺乏剥离物而特别豁免。

运用地貌分级法进行地貌重塑。该方法是一种新的地形重建方法，将水文、水利工程分析与地貌设计相结合，建立稳定的复垦矿区。这种方法重建的地形，能够使土壤、边坡和河道与周边环境保持平衡，并慢慢稳定下来。通过地形重建（地貌重塑）使得怀俄明州露天煤矿采后土地的灌木物种覆盖率更高，物种多样性和丰富度更大。

（2）通过水文控制技术进行地下水恢复。采矿及复垦活动会使用松散物料回填，替换覆盖层和地下水储层。回填含水层中的岩性材料将与覆盖层相同，但回填的层理和排列将不同。回填含水层将随时间饱和，再生含水层和开采前含水层之间的差异可能会改变地下水流动状况。根据怀俄明州环境质量部第 8 号准则（2021），长期监测的主要目标是将整个矿山全生命周期及复垦后对地下水系统的影响降到最低。

复垦后的矿区水系必须与该地区原有水系相结合。在怀俄明州，大型露天煤矿的水文控制计划包括开采前、开采期间和开采后环境中的地表、地下水监测，复垦的可持续性要求监测水量和水质。煤矿复垦后水系由原有高程点控制，排水系统的分配必须与许可证所列批准的地形相匹配，以恢复原有流域范围。来自煤矿上游的水必须可供下游使用。因此，在大型露天煤矿的开采过程中，至关重要的是建造防洪沟，用于抵御洪水及防止泥沙沉积。

（3）土壤回收技术。土壤回收对干旱环境中成功复垦至关重要，掌握所有合适及可用土壤的信息是成功复垦的重要步骤。土壤管理包括采矿前测绘土壤单元的信息、适宜性、回收和应用深度。

植物生存和生长的适宜性由土壤的物理和化学性质决定。根据怀俄明州环境质量部指南1（2021）的第A款，在怀俄明州采矿之前需要对所有土壤进行调查，对每种系列的土壤至少收集一个样本，并分析其pH值、电导率、质地、粒度、钠、硒和硼的吸收率。露天煤矿根据许可承诺计算必要的土壤应用深度，回收上来的土壤储存在料堆中或直接拖运到分级区域。

（4）土壤准备和苗床管理技术。土壤准备是复垦播种前的重要环节。根据许可证要求准备土壤，开采活动结束，复垦区域回填并平整到许可证批准的原有地形后，根据采矿前土壤测绘单元计算得出的均匀深度，施用土壤以达到要求的厚度。

在回填区域，需平整和翻松回收的土壤，保持土壤松散。根据怀俄明州管理规定（2012年），沿等高线对回填区域表土进行深度翻松，以尽量减少侵蚀和不稳定性。根据实践经验，土壤干燥时，回收和置换效果最佳。在露天煤矿作业的回收、储存和应用过程中，土壤结构和性质不断发生变化，再次翻土增加了矿化，不需要施加氮肥。施土后最重要的是避免土壤压实。土壤压实影响土壤物理性质：质地、孔隙率和渗透性、密度和渗透率。实践证明，在怀俄明州露天煤矿复垦活动中，采矿前土壤渗透率的恢复时间是20~25年。

苗床准备管理技术。在半干旱环境中，苗床准备技术包括：使用不同设备完成三次耕作，种植覆盖作物（临时植被），覆盖和覆盖替代方案、侵蚀和泥沙控制技术四项内容。第一次耕作，用深耕刀和深凿犁使土壤裂开，松动压实的土壤和回填材料，增加水的渗入深度；第二次耕作，使用圆盘犁和凿犁打破土壤结块和植物残留物；第三次耕作，用耕地机或滚筒耙完成耕作，使土壤光滑平整，为播种做准备。三次耕作应始终保持在等高线上，最好在土壤相对干燥的情况下进行。种植临时植被为永久植被争取时间，在半干旱环境中，当建立永久植被（多年生牧草）需要时间时，经营者使用覆盖作物（谷子、燕麦等小型粮食作物）作为临时植被，防止土壤侵蚀和抑制杂草。覆盖作物能够保住水分，通过增加土壤稳定性和水分保持力，提供种子发芽及幼苗生长的条件，增加有机质，使种子和幼苗免受极端气候条件的影响，并防止侵蚀（吸收雨滴的能量）。泥沙控制技术用于防止因侵蚀产生的泥沙离开被干扰区域，包括在矿区建造沉淀池、过滤栅栏、草捆障碍物等，收集扰动区域的径流，去除水中沉积物和悬浮固体。

（5）植被恢复技术。西部山区各州，植被恢复因土地用于放牧、农田或野生动物等目的不同而异。永久性植被恢复要求有效多样化，由该地区的原生物种组成。恢复的植被应能够稳定土壤表面，并实现自我再生和植物演替。植被恢复区域必须实现批准的复垦土地使用功能。在使用原生植物群落复垦土地的情况下，通过种植设计的种子混合物，在特定的播种率、播种深度和特定的时间段内建立植被。

本地物种具有较强优势。本地物种代表环境的遗传产物，并适应一个地区的气候特点。在半干旱气候下，耐旱种子已经进化到不需要浇水的程度；同时，能够很好地适应养分低的土壤。因此，使用本地物种可以促进生态稳定性和植物群落完整性，并降低播种生物入侵风险。

3. 北羚羊罗谢尔露天煤矿复垦技术与做法

北羚羊罗谢尔露天煤矿（NARM）是美国最大的露天煤矿，开发主体是皮博迪能源集团，该矿露天开采煤炭产量占美国露天煤矿煤炭产量的约20%。该矿露天开采许可证符合《美国联邦露天采矿控制和复垦法案》（1977）（SMCRA）、怀俄明州和其他联邦环境法案的规定和执行标准，主要复垦要求包括：重建经批准的采矿后地形地貌和排水系统，重建河道，施用土壤，建立植被，恢复核准的采矿后土地利用，评估采矿后地下水和地表水的数量和质量，以支持土地利用。

（1）地貌重塑。在北羚羊罗谢尔露天煤矿，采矿后地形设计是使用每月收集的航空照片、计算机程序进行分析后创建的，包括原地形和边坡分布、覆盖层体积和适用性、回填材料的体积和适用性、膨胀系数的测量以及采矿后边坡分布等，并通过试错找到正确的体积来填充特定的空隙。该矿许可证包括的地貌重塑的重要因素见表2-3-9。

表2-3-9 北羚羊罗谢尔露天煤矿许可证包括的地貌重塑的重要因素

地貌重塑	北羚羊罗谢尔煤矿许可证包括的地貌重塑因素
采矿后地形重建（各种软件模型）	适用于露天煤矿地表及地下三维资料处理及工程设计的 Maptek Vulcan 系统 带有 QUICKSURF 和 Auto List 的矿山规划和计算机辅助制图系统
所需回填材料的体积（采矿结束）	8.4 Gm^3
膨胀系数范围	11.8% ~ 19%
膨胀系数平均值	15%
覆盖层和回填材料的适用性	指导准则1[怀俄明州环境质量部（2021）]
开采后边坡	坡度小于25%（14°）；形状：复杂长度 < 150 m

（2）地表水控制。北羚羊罗谢尔露天煤矿批准的许可证中描述了采矿前后的流域和河道特征（流域面积、河流长度、高差），24条主排水道，重建的流域区域与采矿后排水道的高差相似等。地表水控制计划包括建造沉淀池、沉淀物收集池、涵洞、河流改道、防洪水库和永久水库，以最大限度地减少采矿对地表水质量和数量的影响。怀俄明州环境质量部指导准则8（2021）列出了每个结构的设计要求，许可证（许可证569-T8，2014）列出了特定矿坑沉淀池的设计参数（表2-3-10）。

表2-3-10 北羚羊罗谢尔露天煤矿主要排水道的流域参数

流域参数	开采前	开采后
主要流域面积/km^2	24	24
范围/km^2	0.2 ~ 246	0.8 ~ 248

表 2-3-10（续）

流域参数	开采前	开采后
平均/km²	11	17
范围/m	19~221	26~221
平均/m	85	93

根据怀俄明州环境质量部指导准则8（2021）要求和许可证（许可证569-T8 2014）承诺，北羚羊罗谢尔露天煤矿在采矿期间和采矿后的，在受干扰区域的上游和下游排水道上设置了5座监测站，控制水流、收集水样进行化学性质分析。在北羚羊罗谢尔露天煤矿，通过连续记录流经排水道数据来监测地表水量，并用于地表径流模型。由WDEQ/LQD专家进行建模及数据分析，确定该地区是否能够实现采矿后的土地利用。

（3）土壤回收。在北羚羊罗谢尔露天煤矿的许可证中，每个土壤测绘单元包括以下信息：土壤回收区域的表面积、平均土壤深度和被回收土壤的体积。北羚羊罗谢尔露天煤矿的"表土资源"许可证地图约有195个土壤测绘单元，其中土壤深度从5~150 cm不等（许可证569-T8 2014），详见表2-3-11。

表2-3-11　北羚羊罗谢尔露天煤矿土壤管理

土壤管理	许可证包括的参数
采矿前土壤测绘单元	195个土壤单元
土壤适宜性（化学和物理性质）	怀俄明州环境质量部准则1A款
现场标记的、合适的土壤深度	5~150 cm
合适的土壤体积（开采结束时）	123 Mm³
土壤应用深度	典型土壤：15~76 cm 深部土壤：76~122 cm

土壤深度标记技术。采矿前，现场专业人员使用专业设备打标记桩，标记合适的土壤深度；在回收过程中，临时留下土壤基座进行检查，以验证回收深度（每0.8 hm²或离中心150 m一个）；每个基座都标有土壤实际移除深度。2039年北羚羊罗谢尔露天煤矿采矿结束时累积的土壤体积估计为123 Mm³（许可证569-T8 2014）。

（4）土壤与苗床准备。北羚羊罗谢尔露天煤矿引入土壤可变深度法，提高植被重建效果（许可证569-T8 2014）。研究表明，露天煤矿的复垦土壤需要10~15年的时间才能从结构上恢复到原生土壤状态，土壤深度可变能够帮助植被恢复自我再生能力或物种多样性，特别是对初始建立的复垦区域更需要利用土壤可变深度法。为增加植物生根深度，需要使用各种翻土设备、按照适当的土壤处理流程，使土壤变得粗糙松散，减少压实，增加水分渗透。

北羚羊罗谢尔露天煤矿苗床管理技术。通常其在每年 5 月底或 6 月以 11～28 kg/hm² 的速度进行临时播种，在播种永久植被之前，将覆盖作物（小麦或谷子）耙入土壤中，作为覆盖物或留作立茬。方法取决于所需的播种方法（表 2 – 3 – 12）。对于撒播，只使用一次耕作（粗化苗床），而在使用钻孔播种的地区使用二次耕作或最终耕作（许可证 569 – T8 2014）。

表 2 – 3 – 12 苗床管理和泥沙控制技术

苗床准备	北羚羊罗谢尔煤矿许可证包括的参数
耕作：主要、次要和最终覆盖作物	取决于播种方法，小麦、谷子 11～28 kg/hm²
覆盖和其他侵蚀控制技术	残茬覆盖、原生干草、其他方法（例如，水力覆盖、岩石抛石、石笼、侵蚀控制毯）
泥沙控制技术	稻草包、淤地坝、淤泥栅栏、护堤、等高线沟渠、凹坑、沉积盆地、覆盖/植被重建、围堵

北羚羊罗谢尔露天煤矿泥沙控制技术。使用替代沉积物控制措施，如稻草包、淤地坝、淤泥栅栏、护堤、等高线沟渠、凹坑、沉积盆地、覆盖/植被重建、围堵分界，以防止沉积物离开受干扰区域（表 2 – 3 – 12）。当建立永久植被覆盖之后，这个沉积过程不再需要，这些设施也将被从现场移除。

（5）植被恢复技术。北羚羊罗谢尔露天煤矿植被恢复的技术要求。主要的本地植物物种能够很好地适应养分低、半干旱性土壤。选择合适的种子源可缩短植被恢复的时间，以及提高复垦地植物和动物群落的长期可持续性。典型的混合种子包括浅根和深根杂类草和禾本科植物，可以最大限度地利用养分和水分。在北羚羊罗谢尔露天煤矿，种植的混合种子从未浇水。

北羚羊罗谢尔露天煤矿许可证地图上划定了采矿前和采矿后的植被群落。其还包括复垦种子混合物清单，各种类型的采矿前植物群落和采矿后地形。北羚羊罗谢尔露天煤矿的许可证包括一张种植各种混合种子的区域表和地图上显示的估计位置。运营商建立了各种采矿后植被类型种子混合物，与采矿前植被类型相比较，这些植被类型主要用于：草地、蒿属草原、河岸、海滩、蒿属马赛克以及湿地（表 2 – 3 – 13）。

表 2 – 3 – 13 植被恢复技术

植被恢复	北羚羊罗谢尔煤矿许可证包括的参数
采矿前植被种类	大蒿草场、碎草场、草甸草场、playa 草场、盐碱草场、scoria 草场、高地草场
采矿后植被种类	草原，河岸草原，蒿属草原，playa 草原，10% 灌木马赛克，20% 蒿属马赛克和乔木/灌木复合体
单位面积播种量	纯活种子按每公顷 5～14.5（平均 13.1）kg 播种
播种时间	10 月中旬至 4 月中旬
播种方式	条播、撒播、水播和移植

4. 皮博迪集团水资源管理技术

皮博迪集团是提供土地复垦技术和服务的专业公司，其方案是将土地复垦视为采矿活动生命周期的一个重要组成部分，其原则是按照 1∶1 的比例进行复垦。在土地开采后立即开始恢复景观，创造一种安全、稳定和可持续的地貌。

皮博迪集团在美国提供第三方担保措施，以解决露天煤矿复垦过程中出现的问题。皮博迪实行渐进式复垦，并且持续分阶段提交复垦方案。皮博迪集团在矿山水资源处理上有一整套解决方案。由于美国露天煤矿所在地气候环境多样，既有干旱环境，又有潮湿气候，因此皮博迪针对性地制定不同的水资源管理方案。在干旱的环境中，皮博迪的方案重点是保护水资源，而在气候潮湿环境中，其保护方案为防范风暴和多余的地下水涌出。

皮博迪还拥有一套水资源回收利用技术，配合其复垦方案，对矿区进行综合治理。主要措施为：在矿区利用煤矸石建造蓄水池，同时在复垦的过程中依照各阶段的需要额外增加蓄水池的数量。蓄水池中包含粗煤、细煤以及其他废料，这些废料流动性相对较低。建设的蓄水池最小为 2.8 Mm^3，最大为 17 Mm^3，平均容量为 9.9 Mm^3。矿区的水源主要用于煤炭勘探开采、选煤厂的粉尘抑制、煤炭洗选加工和土地复垦的活动。皮博迪集团的水资源管理方案，使得矿区在当地抽取的水有 20% 被回收利用，大大增加水的利用率。

3.4.4 生态环境保护原则及特点总结

1. 生态环境保护从开发建设审批程序开始

美国煤矿的开发建设审批程序是比较复杂的，联邦和地方政府对煤矿建设项目有严格的审批制度，要经过多个部门、多个层次审批才能取得许可证。涉及环保的许可证按程序主要有：土地使用许可证、造地复垦许可证、特殊生产许可证、用水许可证、废水排放许可证、空气洁净许可证等。各种许可证除由联邦政府内务部土地管理局、地质调查局、矿业局、露天开采办公室、劳工部矿山安全局、卫生部能源部及环保署审批外，还需经有关州县地方政府审批认可，批件在设计建设开工实施过程中还有后续的检查评估以及备案复审复验程序。因而完成一个煤矿开发建设程序常需几年甚至十几年时间。

2. 高额的环保税率

美国煤矿纳税的税制、税率十分复杂，收费名目繁多，总体来看，涉及露天煤矿环保的税种为：尘肺病基金、矿山废弃土地费等。

3. 把环保和造地复垦工作列入产煤成本

联邦和州政府对矿山环保和土地复垦都有许多明确、具体的法规要求，并设有专门机构和专职人员负责监督管理。对露天煤矿的土地复垦要求尤其严格。新建煤矿在立项申请开采许可证时，就要有环保和土地复垦的详细安排和措施，保证开采中的大气水文环境达到标准要求。为保证落实这些措施，现有煤矿将环保和土地复垦已作为生产过程必不可少的工序，其费用列入产煤成本。政府对过去遗留的采煤造成的土地破坏问题，设立专项土地复垦基金。从现有煤矿每产 1 t 煤提取 0.5 美元，集中到联邦政府财政专项管理。根据各地区需要情况分配到有关州政府，由州政府的土地复垦办公室组织实施。关于复垦土地的归属权问题，根据煤矿资源租购合同：如土地是从国家或私人租来的，在复垦后仍归还原主。如煤矿经营者（公司或矿主）已购买了那块土地产权，在复垦后就归煤矿主所有，可以自行开发利用或出售转让。

3.5 典型露天煤矿

美国前三大露天煤矿（北羚羊罗谢尔、黑雷、羚羊露天煤矿）都位于波德河盆地，科尔德罗罗霍和卡巴洛露天煤矿同样来自波德河盆地。

3.5.1 北羚羊罗谢尔露天煤矿（North Antelope Rochelle）

1. 地形和气象条件

北羚羊罗谢尔露天煤矿（North Antelope Rochelle Mine）与黑雷、羚羊露天煤矿同处于波德河盆地（Powder River Basin），为半干旱草原寒冷气候（cold semi-arid (steppe) climate）。

波德河盆地是一个主要的含煤地质构造，位于蒙大拿州东南部和怀俄明州东北部，占全国煤炭储量的40%以上。

波德河盆地形成于晚白垩世-早第三纪构造抬升时期。在古生代和中生代，该地区开始作为一个稳定的内部平台，并被陆表海淹没。这个盆地的煤层形成于六千万年前。构造上，盆地为不对称向斜，西翼为陡倾翻层，东翼为3~5层缓倾层。该盆地占地20000 mile^{2}①，从蒙大拿州东南部一直延伸到怀俄明州东北部，长230 mile②宽100 mile。它三面环山，西面是大角山，东面是黑山山，南面是拉勒米山。

2. 资源与赋存条件

北羚羊罗谢尔露天煤矿位于波德河盆地的吉列煤田，属于怀奥达克-安德森煤层，是古新世联合堡组舌河成员的一部分。

瓦萨奇组和当地第四纪矿床构成了矿区所有的覆盖层岩性。瓦萨奇页岩由砂岩、粉砂岩、黏土岩、煤和碳质页岩交替形成的透镜状沉积物组成。

该矿开采的煤层属于波德河煤田怀奥达克-安德森（Wyodak-Anderson）煤层，煤层厚度60~80 ft（18.3~24.4 m），覆盖层厚度50~350英尺（15.2~106.7 m）。剩余的煤炭可采储量约为1088 Mt。该矿生产的煤炭在美国生产的煤炭中含硫量是最低的。典型的煤质参数是：硫分为0.2%；热值为8600~8800 Btu/lb。

根据以下因素，该地区被归类为地质复杂性低的地区：

怀奥达克-安德森煤层横向连续，可以使用地球物理测井进行大距离高置信度的对比。

煤层一般平整，轻微向西倾斜，有小起伏。从东侧露头开始，WA层的覆盖深度通常较浅，最多为450 ft③，其余的储备层平均为320 ft。

整个区域没有重大的地质异常，除了两个明确的煤层构造区域：西南部有一条带状断层，东部有一条断层。

WA煤层目前在坎贝尔县的大部分地区和匡威县的北部开采。

北羚羊罗谢尔露天煤矿位于区域向斜的东侧。煤层倾角平缓，向西倾角小于3度。由

---

① 1 mile^2 = 2.58999×10^6 m^2。

② 1 mile = 1609.344 m。

③ 1 ft = 0.3048 m。

于煤层的起伏特征，在煤层中可以有局部地向东倾斜。

该煤矿北部和西部的还有尚未开发的矿区，未来将供该矿或其他煤矿开发。

3. 生产状况

皮博迪能源集团公司北羚羊罗谢尔露天煤矿位于美国怀俄明州吉列特（Gillette）东南 105 km 处，是目前世界上最大的露天煤矿，员工约 1300 人，2017 年产量占美国煤炭产量的 13.1%，该矿目前每天 24 h 运作。煤和覆盖层去除工作 12 h/班，每天 2 班，每周 7 天（天气允许）。根据美国能源信息署数据，2010—2015 年该矿煤炭年产量超过 100 Mshton，峰值为 2014 年的 107 Mt，2021 年该矿产量降低到 56.97 Mt。安特洛浦煤矿于 1983 年底开始投产，罗切尔煤矿于 1985 年底开始投产。两个煤矿于 1999 年合并为一个煤矿，成为美国最大的露天煤矿。采矿作业由多个露天煤矿坑组成，主要分布在四个采区：西部、北部、东部和北羚羊罗谢尔北部。

4. 开采工艺与装备应用

（1）工艺类型。北羚羊罗谢尔露天煤矿煤层较浅且厚度较大，这决定了最有效的采矿方法是露天开采，该采矿法综合运用了抛掷爆破、吊斗铲无运输倒堆、单斗-卡车和半连续等工艺。煤炭开采基本流程是：从煤矿的三个矿坑开采出来的煤，通过卡车运送到四个破碎站中的一个，进行破碎并运送到料仓，然后由火车从装卸区运出。

剥离工艺。该矿有三台吊斗铲、五个卡车和电铲车队用于剥离覆盖层。在最上层台阶表面的表土被移除后，岩石覆盖层由吊斗铲或卡车-电铲完成采装和移运，覆盖层的高度随覆盖层总厚度而变化，当覆盖层变厚，地质、水文和岩土条件需要时，通常采用抛掷爆破或抛掷爆破/推土机推进系统来提高剥离系统效率。吊斗铲无运输倒堆剥离作业如图 2-3-8 所示。

图 2-3-8　吊斗铲无运输倒堆剥离作业

采煤工艺。该矿山采煤采用了传统的单斗挖掘机-卡车-半移动（固定）破碎站-带式输送系统的半连续工艺。覆盖层被移除后，煤炭的顶部被推土机、装载机或铲运机清理。使用多个 P&H 4100 电铲和自卸车进行煤炭开采，以及使用两台 Bucyrus - Erie 2570 吊斗铲、一台 Marion 8200 吊斗铲和一台 Bucyrus - Erie 1570 吊斗铲。

该矿北部和东北部只有 1 个采煤台阶，在西部和西南部随着煤层分岔变为上（WA1）和下（WA2）两个采煤台阶。主要的夹矸层可以用卡车/电铲或吊斗铲清除，也可以使用推土机、铲运机和前端装载机。由于存在分岔、设备挖掘高度限制和不利条件，任何采区中也可以使用两个工作台阶。单斗-卡车采煤工艺如图 2-3-9 所示。

图 2-3-9　单斗-卡车采煤工艺

破碎加工。北羚羊罗谢尔露天煤矿的破碎系统包括五个不同时期建造的卡车卸料和破碎场所。2008 年该矿对一个坑内卡车卸料系统、破碎机和地面输送系统，以及沿装载回路的中央混合/装载设施进行了升级。

存储和运输。大块煤经过破碎后由带式输送机输送到储煤装载仓，再由组合列车运往用户。煤炭装载设施由 5 个储煤装载仓组成，可满足 150 节车皮组合列车的装载能力。该矿通过两条同心环线与 Burlington Northern Santa Fe 和 Union Pacific 铁路公司的联合轨道相连，每列火车可装载 150 节车厢。装货设施由两个装卸区组成，每个装卸区每小时可装卸 10000 t 煤。

（2）主要装备及管理。该矿采用的设备主要有：吊斗铲、电铲、卡车、坑内破碎机、带式输送机、圆形储煤装载仓等。有 4 台吊斗铲、P&H 4100 电铲和卡特 777、797 自卸卡车（图 2-3-10）；基于利勃海尔 T282c 自卸卡车，改装了 Westech 的车厢，装载能力达到 447 t（图 2-3-11）。

3 美国露天煤矿开采技术

图 2-3-10　P&H 4100 电铲和卡特自卸车

图 2-3-11　利勃海尔 T282c 自卸车改装 Westech 车厢

5. 生态环境保护

覆土回填是连续作业，物料通过一系列阶梯提升机运至采空区。充填区域的形状符合经批准的采后地形。预采矿和预表土置换采样程序确保回填材料的适当放置，以满足底土质量参数。顶部污染通常发生在最后回填的一年内。植被覆盖在表层土壤置换后的第一个适宜季节开始。2017 年有 5145 acre① 被开采的土地得到恢复。

---

①　1 acre = 4046.856 m^2。

3.5.2 黑雷露天煤矿（Black Thunder）

1. 地形和气象条件

黑雷露天煤矿（Black Thunder Mine）场位于怀俄明州（Wyoming）坎贝尔县，面积约 35800 acre。黑雷露天煤矿属阿科煤炭（ARCO）公司，是全美最大的露天煤矿之一。该煤矿坐落于怀俄明州南波德河盆地（Powder River Basin），北纬 42°西经 105°，位于 Thunder 盆地国家草原（Thunder Basin National Grassland）内，为半干旱草原寒冷气候（cold semi–arid (steppe) climate）。

波德河盆地由广阔的平原、低矮的丘陵和高原组成。地形通常从盆地北部起伏 500~1000 ft 的开阔丘陵，到南部起伏 300~500 ft 的平原和高原。波德河盆地南部以普拉特河流域为界，北面是蒙大拿州的黄石河，西面是大角山，东面是黑山。植被一般是鼠尾草、灌木和草。由于降雨量少，土壤贫瘠，不发达，树木很少。

2. 资源与赋存条件

黑雷露天煤矿是波德河盆地怀奥达克－安德森（Wyodak–Anderson）煤层（图 2-3-12）的一部分，整个煤层的厚度约为 600 ft，从北到南包含了 10 块煤床：Anderson，Dietz，Canyon，Smith，Swartz，Werner，Wyodak，Sussex，School 和 Badger。该煤层的煤质清洁，含灰和硫量低，煤层含灰量加权平均值为 6.4%，含硫量为 0.47%。

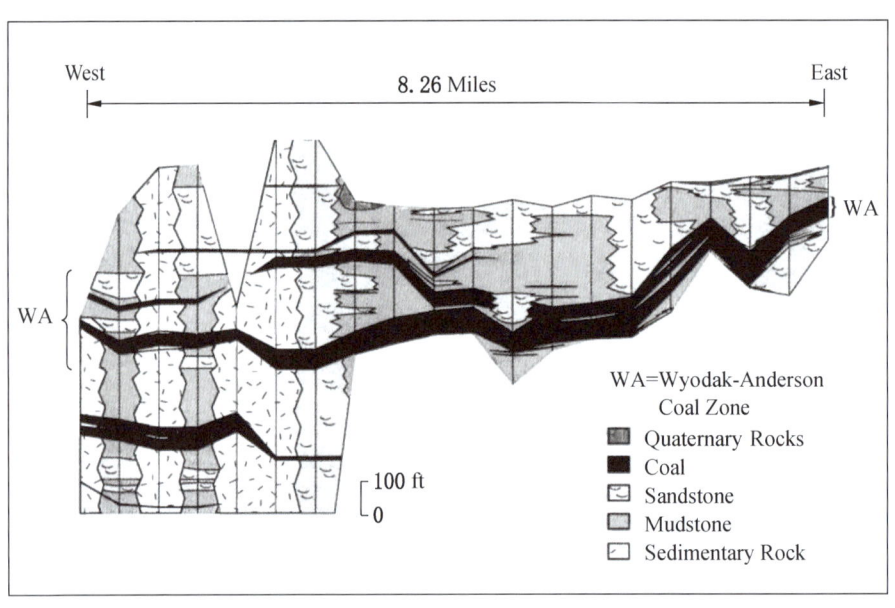

来源：https://pubs.usgs.gov/of/1998/0789a/report.pdf

图 2-3-12　怀奥达克－安德森煤层剖面图

黑雷露天煤矿开采煤层厚度 20 m，开采深度平均 53 m，分为 Anderson 和 Canyon 两个煤床，剥采比为 2∶1，原煤灰分 5%、硫分 0.36%、热力值 20.3 MJ/kg、湿度 25%~30%，为特低硫低灰优质动力煤。

3. 生产状况

根据美国能源信息署数据,黑雷露天煤矿 2021 年煤炭产量约为 53.8514 Mt,产量上仅次于与其相邻的皮博迪集团波德河煤炭公司的北安太路普罗切利露天煤矿,是美国第二大露天煤矿。拥有员工 1057 人,4 台吊斗铲和 11 台电铲。历史上,黑雷煤矿长期是美国煤炭产量第一的煤矿,到 2004 年,黑雷煤矿投产 27 年,成为美国历史上第一座累计生产超过 1 Gt 的煤矿。生产的低硫、亚烟煤是优质的发电用煤,发热量为 20.3 MJ/kg,灰分为 5% 左右,湿度为 25%~30%。

1966 年黑雷煤矿所隶属的黑雷盆地公司与联邦政府签约租用了面积为 2600 hm^2、储量为 6.8 Gt 的煤田。经 10 年准备,1976 年开始建矿,批准的生产许可量为 32.65 Mt;1977 年开始出煤,投产 3 年累计出煤 17 Mt,第 4 年达 15 Mt;1984 年煤炭产量首次超过 20 Mt,1992 年达到 30 Mt,1998 年为 42.68 Mt,2000 年超过 60 Mt。2004 年,黑雷煤矿母公司 Arch 通过竞拍获得与黑雷煤矿相邻的小雷(Little Thunder)煤矿,黑雷煤矿煤炭储量扩充到 13.70 Mt,2019 年该矿的探明可采煤炭储量增加到 747.7 Mt(图 2-3-13)。

图 2-3-13 黑雷煤矿

1976 年,黑雷煤矿建设时即为全机械化开采,装备了破碎、输送、采样和高速列车装载系统。1989 年经过技术更新,实现了全过程计算机控制的精密装载系统与近坑破碎和输送系统,目前仍居于世界领先水平。

4. 开采工艺与装备应用

(1)工艺类型。黑雷露天煤矿是掘坑外排开采法(open-pit mining)采煤(图 2-3-14)。

图 2-3-14 黑雷煤矿作业现场

黑雷煤矿采用的是生产环节独立式工艺，包括单斗挖掘机采装－卡车运输的间断作业式工艺、轮斗挖掘机采装－带式输送机运输－排土机排土的连续作业式工艺等。

基本开采流程：首先，剥离表层土壤，用炸药爆破覆盖层（覆盖在煤上的土壤和岩石）。然后，利用吊斗铲、电铲、挖掘机和装载机等重型运土设备移除覆盖层。在采煤环节，进行钻孔、破碎，并使用运输卡车或传送带系统地将煤运至选煤厂或装卸设备。黑雷开垦受干扰的地区，作为正常采矿活动的一部分。回填环节：最后一次采煤后，用吊斗铲、电铲、挖掘机或装载机将开始采煤时移除的覆盖层回填到剩余的坑中。复垦：完成回填工作后，将植被和植物生命重新恢复到自然栖息地，并进行其他对当地社区和环境有益的改进。

剥离。剥离工程主要由吊斗铲倒堆作业，表土和浅层剥离由爆破与单斗电铲－卡车间断工艺及半连续工艺来完成。地表 1～2 m 厚的表土由推土机、前装机、卡车等设备堆积移运至内排土场表层用于覆土造田；其下层约 10 m 厚的松散砾岩用斗容为 16～23 m^3 的单斗电铲及载重 154 t 的自卸汽车剥离；再下层约 20 m 厚的粗砂岩由 5 台吊斗铲进行无运输倒堆剥离。

采煤。黑雷露天煤矿采煤作业采用单斗挖掘机－卡车－半移动（固定）破碎站－带式输送机半连续工艺。首先对煤矿进行钻孔、破碎，并使用运输卡车或传送带系统地将煤运至选煤厂或装卸设备。矿上有 23 台矿用电铲和 123 辆矿用卡车，坑边设有 2 座半固定式破碎站，由卡车运来的煤炭经破碎站初破后进入一条长 3510 m、带宽 1.8 m、带速为 75 m/s、小时能力为 6000 t 的带式输送机。装车系统由一座容量为 26000 t 的储煤筒仓、一座容量为 90000 t 的半地下储煤仓以及一座自动计量全自动化装车站所组成。

选煤。黑雷在选煤厂采用的处理方法取决于原煤的大小。对于粗粒物料，分选过程取决于煤和废石之间的密度差异，对于极细组分，分选过程取决于煤和废矿物之间的表面化学性质差异。为了除去杂质，黑雷把原煤粉碎，并把它分成不同的粒度。对于最大尺寸的馏分，煤矿使用了重介质容器分离技术，在该技术中，煤矿将煤漂浮在装有预先确定比重液体的罐中。因为煤比杂质轻，所以能漂浮，煤矿可以把煤从岩石和页岩中分离出来。黑雷用重介质旋流器处理中等大小的颗粒，在该旋流器中，液体高速旋转，以将煤与岩石分离。细煤被处理成螺旋状，由于煤和岩石的密度不同，当它们悬浮在水中时，可以被分离出来。利用煤和岩石表面化学的差异，在柱式浮选池中回收超细煤。通过超细煤和岩石的悬浮液注入稳定的气泡，煤颗粒附着在气泡上并上升到柱的表面，在那里它们被除去。为了尽量减少煤中的水分含量，黑雷用离心机处理大多数煤粒。离心机使煤快速旋转，使煤中的水分离。

铁路运输。大多数煤矿由一家铁路公司提供服务，但波德河盆地的大部分地区由两家铁路公司提供服务：伯灵顿北圣达菲铁路公司（Burlington Northern）和联合太平洋（Union Pacific）铁路公司。运煤单元列车由 3 台 4000 马力[①]机车及 110 个载重为 90 t 的车辆所组成，铁道装车线是环形布置，装满一个单元列车的时间为 2 h。

（2）主要装备及管理。黑雷露天煤矿使用的吊斗铲包括：最大吊斗铲为比塞洛斯 - 伊利（Bucyrus – Erie）B – E 2570WS（图 2 – 3 – 15），操作质量 6700 t，臂长 110 m，铲斗容量 122 m³，是目前北美地区最大的吊斗铲，它使用 14 个 5.23×10^5 W 的交流电动机而不是常规的 8 个 7.80×10^5 W 的直流电动机为机器的旋转提供力量，功率输出提高了近 1.10×10^6 W，年生产能力达 32 Mm³。其他吊斗铲包括：B – E 1570 W，臂长 97.5 m、斗容 69 m³；B – E 1300 W，臂长 92 m、斗容 34 m³。

图 2 – 3 – 15　比塞洛斯 – 伊利（B – E）2570WS 吊斗铲

---

① 1 马力 = 735.49875 W。

黑雷煤矿装备的重型机械包括 P&H 2800、Marion 351 – M 电铲，Liebherr T262、T – 282、TI – 272，Komatsu 930E 卡车，比塞洛斯 – 伊利（B – E）的吊斗铲等。煤机队 5 台 P&H 2800 和 1 台 Marion 351 – M 电铲，运输队的 Liebherr T262 卡车装载能力为 218 t，Komatsu 930E 卡车装载能力为 290 t，Liebherr T – 282 卡车装载能力为 360 t。

黑雷煤矿的卡特彼勒设备主要由卡特经销商怀俄明机械公司提供，维修包括卡特 793C 和 783D 机械传动卡车，795F AC 和 793F AC 电传动卡车。黑雷煤矿使用 5 辆 Cat 燃料/润滑油卡车，包括 773、777 和 3 辆 789 s，789 s 最多可携带 70000 gal① 柴油，为矿上的各种设备添加柴油（图 2 – 3 – 16）。

图 2 – 3 – 16　黑雷煤矿卡特（Cat）后勤保障服务

（3）开采工艺与装备应用效果。据 1994 年统计，安太洛普、北安太路普、黑雷、考尔德罗、卡倍罗如宙等 6 个矿使用的 7 台吊斗铲的斗容总计为 491 m³，年剥离能力达 144 Mm³，剥离成本为 0.26 ~ 0.39 美元/m³，比单斗铲 – 卡车工艺低 32% ~ 56%。

5. 生态环境保护

黑雷露天煤矿已开采 40 余年，造地复田恢复原貌面积达 700 多公顷，目前每年完成复田 120 hm² 以上，矿区环境已有显著改观；矿区复田已种植各种蔬菜、花草、树木，并有多种禽鸟野生动物如金鹰、野鸭、野兔、角鹿、红狐、松鼠等栖息繁殖，黑雷矿已连续 7 年获得采矿覆土造田奖；矿区居民也从建矿初期的 2000 人增加为目前的 2 万人。

联邦、州和地方当局环境方面监管美国煤矿行业，包括保护空气质量、水质、湿地、特殊动植物物种、土地使用、在审批过程中确定的文化和历史遗产及其他环境资源。在生产过程中和开采完成后，都需要进行复垦。采矿作业所使用和产生的材料也必须按照适用

---

① 1 gal = 3.78541 dm³。

的法规和法律加以管理。这些法律已经并将继续对黑雷的生产成本和竞争地位产生重大影响。

《地表采矿管制与复垦法》。即 SMCRA 为地表采矿的所有方面以及地下采矿的许多方面制定了采矿、环境保护、复垦和关闭标准。

SMCRA 许可证规定包括：煤炭勘探；去除和置换表土或生长介质；覆盖层材料的选择性处理；矿坑充填及级配；处置多余的废渣；保护水文平衡；地下矿山沉陷控制；地面径流和排水控制；确定合适的采矿后土地用途；再生长。黑雷通过收集基线数据，充分描述采矿许可区域的开采前环境条件，开始准备采矿许可证申请程序。这项工作通常由具有专业知识的第三方顾问进行，包括以下调查和/或评估：文化和历史资源；地质学；土壤；植被；水生生物；野生动物；可能有受威胁、濒危或其他特殊地位的物种；地表水和地下水水文学；气候学；河流和河岸生境；湿地。从其他调查和/或评估中获得的地质数据和信息用于制定许可证申请书中提出的采矿和复垦计划。

由 SMCRA 设立的废弃煤矿土地基金还要求对所有生产的煤炭支付费用，收益将用于恢复 1977 年 SMCRA 通过之前关闭或废弃的矿山，以及资助其他州和联邦政府的举措。目前的费用是露天煤矿 0.28 美元/t，井工煤矿 0.12 美元/t。2018 年，黑雷支付了 2440 万美元与这些复垦费相关的费用。

担保债券。联邦和/或州法律，包括 SMCRA，往往要求煤矿经营者保证，通常通过使用担保债券，支付某些长期义务，包括矿井关闭或复垦费用、联邦和州工人赔偿费用、煤炭租赁和其他杂项义务。截至 2018 年 12 月 31 日，黑雷共发行了约 5.362 亿美元的回收担保债券。此外，截至 2018 年 12 月 31 日，黑雷约有 1.576 亿美元的担保债券、现金和信用证，以确保工人赔偿、煤炭租赁和其他义务。

资源保护和恢复法案，即 RCRA，该法案可能通过其对危险废物的管理、处理、运输和处置的要求影响煤矿开采作业。为新建和现有的地面蓄水池建立结构完整性标准（包括要求业主和运营商定期进行结构完整性相关评估）。这些准则包括选址限制、设计和操作准则、地下水监测和纠正行动、封闭要求和封闭后的护理和记录保存、通知和互联网张贴要求。

3.5.3 羚羊露天煤矿（Antelope）

1. 地形和气象条件

羚羊露天煤矿与黑雷煤矿同处于波德河盆地，处于该盆地的最南端（图 2-3-17），为半干旱草原寒冷气候，地形详细介绍请参见黑雷煤矿章节。

2. 资源与赋存条件

地质上，该矿的地层单位从地表垂直降序包括：近期（全新世时代）冲积和风成沉积、始新世时代的 Wasatch 地层（覆盖层）和古新世时代的 Fort Union 地层（包含目标煤层）。地质探查表明地层土质包括冲积土、风积土、煤渣、风化的 Wasatch 化石和 Fort Union 化石；虽然地质探查有煤渣存在，但是土地表层并无可探明煤质。沿着季节性河流有一些薄冲积层，主要由不同品质、不规则层状或层状、松散的沙、粉砂和黏土组成，中间有少量细砾石。马溪（Horse Creek）、泉溪（Spring Creek）和羚羊溪（Antelope Creek）的谷底在宽度和深度上都含有相当多的冲积物。

图 2-3-17 波德河盆地煤矿分布

Fort Union 地层主要由页岩、泥岩、粉砂岩、透镜砂岩和煤组成，它由高到低分为三段：舌河（Tongue River）（含可开采煤层）、勒博河（Lebo）和图洛克河（Tullock）。Fort Union 地层舌河段由互层黏土岩、粉砂质页岩、碳质页岩和煤组成，还含有少量细粒砂岩和粉砂岩。Fort Union 地层的 Lebo 和 Tullock 成员位于舌河下。它们主要由砂岩、粉砂岩、泥岩、页岩和煤组成。总的来说，Tullock 页岩段的含砂量要高于 Lebo 页岩段。

Fort Union 地层可采煤层的命名因煤矿操作工的不同而不同。《美国地质调查》（Flores et al. 1999）将吉列煤田的厚煤层称为 Fort Union 地层舌河的怀俄达克 - 安德森（Wyodak - Anderson）煤区，包括：怀俄达克，怀俄达克 - 安德森，安德森和峡谷区域。

羚羊露天煤矿属于 Wyodak - Anderson 煤层，可采煤层上覆岩层大部分为始新统时期的 Wasatch 地层，该地层由互层透镜状砂岩、粉砂岩、页岩和薄不连续煤组成。Wasatch 地层与下伏古新世时期的 Fort Union 地层之间没有明显的界线，然而，从实际的角度来看，可采煤层的顶部被认为是两个岩层之间的接触点。在美国土地管理局（BLM）的研究区域，覆盖层厚度平均为 260 ft，范围从 20 ft 到 460 ft 不等。在该区域的主要河道附近，覆盖层相对较薄，而在远离河道底部的地方，覆盖层厚度会增加。

在西安特洛浦Ⅰ号注册运营的有4个可采煤层，分别是：下安德森（Lower Anderson），峡谷/上峡谷（Canyon/Upper Canyon），和下峡谷（Lower Canyon）。煤的总厚度为15~86 ft，煤层间的互层厚度为5~115 ft。覆盖层的总厚度（包括存在的互层）为20~550 ft。Fort Union煤层是亚烟煤，通常是低硫低灰分煤。通常情况下，吉列以南的采煤热值较高，硫含量较低。预计煤层中的灰分含量为3.5%~8%，硫分含量为0.15%~0.4%，水分含量为23%~28%。

3. 生产状况

羚羊露天煤矿自1985年开始生产，探明可采储量为424.1 Mt，当前核定产能为每年42 Mt，目前主要开采两个厚度为9.8~11 m的煤层，拥有员工454人，下属于Navajo Transitional能源公司。生产的煤炭以8850 Btu[①]的热力煤为主，存储能力为27500 shton[②]，铁路服务公司为Burlington Northern和Union Pacific，装煤站点为怀俄明州的Converse Junction。

2011年，当时该矿的拥有者Cloud Peak能源公司赢得西安特洛浦Ⅱ北部煤区和西安特洛浦Ⅱ南部煤区两个承租合同。根据美国土地管理局估计，西安特洛浦Ⅱ北部煤区可采煤约为350 Mt，西安特洛浦Ⅱ南部煤区可采煤约为56 Mt。

羚羊露天煤矿采用分层露天采矿法开采煤炭，从矿井出来的煤被压碎，然后直接从矿井运给客户。通常，一个可销售的产品不需要其他准备。然而，各种硫黄和灰分含量的煤可以混合或"混合"，以满足客户的特定燃烧和环境需求。最后通过现场铁路装载设备将煤炭运输到美国的电力公司和工业客户手中，使用卡车、铲车和拉铲采矿法。2021年该矿生产煤炭19.7211 Mt。

4. 开采工艺与装备应用

该矿剥离和采煤工艺综合采用吊斗铲无运输倒堆工艺和单斗挖掘机-卡车间断工艺。

5. 生态环境保护

2014年，羚羊露天煤矿获得美国国家露天煤矿复垦奖，奖励该矿在大除雀麦草和促进本土植物上的技术创新工作。

3.5.4 卡巴洛煤矿（Caballo Mine）

1. 地形和气象条件

卡巴洛露天煤矿位于怀俄明州吉列东南20 mile，处于波德河盆地的中间，为半干旱草原寒冷气候，详细介绍请参见黑雷煤矿章节。

2. 资源与赋存条件

卡巴洛煤矿储量465 Mt，为次烟煤（动力煤）。该煤矿是波德河盆地的怀奥达克-安德森（Wyodak-Anderson）煤层的一部分，整个煤层的厚度约为600 ft，详细介绍请看黑雷、安太路普、北安太路普煤矿章节。

3. 生产状况

卡巴洛煤矿于1978年开矿，2021年生产煤炭12.5741 Mt，产量位居美国第5位，目

---

① 1 Btu = 1055.06 J。

② 1 shton = 907.1849 kg。

前下属于皮博迪能源集团，拥有员工约 185 人。根据美国内务部报告，该矿大约可以生产到 2042 年。

卡巴洛煤矿是在 WDEQ – LQD 许可证号 433 下开采，虽然该许可证期限是整个煤矿生命周期，但是根据怀俄明州环境质量保护法 1973，许可证必须每 5 年更新一次。

2009 年实施了 Caballo West 煤区环境影响评估，准备出售给卡巴洛煤矿。

卡巴洛煤矿西南部与 Belle Ayr 矿接壤。

4. 开采工艺与装备应用

卡巴洛露天煤矿的开采流程为：爆破剥离 – 抛掷爆破 – 推土机推进 – 卡车和挖掘机操作。

单斗挖掘机 – 卡车采煤工艺。煤炭用挖掘机装好，然后由末端自卸卡车拖到料斗上。在那里，它被粉碎并以每小时 6000 t 的速度处理。破碎的煤通过 60 in[①] 的传送带运输到 4 个储存筒仓。

3.5.5 科尔德罗罗霍露天煤矿（Cordero Rojo Mine）

1. 地形和气象条件

科尔德罗罗霍煤矿位于吉列以南 40 km 处，属于波德河盆地。

2. 资源与赋存条件

科尔德罗罗霍煤矿从怀奥达克煤层开采热煤，煤层厚度为 55～70 ft。通常，在波德河盆地开采的煤在吉列南部比北部热值高，含硫量低。

3. 生产状况

科尔德罗罗霍于 1976 年开始运营，目前与 Caballo Rojo Loadout 一起拥有每年 65 Mt 的许可开采能力。2021 年煤炭产量 11.6735 Mt；2017 年煤炭产量曾达到 14.7874 Mt。该公司向美国西部、中西部和东南部的电力公司供应煤炭，并于 2010 年被云峰能源公司（Cloud Peak Energy）从里约热内卢 Tinto Energy America 收购。

4. 开采工艺与装备应用

科尔德罗罗霍煤矿采用了吊斗铲倒堆工艺和单斗 – 卡车工艺相结合的综合开采工艺。

地表开采通常包括去除表土和用炸药爆破覆盖层。然后用卡车、吊斗铲和推土机清除覆盖层，用卡车和吊斗铲把煤运走，从铁路运输到美国西部、中西部和南部的电力公司和工业客户。最后在煤炭开采后替换覆盖层和表土，重建自然栖息地的植被，改善当地社区自然环境。

3.5.6 自由露天煤矿（Freedom Mine）

1. 地形和气象条件

自由露天煤矿位于北达科他州 Beulah 西北约 13 km 处，是美国最大的褐煤矿之一。

该矿区位于北达科他州的默瑟县，开始于北达科他州 Beulah 以北大约 2 mile 处。该盆地的中心位于北达科他州威利斯顿市附近，距离自由矿井西北约 100 mile。储量中具有经济开采价值的煤位于 Sentinel Butte 组，并被 Coleharbor 组不整合地覆盖。岩性类型有砾石、砂石、粉砂、黏土和砂砾石。

---

① 1 in = 0.0254 m。

2. 资源与赋存条件

自由露天煤矿 2018 年的可探明储量为 440 Mt。

开采煤种：褐煤

煤层：Beulah – Zap 煤层

平均煤层厚度：16 ft

平均深度：100 ft

平均煤质（接收端）：含热量为 6700 BTUS/lb、含硫为 0.90%、含灰分为 9%、含水分为 36%。

3. 生产状况

自由露天煤矿由 Coteau Properties Company 公司拥有，是北美煤炭公司的全资子公司，矿山向大平原合成燃料厂供应褐煤。2017 年生产煤炭 13.3358 Mt，占北达科他州褐煤产量的一半；2021 年煤炭产量为 11.4164 Mt。

4. 开采工艺与装备应用

（1）工艺类型。剥离工艺。吊斗铲倒堆工艺，自由矿有 3 个吊斗铲同时进行吊斗作业。覆盖层主要是通过吊斗铲剥离的，吊斗铲斗容量可达 124 m^3。其他机械，如装载机、挖掘机和大型卡车也有助于清除覆盖层。

采煤工艺。单斗 – 卡车间断采煤工艺。煤炭揭露后，通过爆破或直接采装到运输卡车。煤炭经破碎站破碎后，通过卡车、传送带或铁路运送到客户手中。

（2）主要装备及管理。B – E 吊斗铲，加装 MineWare Pegasys 监测系统，用以提高吊斗铲工作效率。

5. 生态环境保护

一旦煤被从一个地区移走，矸石堆会被分级到开采前土地的近似原始轮廓。一旦降级的污染轮廓得到北达科他州公共服务委员会的批准，合适的植物生长材料（SPGM）就会在该地区蔓延。当 SPGM 和表土就位后，使用标准的耕作技术和设备播种草或作物。这种复垦过程与先进的采矿过程同时进行。

4 澳大利亚露天煤矿开采技术

澳大利亚是世界第五大煤炭生产国,排在中国、印度、印度尼西亚和美国之后;澳大利亚适合露天开采的煤炭资源占煤炭资源总量的比重较高,露天煤矿开采的优点是作业空间不受限制、矿山生产规模大、劳动效率高,资源采出率高、产量有保证,木材电力消耗少、建设速度快、生产成本低,劳动条件好、生产安全;该国露天煤矿开采技术和工艺相对比较齐全,硬煤开采以无运输倒堆和间断开采工艺为主,2021 年硬煤露天开采与井工开采产量的比例为 5.2∶1.0;褐煤开采全部是露天开采;硬煤和褐煤开采均以大型露天煤矿开采为主。澳大利亚煤炭开采,特别是露天开采对高科技装备的需求在不断增长,卡特彼勒、利勃海尔和小松等跨国公司在很大程度上受益于澳大利亚采矿业的增长,但该国拥有一系列创新型采矿工程承包商,以其采矿作业的质量、安全和效率而闻名于世。

4.1 概述

澳大利亚适合露天开采的煤炭资源占煤炭资源总量的比重约为 75.8%,资源的赋存条件和露天开采的优势使得其煤炭生产以露天开采为主,露天开采煤炭产量的比重较世界平均占比高出 40 多个百分点;硬煤生产的 96% 集中在昆士兰州和新南威尔士州,2020 年两个州在采露天煤矿个数占比为 94.0%,煤炭产量的增长主要依赖于露天开采单矿规模的扩大和煤矿数量的增加,以 4 Mt/a 大型露天煤矿为主;褐煤开采主要集中在维多利亚州,露天煤矿生产规模一般在 2000 万 t/a 以上。

4.1.1 露天煤炭资源条件

2021 年底澳大利亚硬煤探明可采的经济资源量(EDR)为 75433 Mt,适合露天开采的硬煤资源主要分布在昆士兰州的博文盆地和新南威尔士州的悉尼 – 冈尼达盆地,占硬煤资源总量的 75.8% 以上;褐煤探明可采的经济资源量(EDR)为 74039 Mt,主要分布在维多利亚州的吉普斯兰盆地。

1. 适合露天开采的硬煤资源占比较大

澳大利亚适合露天开采的硬煤资源占比约 3/4。澳大利亚有两个主要含煤区域,一是昆士兰州的博文盆地、适合露天开采的煤炭资源约占 1/2 强,二是新南威尔士州的悉尼和冈尼达盆地、适合露天开采的煤炭资源约占 1/4 弱;两个盆地开采条件优越,大部分煤层在 300 m 以浅,博文盆地上部煤层厚 45~75 m、下部煤层厚 20~150 m,悉尼盆地煤层厚度为 1.5~3.5 m、18~60 m 不等。

2. 煤炭资源主要分布特点

博文煤田、悉尼煤田、加利利煤田的硬煤 EDR 占硬煤资源量的比重分别为 36.8%、24.6%、15.6%,合计为 77.0%;吉普斯兰煤田褐煤 EDR 占褐煤资源量的比重为

98.9%。截至2021年12月31日,澳大利亚硬煤和褐煤经济资源量(EDR)见表2-4-1。

表2-4-1 2021年底澳大利亚主要煤田探明可采经济资源量及占比

硬煤煤田	硬煤探明可采经济资源量(EDR)/Mt	占比/%
博文	27797	36.8
悉尼	18540	24.6
加利利	11764	15.6
其他	17332	23.0
合计	75433	100.0
褐煤煤田	褐煤经济资源量(EDR)/Mt	占比/%
吉普斯兰	73238	98.9
其他	801	1.1
合计	74039	100.0

大部分硬煤分布于昆士兰和新南威尔士州,其次是南澳大利亚州、西澳大利亚州和塔斯马尼亚州;硬煤产品主要有炼焦煤和动力煤。褐煤主要分布于维多利亚州。

(1) 博文盆地是澳大利亚煤炭资源最多、煤质最优、开采条件最好的含煤盆地。博文盆地是澳大利亚最重要的二叠纪煤炭产地,拥有世界最大的烟煤矿床和澳大利亚70%的炼焦煤资源;博文盆地面积为75000 km²,2021年底硬煤经济可采储量为27.79 Gt;博文盆地开采条件好,适合露天开采的煤炭资源丰富,2021年底在产煤矿露天产量占比80%以上,其余为井工开采、开采深度在650 m以浅。

(2) 新南威尔士州悉尼-冈尼达盆地是澳大利亚二叠纪煤炭的第二产地。新南威尔士州主要煤炭资源位于悉尼-冈尼达盆地,是澳大利亚煤炭资源量仅次于博文盆地的含煤盆地,也是澳大利亚二叠纪煤炭的主要产地。悉尼盆地是悉尼-冈尼达盆地的主要组成部分,该盆地包括亨特、纽卡斯尔、南部、西部4个主要煤田;冈尼达盆地位于悉尼盆地西北,被新南威尔士州划分为冈尼达煤田。2021年底悉尼-冈尼达盆地的硬煤经济可采储量为24.6 Gt,炼焦煤约占1/4,亨特、纽卡斯尔、南部、西部4个煤田和冈尼达煤田的硬煤经济可采储量占比分别约为44%、3%、4%、21%和28%。悉尼盆地构造简单、煤层产状大多接近水平,倾角变化范围为5°~10°;冈尼达煤田的部分地方有许多玄武岩系侵入;悉尼-冈尼达盆地煤层开采深度为120~300 m;适合露天开采的煤炭资源丰富,2021年底在产煤矿露天产量占比75%以上。

4.1.2 露天煤矿生产情况

与世界大多数煤炭生产国相比,澳大利亚煤炭开采大部分来自露天开采,2021年硬煤露天开采与井工开采产量的比例为5.2:1.0;褐煤开采全部是露天开采;硬煤和褐煤开采均以大型露天煤矿开采为主。

1. 近60年露天煤矿生产情况

目前，澳大利亚露天开采占比保持在82%～85%，比世界平均占比高出40多个百分点；硬煤生产的96%集中在昆士兰州和新南威尔士州；2021年昆士兰州和新南威尔士州两个主要产煤州硬煤生产的露天煤矿合计64处，煤炭产量的增长主要依赖于露天开采单矿规模的扩大和煤矿数量的增加。

（1）20世纪70年代中期以后露天开采超过井工开采逐渐成为主导，2021年露天开采煤炭产量与井工开采煤炭产量的比例由1961年的1.0：8.8调整为5.2：1.0。如图2－4－1所示，20世纪60年代，澳大利亚加大煤炭投资、引进先进技术，不仅使原有井工煤矿实现机械装载、提高生产效率，而且开始大力发展露天开采，露天开采比重不断提高；1974/1975年度露天煤矿煤炭产量所占比重由1960/1961年度的10.2%提高到51.3%，超过了井工煤矿煤炭产量；随着露天开采技术装备水平的提升，露天开采煤炭产量迅速提高，1994/1995年度露天开采煤炭产量所占比重比1974/1975年度增加了20.6个百分点，提高到71.9%；2020/2021年度比1994/1995年度增加了11.9个百分点，提高为83.9%。

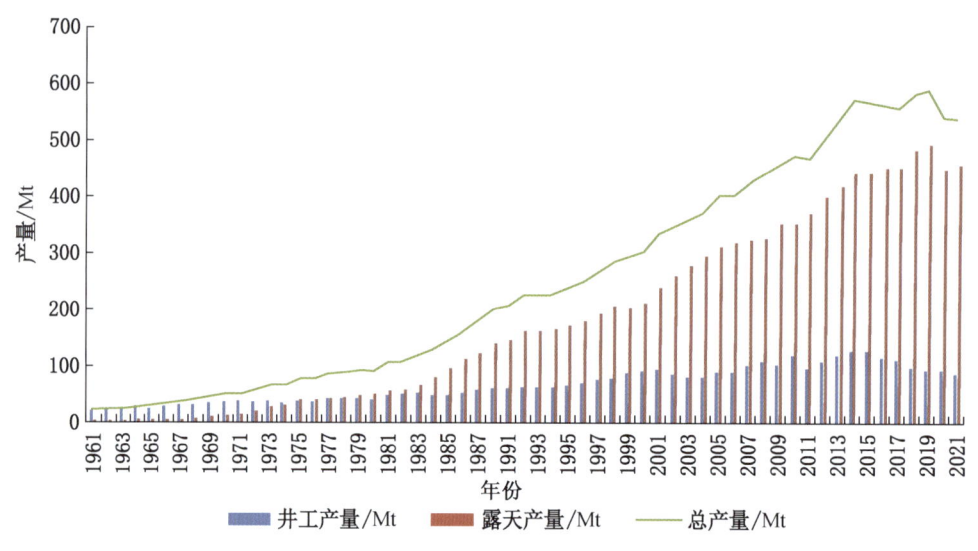

图2－4－1　1961—2021年澳大利亚煤炭总产量及露天与井工煤矿煤炭产量

（2）近60年露天煤炭开采经历了3个发展阶段。如图2－4－2所示，1960/1961—1974/1975年度为迅速发展阶段，所占比重增加了41.1个百分点；1974/1975—1994/1995年度为中速发展阶段，所占比重增加了20.6个百分点；1994/1995—2020/2021年度为缓慢发展阶段，所占比重增加了11.9个百分点。

2. 露天煤矿生产结构

大型露天煤矿优势明显。2021年，澳大利亚硬煤露天开采煤矿64处，其中昆士兰州42处、新南威尔士州22处，四类露天煤矿产量占比和数量占比情况如图2－4－3所示。

4 澳大利亚露天煤矿开采技术

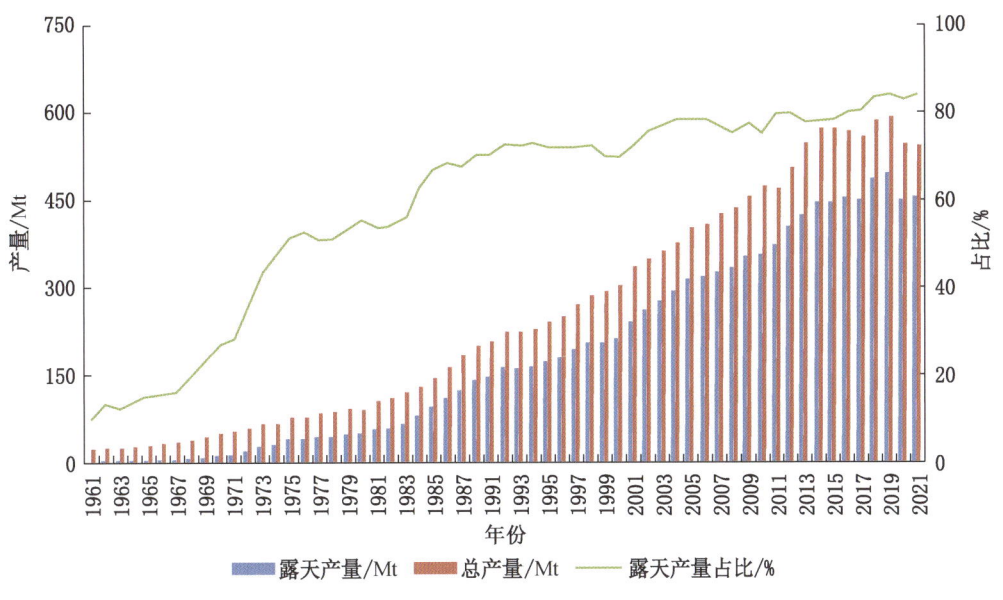

图 2-4-2 1961—2021 年澳大利亚煤炭总产量、露天煤矿煤炭产量及占比

其中 4 Mt/a 以上的露天煤矿产量与数量占比分别为 87.0% 和 58.2%，澳大利亚大型露天煤矿以较少的煤矿数量生产了绝大部分的煤炭产量；10 Mt/a 及以上的露天煤矿产量和数量占比分别为 46.3% 和 19.4%（表 2-4-2），1/5 的较大型露天煤矿生产了近一半的煤炭产量。维多利亚州罗杨露天煤矿主要生产褐煤，2021 年该矿煤炭产量占露天煤炭总产量的比重为 7.1%；昆士兰州风景露天煤矿主要生产炼焦煤，2021 年度该矿煤炭产量占露天煤炭总产量的比重为 4.1%。

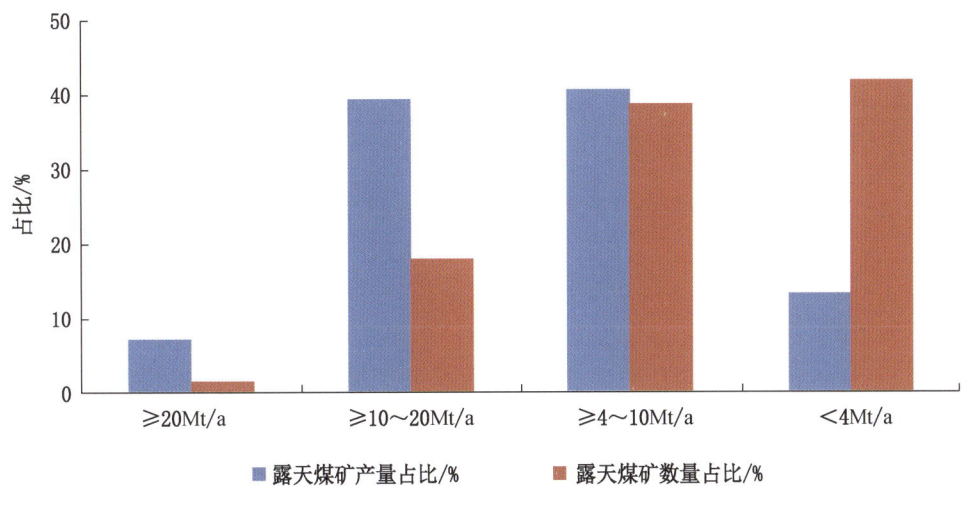

图 2-4-3 不同产能露天煤矿产量和数量占比

137

表2-4-2 主要四类露天煤矿产量和数量占比

煤矿统计范围	露天煤矿产量占比/%	露天煤矿数量占比/%
20 Mt/a 及以上	7.1	1.5
≥10~20 Mt/a	39.2	17.9
≥4~10 Mt/a	40.7	38.8
<4 Mt/a	13.1	41.8

3. 露天煤矿与井工煤矿对比

（1）近30年露天煤矿单矿产量与露天煤矿产量增长趋势趋于一致。如图2-4-4所示，1990—2021年，露天煤矿个数由61处增加到64处，期间曾经2013年增加到81处；露天煤矿产量由140 Mt持续增加到453 Mt，增幅为223.58%，占煤炭总产量的比重由69.93%提高到83.80%；年平均增长速度为3.86%；露天煤矿单矿产量由2.295 Mt增加到7.08 Mt，增幅为239.86%，年平均增长速度为3.70%。

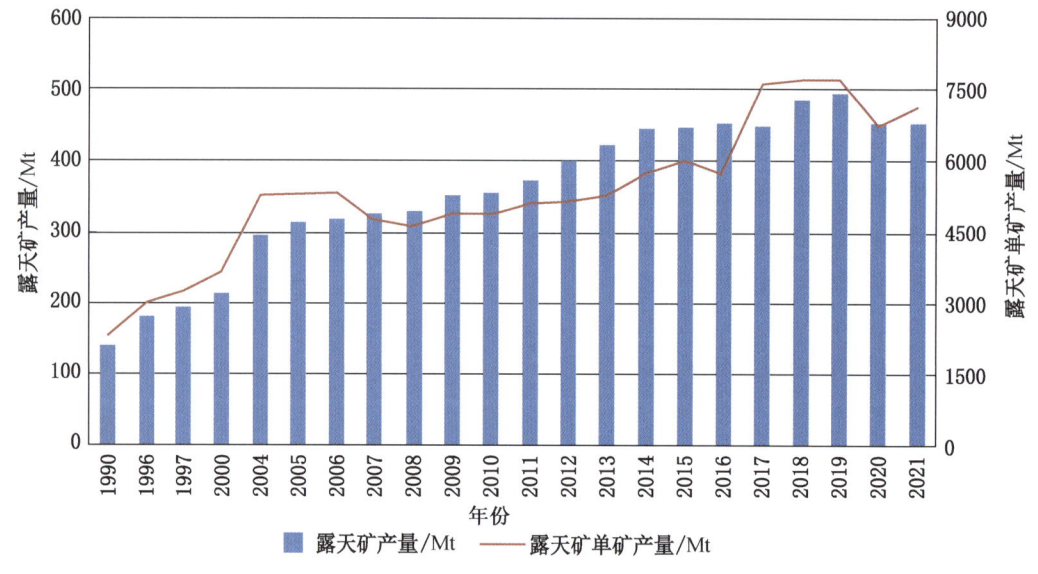

图2-4-4 1990—2021年度露天煤矿产量与单矿产量

（2）近30年井工煤矿个数减少、产量依靠单井产量的提高而增加。如图2-4-5所示，1990—2021年，井工煤矿个数由68处减少到28处，减少了41处；井工煤矿煤炭产量从60.36 Mt增加到87.00 Mt，增长幅度是44.14%，占煤炭总产量的比重由30.07%降低到16.20%、降低了13.87个百分点；年平均增长速度是1.19%。井工煤矿单井产量由0.888 Mt增加到3.10 Mt，增长幅度为249.1%；年平均增长速度是4.11%。

4 澳大利亚露天煤矿开采技术

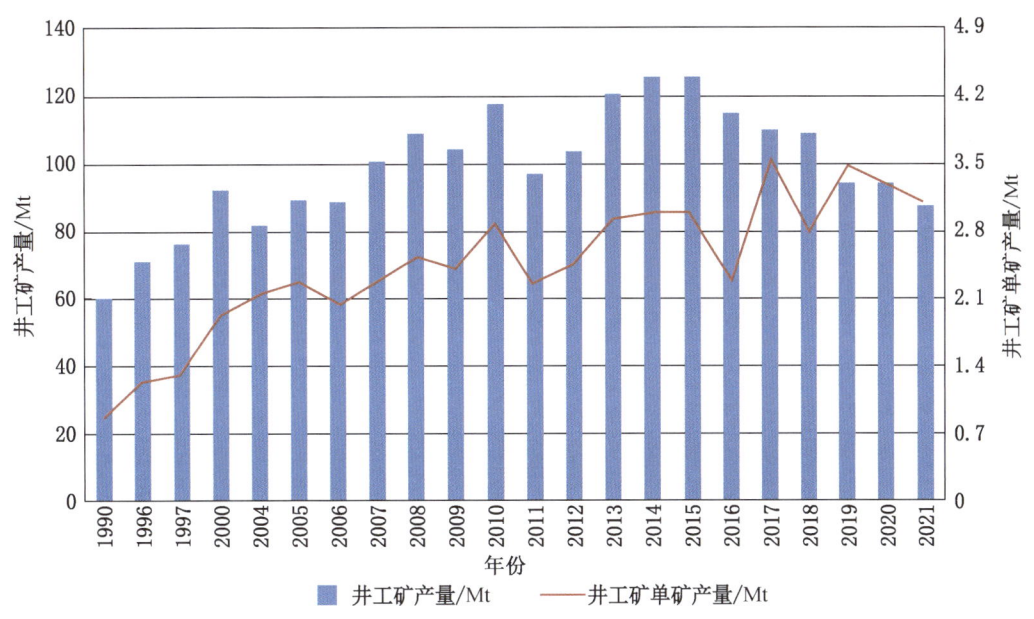

图 2-4-5　1990—2021 年度井工煤矿产量与井工煤矿单矿产量

4.2　露天煤矿开采技术特点

澳大利亚露天煤矿开采技术和工艺相对比较齐全，硬煤开采以无运输倒堆和间断开采工艺为主，大型吊斗铲剥离，单斗、汽车采煤；褐煤开采采用全连续生产工艺，使用大型轮斗挖掘机或链斗挖掘机进行剥离和采煤；2017 年澳大利亚政府对接"工业 4.0"，3D 制图、全自动无人驾驶卡车运输系统等数字技术进入传统的采矿业，至少为该行业带来 9%～23% 的生产力提升；生态环境保护技术是露天煤矿开采技术的重要组成，粉尘控制与土地复垦技术是关注的重点。

4.2.1　露天煤炭开采技术总体情况

20 世纪 60 年代中期，澳大利亚开始大规模露天煤矿开采作业，露天煤矿煤炭产量不断增加，所占比重不断提高。随着开采深度的加大，开采复杂度越来越高，剥离率也越来越高。澳大利亚露天开采工艺包括：单斗-卡车工艺、吊斗铲无运输倒堆工艺，连续式轮斗挖掘机-带式输送机-排土机连续工艺，轮斗挖掘机-运输排土桥开采连续工艺，剥离与采煤分别采用间断、连续或半连续工艺中的一种或多种综合工艺等。

1. 硬煤露天开采工艺及装备

硬煤资源大部分埋藏于昆士兰州和新南威尔士州地表平坦的自然环境中，具有埋藏浅、倾角缓的特点，主要开采工艺为无运输倒堆（大型吊斗铲剥离，单斗、汽车采煤，采深约 60 m）和间断开采工艺（单斗、汽车作业，采深 150～220 m）。硬煤露天煤矿采用倒堆开采工艺和矿坑式开采工艺，倒堆开采工艺用于 1～2 m 水平或近水平煤层的煤矿，矿坑式开采工艺用于有多层煤系或深度超过 60 m 煤层的煤矿。倒堆工艺开采的露天煤矿，主要的剥离设备是吊斗铲（迈步式和履带式）；在深度大的露天煤矿，还有铲运机、前装机和卡车；电铲与卡车或轮斗挖掘机用于预剥离；大型回转钻机用于剥离层爆破孔的钻孔作业；装煤设备为电铲及前装机，斗容为 8～18 m³，正在趋向于使用液压铲装机；运煤卡车载重量 100～140 t，卡车运距 800～2000 m。

2. 褐煤开采工艺及装备

褐煤主要埋藏于澳洲大陆南部的维多利亚州，特点是煤层厚、分布广、灰分低、储量大，均采用连续工艺开采。使用大型轮斗挖掘机或链斗挖掘机进行剥离和采煤，采出的煤和矸石经带式输送机运到地面分流站，将煤炭和矸石分流，矸石运往排土场，煤炭运往电厂。

3. 主要产煤州露天开采工艺特点

昆士兰州露天煤矿集中在博文盆地，特点是：大型、走向长度长、埋藏浅，倾斜煤层，有时为多煤层，一般采用吊斗铲开采。Blair Athol 矿浅埋深，煤层厚度 30～40 m，吊斗铲开采；Moura 矿开采急倾斜多煤层，吊斗铲开采；Ipswich 地区煤矿规模小，采用电铲 - 卡车开采。新南威尔士州露天煤矿集中在亨特谷，煤层走向长度比昆士兰州中部煤矿短一些，开采急倾斜多煤层，一般用 1 台吊斗铲，电铲 - 卡车剥离覆盖层和开采煤炭。维多利亚州拥有很多大型褐煤露天煤矿，一般采用轮斗挖掘机和推土机开采。澳大利亚南部和西部的小型露天煤矿，采用电铲 - 卡车开采。

4. 昆士兰州露天煤矿开采工艺的发展过程

20 世纪 60 年代以来，澳大利亚昆士兰州露天煤矿发展迅速，开始了大规模的勘探和建设计划，包括 1971 年的贡耶拉（Goonyella）煤矿、1972 年的风景（Peak Downs）煤矿、1974 年的萨拉吉（Saraji）煤矿、1978 年的诺维奇帕克（Norwich Park）煤矿、1979 年的格雷戈里（Gregory）煤矿、1983 年的瑞尔赛德（River Side）煤矿等，这些煤矿大多数位于博文盆地两翼、通常向东倾斜，煤层的走向长度为 15～30 km、倾角为 3°～5°，一般开采 1～2 个主要煤层；开始的挖掘装备是 3～4 台吊斗铲，初次拉钩深度 20～30 m，投产时每个矿的年产量约为 4～5 Mt，采出率为 65%～85%，原煤全部进行洗选；随着开采深度的加大，需要增加吊斗铲和箱式刮土机进行预剥离、然后再用电铲 - 卡车进行剥离；在贡耶拉（Goonyella）煤矿用轮斗挖掘机进行剥离。

昆士兰州吊斗铲使用效率的改进。①减轻铲斗自重，运送更多的有效负载。②改进吊斗铲的开挖、支撑和卸料能力，缩短循环时间。比如，吊斗铲过去每年搬运 12 Mm³ 剥离物，改进之后每年搬运 13～14 Mm³；过去铲斗斗容为 45 m³，改进之后为 50～52 m³。③新购置的吊斗铲都是大型的，型号为 Marion8200 和 8750 型。④抛掷爆破成为吊斗铲工作的一个组成部分，岩石破碎度好、铲斗磨损程度低；通常抛掷爆破采用预破裂方法，提高了岩石的松动度，减轻了覆盖岩层的挖掘难度。⑤机械工程的发展对改进吊斗铲工作效率作出了贡献，包括采用无线电遥测技术、滑轮负荷测量、槽板焊接技术等，改进了回转机构和轴的工作效率。

5. 采煤作业与选采设备

澳大利亚露天开采的煤层有一半需要进行穿孔爆破，其余进行采前犁松或不经爆破直接开采。需要爆破后开采的煤层，单位炸药消耗量为 0.01~0.07 kg/t，爆破后粒度为 120~170 mm。20 世纪 60 年代末到 70 年代初，常用运煤车是 109 t，新建矿山使用 136 t 卡车，在亨特谷地区多用 85~120 t 自卸式矿车；煤炭开采的装备规格是前装机 8~18 m³ 斗容，电铲 10~12 m³，液压挖掘机 9~14 m³。随着开采深度加大，煤层与夹矸的选择性开采越来越重要，某些煤矿采用螺旋采煤机进行选采；常用的夹矸剔除方法有：①小于 0.4 m 与煤层一同采出；②0.4~1.0 m 使用松土器和推土机；③1.0~3.0 m 使用铲运机；④3.0~5.0 m 使用单斗 – 卡车；⑤5.0 m 及以上使用吊斗铲。

6. 煤炭运输设备

为了降低传统卡车运输系统的成本，更多矿山寻求用带式输送机将煤炭运出坑外。昆士兰州中部的邦德里－希尔露天煤矿（Bomdary – Hill）采用倾斜式带式输送机，卡车将采出的煤炭卸入破碎机，然后经带式输送机提升并运输到地面。新南威尔士州的乌兰（Ulan）露天煤矿成功采用了电铲－移动破碎机向带式输送机提供原煤；同时，露天煤矿也在寻求爬坡能力大的卡车，在传统运煤卡车上使用更大功率的原动机或全轮驱动的联合式卡车。

4.2.2 近 30 年煤炭联合会研究计划（ACARP）露天煤矿重点研究项目

ACARP 是澳大利亚煤炭开采业一项长期的科研计划，该计划在井工煤矿、露天煤矿、洗选、温室气体减排等方面的研究引领煤炭行业的发展；煤巷快速掘进采矿系统支持长壁工作面安全高效开采。

露天煤矿和井工煤矿在研项目占 ACARP 资助金额的近 70%。其中，露天煤矿项目资助金额占比是 29.22%，主要用于环境、重点工程等项目，直接和间接用于安全生产的项目占资助金额的 15.48%；井工煤矿项目资助金额占比是 39.17%，主要用于巷道开拓、煤层突出等项目，直接和间接用于安全生产的项目占资助金额的 25.65%；其余为选煤、技术市场支持、矿区温室气体减排等。近 30 年 ACARP 露天煤矿重点研究项目见表 2 – 4 – 3。

表 2 – 4 – 3　近 30 年 ACARP 露天煤矿重点研究项目

项目类别	项 目 主 要 内 容
钻进和爆破	昆士兰大学负责的"基于是氮氧化物排放减至最低的炸药配方替代试验""氮氧化物的析出 – 氢 – PH 和硝酸盐炸药""Top of Coal Detection""减少爆破对煤层影响的新技术""上覆岩层剥离控制煤层移动研究""爆破震动的结构反应研究""钻孔观测值快速连续收集工具研究""钻孔测量仪密度和质量评估可靠性的改善"等
环境	新南威尔士州基础产业部负责的"在上亨特谷矿山复垦土地建立牧场的可持续性与盈利能力研究"，昆士兰大学负责的"为全部利益相关者进行复垦后环境风险有效管理""验证 DGT 技术的生态毒理学方法测量生物可利用金属浓度以及为 ANZECC 指南推导水质触发值"，埃迪斯科文大学负责的"河流通过关闭的采坑湖的风险与机遇"，托多罗斯大气科学学院负责的"用于煤矿噪声、粉尘、爆炸波管理的实时矿坑上方空气数据研究"，太平洋环境组织负责的"煤矿颗粒物排放因子验证"，CSER 研究院负责的"利用植物水泵进行尾矿植被再生"等"上覆岩层剥离后的应用研究""煤矸石酸性岩排放技术研究""土壤恢复利用研究"
土工	CSIRO 负责的"用于露天选择性开采的煤炭亚表层测绘研究"，新南威尔士大学负责的"基于无人机移动激光扫描改进边坡结构制图""岩土灾害预防意识视频"，昆士兰大学负责的"在排土场用于评估地下水的自主传感器"等

表2-4-3（续）

项目类别	项目主要内容
健康和安全	纽卡斯尔大学负责的"降低澳大利亚煤矿工人的风险研究""健康-e矿山：改善心理健康的虚拟健康系统"，昆士兰大学负责的"全身振动和与操作土方设备相关的震动及震击的连续监测"，CSIRO负责的"矿用汽车轮胎完整性监测""矿山卡车防撞装置研究""人-岗匹配功能评估系统研究"等
重点工程	昆士兰大学负责的"RISKGATE"，是由矿业安全与健康中心（MISHC）开发的"交互式在线风险管理系统"，科研人员正在利用行业专业知识了解选定的重大事故。"RISKGATE"包括18个模块，包括2014年完成的部分工作。在这个延续性工作中，任务组的科研人员将对所有模块进行综合评估，回复使用者的反馈要求，改进模块、将碰撞模块转换为车辆交互模块
开采和社区	由环境资源管理处负责的"低频噪声预测与验证研究"，CSIRO负责的"端帮危害评估系统研究""优化端帮开采的设计与控制"，昆士兰大学负责的"开展采矿后租赁的土地承包为最大化收益的合作"，原住民传统业主组织（Myuma）负责的"煤炭开采业就业为土著个人、家庭和社区的广泛贡献"等
表土剥离	昆士兰大学负责的"降低表土剥离成本的自动散装推土机""吊斗铲开挖顺序：阶段1-3""SATS（半自动牵引车）自动化任务规划"等

4.2.3 数字技术在露天煤矿的应用实践

2017年，澳大利亚政府提出本国"工业4.0"计划，传统的采矿业进入数字化变革时代。2017年4月25日，澳大利亚与德国的"工业4.0"签署合作协议，是与德国签订合作协议的5个国家之一。澳大利亚"工业4.0"计划优先增长的领域是制造业、网络安全、食品和农业、医疗技术与药物、开采装备和技术与服务（METS）、石油天然气等能源资源六个行业。采矿业的数字化变革，是从实体采矿延伸到"数字采矿"的变革，是"工业4.0"的重要组成部分。2019年2月澳大利亚矿业理事会（MCA）的报告显示，在现有技术条件下，将数字化广泛应用于矿业行业，将为该行业带来至少9%~23%的生产力提升；而通过减少用工、节能降耗，数字化技术还将为采矿业降低生产成本。

数字技术在采矿业应用实践的典型案例见表2-4-4。通过这些案例对数字创新可为整个采矿价值链提供的机会，以及潜在的生产力提高和对劳动力的影响进行了探索，其共同特点是可视化、自动化、无人化、利益相关方的公开化和可追溯，共同目的是减少人员暴露于危险环境的可能，提高开采和运输效率，增强利益相关者的信心。

表2-4-4 数字技术在采矿业应用实践的典型案例

名称	主要内容
3D制图技术	力拓开发的3D可视化技术，用于其在澳大利亚的矿山，连接到矿山自动化系统，能够通过评估数据形成对地下资源状态的更准确把握，更快形成开采方案，节约成本、提高效率
自主钻探	2014年，力拓集团在其位于澳大利亚皮尔巴拉的矿山部署了自主钻探系统（ADS），使工作环境更加安全，比人工操作提高产能15%
自动运输系统（AHS）	力拓在其西澳大利亚州的铁矿石矿山引入了全自动无人驾驶卡车运输系统（AHS），能够减少员工在危险环境中的暴露时间，使自动化运输车队的效率提高14%、成本降低13%

4 澳大利亚露天煤矿开采技术

表2-4-4（续）

名称	主 要 内 容
无卡车运输系统	美国采矿公司为大型露天煤矿运营建立了无卡车运输系统，通过长距离输送机和可移动破碎机代替卡车和固定式破碎机，可直接将矿石运输到加工厂。该系统能够提高生产效率、降低柴油和水的消耗量
自动驾驶列车	2017年，力拓自动驾驶列车在澳大利亚的皮尔巴拉矿区投入运营，减少循环时间、降低了瓶颈约束、提高了运输效率

4.2.4 数字技术在露天煤矿的应用前景

数字技术能够彻底地改变采矿业的传统形象，并赋予其新的生命。通过数字技术（人工智能、3D可视化软件、3D制图技术与地理空间数据采集工具、3D仿真与建模、运营中心集中化、自动化决策支持系统等）实现的智能监控、自动化和远程办公能够将员工从危险的现场操作中解脱出来，减少一线的劳动力需求，使开采作业更加安全、员工工作更加舒适、生产更加高效；数字矿业通过精准的采选来减少矿石的剥离量和水资源消耗，并通过智能运输减少能源的消耗，使采选作业更加环保；推动采矿业以更智能、更节约、更清洁的方式进行生产。更重要的是数字技术能够促使采矿业的全产业链数字化融合，使得从矿山到码头的产业链一体化管理成为可能，以"三提高、三降低"（提高设备和资产整体效率、提高安全生产与职业健康水平、提高绿色开发水平，降低用工人数、降低成本、降低污染物排放）最大限度地挖掘采矿业全产业链的价值增长空间（表2-4-5）。

表2-4-5 数字技术对未来采矿业价值链各环节的增长空间

项目	数字技术的变革重点	潜在价值	行业影响
勘探	利用历史数据提高勘探精度，利用实时勘探结果对勘探设计方案进行动态评估和优化	总体效率提高6%～10%；钻探成本节省10%～15%；资产效率提高5%～10%；提升资源发现的成功率；降低员工暴露于危险环境的频繁程度	增强资源辨识度；减少钻孔数量；减少钻探操作人员；数据分析和设计需求增加；减少现场测量师和地质专家
开采作业	露天煤矿：钻爆集成（钻爆一体化）：利用3D仿真与建模等数字技术实施钻爆集成，流畅的信息流，形成精确的动态地质模型指导钻爆一体化设计	总体效率提高5%～10%；钻探成本降低10%～15%；爆破成本节省10%～20%；污染物降低10%～15%；资产效率提高5%～10%；自动化和远程控制降低员工暴露于危险环境的频繁程度	减少钻探操作人员和炸药消耗；数据分析和设计需求增加；减少矿山传统的地质专家
	自动连续开采方案（改善资产和设备综合效率）：利用自主决策系统、自动无人驾驶卡车等数字技术实现自主连续开采	总体效率提高8%～25%；车队规模缩小10%～20%；资产设备效率提高15%～20%；运营时间效率提高7%～15%	减少现场员工和卡车司机人数；操作方式的根本性改变（无卡车系统），缩小车队规模；提高设备可靠性，避免意外停机；降低单位产品设备使用小时数，提高效率

表 2-4-5（续）

项目	数字技术的变革重点	潜在价值	行业影响
开采作业	未来的井工煤矿（优化地下资源开采方式）：利用大数据、3D仿真与建模等数字技术，定制采矿解决方案，实现自动化、连续化开采作业，创造更加安全的工作环境	总体效率提高 4%～15%；通风和制冷成本降低 50%；井下员工减少 10%～20%；CO_2 与柴油机颗粒物等污染物降低 10%～15%；提高资源采出率延长矿山可采年限	减少井下用工人数；降低单位矿产品采出成本；对岩土工程师和建模师的需求增加；增强远程操作；降低地下开采对环境的影响
洗选加工	实现从矿山到加工厂集成化（提高每小时吞吐量和回升率）：充分利用采矿和矿产品特性的信息数据优化加工工艺；使上游采矿与下游加工一体化运营；前瞻性的资产设备管理	总体效率提高 8%～20%；吞吐量提高 4%～15%；意外停机时间降低 20%～35%；设备利用效率提高 7%～15%；加工成本降低 10%～15%；降低 CO_2 排放	增加吞吐量；增加数据及分析工作；提升产品质量；减少 CO_2 排放和柴油支出费用；降低了设备单位运营时间的维护成本
运输	集成和优化运输体系（单位产品设备小时数最小化）：运输自动化（铁路、输送机等）；优化共享铁路和物流系统；整合船运计划、上游生产调度和潮汐周期	总体效率提高 3%～15%；设备运营时间增加 20%；意外停机时间降低 20%～35%；铁路运输员工减少 20%	减少现场工作人员；降低库存水平（减少营运资本）
贸易	客户整合（准确地预测和响应产品需求）：数字合同与物流服务进入现货市场，区块链技术使端到端物流过程可视化；满足客户需求产品的能力；直接生产客户所需产品，实现定制采矿服务	总体效率提高 5%～10%；高级自动化、无错误流程，节省成本 5%～10%；提高安全保障和防止欺诈；再处理成本降低 7%～15%；商品交易保证金增加 2%～5%	营销管理转向以客户为中心；市场预测与建模需求增加；具有全局视野的市场营销专业人员和了解产品开发的人员需求增加
端到端服务	端到端效率（卓越制造实践在采矿全产业链的应用）：整合全产业链所有要素；全产业链可视化；复合型决策支持系统；集成优化生产、质量和资产管理	总体效率提高 4%～8%；资产效率提高 2%～7%；吞吐量提高 10%～15%；利润增加 2%～5%	Requires operating model alignment to remove silos；整合全产业链所有要素的作用和责任；需要重新调整性能指标和目标设置
端到端服务	综合质量管理（有效管理资产和物流，优化质量管理）：开采之前详细了解资源的化学和材料特性、路径、运输目的地、客户需求；主动描述原材料特征，优化爆破性能和加工工艺，从源头上和吞吐过程降低质量差异	总体效率提高 2%～8%；资产效率提高 2%～4%；再处理费用降低 3%～5%；利润增加 2%～5%	决策和问责的一体化和集中化；运营规则集中于计划执行而不是计划制定；需要改变管理模式，将工作重心从特定的流程转移到端到端的思维模式
端到端服务	资产管理（优化的资产效率和全价值链可靠性）：集成生命周期管理，优化资产生命周期；提高资产可靠性（计划现成资产）；有效利用资产，提高资产效率	总体效率提高 5%～8%；单位运营时间维护成本降低 3%～5%；单位产品经营成本降低 5%～8%；设备整体效率提高 5%～10%	资产集中化战略、运营中心集成化或卓越设施中心；降低生命周期资产管理成本；提高系统不同设备整体效率

4.3 典型开采工艺与装备应用特点

4.3.1 典型开采工艺特点分析

澳大利亚硬煤露天煤矿典型开采工艺是间断工艺，以单斗挖掘机和卡车为核心，对近水平和缓倾斜煤层采用吊斗铲进行剥离，主要包括吊斗铲开采工艺、单斗-卡车开采工艺、综合开采工艺，澳大利亚主要露天开采工艺及应用煤矿汇总见表 2-4-6。

表2-4-6 露天煤矿主要开采工艺及应用煤矿

序号	开采方法	应用煤矿
1	多煤层、急倾斜、卡车和装载机、卡车和装载机采煤的走向切割回采矿井 采煤：单斗－卡车工艺 剥离：单斗－卡车工艺	新南威尔士州的Mt. Owen矿、Duralie矿、Ravensworth East矿，南澳大利亚州的Leigh Creek矿
2	多煤层、中倾角、吊斗铲、下倾角露天煤矿、带抛掷爆破、推土机辅助、卡车 采煤：单斗－卡车工艺 剥离：单斗－卡车工艺＋吊斗铲无运输倒堆工艺	昆士兰州的Peak Downs矿、Norwich Park矿、Hail Creek矿、Curragh矿、Moura矿，新南威尔士州的Hunter Valley - Riverside矿
3	多煤层、中等倾角、卡车和装载机、块切割、回采 采煤：单斗－卡车工艺 剥离：单斗－卡车工艺	新南威尔士州的Liddell矿、Wambo矿、Camberwell矿、Hunter Valley - Cheshunt矿
4	多煤层、中倾角、卡车和装载机、下倾角条带、回采矿山 采煤：单斗－卡车工艺 剥离：单斗－卡车工艺	新南威尔士州的Mt Arthur North矿、Muswellbrook Coal矿
5	剥离：单斗－卡车间断工艺、电铲－自移式破碎站半连续及吊斗铲倒堆工艺 采煤：单斗－卡车间断开采工艺、单斗－卡车工艺＋吊斗铲无运输倒堆工艺 单一厚煤层、中等倾角、吊斗铲－下倾－露天煤矿、带抛掷爆破、推土机辅助	新南威尔士州的Blair Athol，昆士兰州的Newlands矿、Gregory矿、Goonyella/Riverside矿、Saraji矿
6	单一厚煤层、中倾角、斗轮挖掘机、块体、缩尺开采	维多利亚州的Yallourn矿、Yoy Lang矿、Hazlewood矿
7	剥离：吊斗铲倒堆工艺 采煤：单斗－卡车－半固定式破碎站－带式输送机半连续开采工艺 多煤层、中等倾角、吊斗铲下倾、带抛掷爆破的露天煤矿、推土机辅助	Bengalla（本格拉），Drayton, Bulga, Warkworth, Hunter Valley - Howick

1. 吊斗铲开采工艺

吊斗铲工艺集中在昆士兰州和新南威尔士州煤田，常用的平均铲斗斗容为46 m^3，今后的发展趋势是尺寸进一步增大，预计可达115 m^3，可允许吊斗铲在更大的深度和宽度下作业，减少再次搬运。

露天煤矿使用吊斗铲的主要优点是：能够直接挖掘和运输、运营成本低、满足艰难的挖掘要求；吊斗铲的主要缺点是挖掘深度和倾倒高度受限，灵活性差，投资成本高。图2-4-6所示为在新南威尔士州亨特山谷地区作业的典型吊斗铲。

传统吊斗铲上的索具重达20 t，100年来其设计从未改变。这种传统的索具系统限制了牵引索操作的灵活性，使铲斗控制变得困难。除了因索具维护而导致吊斗铲无法工作时的高生产率成本外，更换重型设备也存在大量安全隐患。

通用挖掘和倾倒系统（UDD）。澳大利亚采矿合作研究中心（CRCMining）与必和必拓三菱联盟（BMA）共同开发了一种新技术，称为通用挖掘和倾倒系统（UDD）。使用更轻、创新的配置取代了传统的索具，提高了操作灵活性。中型UDD可在每个通道中多移动13 t泥土，专门设计的计算机系统提供对铲斗的精确控制，使吊斗铲能够在动臂下的任

图 2-4-6　在新南威尔士州亨特山谷地区作业的典型吊斗铲

何地方挖掘和倾倒。大大提高了生产效率，并已安装在澳大利亚露天煤矿使用的吊斗铲上。图 2-4-7 所示为 2011 年澳大利亚采矿技术公司使用中的 UDD 吊斗铲。

图 2-4-7　2011 年澳大利亚采矿技术公司使用中的 UDD 铲斗

2. 单斗－卡车开采工艺

单斗－卡车工艺是最灵活的采矿方法，优点是更适合于地质条件复杂的矿床，深度和厚度不同的覆盖层，以及储量较小的矿藏；投资成本低于吊斗铲，可进行长距离运输。但运行成本较高，工作效率低于吊斗铲工艺。图2-4-8所示为新南威尔士州亨特山谷地区单斗-卡车工艺作业。

图2-4-8　新南威尔士州亨特山谷地区单斗-卡车工艺作业

3. 综合开采工艺

单斗-卡车工艺与吊斗铲工艺相结合提供了一个综合采矿系统，具有较多的优点。卡车和电铲系统用于移除沉积物中发现的上部和较薄的覆盖层，而吊斗铲移除更深的覆盖层。综合开采工艺在澳大利亚的大型露天煤矿应用较广，包括昆士兰州的风景（Peak Downs）露天煤矿和新南威尔士州的太亚瑟（Mt Arthur）煤矿等。

4.3.2　主要装备应用效果评价

1. 澳大利亚露天煤矿大型开采装备依靠进口

澳大利亚露天煤矿选用具有世界最先进水平的开采装备。2020年澳大利亚露天开采单矿产量是井工开采的2.21倍，露天采矿活动的主要装备包括：吊斗铲、矿用卡车、轮斗挖掘机、电铲、破碎机和输送机、刮土机（铲土机）、推土机等。绝大多数重型装备/土方装备都是进口的，最大的采矿设备进口国是美国，其次是日本、德国等，主要进口设备供应商包括卡特彼勒、小松、利勃海尔等公司。露天煤矿开采装备的共同特点是配备重型设备、采用最先进的开采工艺和技术，多数装备选用来自煤机制造业内前三家公司的产品。大部分露天煤矿使用吊斗铲进行上覆岩层的剥离，通常比美国、欧洲的同类矿山要大，一般采用台阶延伸法增大吊斗铲的有效半径（卸载半径），采场宽度也比其他国家大，典型宽度为60~70 m；常用吊斗铲规格是臂长100 m、斗容为45~48 m^3，新建矿山使用斗容增大到55~60 m^3。开采规模最大的风景（Peak Downs）露天煤矿使用世界一流的利勃海尔挖掘机和超等级卡车及卡特彼勒自卸卡车；开采规模第二位的太亚瑟（Mt Arthur）露天煤矿聘用世界一流的采矿技术服务商、采用利勃海尔的挖掘机等。

2. 澳大利亚露天煤矿开采技术服务依靠本国企业

澳大利亚本地采矿设备和技术供应商有550多家，向露天煤矿提供采矿相关软件、粉煤洗选和过程控制及地层加固技术等方面的服务。澳大利亚露天煤矿主要装备与型号参数见表2-4-7。

表2-4-7 澳大利亚露天煤矿主要装备及型号参数

序号	装备名称	型号参数
1	吊斗铲（电动吊斗铲）	Marion 8050、8200、8750
2	矿用卡车	卡特彼勒CAT797B型矿用卡车；P&H 4100A后卸式卡车
3	电铲	P&H 2800XP and P&H 4100A
4	斗轮挖掘机	卡特彼勒CAT345D型挖掘机、日立EX5600挖掘机
5	破碎机和输送机	
6	刮土机（铲土机）	卡特彼勒CAT623G型刮土机
7	推土机	卡特彼勒CATD10T型履带式推土机、卡特彼勒CAT854K型轮式推土机、卡特彼勒CAT16M型平路机

4.4 露天煤矿生态环境保护技术

澳大利亚政府要求煤炭开采业以对环境负责任的方式进行生产，通过细致的采前计划、污染控制程序、采后矿区复垦监控等措施将煤炭开采造成的环境影响降低到最小；煤炭企业从开发到复垦的每个阶段都要严格遵守联邦政府、各州和地区政府的环境保护法律法规要求；满足各州（领地）政府环保法规的要求是煤炭开发项目规划顺利实施的重要工作；露天煤矿开采的粉尘控制和土地复垦技术研发与应用是研究机构与企业的关注重点。

4.4.1 主要露天煤矿区生态环境分类

澳大利亚两个主要产煤州昆士兰州和新南威尔士州的气候均为热带草原气候。澳大利亚是一个地形多样的国家，有着不同的气候带。昆士兰州和新南威尔士州两个主要的产煤州均位于东部，澳大利亚大陆东部的地形单元是大分水岭，贯穿南北走向与海岸线基本平行，总长度约为3000 km，宽度为160~320 km，平均高度为800~1000 m，其中海拔2230 m的科修斯科山是其最高山峰。大分水岭是一列古老的山脉，在长期的外力风化侵蚀作用下，高度不断下降，地表相对起伏较小。

昆士兰州既有温暖的夏季，也有温和的冬季。该地区属亚热带湿润气候，分两季。这个地区包括布里斯班。夏季的平均温度范围为20~30 ℃；而在冬季，温度将在20~10 ℃左右。该州的热带雨林面积为900000 km^2，约占该州面积的53%；该州主要煤炭富集区、澳大利亚第一大含煤盆地博文盆地（典型的弧后前陆聚煤盆地）位于东部沿海，为热带草原气候。

新南威尔士州是澳大利亚的亚热带气候区，覆盖了悉尼、科夫斯港、阿姆代尔等城市。天气夏季略潮湿，冬季略冷。夏季的平均温度为22~40 ℃；在冬季，温度为17~8 ℃。该州主要煤炭富集区悉尼盆地、澳大利亚第二大含煤盆地（典型的弧后前陆聚煤盆地）

位于东海岸，为热带草原气候。

4.4.2 环保法规与管理制度和激励政策

1. 环境保护相关法律法规

根据澳大利亚国家宪法，每个州都有权根据自身情况制定单独的矿业法规，铀矿由联邦政府立法。澳大利亚的矿产资源实行联邦和州/领地分权管理。联邦主要负责海上石油立法、环境立法以及对外投资等采矿业政策协调与发展相关的立法、限制矿产品出口等；而各州和地区则负责管理各自司法管辖区内的矿业活动，包括土地产权，监管矿山运营情况，矿山安全、环境、健康，征缴权利金和税费等。

澳大利亚的矿业生态环境保护相关法律法规较为完善，覆盖矿业开采的全过程，法律法规中突出预防原则，技术标准和指标要求非常详细。

澳大利亚联邦政府颁布了《环境和生物多样性保护法》(1999)(EPBC)，对那些可能造成重大环境影响的活动进行环境评估和审批。该法规定的具有全澳洲意义的环境事件包括：海洋环境、受保护的世界遗产、国家遗产、加入《拉姆萨尔国际公约》的湿地、国家濒危物种、迁徙物种、涉核活动、与煤层气和大型煤炭开发活动有关的水资源保护等。如果矿业活动涉及上述内容，就必须经过澳大利亚联邦政府环境部长批准后才能开展。该法确立了闭坑计划是采矿方案评估过程的重要考虑因素，要求所有州和地区都要有闭坑计划的规定，要求矿山企业必须向当地相关采矿审批机构提交具体采掘区域的土地恢复计划。

澳大利亚各州的矿业法和环境保护法等提出的采矿业环境保护主要规定包括：空气质量、噪声和水质治理，以及采后土地复垦等。前者要求每个煤矿定期监测采煤现场和社区的空气质量、噪声等级和水质，使其符合环保标准要求，保证员工和社区居民的身体健康；采后土地复垦要求生产企业尽量减小开矿破坏土地的程度，尽可能恢复到采前的利用水平。以澳大利亚新南威尔士州煤矿区环境治理为例，简述其具体做法如下。

澳大利亚新南威尔士州政府自20世纪60年代以来相继颁布了一系列环境保护法律法规：《环境规划与评价法》(1979)、《矿业法》(1992)、《环境保护法》(1997)、(该法是由《空气洁净法》(1961)、《水洁净法》(1970)、《噪声控制法》(1975)等法律的主要条款合并而成的一部综合性环境保护法)等。

《环境规划与评价法》(1979)规定所有与煤炭有关的开发项目归类为指定开发项目，均需编制《开采计划与开采环境影响评价报告》，即要求煤矿企业必须在开采前完成环境保护规划与措施的制定。报告的主要内容包括：污染物经处理后必须符合排放标准，并尽量回收使用；为减少对周围空气和水体的污染，对占用的土地有严格的复垦要求，对于要保护的地形、地貌、表土层、水源、动植物生态环境都有明确规定。

《环境保护法》(1997)关于粉尘治理的要求是：利用"最适用的方法"控制粉尘源的产生，扩大煤矿与相邻单位之间的缓冲带，减少粉尘对人和住宅的影响。该法规定当风速超过10 m/s时，需要采用除尘、喷雾装置。堆煤区必须有喷雾系统，以规定水量向煤堆表面喷雾。在运输公路上或粉尘特别大的交通运输区，需要配备每小时能够向每平方米路面洒水1.5 L的洒水车。污染治理委员会强制要求所有新建露天煤矿制定对粉尘沉降和悬浮颗粒的监测计划。关于污水的治理原则是：①采取最适用的方法使水用于矿区；②将污水产生率降到最低程度；③将污水与清洁水源分开，降低污水处理工作量和成本；④对水质进行定期检测等。同时，该法制定了煤矿开采的噪声控制标准，包括爆破对居民影响的极限舒适标准、爆破管理许可条件等。

《矿业法》（1992）对各类矿山的环境保护和土地恢复工作提出了具体要求。主要包括：预防和治理空气、水和噪声污染；保护动植物和动物栖息地，特别是濒危物种；鉴别并预防对原住民保护地、考古地点、历史遗址和地质现场的影响；防止对自然景观和其他风景区的影响；保证公共场所、仓库和动物群的安全；逐渐恢复开采现场，制定矿山关闭计划和污染管理计划，达到开采前的利用程度等。

2. 环境保护管理制度和激励政策

澳大利亚主要采煤州矿业开采实行的环境管理制度主要包括《开采计划与开采环境影响评价报告》制度、《年度环境执行报告书》制度、矿区复垦保证金制度、矿山监察员巡回检查制度等，制度主要内容如下：

《开采计划与开采环境影响评价报告》制度是指矿业公司开采前，需要制定《开采计划与开采环境影响评价报告》，先由专家组审核，再由州政府批准。报告的主要内容包括开采可能造成的环境、经济、安全、社会影响，对空气污染、噪声污染、地下水污染、土地污染等提出相应的治理与恢复措施。

《年度环境执行报告书》制度是指矿业公司需在每年规定的时间向矿业主管部门提交《年度环境执行报告书》，新的煤炭和其他矿产品投资商获得矿权的要求是必须提供"采矿作业计划（MOP）"和"年度环境管理报告（AEMR）"，采矿作业计划必须注明的内容是：①根据该计划规定的因采矿将被破坏的地域；②将要采用的采矿方法和采后复垦方法；③现有的和计划购进的露天煤矿基础设施；④不断改进的复垦进度表；⑤环境特别敏感区域；⑥土地和水管理系统等。年度环境管理报告要求是：①提出与水、空气、噪声和爆炸有关的环境保护管理意见；②根据环境和气象监测数据研究发展趋势；③提出废弃物管理建议等。相关工作必须以文件形式记载、实现计算机管理，由计算机系统通知提交报告。如未按时提交，矿业主管部门会再次通知，再次通知后不提交，矿业主管部门将考虑告知矿权授权部门收回矿权。

为保证开采后土地能够恢复到开采前的土地利用能力或恢复成与周围土壤构造相同的状态，主要产煤州依据《矿业法》设立了"复垦保证金"，目的是向该州的居民承诺，该州因矿产品和石油的勘探和开发所造成的环境破坏的恢复费用，由要求在该州从事勘探开发活动的投资商承担，不会给当地居民增加额外的税收负担。矿区复垦保证金制度指矿业公司进行采矿活动必须缴纳矿区复垦保证金，以保证受到采矿破坏地区的生态环境得以恢复。由环境保护局根据上年度矿业公司土地复垦任务完成情况和周边类似案例的类比分析审核土地复垦费用，以确定保证金缴纳额度，复垦工作做得最好的企业只需缴纳25%的复垦保证金，而其他企业须100%缴纳。矿业公司也可不向政府缴纳抵押金，请银行对其复垦工作进行担保，向银行交担保费。银行根据矿山的开采价值、利润、生态环境治理等方面风险的大小来确定担保费的多少。企业全部复垦后，复垦保证金全额退还。

矿山监察员巡回检查制度是指政府的矿业主管部门对"年度环境执行报告书"审查后由分管监察员对矿业公司现场抽查。如发现矿山环境未治理好或引起当地居民不满的，影响较小则通过口头或书面通知整改;拒绝接受且环境影响严重的,监察员现场直接书面通知,不用请示上级;如问题严重可向上级反映,勒令矿业公司停止工作,并罚款、收回矿权。

新南威尔斯州根据相关法律实施"环境业绩记录"措施。"复垦与环境管理计划"允许矿权持有者进行授权下的活动,包括采矿运作、复垦、处置其他环境问题等,新的矿权和矿权转让申请能否获得批准,也在一定程度上取决于环境业绩记录,环境业绩记录不合格的公司和企业将不再可能获得矿权或矿权转让申请批准等。另外,政府还设立了金壁虎奖状奖励矿山生态环境治理成绩突出的企业。

4.4.3 露天煤矿生态环境修复典型案例及技术

粉尘控制和土地复垦技术是澳大利亚典型的生态环境修复技术。

1. 粉尘控制技术

一是钻孔和爆破阶段粉尘控制。根据风速和风向确定爆破时间控制粉尘(图2-4-9);利用爆前环境检查表、实时天气监测数据对敏感地区爆破进行严格监控;根据最新的天气条件,包括风速和方向、逆温和大气湍流强度,在爆破前自动计算最近居住区的无爆破冲击半径(图2-4-9)。

图2-4-9 露天煤矿根据风速和风向确定爆破时间控制粉尘

(1) 开采阶段。在干燥多风的天气条件下采煤,可能会产生更多粉尘。应主动利用不同的天气条件采取相应的措施,减少并控制粉尘的产生。澳大利亚露天煤矿普遍采用洒水车和高压喷水装置来减少采煤作业中的粉尘排放;在大风条件下,采取降低剥离物卸载平台高度或实施内排等措施,有助于控制粉尘。

(2) 运输阶段。使用全球定位系统跟踪采矿和除尘设备(例如洒水车)位置,并通过实时天气监测,协助除尘作业;在运输系统每个转载点使用频率可调节的喷水装置;自动喷水装置安装在原煤破碎站受料斗上,从卡车进入卸载区触发传感器到卡车离开后的设定时间段内,自动喷水装置产生细雾,以抑制粉尘产生;使用带护帘的可伸缩滑槽,将煤装载到火车车厢内。

(3) 储煤阶段。当风速大于 6 m/s（平均持续超过 15 min）时，启动储煤场周围安装的自动喷雾器；商品煤堆在 24 h 内由铁路装载运走；在盛行风的下风向设置树木防风障，减少商品煤堆的粉尘扩散；在运输道路上使用化学除尘剂，大大减少了运输道路上的洒水量。

(4) 排土场。在露天煤矿服务期内，占用部分土地，土地占用区域是粉尘产生的主要来源。为迅速覆盖扰动区域，并防止杂草生长，澳大利亚露天煤矿有效做法是对排土场进行空中播种，并对临时排土场进行复垦，确保种植植物稳定生长，以尽量减少风蚀扬尘的产生。

(5) 矿区粉尘监测。开采矿产资源对粉尘污染控制的重点在于监测，各采矿企业应制定粉尘监测计划，提供环境粉尘水平相关数量信息。定期可靠地监测采矿作业的粉尘排放程度，由此评价采矿活动对周围环境中粉尘水平的影响，以及已经采取的控制措施的有效性（图 2-4-10）。

图 2-4-10 矿区粉尘现场监测

2. 土地复垦技术

澳大利亚矿业公司土地复垦技术包括种子采集、表土剥离、分层堆放、分层回填、地貌重塑、土地平整、恢复植被等一系列复垦措施。

矿业公司在剥离表土时，采取把适合植物生长的腐殖土单独堆放、尽量保存地表植物等方法，以便复垦时使用能够尽快恢复地力、有利于土地复垦后动物栖息。对于露天开采，一般按照土壤发生层次进行分层剥离、分层堆放、分层回填。表土剥离和存放对土地复垦尤为重要，表土保存时间越短，所包含种子和植物的存活率越高，不仅能够缩短地力培肥的时间，而且能使植被恢复到最好最快。地形重塑工程量较大，但能保证复垦后景观与周边地形的一致性和地层的稳定性，确保复垦后土地利用的风险降到最低，土地使用的长期安全性和可靠性。

3. 复垦动态监测

在矿产开发过程中，澳大利亚矿业公司非常重视土地复垦监测工作，是矿业公司对土地复垦效果实施动态监测的重要手段。根据监测结果不断修正土地复垦方案中提出的具体复垦目标、标准、指数及相关技术参数等。矿业公司在向州环保局提交的年度土地复垦进展报告和闭坑土地复垦报告中，必须提供准确的监测数据和结果，说明土地复垦是否达到了确定的指标和技术参数标准，土地复垦是在朝好的方向发展还是朝不良方向发展。政府根据监测结果确定是否授权矿业公司开展下一步土地复垦工作；企业根据监测结果调整复垦措施。监测工作一般由矿业公司聘请研究或技术咨询机构承担。

4.4.4　生态环境保护原则及特点总结

澳大利亚州政府通过实施粉尘控制和土地复垦为重点的全过程管理和监控，督促矿业公司落实粉尘控制和土地复垦等责任。

1. 做好采前准备

矿业公司在取得采矿许可证之前，一般至少用一年时间，耗资上千万澳元，对矿区范围居民、土地利用、文化遗迹以及气候、地形、土壤、动植物、病虫害等多方面进行调查研究，论证环保管理方案的可行性和科学性，确定土地复垦目标和标准。进入开采阶段，矿业公司根据开采方案和环境管理方案制定年度开采计划和土地复垦计划。土地复垦计划必须得到州环境保护局的认可。环境保护局根据现存资料，在与周边案例进行类比分析的基础上，评估土地复垦计划是否可行。

根据环保许可证条件和项目审批条件要求，煤矿需要满足一定的环境空气质量标准。为了满足这些标准，煤矿必须在其职责范围内对其开采活动中排放的粉尘进行管理。

2. 制定环境保护目标

包括粉尘污染防治和土地复垦管理等。矿业公司根据政府规定的环境保护总体目标，在环境保护方案中制定矿产开发过程中具体的环境保护目标、考核指标及其技术参数标准等。例如，具体的复垦目标包括：生态目标，需要考虑自然生态系统的影响，地形的稳定性和水质；经济目标，需要考虑土地的适宜性、低成本性和将来的土地收益；社会目标，需要考虑土地使用的安全性和可靠性等。

3. 落实土地复垦要求

主要目的是：一是确保因勘探或开采活动被破坏的土地恢复成为与其周围土壤结构相同并适合以后能够利用的状态。二是制约土地复垦义务人，保障土地复垦费用的落实（矿业公司根据制定的土地复垦计划，对开矿造成破坏的土地面积、类型、修复难度等进行成本测算，报州环保局审核；州环保局根据上年度矿业公司土地复垦任务完成情况，对周边类似案例进行类比分析，审核矿业公司列支的土地复垦费用，确定保证金缴纳额度。此外，政府要求矿业公司每年对已复垦土地的设施进行维修，也是土地复垦资金预算的一个重要组成部分）。三是鼓励矿业公司尽快实施土地复垦的措施，复垦工作完成好的、保证金缴纳比率调低，否则调高比例。缴纳面积为每年扩大开采的面积，作为奖励，开采过程中已复垦的面积可以按比例抵消破坏的土地面积。

4. 公开确定复垦土地的用途

州政府将矿业公司与土地所有者的谈判环节公开并作为颁发采矿权证的一个必要条件,以保障公众参与决策。矿业公司必须提出土地复垦的用途和实施计划。土地权益的相关方和矿业公司共同决策复垦后土地的利用方向、复垦土地质量的检测指标和评价标准等。如果政府或土地权利人没有对开采后土地的用途作出具体规定,复垦后的用途才可由矿业公司确定。在采矿和复垦过程中,政府根据公众意见和评价调整矿业公司缴纳保证金的比例;政府收回环境使用权,也要考虑公众意愿。

4.5 典型露天煤矿

4.5.1 罗杨(Loy Yang)露天煤矿

罗杨露天煤矿是澳大利亚最大的褐煤生产煤矿,每年向2000 MW的罗杨电厂(AGL Loy Yang)和1000 MW的国际电力公司(三井)输送30 Mt褐煤,员工人数600人。

1. 地形和气象条件

罗杨露天煤矿位于澳大利亚维多利亚州特拉尔贡附近,其位置和地形地貌如图2-4-11和图2-4-12所示。

图2-4-11 罗杨露天煤矿地理位置

图2-4-12 罗杨露天煤矿地形地貌

2. 资源与赋存条件

罗杨露天煤矿和罗杨电厂占地 800 hm², 其煤炭储量为 168 Gt, 平均每年产煤约 30 Mt。煤层的覆盖层厚度为 5~24 m, 煤层厚度平均约为 180 m。该矿的褐煤煤层形成有 1500 万~3000 万年的历史, 其含硫量较低, 灰分含量仅为 2% 左右, 是一种高水分软褐煤, 但在维多利亚州是最容易开采的煤炭资源, 而且非常经济, 是发电用煤的理想选择。

3. 生产状况

罗杨露天褐煤开采作业使用 4 台电动斗轮挖掘机进行剥离和开采, 每台斗轮挖掘机长 190 m、高 50 m, 重达 5000 t 左右, 挖掘能力为 4000 t/h 煤炭。采出的煤炭由 15 km 长的输送机从煤矿运至发电站, 输送机以 5.3 m/s 的速度将煤炭运至一个容量为 80000 t 的煤仓。煤炭由旋转式破碎机破碎, 每小时可处理 2500 t, 然后再输送至发电站。按照目前的开采能力, 罗杨煤矿的煤炭储量预计将持续 40 年。使用澳大利亚最大的 TS4 型履带移动式堆积机用于表土倾倒, 从输送机上取下表土, 并将其摊铺, 以备以后复垦时使用 (图 2-4-13)。

4. 开采工艺与装备应用

罗杨露天煤矿使用斗轮挖掘机进行褐煤开采, 利用输送机将采出的煤炭运到电厂。图 2-4-14 和图 2-4-15 所示为该矿使用的斗轮挖掘机和输送机。

5. 生态环境保护

罗杨露天煤矿开采现场的复垦如图 2-4-16 所示, 排土场复垦如图 2-4-17 所示。

图 2-4-13　罗杨露天煤矿开采现场

图 2-4-14　罗杨露天煤矿斗轮挖掘机

4.5.2　太亚瑟（Mt Arthur）露天煤矿

太亚瑟露天煤矿是澳大利亚最大的露天煤矿之一，由太亚瑟煤炭有限公司经营，该公司由必和必拓全资拥有，该矿生产动力煤，年生产能力为 0.2 Mt，开采年限 2002—2045 年（BHP 官方网站），现有员工 2000 人。

1. 地形和气候条件

太亚瑟煤矿位于新南威尔士州亨特河谷上游，属温带性气候，该矿与农村地产和其他行业（如马匹、葡萄园、橄榄林和郊区住宅）共享该地区。

4 澳大利亚露天煤矿开采技术

图 2-4-15 罗杨露天煤矿煤炭输送机

图 2-4-16 罗杨露天煤矿采场复垦

图 2-4-17 罗杨露天煤矿排土场复垦

2. 资源与赋存条件

太亚瑟煤矿是新南威尔士州亨特谷地区最大的露天煤矿，位于穆斯韦尔布鲁克镇（Muswellbrook）附近。主产动力煤，年生产能力 20 Mt，在国内和出口市场均有销售。该矿 1968 年开始生产，现在归属必和必拓集团。

3. 生产状况

太亚瑟煤矿是澳大利亚第二大、新南威尔士州第一大露天煤矿，2018/2019 年度，太亚瑟露天煤矿煤炭产量为 18.26 Mt；该矿生产的煤炭经过洗选加工之后，销往国内和国际市场，约 6% 供应当地电厂发电，其余部分经铁路运往纽卡斯尔港出口，主要出口到日本和中国。

露天开采通过多台阶、多条带式电铲和挖掘机作业进行，为煤炭资源分阶段开采提供了最大的操作灵活性和效率。采矿装备由世界上最大、噪声最小的卡车和电铲组成，覆盖层剥离由后部自卸卡车和绳式铲车组成，而煤矿队由卡车和挖掘机组合组成。采矿活动每周 7 天，每天 24 小时，12 小时轮班，全职工作人员约 1000 名。

4. 开采工艺与装备应用

选择世界一流的采矿和服务承包商希斯公司（Thiess），提供装载、运输等专业化的服务。如图 2-4-18 所示，该矿是露天煤矿，主要装备是吊斗铲、卡车和电铲，以及利勃海尔挖掘机（2018 年 11 月和 2019 年 2 月必和必拓在该矿先后增加了两台利勃海尔 R9800 挖掘机）（图 2-4-19）。此外，该矿的运输车队主要包括利勃海尔的 2 台 R996B、1 台 R994B 和 44 台 T 282C 非公路卡车等。

4 澳大利亚露天煤矿开采技术

图 2-4-18 太亚瑟露天煤矿挖掘机剥离覆盖层并倾倒到卡车里

图 2-4-19 利勃海尔 R9800 挖掘机

5. 生态环境保护

大型电铲用于清除覆盖层，挖掘机用于将煤炭装载到大运量运煤卡车中，以便运输至煤矿附近的选煤厂（CHPP），根据市场要求对煤炭进行粉碎、筛选、洗选和分类。在输送机将煤炭运输至破碎站之前，在料斗底部进行初步破碎。每小时多达 2000 t 原煤通过破碎机进料，1200 t 通过选煤厂进料。将所采煤炭运走之后的第一项工作是复垦，覆盖层被替换、成型、覆盖表层土并重新种植，以与原始景观相似。

太亚瑟煤矿是采矿活动环境管理最好的露天煤矿之一。该矿特别关注将其煤炭开采活动对环境各方面的影响降至最低，包括视觉地形、空气和水质、噪声水平、原生动植物、土壤条件以及历史、原生和考古遗址（澳大利亚煤炭）等，同时也要将对附近居民的影响降至最低。

煤矿的规划和运营部门需要在进行采矿活动之前，对矿区的现场位置、矿床和周围环境的固有特征进行详尽的调研，该公司制定了与环境管理相关的法定审批，涵盖不同的现场活动。除了政府政策和立法的要求外，日常运营还必须遵守 1500 多个批准限制。

噪声：太亚瑟煤矿需要满足澳大利亚最严格的采矿作业噪声限制。这些限值由政府设定，并基于周围社区可接受的噪声水平。运输卡车、推土机和挖掘设备是持续噪声的最主要来源，其次还有煤炭运输和选煤厂的运行也会产生噪声。在矿山设计最初阶段，开发了噪声模型，对矿山运行的各种设计和运输车队的配置进行评估。太亚瑟煤炭公司购买了世界上最安静的卡车车队，这些卡车产生的噪声比标准卡车低 16 倍。

视觉舒适性：通过进行渐进式修复，矿山具有广泛的视觉影响管理。为确保夜班安全工作，需要照亮工作面和表土堆。这种照明设备的使用反过来可能会对附近居民造成影响。运营要求规划所有照明设备的位置，以确保维持安全的工作条件，同时尽量减少对当地社区的影响。

爆破：严格控制爆破产生的地面振动和超压。太亚瑟煤矿的 100% 限值为 10 mm/s 的地面振动和 120 dBL 的超压。此外，如果风速超过 10 m/s，则不允许爆破。所有监测点的平均实际地面振动和过压限制为 0.3 mm/s 和 100 dBL。除了地面振动和爆破产生的超压外，当地社区还关注 NO_x 和粉尘等相关问题。

自燃：太亚瑟煤炭公司投入了大量的卡车资源，将富含黏土的覆盖层运至东矿区，以覆盖自燃区域，消除了 95% 以上的自燃。

4.5.3　贡耶拉瑞尔赛德（Goonyella – Riverside）露天煤矿

该矿采出的煤炭经过 2 个选煤厂的加工处理，运往海波因特港，出口东南亚、欧洲、中东、美国和印度。

1. 地形和气象条件

贡耶拉瑞尔赛德露天煤矿位于昆士兰州莫拉巴哈镇（Moranbah）北 30 km、海波因特港西南 190 km 处。

2. 资源与赋存条件

贡耶拉瑞尔赛德露天煤矿隶属于 BMA 公司，开采贡耶拉浅部煤层和中部煤层，平均厚度 8 m。

3. 生产状况

贡耶拉瑞尔赛德露天煤矿是澳大利亚第三大露天煤矿、昆士兰州第二大露天煤矿，贡耶拉（Goonyella）露天煤矿于 1971 年投产、瑞尔赛德（Riverside）露天煤矿于 1983 年投产，1989 年贡耶拉露天煤矿与瑞尔赛德露天煤矿合并，成为贡耶拉瑞尔赛德露天煤矿，2020 年该露天煤矿生产原煤（主要是炼焦煤）17.53 Mt。该露天煤矿的煤炭开采现场、煤炭开采和运输流程如图 2-4-20 所示。

图 2-4-20 贡耶拉露天煤矿开采现场

4. 开采工艺与装备应用

贡耶拉瑞尔赛德露天煤矿上覆岩层的剥离设备是 7 个吊斗铲、卡车/电铲剥离车队、电铲/输送机系统，煤炭开采装备包括挖掘机、前置式装载机、大容量煤炭输送机。

BMA 第一个实施自动运输的开采现场。2020 年上半年部署了 86 辆小松 930E-5 自动驾驶矿车，该矿车装备了小松最新的自动运输系统 AHS，通过减少风险暴露和减少重大事故发生提高安全性，通过增加矿车的运行时间和提供更加一致的循环时间提高运输效率。

4.5.4 风景（Peak Downs）露天煤矿

1. 地形和气象条件

风景露天煤矿位于昆士兰州中部博文盆地北部，距离莫兰巴以南约 31 km。该露天煤矿区的生态环境特征是热带草原。

2. 资源与赋存条件

风景露天煤矿是澳大利亚储量最多的煤矿，是昆士兰州博文盆地九大炼焦煤生产矿之一。截至 2019 年 6 月，该矿煤炭可采储量约为 718 Mt。

该矿资源以陆相莫兰巴煤系煤层为主，煤层由砂岩、粉砂岩、黏土岩和煤组成，采深约 300 m。

3. 生产状况

风景露天煤矿是澳大利亚第一大露天煤矿，该矿从 1972 年开始生产优质硬焦煤，2001 年开始该矿由澳大利亚最大的煤炭生产商和出口商必和必拓三菱联盟（BMA）所有并运营，是该联盟在鲍恩盆地的 7 个煤矿之一。

2020 年，该矿炼焦煤产量为 11.57 Mt，同比减少 0.3 Mt。该矿产出的原煤运往附近的选煤厂进行加工，洗选加工后的商品煤通过铁路运至 BMA 在麦凯附近的 Hay Point 煤炭码头，以及 Hay Point 港口的 Dalrymple 湾煤炭码头、Gladstone 港口的 RG Tanna 煤炭码头和 Bowen 附近的 Abbot Point 煤炭码头，然后出口。

4. 开采工艺与装备应用

如图 2-4-21 所示，该矿采用露天综合开采工艺开采煤炭，主要覆盖层剥离和煤炭开采装备是吊斗铲（6 台）、卡车和电铲，以及 600 t 和 800 t 的利勃海尔 996B 挖掘机和 9800 挖掘机、日立 EX5600 挖掘机，运输装备是卡特彼勒 793、797 和 797f 自卸卡车和利勃海尔 T 282 C 超级运货卡车（载重 363 t），如图 2-4-22、图 2-4-23 所示。

图 2-4-21　澳大利亚风景露天煤矿开采现状

4.5.5　黑水（Blackwater）露天煤矿

1. 地形和气象条件

黑水露天煤矿位于昆士兰州黑水镇南 24 km，格拉斯通港 315 km 处；煤矿占地面积 21000 km^2。

图2-4-22 风景煤矿使用的卡特彼勒793f后自卸卡车

图2-4-23 2018年9月五辆利勃海尔T 282 C超等级自卸卡车加入风景矿车队

2. 资源与赋存条件

黑水露天煤矿煤层倾角为3°~5°、属缓倾斜煤层,煤层平均厚度为7~7.5 m,煤炭资源总量506 Mt、煤炭储量375 Mt;煤质为中等挥发分硬焦煤、中等挥发分软焦煤和中等挥发分动力煤。

3. 生产状况

黑水露天煤矿是澳大利亚第五大露天煤矿、昆士兰州第四大露天煤矿,主产炼焦煤,1967年投产,2020年生产原煤11.09 Mt,经洗选加工之后销往东南亚、欧洲、中东、印度及本国企业等。

4. 开采工艺与装备应用

黑水露天煤矿上覆岩层的剥离设备包括7个吊斗铲和2个车队,车队的装备有1台56 m³电铲和8台300 t的自卸卡车,以及1台18 m³液压挖掘机(图2-4-24)和7台

180 t自卸卡车；煤炭开采使用4台前置式装载机、1台液压铲；煤炭洗选由3个洗选厂负责，处理能力均为900 t/h，带式输送机运输能力达1500 t/h。

图2-4-24 黑水露天煤矿液压挖掘机

5 德国露天煤矿开采技术

德国是世界第三大经济强国、欧盟最大经济体，世界第九大能源市场，也是世界第九大煤炭消费国。德国的战略资源匮乏，矿业是德国重要的基础工业之一，倍受德国政府的重视。德国煤炭资源丰富，根据英国石油公司《世界能源统计年鉴》统计数据，截至2021年德国次烟煤和褐煤已探明储量为35900 Mt，占世界煤炭总可采储量的3.3%。与硬煤矿井不同，德国褐煤矿开采条件十分有利，煤层厚，埋藏浅，适合露天开采。从数据上来看，1990—2018年，硬煤生产大幅减少，2018年德国关闭了最后两座硬煤矿井，国内的硬煤生产基本停止，硬煤消费全部依赖进口。但与硬煤不同，褐煤因为开采成本较低，其产量下降幅度相对于硬煤而言幅度不大。德国褐煤露天开采在市场上具有竞争力。褐煤消费量的98%由国内生产，主要用于发电。了解德国露天煤矿的生产情况对指导我国露天煤矿的生产具有重要意义。

5.1 概述

5.1.1 德国露天煤炭资源条件

1. 储量及分布状况

德国煤炭资源丰富，根据英国石油公司《世界能源统计年鉴》统计数据，截至2021年底德国次烟煤和褐煤的已探明储量为35900 Mt，占世界煤炭总可采储量的3.3%。主要分为褐煤和硬煤两种，分布在7个主要煤田，其中硬煤煤田主要分布在西部，分别为鲁尔煤田、萨尔煤田、亚琛煤田和伊本比伦煤田，褐煤煤田有西部的莱茵煤田和东部的劳齐茨煤田、德国中部煤田。德国硬煤以烟煤为主，煤质好，低灰低硫，适合作动力煤和炼焦煤，但德国硬煤开采条件比较困难，煤层薄，开采深度大，占比很少（占总量的7.8%，约为2800 Mt）。与硬煤矿井不同，德国褐煤矿开采条件十分有利，煤层厚，埋藏浅，适合露天开采（占总量的92.2%，约为33099 Mt）。德国褐煤露天煤矿主要产区分布如图2-5-1所示。

2. 资源赋存条件和特点

德国的煤炭资源生成于古生代、中生代和新生代。古生代煤层主要为烟煤及部分无烟煤，中生代煤层主要为次烟煤到无烟煤，新生代主要为次烟煤和褐煤。

德国新生代的褐煤煤矿开采条件十分有利，煤层厚、倾角小（多为近水平或缓倾斜煤层）、埋藏浅、煤层赋存稳定。如莱茵煤田褐煤层厚度达15~100 m，平均厚50 m，主要可采煤层最厚达100 m。而在煤田南部其厚度减小，以至尖灭；在煤田北部和西北部分岔为三层并逐渐尖灭。煤层由亮煤和暗煤交替组成。有五个煤层埋藏深度为200~300 m，适于露天开采。

德国褐煤的上覆岩层主要为砂砾和黏土，但各地区之间的覆盖物厚度存在差异：在莱

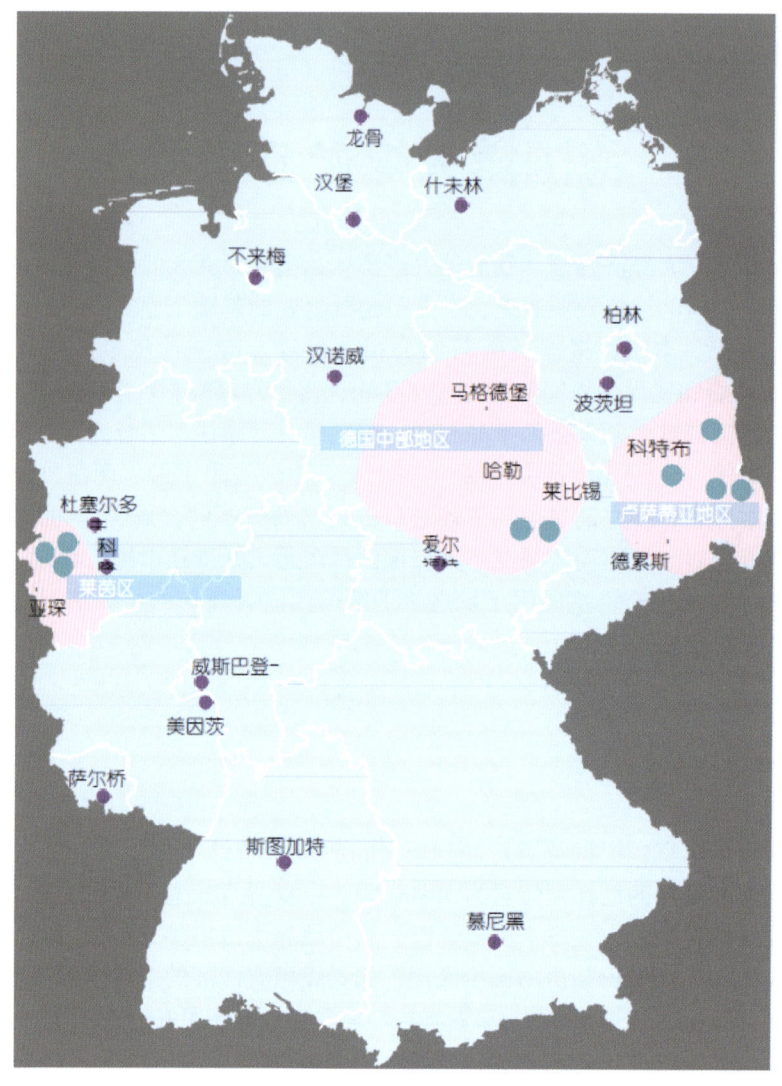

图 2-5-1 德国褐煤露天煤矿主要产区分布示意图

茵区，露天煤矿煤层赋存在 100~456 m，而在卢萨西亚和德国中部，露天煤矿煤层赋存在 80~120 m。莱茵兰的褐煤煤层厚度高达 50 m，远大于卢萨斯和德国中部。

目前在德国开采的（软）褐煤形成于 6 万~4500 万年前，目前仍在三个产区开采：

（1）莱茵地区褐煤的形成始于 6 万~1800 万年前的中新世。

（2）卢萨斯地区褐煤的形成也始于 1500 万~2000 万年前的中新世。

（3）德国中部地区褐煤的形成始于 2300 万~4500 万年前的渐新世。

德国褐煤的特点是含水量相对较高，为 48%~60%；只有 35%~50% 是可燃材料（纯煤）。高含水量导致其热值相对较低，平均值为 2.5 MWh/t。它在各地区之间有所不同，目前在德国中部地区开采的老年褐煤热值最高，约为 3 MWh/t。德国主要褐煤产区的煤炭热值见表2-5-1。同时，褐煤的CO_2排放系数较高，燃烧褐煤产生的二氧化碳排放量平均为404 MWh/g，是燃烧天然气（202 MWh/g）的两倍。硬煤的排放系数约为342 MWh/g，比地质上较年轻的褐煤的比较值低15%。与德国褐煤开采区相比，莱茵兰和卢萨西亚这两个主要开采区的原褐煤的CO_2排放系数大致相当，对于较小的德国中部地区的原褐煤，比德国平均水平低约7%。

表2-5-1 德国主要褐煤产区的煤炭热值

地区	热值/$(GJ \cdot t^{-1})$	热值/$(MWh \cdot t^{-1})$
莱茵区	9.1	2.5
卢萨西亚	8.5	2.4
德国中部	10.7	3

综上所述，德国现阶段的煤炭开采以褐煤为主，其煤层及覆盖物质地较为松软，硬度小或以砂砾为主。除此之外，德国露天煤矿的煤层厚、埋藏浅，煤层发育较为平缓，倾角较小，适用于露天煤矿开采，工艺适宜选用连续工艺。

3. 露天煤矿区地形地貌与气候特征

德国的地形多样，从北到南划为五大地形区：北德低地、中等山脉隆起地带、西南部中等山脉梯形地带、南德阿尔卑斯山前沿地带以及巴伐利亚阿尔卑斯山区。

德国北部低地的特征是丘陵起伏的沿海岸高燥地和黏土台地与草原、泥沼以及中等山脉隆起地带前方向南伸展的黄土地之间有星罗棋布的湖泊。中等山脉隆起地带则将德国分成南北两片。西南部中等山脉梯形地带包括上莱茵低地及其边缘山脉，南部阿尔卑斯山前沿地带包括施瓦本巴伐利亚高原以及在南部的丘陵和湖泊、碎石平原、下巴伐利亚丘陵地区和多瑙洼地。巴伐利亚阿尔卑斯山区则包括阿尔高伊的阿尔卑斯山、巴伐利亚的阿尔卑斯山和贝希特斯加登的阿尔卑斯山。

德国露天煤矿主要分布在其西南部莱茵低地及其边缘山脉（莱茵矿区）、原始北部低地与中等山脉隆起地带（卢萨斯亚矿区）及中部山脉（中部矿区）。

所以在莱茵矿区、中部矿区的露天煤矿原始地表覆盖物以森林和山地为主，比如汉姆巴赫露天煤矿，其采场位置就位于汉姆巴赫森林；在卢萨斯亚矿区的露天煤矿原始地表覆盖物以平原为主，如Jänschwalde露天煤矿，其采场位置就位于村落田地。

德国处于大西洋和东部大陆性气候之间的凉爽的西风带，温度大起大落的情况很少，降雨分布在一年四季。冬季平均温度在1.5（低地）~-6℃（山区）之间，七月份低地平均温度为18℃，南方有屏障的山谷为20℃左右。属于例外的是气候温润的上莱茵河谷，以及经常可以感到从阿尔卑斯山吹来的燥热风的上巴伐利亚和山风刺骨、夏季凉爽、冬季多雪，从而构成自己独特气候区的哈尔茨山区。

5.1.2 德国露天煤矿生产情况

在过去的几十年中，褐煤一直是德国经济的重要支柱。与硬煤不同，德国褐煤全部采用露天开采，生产成本低，不需要政府补贴，在市场上具有竞争力。德国是世界上最大的褐煤生产国，根据 IEA 的统计，德国 2017 年的褐煤产量约占全球褐煤总产量的 18.7%。

1. 露天煤矿发展的主要阶段

德国煤炭开采业经历了 700 多年、6 个主要阶段的发展。一是 1298—1860 年的早期发现起步阶段，农民耕地、采石或挖房屋地基时发现煤层；15 世纪中期前以原始的露天方式开采煤炭，15 世纪至 16 世纪末开始利用距离地面几米的平硐或斜井进行开采；1800 年鲁尔河两侧的煤矿 150 处、产量 0.17 Mt；1860 年煤矿数量增加为 281 处、产量 436 Mt。二是 1861—1945 年逐渐发展阶段，1861 年到第二次世界大战（1939 年）之前，由于动力机械与设备制造工艺的迅速发展，德国煤炭开采业规模不断扩大，1936 年煤炭产量达到 320 Mt，露天产量 160 Mt，占比 50%；第二次世界大战期间，煤矿遭到严重破坏，1945 年煤炭下降到 35 Mt。三是 1945—1985 年煤炭开采进入大发展时期，1948 年德国政府制定了《德国煤炭和钢铁工业重组办法》，确定了五年建设计划；1968 年政府颁布了《德国煤矿调整法案》，生产集中化程度进一步提高，采煤机械化程度达到 100%，到 1985 年煤炭产量达到最高峰，为 520 Mt，露天煤矿产量 430 Mt，占比 83%。四是 1986—2000 年煤炭开采业逐渐萎缩时期，政府出台了系列结构转型计划，重新定位区域经济发展方向，加之随着井工煤矿开采深度加大、成本升高，煤炭在能源系统中的地位逐渐减弱，煤炭产量由 510 Mt 降低为 200 Mt，露天煤矿产量由 430 Mt 降低为 160 Mt，占比为 83%，并保持不变。五是 2001—2018 年井工煤矿退出阶段，根据欧盟竞争法规有关要求，20 世纪 60 年代开始的硬煤开采补贴已于 2018 年结束，2018 年鲁尔公司的最后 2 处硬煤矿井关闭，煤炭产量由 180 Mt 减少到 170 Mt，露天煤矿产量占比增加为 98%；2019 年以后露天煤矿产量占比 100%。六是 2019—2038 年煤矿退出阶段，德国煤炭委员会于 2019 年 1 月 26 日提交了最终报告及相应建议，提出到 2038 年（可能最早在 2035 年）逐步淘汰以煤炭为基础的发电项目；2019 年，联邦政府通过决议并开始起草《减少和终止燃煤发电法案》草案。按照煤炭委员会提出的方案，德国将逐步关闭褐煤煤矿，淘汰燃煤电厂，煤炭工业逐步进入最后阶段。1936—2021 年德国煤炭总产量、露天煤矿产量和比重变化如图 2-5-2 所示。

1885 年，褐煤开采的经济合理剥采比为 1 m^3/t。20 世纪，随着机械化程度的提高，褐煤开采的经济合理剥采比提高到 2 m^3/t。1980 年剥采比为 3.9 m^3/t，2015 年剥采比为 5 m^3/t，2020 年，德国褐煤露天开采行业移除的覆盖层为 7.39×10^8 m^3，平均剥采比为 5.6 m^3/t。西部的莱茵煤田覆盖层厚度为 10~450 m，煤层厚度为 30~50 m，倾角一般为 30°~70°，剥采比为 5.4 m^3/t，最大开采深度为 300 m。东部煤田煤层覆盖层厚度一般为 100 m，煤层厚度为 8~30 m，有的达 50 m，最大开采深度为 120 m。劳齐茨矿区剥采比为 5.0 m^3/t，而中部矿区剥采比只有 2.2 m^3/t。1950—2015 年褐煤剥采比变化如图 2-5-3 所示。

德国褐煤露天开采主要集中在 3 个矿区，即位于科隆以西的莱茵矿区、德累斯顿和科特布斯之间的劳齐茨矿区、莱比锡以南的中部矿区。此外，在黑尔姆斯泰特附近也有小规模褐煤露天煤矿，但在 2016 年以后已停产。

位于西部的莱茵矿区是最大的褐煤开采区，莱茵集团（RWE）共经营了三个露天煤

5 德国露天煤矿开采技术

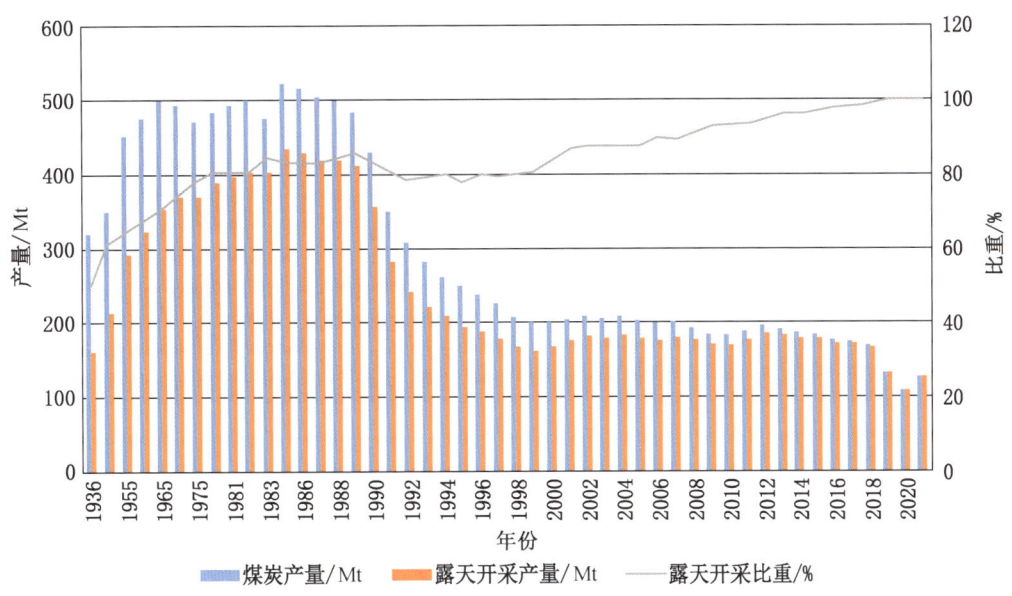

图 2-5-2　1936—2021 年德国煤炭总产量、露天煤矿产量与比重变化

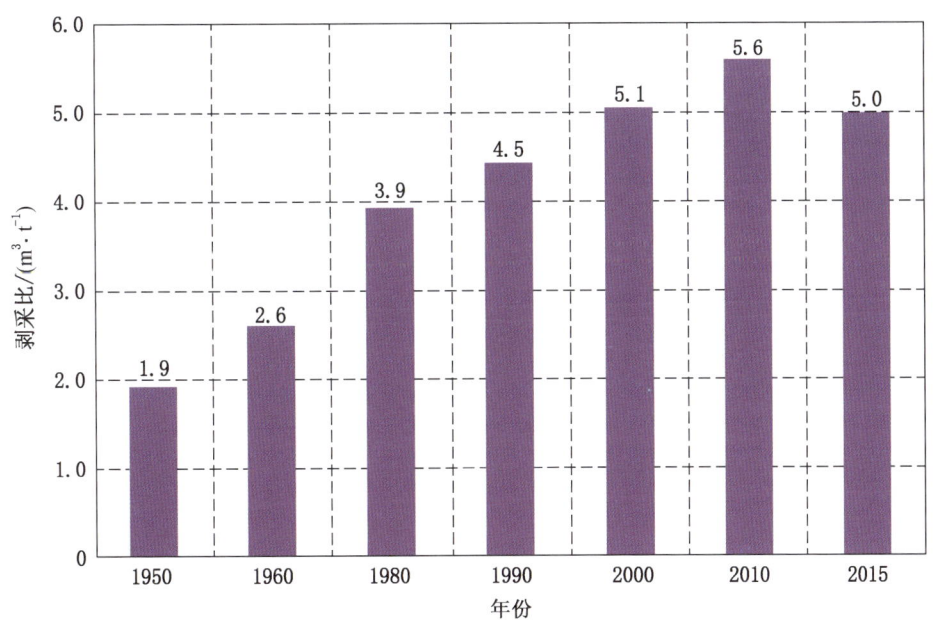

图 2-5-3　1950—2015 年间褐煤剥采比的变化

矿，分别是 Hambach 煤矿、Garzweiler 煤矿和 Inden 煤矿，年产量约 90 Mt，约 90% 产量直接供应约 9 个 RWE 的电厂（图 2-5-4）。

图 2-5-4 莱茵矿区的露天煤矿

东部劳齐茨矿区的劳齐茨能源矿业公司（LEAG）共经营 4 个露天煤矿，分别为 Jänschwalde 煤矿、Welzow-Süd 煤矿、Nochten 煤矿和 Reichwalde 煤矿，年产量约 62 Mt，生产的褐煤主要供应 Jänschwalde、Schwarze Pumpe 和 Boxberg 三家电厂。

德国中部矿区的德国中部褐煤公司（MIBRAG）经营了两个露天煤矿，分别为 Profen 煤矿和 Vereinigte Schleenhain 煤矿，年产量合计约为 18 Mt，生产的褐煤主要供应 Schkopau 和 Lippendorf 两个电厂。

2. 2021 年露天煤矿生产结构

德国现有的褐煤由三家公司的 9 座露天煤矿提供。德国现存露天煤矿规模平均为 4 Mt/a 以上，德国大型露天煤矿以较少的煤矿数量生产了超过 170 Mt 的褐煤，平均每座露天煤矿的产量达到了 18 Mt/a；其中 20 Mt/a 及以上的露天煤矿产量和数量占比分别为 61.50% 和 33.33%，不到 1/3 的露天煤矿生产了一半以上的煤炭产量，特别是位于莱茵煤田的汉姆巴赫露天煤矿年度煤炭产量达到 40 Mt，占比达到 23.59%，仅一矿的产能就接近了整个劳齐茨能源矿业公司的产能。主要四类露天煤矿产量和数量的占比见表 2-5-2。

表 2-5-2 2021 年主要四类露天煤矿产量和数量占比

煤矿统计范围	露天煤矿数量/座	露天煤矿产量占比/%	露天煤矿数量占比/%
20 Mt/a 及以上	3	61.5	33.3
10（包括）~20 Mt/a	2	19.2	22
4（包括）~10 Mt/a	4	19.3	44
4 Mt/a 以下	0	0	0

3. 近年来露天煤矿从业人员状况

从 1990 年至今，东部地区的就业职工人数降幅达到 93%。从数字上看，虽然褐煤企业职工人数的降幅比硬煤职工降幅显著，但是由于德国政府对硬煤褐煤采区的政策不完全一致和同步，褐煤企业职工减少的步伐比硬煤企业缓慢（表2-5-3）。

表2-5-3 德国褐煤企业职工人数

年份	莱茵地区	黑尔姆斯泰特	黑森州	巴伐利亚州	西部地区总计（1）	劳齐茨	德国中部	东部地区总计（2）	全国总计（1+2）
不包括电厂职工									
1990	15316	1658	474	5	17453	65478	46796	112274	129727
1995	13072	1176	105	5	14358	19248	6675	25923	40281
2000	10430	703	72	5	11210	7081	2996	10077	21287
2005	8200	403	1	5	8609	5745	2642	8387	16996
包括一般褐煤电厂员工									
2005	11105	665	1	5	11776	8881	2642	11523	23299
2010	11606	541	—	—	12147	8049	2508	10557	22704
2015	9410	453	—	—	9863	8316	2565	10881	20744

来源：Statistik der Kohlenwirtschaft e. V。

4. 2021年露天煤矿生产效率

从1990年起，褐煤企业职工逐步减少，但其褐煤生产企业的工人效率却保持较高水平，莱茵矿区员工的平均效率达到了15833.33 t/(工·a)，加兹韦勒二世露天煤矿员工的效率甚至达到了25000 t/(工·a)，其次是中部矿区的两座露天的平均效率为6875.00 t/(工·a)，最后是东部劳齐茨矿区员工效率为5375.00 t/(工·a)，德国的平均效率为9420.73 t/(工·a)（表2-5-4）。

表2-5-4 人员效率

统计范围	产能/(Mt·a^{-1})	工人数量	效率/(t·工$^{-1}$·a^{-1})
西部莱茵矿区	95	6000	15833.33
东部劳齐茨矿区	43	8000	5375.00
中部矿区	16.5	2400	6875.00
德国	154.5	12400	9420.73

5. 2021年露天煤矿生产指标

截至2021年底，德国有9个露天开采煤矿，均为私营企业。各个露天煤矿主要生产指标汇总见表2-5-5～表2-5-7。

表2-5-5 莱茵煤田露天煤矿

露天煤矿名称	汉姆巴赫	印登	加兹韦勒二世
产能/(Mt·a^{-1})	40	20	35
剥离量/Mm^3	252	72	250
剩余资源/Mt	1772	260	650
开采工艺	轮斗挖掘机-带式输送机-排土机连续工艺	轮斗挖掘机-带式输送机-排土机连续工艺	轮斗挖掘机-带式输送机-排土机连续工艺
所属公司	RWE公司（所属权截止到2040年）	RWE公司（所属权截止到2040年）	RWE公司（所属权截止到2045年）
开采面积/km^2	85	17	114
作业面积/km^2	43.8	45	32
员工数量	4600	—	1400
剥采比/(m^3·t^{-1})	6.3	3.6	7.3
剩余服务年限/a	44.3	9	18.75
所属矿区	莱茵矿区	莱茵矿区	莱茵矿区
原始地表覆盖物	森林	森林	森林
工作效率/(t·工$^{-1}$·a^{-1})	8695.65	—	25000

表2-5-6 劳齐茨矿区露天煤矿

露天煤矿名称	Jänschwalde	Welzow-Süd	Nochten	Reichwalde
产能/(Mt·a^{-1})	7.4	15.8	14	6
剩余资源/Mt	—	—	—	366
开采工艺	链斗挖掘机-排土桥/轮斗挖掘机-排土桥	链斗挖掘机-排土桥/轮斗挖掘机-排土桥	链斗挖掘机-排土桥/轮斗挖掘机-排土桥	链斗挖掘机-排土桥/轮斗挖掘机-排土桥
所属公司	LEAG	LEAG	LEAG	LEAG
开采面积/km^2	80	108	107	55
作业面积/km^2	31	37	29	20
员工数量	600	—	—	—
剩余服务年限/a	2	—	—	24
所属矿区	东部矿区	东部矿区	东部矿区	东部矿区
原始地表覆盖物	田地/村落	田地/村落	田地/村落	田地/村落
工作效率/(t·工$^{-1}$·a^{-1})	12333	—	—	—

表2-5-7 中部矿区露天煤矿

露天煤矿名称	Profen	Vereinigtes Schleenhain
产能/(Mt·a^{-1})	8	8.5
剥离量/Gm^3	340	380
所属公司	MIBRAG	MIBRAG
作业面积/km^2	14	20
员工数量	1900	1900
剥采比/(m^3·t^{-1})	4.25	—
剩余服务年限/a	14	—

5.2 露天煤矿开采技术特点

德国褐煤露天开采生产集中在3个矿区，即位于科隆以西的莱茵矿区、德累斯顿和科特布斯之间的劳齐茨矿区、莱比锡以南的中部矿区。

德国露天煤矿全部采用连续工艺，但连续工艺的组合和工作方式也由于赋存形态的不同有所不同。莱茵矿区是以轮斗挖掘机-带式输送机-集中分流站-排土机为主要形式的连续工艺，中部矿区是以轮斗挖掘机/链斗挖掘机-运输排土桥为主要形式的连续工艺系统，东部矿区是以轮斗挖掘机-排土机为主要形式的连续工艺。

5.2.1 轮斗挖掘机-带式输送机-集中分流站-排土机连续工艺

1. 轮斗挖掘机

（1）斗轮是轮斗挖掘机切割物料的机构。在斗轮轮周上装有铲斗，挖掘机工作时，铲斗随斗轮体同时旋转，在旋转中切割物料。

（2）装载臂的结构形式有三种：

悬臂式：这种工作方式在工作中要求轮斗挖掘机与带式输送机严格保持等距离，以利于对中装载。

桥式：桥式结构装载臂是将悬臂改为两支点桥式结构，桥内设一条S形输送带，桥为可伸缩式，故斗轮与带式输送机之间形成一个可伸缩的空间，便于在轮斗工作面推进时，与带式输送机的对中装载，减少带式输送机移设次数和形成组合台阶开采。

胶带车配合式：胶带车配合式结构使轮斗挖掘机和带式输送机之间有一个可活动的空间距离，胶带车成为轮斗挖掘机和带式输送机间的转载工具。

（3）平衡臂、斗轮臂、可回转机体、行走履带都是轮斗挖掘机机体结构的重要部分。物料流程：工作面上煤岩（物料）被斗轮切割后，经斗轮臂上输送带、机体内部、转入装载臂，装载到工作面输送带上。工作面采掘方式：轮斗挖掘机广泛采用端工作面采掘方式，切割的基本方式有水平切片和垂直切片两种，垂直切片使用比较广泛。切片主要参数为切片高度、切片厚度及宽度。汉姆巴赫露天煤矿轮斗挖掘机作业效果如图2-5-5所示。

图 2-5-5　汉姆巴赫露天煤矿轮斗挖掘机作业效果图

(4) 采高、采宽、采区长度及工作平盘宽度。采高、采宽主要取决于轮斗挖掘机的工作规格。工作平盘宽度除与轮斗挖掘机的规格有关外，还与工作面的运输类型有关。采区长度增长，由于减少了开切量及端部作业量，使轮斗挖掘机作业效率增大，但又会增加带式输送机长度及煤岩运距。由于带式输送机较昂贵，为减少运输水平数，应尽可能增大轮斗挖掘机的采掘总高度，并通过转载设备来实现组合台阶式采掘。

2. 带式输送机

带式输送机的结构比较简单，分机头、机架、输送带和机尾四部分。物料由轮斗挖掘机装载臂卸到带式输送机上的漏斗车中，再装到槽形输送带上，通过驱动滚筒与输送带之间的摩擦力带动输送带运转，从而实现物料的输送。机头为带式输送机驱动部分，包括电动机、减速箱传动系统、滚筒、支撑机构及移行机构等。机尾有滚筒和拉紧装置，有时也设有电动和传动系统。输送带类型决定于芯层性质，露天煤矿采用夹钢型输送带，因为此型输送带强度大，性能好。机架用来支撑输送带托辊。

3. 集中分流站

物料由于用途和流向的不同，带式输送机从工作面运来的物料，必须根据不同流向进行分流。分流设备有以下几种形式：回转式分流转载机，利用可回转悬臂进行多点分流的设备；伸缩机头式分流站，用于固定分流站，物料分流通过卸载机头伸缩实现。

4. 排土设备

排土设备主要是悬臂排土机和排土桥，物料由工作面带式输送机经过带式卸料车、排土机受料臂，通过排料臂回转排土。悬臂排土机可以用在外排土场和内排土场。排土机横跨于采掘与排土台阶之间。当煤层呈近水平或缓斜埋藏时，悬臂排土机与轮斗挖掘机配合，形成横向内排土。汉姆巴赫露天煤矿排土机作业效果如图 2-5-6 所示。

5 德国露天煤矿开采技术

图 2-5-6 汉姆巴赫露天煤矿排土机作业效果图

5.2.2 轮斗挖掘机/链斗挖掘机-运输排土桥

排土桥工艺在使用条件适宜时是最有效的剥离工艺,德国共发展和应用了三种基本类型的排土桥,所有排土桥的共同特点是它支承在剥离工作平盘和超前排土场上。这种构造形式经实践证明是最佳形式,悬臂长度与支承跨度应保持合理比例,以保证站立水平的排土台阶的稳定。

德国目前已有采高 34 m、45 m、60 m 剥离排土桥成套设备系列,可应用于不同的采矿技术条件。F34 型剥离排土桥应用于剥离厚度较小的情况,目前有 9 台正在生产中应用,分布在 5 个露天煤矿中(有的露天煤矿使用两台),当这些露天煤矿采完后转移到其他露天煤矿。

为了使排土桥能适应各种不同的地质条件,特别是由于土力学领域中的科研成果,使排土桥的原始结构发生了变化,采高提高到了 42 m,从而扩大了排土桥的应用范围。

在剥离排土桥 F45 型上采取了提高生产能力的各种措施,使它的采高从 45 m 提高到 53 m,并且生产能力提高到 60 Mm^3/a 以上。

1972 年第一次投入了 F60 型高生产能力的排土桥,它的年生产能力超过 118 Mm^3,成为世界上最大生产能力的采掘设备,它以几乎 700 m 的全长横跨在露天煤矿上空,生产能力为 35000 m^3/h,运行方式通过计算机控制,调整带速为 9 m/s 的物料流,以保证物料分配在各个排土台阶上。F60 设备组如图 2-5-7 所示。

5.2.3 轮斗挖掘机-排土机

用轮斗挖掘机-排土机工艺同样能够经济地排弃剥离物,此时排土机的悬臂横跨露天煤矿坑。用这种工艺的优点是轮斗挖掘机能够适应特殊的条件进行分层选采,并能适应煤田条件的变化。与排土桥相反,它能自己开挖开拓沟堑,在采完一个煤田后相对来说比较

图 2-5-7 F60 设备组（Es 3750-1294 和给料桥、链斗挖掘机 1292 和 1300 以及传送带桥）

简单地进行转移。目前德国应用了一套直接捣堆式机器，由一台 SRs800 型轮斗挖掘机和一台 ARs400 型排土机组成，排土机的悬臂长度为 140 m，这套设备的采高为 20 m，年生产能力约 8 Mm^3。它能够经济地开采比较小的覆盖层较薄的露天煤田。

1990 年，SRs6300 型轮斗挖掘机和悬臂长度 225 m 的排土机配套，用这套设备开采 40~50 m 厚的剥离物，年生产能力为 45 Mm^3（图 2-5-8）。

图 2-5-8 普罗芬露天煤矿的轮斗挖掘机

5.3 典型开采工艺与装备应用特点

5.3.1 典型开采工艺特点分析

TAKRAF 是一家位于莱比锡的全球性德国工业公司，是露天采矿、散装材料处理和矿物加工设备和系统的制造商与供应商，以其巨大的轮斗挖掘机、半移动式破碎站、输送机和堆浸系统而闻名。

该公司于 1958 年在东德作为 Kombinat 成立，但可以追溯到 1725 年，当时第一家建筑设备工厂在德累斯顿附近的 Lauchhammer 成立。德国统一后，TAKRAF 成为 MAN 公司的一部分，后来于 2006 年被国际 Techint 集团旗下的 Tenova SpA 收购。其产品包括轮斗挖掘机 RB293 和 SRs 8000。

5.3.2 主要装备应用效果评价

1916 年，德国贝格威茨褐煤露天煤矿首次应用了轮斗挖掘机，该设备由德国科隆洪堡机械厂生产。轮斗设备及工艺的诞生、发展均源于德国，纵观整个世界应用轮斗设备的国家及地区，轮斗设备在德国的应用数量最多，故轮斗工艺通常被称为德国工艺。在德国褐煤露天煤矿开采过程中，轮斗挖掘机 – 带式输送机 – 排土机的连续工艺被广泛应用。以汉姆巴赫露天煤矿为例，由于汉姆巴赫露天煤矿产量规模巨大，且剥采比高，故应采用最大能力的设备使开采费用趋于最小。据此该矿只使用 240 km³/d 等级的设备。达产时，该矿使用 8 台轮斗铲、8 台排土机和大约 120 km 带式输送机，输送机带宽 2.8 m，带速为 7.5 m/s。德国 RWE 电力公司应用的部分轮斗挖掘机数据见表 2 – 5 – 8。

表 2 – 5 – 8 德国 RWE 电力公司应用的部分轮斗挖掘机数据

型 号	bagger260	bagger262	bagger285	bagger287	bagger288	bagger293
年份	1962	1966	1975	1976	1978	1995
工作重量/t	7800	7386	13500	14000	12800	14200
工作能力/(m³·d⁻¹)	11000	11000	20000	20000	24000	24000
长度/m	195	195	210	225	215	225
高度/m	67	67	92	95	96	96
底盘高度/m	31	31	45	45	45	45
履带数量	12	12	12	12	12	12
驱动功率/kW	9478	9500	16560	—	16560	—
速度/(m·min⁻¹)	2~10	2~10	2~10	2~10	2~10	2~10
平均接地压力/(N·cm⁻²)	12.3	12	18	—	17.1	—
斗轮直径/m	17.3	17.3	21.6	21.6	21.6	21.6

表 2-5-8（续）

型　号	bagger260	bagger262	bagger285	bagger287	bagger288	bagger293
铲斗数量	10	10	18	18	18	18
铲斗斗容/m³	2.6	2.6	6.6	—	6.6	6.6
斗轮驱动功率/kW	3×630	3×570	4×630	—	4×840	3×1680
应用	汉姆巴赫露天煤矿	盖茨威勒露天煤矿	盖茨威勒露天煤矿	汉姆巴赫露天煤矿	盖茨威勒露天煤矿	汉姆巴赫露天煤矿

汉姆巴赫露天煤矿的轮斗挖掘机为蒂森克虏伯公司生产的 Bagger 293，在剥离密质硬岩或冻土时实际生产能力能达到 $0.24\ \text{Mm}^3/\text{d}$，挖掘松方的能力达到了 $0.3\ \text{Mm}^3/\text{d}$。其主要技术参数见表 2-5-9，图 2-5-9 所示为 Bagger 293 轮斗挖掘机工作图。

表 2-5-9　Bagger 293 轮斗挖掘机主要技术参数

外形尺寸/(m×m×m)	240×49×96
装机容量/kW	20000
斗轮驱动功率/kW	5040（3×1680）
整机质量/t	14210
移动速度/(m·h⁻¹)	600
铲斗容量/m³	8.6×20

图 2-5-9　Bagger 293 轮斗挖掘机工作图

为使连续工艺系统能力可以相配套，除一台巨型轮斗挖掘机、一条高速带式输送机外，汉姆巴赫露天煤矿还有 KRUPP 制造的 RB292 剥离系统的排土机，其中名为 Absetzer760 的排土机,能力为 0.3 Mm³/d,为全球最大。其主要技术参数见表 2-5-10,图 2-5-10 所示为 Absetzer760 轮斗挖掘机工作图。

表 2-5-10 Absetzer760 轮斗挖掘机主要技术参数

排土作业能力/(m³·d⁻¹)	240000~300000
工作重量/t	5900
整机总装机功率/kW	11600
外形尺寸/(m×m×m)	193×42×64
卸料臂长度/m	100
操作人员/人	4
最高移动速度/(m·min⁻¹)	9.3

图 2-5-10 Absetzer760 轮斗挖掘机工作图

5.4 露天煤矿生态环境保护技术

德国露天煤矿环境保护和复垦工作由联邦政府和地方政府、基层政府的多级管理。制定了包括《矿产资源法》《联邦矿业法》《联邦矿业条例》《联邦德国环境影响评价法》《废弃淹水矿井的水资源管理》等一系列有关环境的法律法规,从而形成了较为严格的露天煤矿生态环境保护体系。同时借助德国先进的工业技术和管理经验,使得德国在露天煤矿的环保和复垦工作做得极为出色。

5.4.1 主要露天煤矿区的生态环境分类

德国是传统的工业国家,也是煤炭开采历史悠久的国家之一。德国的地形多样,从北到南划为五大地形区：北德低地、中等山脉隆起地带、西南部中等山脉梯形地带、南德阿尔卑斯山前沿地带以及巴伐利亚阿尔卑斯山区。德国北部低地的特征是丘陵起伏的沿海岸高燥地和黏土台地与草原，泥沼以及中等山脉隆起地带前方向南伸展的黄土地之间有星罗棋布的湖泊。中等山脉隆起地带则将德国分成南北两片。西南部中等山脉梯形地带包括上莱茵低地及其边缘山脉。南部阿尔卑斯山前沿地带包括施瓦本巴伐利亚高原以及在南部的丘陵和湖泊、碎石平原、下巴伐利亚丘陵地区和多瑙洼地。巴伐利亚阿尔卑斯山区则包括阿尔高伊的阿尔卑斯山、巴伐利亚的阿尔卑斯山和贝希特斯加登的阿尔卑斯山。

德国露天煤矿主要分布在其西南部莱茵低地及其边缘山脉（莱茵矿区），原始北部低地与中等山脉隆起地带（卢萨斯亚矿区）及中部山脉（中部矿区）。所以在莱茵矿区、中部矿区的露天煤矿原始地表覆盖物以森林和山地为主，比如汉姆巴赫露天煤矿，其采场位置就位于汉姆巴赫森林；在卢萨斯亚矿区的露天煤矿原始地表覆盖物以平原为主，如Jänschwalde露天煤矿，其采场位置就位于村落田地。

德国处于大西洋和东部大陆性气候之间的凉爽的西风带，温度起伏不大，降雨分布在一年四季。冬季平均温度在1.5 ℃（低地）和6 ℃（山区）之间。七月份低地平均温度为18 ℃，南方有屏障的山谷为20 ℃左右。属于例外的是气候温润的上莱茵河谷，以及经常可以感到从阿尔卑斯山吹来的燥热风的上巴伐利亚和山风刺骨、夏季凉爽、冬季多雪，从而构成自己独特气候区的哈尔茨山区。

5.4.2 露天煤矿环境监管机构及相关法律

1. 环境监管机构

德国联邦政府中主管矿山复垦的机构是联邦经济和能源部，其部长一般由联邦政府的副总理兼任。经济和能源部下设3个部门，其中矿产资源开发中的复垦工作由一名副部长专门负责，其职责为：贯彻执行联邦政府有关矿山复垦及生态重建的有关法律法规，保证联邦政府有计划地开发利用矿产资源；调查、统计废弃矿山的数量和面积，确定复垦后的用途，收集有关土地破坏、复垦情况，研究矿山复垦方法；监督、检查矿产资源开发对土地的破坏情况，并制定矿山复垦的长期和近期目标；审查采矿者的采矿申请书及复垦计划，检查土地复垦计划执行和资金落实情况。

德国各地方政府特别是基层政府负责具体的土地复垦利用规划的制定和土地复垦的工作。地方政府负责土地复垦的机构有环境保护、矿管、经济管理部门，各自按照有关的法律规定各负其责，共同推动土地复垦。复垦后的土地由采矿公司负责管理并拥有土地所有权和处置权。

2. 环境保护相关法律法规

德国政府十分重视矿区的生态保护和土地复垦。1969年联邦政府发表环境保护政策宣言，1971年颁布《联邦政府环境纲要》，特别是1972年宪法修改后，相继出台了《矿产资源法》《联邦矿业法》《联邦矿业条例》《联邦德国环境影响评价法》《废弃淹水矿井的水资源管理》等一系列有关环境的法规。同时，环境投资逐年增加，污染治理费占国民生产总值的2.0%左右。

根据德国《矿产资源法》，矿区景观生态重建和对矿产的勘探、开发和开采都属于采矿活动的一部分。该法对景观生态重建作了如下定义："重建是指在顾及公众利益的前提下，对因采矿占用、损害的土地进行有规则的治理。"重建并不是将土地恢复到开采前的状况，而是建设为规划要求的状况。景观生态重建是一个连续不断的过程，从对矿产的勘探和开采，直到优良而健康的环境在该区域内重新生成为止，使土地被赋予符合可持续发展要求的新用途。

德国的《联邦矿业法》是矿区重建重要的法律依据。该法对国家的监督权，矿山企业的权利和义务，受到开采影响的社区，其他机构和个人的权利和义务，取得矿产资源的勘探、开采和初加工等采矿活动许可证的条件等都作了规定，并对采矿活动结束后的矿区环境治理也作了规定。《联邦矿业法》规定，企业在矿山开采前、开采中和终止时，都要制订环境保护和治理规划，报矿山主管部门批准。其中业主对矿区复垦提出具体措施，是项目审批的先决条件。矿山终止要有清除危险、拆除矿山建筑物、消除污染的具体规划方案，明确生物物种和水体恢复到矿山开采以前状态。《废弃淹水矿井的水资源管理》也规定了废弃矿井地下水监测、排水管理、排水处理等方面遵循的原则和技术途径。

《联邦自然保护法》对矿区的生态重建起到了重要作用。该法的基本出发点是自然保护和景观维护，要求企业对所造成自然景观的破坏，要通过土地复垦的方式进行恢复和治理，构造接近自然的景观。其他的《规划法》也对矿区的生态重建发挥着重要作用。

3. 环境保护的规划政策

德国政府利用规划的手段建立了对环境保护的控制体系。规划控制体系一是指褐煤规划，二是指企业规划。褐煤规划是基于州《规划法》起草的。根据州《规划法》，褐煤规划必须符合州规划的基本原则，并将联邦空间规划和州规划的目标作为其基本目标。主要内容为：对开采范围、排土场占地、村庄搬迁以及地表水系和地下水的影响范围作出明确规定；对褐煤开采引起的各种潜在危险进行描述、分析和评价；对褐煤开采是否适应州规划中能源长期供给的要求、是否满足褐煤开采影响区内社会团体的利益要求和环境保护的要求进行讨论和审核；对景观重建也进行了明确的规划和规定，如地表重构的原则、复垦土地的用途、地表的排水以及土壤肥力的重构等。

褐煤规划由褐煤委员会及其委托的工作组起草、编制。该委员会是州规划局的一个机构，它由褐煤矿区各市、县、相邻区域的代表及各协会的代表组成。规划草案完成后，交由公众讨论，褐煤委员会对公众的意见和质疑作出解释，必要时对规划草案进行修改。此后褐煤规划交由州规划委员会会同相应的专业部门及联邦议会的专业委员会审批。区域内其他规划不得与褐煤规划相悖。

褐煤规划只对景观生态重建作出框架性规定，具体实施是通过企业规划来完成的。企业规划包括：整体规划、主要规划、特殊规划和闭坑规划等。它由采矿企业根据褐煤规划进行编制，并报上级专业主管部门审批。如在北莱茵州，企业规划是由州矿管局审核批准的。在企业运作期间和停产后，矿管局对规划的执行情况具有监督权。对矿区环境的恢复治理通过企业结束规划来实现。在结束规划里，企业要对开采活动结束后，排除潜在危险的措施、地表恢复治理的措施、复垦后土地的用途、景观的重构等作出详细的描述和规划。只有企业结束规划获得批准之后，企业才允许对褐煤进行开采。

5.4.3 露天煤矿生态环境修复典型案例及技术

目前，美、德等先进露天采煤国家已在采后土地复垦、森林再植、景观恢复及新建生态系统方面积累了丰富的经验，采后的露天采场及排土场根据当地需要恢复成农田、林区、草地、牧场、公园、游泳池、假山、休闲及游览胜地，建设高标准居民区，建设有草有树、放养各种动植物群体的新的生态系统。

1. 土地复垦技术

德国土地复垦以林、农业复垦为主，转向建立休闲用地、重构生物循环体和保护物种上来。即所谓的混合型土地复垦模式：农林用地、水域及许多微生态循环体协调、统一地设立在一起，从而为人和动、植物提供较大的生存空间。

德国露天煤矿排土场采用"分层剥离、交错回填"工艺，增加了开采与复垦效率，同时注重复垦前规划的区域协调性、倡导复垦中采用低碳技术、挖潜复垦土地的多功能性、强化复垦土地的后期管护等，保障了土地可持续发展。

德国政府在颁布的法规中要求各采矿企业在申报开矿计划的同时必须把采矿后的复垦规划、复垦方向、资金渠道等一并报批，否则不允许开矿。同时还规定采矿企业在采矿停止后两年内，必须完成复垦工作，否则不再发放采矿许可证。

德国对复垦工作十分重视，在国家科学技术委员会领导下，成立了专门的采矿后景观研究所，其主要任务是研究复垦前后因各种生态因子的改变而引起土壤、水分、动植物生长及对环境的影响。

2. 土壤重构技术

德国一些矿区土源有限，矿区内部表土无法满足复垦需求，有时需要人工造土，覆土厚度较薄，一般为 $0.5 \sim 1.0$ m；通过施用无机肥、有机肥改良土壤。

3. 景观修复技术

（1）河流"近自然"景观修复。矿区内小河河面窄，河道弯曲率低，流量较小，生物多样性低。通过采取人工拓宽河面、增加弯道、设置拦挡木、沙岛等措施，使河流景观生态得到极大改善，陆续有水鸟、水獭、草蛇等动物迁入，生物多样性显著提高。

（2）矿坑景观修复。露天开采通常会形成许多大小不一的矿坑，有的面积达到上千公顷，如果单纯进行土壤植被修复，工程耗资巨大，经济性较差。莱茵集团对地形地貌等进行科学论证，因势利导，采用蓄水成湖的方法将矿坑改造为人工湖景观，并在周围营造混交林。面积小的矿坑，通常改造为芦苇塘、休闲区或水禽保护区；面积大的矿坑，则改造为集生活休闲娱乐与动物保护功能为一体的综合型开放水域。

（3）极端生境景观修复。莱茵褐煤露天开采区内的极端生境可以分为极湿、极旱、极陡 3 类。根据"近自然"原则，不对这 3 类极端生境进行人工修复，使其自然发展。经过观察，3 类极端生境不仅没有继续恶化，反而为一些特殊物种提供了栖息场所，增加了物种多样性和景观多样性。

4. 农业复垦技术

农业复垦对土壤重构要求较高，对较浅的开采工作面平台和边坡进行处理后，分层覆盖砂石、粉砂、壤土等，覆盖厚度至少 2 m，以保证土壤肥力。

5. 林业复垦技术

林业复垦对土壤重构的要求相对较低，通常采用由黄土或壤土、砂和砾石组成的混合土，也叫森林土。黄土或壤土的比例至少为 25%，整个土层厚度为 4 m。该配比土壤有助于植物根系生长，有利于蓄水和提供养分。

矿山复垦工作在德国有一整套管理机构和工作程序，而且按批准的规划严格组织实施。由于机构健全、严格执法，而且有稳定的资金渠道，德国的复垦工作取得了很大的成绩。德国的林业复垦严格地按科学程序进行，复垦方向、树种选择，林分的经营管理等都以科学数据为依据来确定，因此林业复垦质量高，效果显著。在采矿过程中十分注意最大限度减少对环境的破坏，采矿后开展复垦工作也不是简单地种树或平整土地，而是从整体考虑生态的变化和群众对环境的需要。德国的林业复垦严格地按照科学程序进行，复垦方向、树种选择、林分的经营管理等都以科学数据为依据来研究。因此林业复垦质量高、效果显著。

6. 生态重建技术

德国矿区景观生态重建从最初的植树、绿化到多功能复垦区域的建立，经历了由单一到综合，由简单到成熟的过程。

德国制定了生物多样性保护手册，要求在采煤和复垦中做好生物多样性调查与保护工作，而且需要提供几种可供选择的方案和方法。维佐夫露天煤矿水量充沛，一般先草后树，构建人工生态系统，逐渐通过间伐形成近自然生态系统。

7. 生态环境保护实例

1989—1999 年，德国恢复了埃姆歇河的自然环境，实现了工业遗产保护和棕地的再开发，同时促进了文化创意产业的发展，创造了新的就业机会。2010 年 IBA 在劳希茨地区进行了新的实践，将原来的露天煤矿区转变为生态湖区，将棕地变为绿地通过工业遗产保护与再利用、景观整理、开展旅游等一系列活动，实现了区域环境、经济和社会的综合复兴。

LMBV 公司有 720 名具有专业知识和实践经验的技术人员，负责 1000 km^2 范围内的矿区治理，由联邦政府提供 75% 的资金，州政府提供 25% 的资金，现已完成劳希茨地区 80% 采矿废弃地的治理他们的主导思想是因地制宜，将土地改造成自然景观和适宜耕种的农地。经过清理矿坑底部残留污染物、挖渠连通、引水、环境美化等工作，许多孤立的矿坑被改造成连片的湖泊。昔日的老矿区变成了今日水波荡漾、芳草萋萋、绿树成荫的风景区，周末许多人到此划船、垂钓和野营。采矿废弃土地治理后改变为农业、林业、湖泊、生态及其他用地，实现了工业用地的功能转换。霜天矿坑从 2005 年开始连续蓄水，到 2015 年这里将形成一个拥有 140 km^2 水面的湖泊景观，治理方案将使废弃土地恢复生态环境，旅游业得以蓬勃发展。

2000 年 IBA 开始着手产业结构转型和劳希茨环境整治、景观改造等一系列项目，成立了联合公司，为每个项目寻找合作组织，建立伙伴关系，筹集来自政府、基金和捐款等多种形式的资金来源。作为区域发展的组织者，IBA 以"矿区景观引导和塑造"为中心任务，从矿区生态修复、土地复垦、景观重建、产业转型、经济复兴等方面，开始了环境整治和景观重建工作。IBA 组织国际规划设计竞赛，选择最优秀和最有创意的方案，保证项目质量，共策划了 6 条主题旅游项目：露天煤矿勘探体验、参观采矿形成的峡谷和桥式输送机、感知导引、不同煤层开采、设法通过复杂地形、露天煤矿舞台等，兼有攀爬、徒步、自行车、越野、划船等各项活动。IBA 还聘请矿工担任导游，组织文化娱乐等活动，吸引游客的参与。一些工业宝藏得到保护和再利用，前卫的景观艺术和建筑设计在采矿废弃地上得以实现。使到过劳希茨的人们既能感受到褐煤和能源工业的渊源，也能看到该地区从露天煤矿区到生态湖区的转变，包括环境、景观、经济、社会和文化等方方面面。

5.4.4 生态环境保护原则及特点总结

1. 德国环境保护原则

（1）因地制宜的环保政策。德国露天煤矿主要分布在其西南部莱茵低地及其边缘山脉（莱茵矿区），原始北部低地与中等山脉隆起地带（卢萨斯亚矿区）及中部山脉（中部矿区）。针对露天煤矿的所在位置的地形及气候特征，有针对性地提出环境保护及复垦策略。

（2）环保与煤矿建设同步。德国的法律规定了煤矿开采企业在矿山开采前、开采中和终止时，都要制订环境保护和治理规划，其中业主对矿区复垦提出具体措施，是项目审批的先决条件，这就保证了德国煤矿企业对环境保护的重视，环境保护方案也具有长期性。

（3）政府监管。对于煤矿环境保护，德国制定了自上而下的政府监管体系，在联邦政府中主管矿山复垦的机构是联邦经济和能源部，其部长一般由联邦政府的副总理兼任。德国各地方政府特别是基层政府负责具体的土地复垦利用规划的制定和土地复垦的工作。保证了环境保护政策的制定、实施与监管。

2. 环境保护特点

（1）完善的政策。德国政府十分重视矿区的生态保护和土地复垦。1969年联邦政府发表环境保护政策宣言，1971年颁布《联邦政府环境纲要》，相继出台了《矿产资源法》《联邦矿业法》《联邦矿业条例》《联邦德国环境影响评价法》《废弃淹水矿井的水资源管理》等一系列有关环境的法规对矿区的生态重建发挥着重要作用。

（2）成熟的监管。德国政府对露天煤矿环境保护和复垦工作形成了联邦政府和地方政府、基层政府的多级管理，从而形成了较为严格的露天煤矿生态环境保护体系。

（3）保护手段多样。德国在土地复垦、森林再植、景观恢复及新建生态系统方面积累了丰富的经验，采后的露天采场及排土场根据当地需要恢复成农田、林区、草地、牧场、公园、游泳池、假山、休闲及游览胜地，建设高标准居民区，建设有草有树、放养各种动植物群体的新的生态系统。

5.5 典型露天煤矿

5.5.1 地形和气象条件

汉姆巴赫露天煤矿位于西部的莱茵矿区，位于德国西南部莱茵低地及其边缘山脉，露天煤矿原始地表覆盖物以森林和山地为主，汉姆巴赫露天煤矿采场位置就位于汉姆巴赫森林。

5.5.2 资源与赋存条件

莱茵矿区是最大的褐煤开采区，莱茵煤田覆盖层厚度为10~450 m，煤层厚度为30~50 m，倾角一般为30°~70°，剥采比为5.4，最大开采深度为300 m。

汉姆巴赫露天煤矿总面积约为85 km²，工作面积约为43.8 km²。

5.5.3 生产状况

汉姆巴赫露天煤矿由莱茵集团（RWE）经营，产能40 Mt/a，是德国最大的露天煤矿。汉姆巴赫露天煤矿生产基本情况见表2-5-11，其俯瞰图如图2-5-11所示。

5 德国露天煤矿开采技术

表 2-5-11　汉姆巴赫露天煤矿生产基本情况

名　称	参　数
产能/(Mt·a^{-1})	40
剥离量/m³	2.52
剩余资源赋存情况/Mt	1772
开采工艺	轮斗挖掘机－带式输送机－排土机连续工艺
所属公司	RWE公司（所属权截止到2040年）
开采面积/km²	85
作业面积/km²	43.8
员工数量/人	4600
剥采比	6.3
剩余服务年限/a	44.3
工作效率/(I·t^{-1}·a^{-1})	8695.65

图 2-5-11　汉姆巴赫露天煤矿俯瞰图

5.5.4　开采工艺与装备应用

1. 工艺类型

汉姆巴赫露天煤矿采用轮斗挖掘机－带式输送机－集中分流站－排土机连续工艺。汉姆巴哈露天连续剥离工艺如图 2-5-12 所示。

图 2-5-12　汉姆巴哈露天连续剥离工艺

2. 主要装备及管理

汉姆巴赫露天矿的轮斗挖掘机为蒂森克虏伯公司生产的 Bagger 293 型轮斗挖掘机，在剥离密质硬岩或冻土时实际生产能力能达到 0.24 Mm^3/d，挖掘松方能力达到了 0.3 Mm^3/d。

为使连续工艺系统能力可以相配套，除一台巨型轮斗挖掘机、一条高速输送带机外，汉姆巴赫露天矿还有 KRUPP 制造的 RB292 剥离系统的排土机，其中 Absetzer760 排土机能力达 0.3 Mm^3/d，为全球最大。

5.6　经验与启示

德国经济的高速发展持续运行离不开其对能源的高效利用，特别是 19 世纪至今，德国煤炭资源的开发和利用一直是世界各国采煤工业的典范，采用连续工艺进行露天煤炭开采对世界具有深远的影响意义。纵观德国煤炭开采历史，有许多决策可以为我国煤炭开采进行指导。主要包括以下两个方面。

第一，开采方式的选择。露天开采作为一种安全可靠、生产成本低、生产效率高的开采方式，在德国乃至世界范围内广泛被使用，为世界煤炭工业的发展、能源的供应作出了巨大贡献。对于符合露天开采的煤层，优先采用露天开采，也是世界范围的广泛共识。但近些年，由于露天煤矿污染和环保问题的突出，对我国露天开采事业的发展造成了一定的阻碍。经过调研发现，德国的露天煤矿大多开在森林（莱茵矿区）、山地（中部矿区）、平原（东部矿区），其生态环境不仅没有遭受到巨大破坏，反而因露天煤矿的开采对其周边的生态环境进行了有效的恢复。

第二，开采工艺的选择。德国自20世纪初以来不断对连续工艺进行开发和使用，积累了宝贵的经验。正是因为连续工艺的出现，使其煤炭的采出率得到了较大提升。连续工艺的多样化，也为其适应性、经济性提供了有力的保障，我国在接下来的煤炭开发利用中，要对适合使用连续开采工艺的露天煤矿进行尝试，提高煤炭开发水平。

6 俄罗斯露天煤矿开采技术

俄罗斯露天煤炭资源集中分布在库兹巴斯、坎斯克-阿钦斯克、伊尔库茨克和南雅库茨克等矿区,以动力煤和褐煤为主,炼焦煤较少;地质条件多种多样,开采煤层结构复杂;平均开采深度为 100 m,深度小于 130 m 的露天煤矿占 74%;平均剥采比为 4.87 m³/t。1940 年以来俄罗斯露天煤矿的数量、产量和占比保持波动增长;2021 年,俄罗斯共有 135 个露天煤矿,5 Mt/a 以下的中小型露天煤矿占到 89%;露天煤矿产量 338 Mt,占俄罗斯煤炭产量的 77.9%。俄罗斯露天煤矿的开采工艺主要采用无运输倒堆工艺和间断工艺、轮斗挖掘机-铁道运输或单斗机械铲-带式输送机的半连续工艺和轮斗挖掘机-带式输送机的连续工艺。俄罗斯具有一定的装备自主制造能力,但总体制造水平由盛到衰,挖掘机、装载机、电铲、卡车等主要设备都依赖进口。

6.1 概述

6.1.1 露天煤炭资源条件

俄罗斯煤炭资源丰富,其中 99% 分布在俄罗斯东部三大煤田、东西伯利亚和远东几个矿区。煤田地理位置大部分在北纬 50°以北的高寒地区,赋存条件多种多样。

1. 俄罗斯露天煤炭资源丰富

俄罗斯适合露天开采的煤炭资源丰富,储量为 117.2 Gt,占比达到 72.3%。截至 2021 年底,俄罗斯煤炭探明储量 162.2 Gt,占全球储量的 15.1%,仅次于美国位居第二,其中:44.23% 为无烟煤和烟煤,其余为次烟煤和褐煤。

2. 俄罗斯露天煤炭资源集中分布在东部地区

俄罗斯共有 22 个煤田,94% 的煤炭资源集中分布在西伯利亚和远东地区。适合露天开采的煤炭储量 99% 集中在俄罗斯东部地区,包括库兹巴斯、坎斯克-阿钦斯克、伊尔库茨克三大煤田,东西伯利亚和远东几个矿区。三大煤田适合露天开采的煤炭储量占比分别达到 66%、80% 以上和接近 100%,合计储量约为 76020 Mt,占比约 46.9%。库兹巴斯煤田煤质特点是低硫、低灰、高发热量;坎斯克-阿钦斯克煤田煤层厚度大(可达 70 m),埋藏浅,露天开采效率高;伊尔库茨克煤田的煤炭硫含量较高(3.4% ~ 5.4%)。

3. 俄罗斯露天煤炭资源赋存条件多样

俄罗斯煤层赋存条件良好,多数属于近水平和缓倾斜煤层,仅少量薄煤层和急倾斜煤层,详见表 2-6-1。适于露天开采的煤田地质条件多样,煤层倾角有大有小,既有水平、近水平,也有倾斜、急倾斜,煤层倾角最大达到 90°;煤层结构有简单、有复杂,许多煤层与岩石夹层交替赋存,在世界上是独特的;埋藏有深有浅,岩性有软有硬,煤层厚度有时达几百米,系坚硬和半硬岩石(图 2-6-1)。

表2-6-1 俄罗斯煤层赋存统计

厚度/m	煤层倾角/(°)			合计
	<35	35~45	>45	
0.71~1.2	3.06	0	0.01	3.07
1.21~1.8	12.58	0.09	0.11	12.78
1.81~3.5	57.78	0.14	0.79	58.73
>3.5	21.92	0.82	2.68	25.42
总计	95.34	1.07	3.59	100

注：表内数据为工作面的比重。

4. 俄罗斯露天煤炭以动力煤和褐煤为主、炼焦煤较少

俄罗斯露天开采的煤炭60%为褐煤，40%为硬煤。库兹巴斯和南雅库茨克矿区的露天煤矿开采各种牌号的硬煤。俄罗斯露天开采的炼焦煤比重较少，不超过10%，储量主要集中在深层（深度在300 m以上），富集区分别是位于西伯利亚地区的扎舒兰－红奇科伊、库兹涅兹克，远东地区的格尔比坎－奥格贾等地。俄罗斯优质煤炭资源富集区赋存条件见表2-6-2。

表2-6-2 俄罗斯优质煤炭资源富集区赋存条件

煤田/地区	煤种	资源量/储量	煤层条件	开采方式
库兹巴斯煤田	炼焦煤、动力煤	1800 m以浅预测资源量733.4 Gt，其中炼焦煤探明储量32.48 Gt	含煤系数高，煤层平均厚度大，煤质好。煤系地层有不同厚度的煤层约260层，厚度为1.3~30 m，其中有120层厚度为4 m的开采煤层。南部有大量煤炭储量赋存于厚度小于10~12 m的缓倾斜、倾斜煤层，以及厚度达20 m甚至更厚的急倾斜煤层中。可用于露天开采的矿床面积达3.6 Gm²	露天井工
坎斯克－阿钦斯克	褐煤	地质储量为600 Gt，适合露天开采的140 Gt	采矿地质条件简单，有20个可采煤层，大部分煤层厚度为6~15 m，倾角2°~9°，为水平和缓倾斜煤层，埋藏很浅，剥采比仅为1~2 m³/t，是俄罗斯开采成本最低的煤田	露天
伊尔库茨克	炼焦煤	地质储量为76.5 Gt，折合成标准煤为53.6 Gt	大部分储量埋藏在300 m以内	露天
格尔比坎－奥格贾地区	动力煤为主	>7 Gt	11个煤层，总厚度20~33.6 m	露天井工
扎舒兰－红奇科伊	优质动力煤	0.7 Gt	2层主采煤层，平均厚度15 m	露天

6.1.2 露天煤矿生产情况

苏联自 20 世纪 60 年代以来主要靠露天开采增产,70 年代以来全部靠露天开采增产。1940 年以来的 80 年,俄罗斯露天煤矿的数量、产量和占比都保持持续增长。截至 2021 年,俄罗斯共有 135 个露天煤矿,其中 5 Mt/a 以下的中小型煤矿占到 89%。2021 年露天煤矿产量达 338 Mt,占比达到 77.9%;露天开采平均单矿产量为 2.5 Mt,生产效率达到 5112 t/(人·a)。

1. 近 30 年露天煤矿数量波动增长

俄罗斯煤炭开采以露天开采为主。1994 年俄罗斯共有煤矿 294 个,其中露天煤矿 65 个,占比 22%。随着煤炭行业改革,大量井工煤矿关闭,露天煤矿数量持续增加,2000 年露天煤矿数量增至 119 个,首次超过井工煤矿数量。2012—2018 年,俄罗斯共新建了 14 个露天煤矿,其中有 8 座位于克麦罗沃地区(表 2-6-3)。1994—2021 年露天煤矿数量整体呈现快速增加趋势,从 65 处增加到 135 处。今后几年,俄罗斯露天煤矿继续发展,数量预计达到 150 个左右。1994 年以来,俄罗斯露天煤矿数量变化如图 2-6-1 所示。

表 2-6-3 2012—2018 年新建露天煤矿情况

编号	煤 矿 名 称	所 在 地 区
1	Trudarmeysky-South	克麦罗沃地区
2	March 8	克麦罗沃地区
3	Karachiyaksky	克麦罗沃地区
4	Ubinsky	克麦罗沃地区
5	Kiyzassky	克麦罗沃地区
6	Pervomaisky	克麦罗沃地区
7	Taybinsky	克麦罗沃地区
8	Permyakovsky-2	克麦罗沃地区
9	Arshanovsky	哈克斯共和国
10	Nekkovy	Primorsky 领土
11	Solntsevsky	萨哈拉州
12	Elgaugol	雅库特共和国
13	Apsatsky	雅库特共和国
14	Fandyushkinsky	Chukotka 自治区

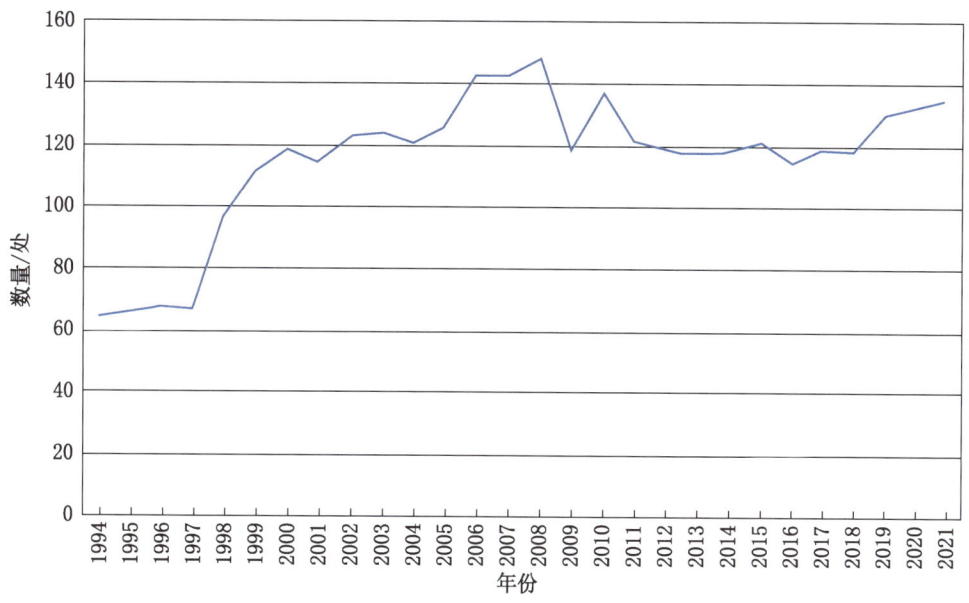

图 2-6-1　1994—2021 年俄罗斯露天煤矿数量变化

2. 近 80 年露天煤矿产量和占比持续增长

1940—2021 年俄罗斯露天煤矿煤炭产量由 6 Mt 增加到 338 Mt，增长了约 56 倍；露天煤矿煤炭产量所占比重由 9.2% 增长到 77.9%，占比增长了 68.7 个百分点。露天煤矿煤炭产量的变化与煤炭总产量的变化历程基本相同，可以分为 3 个阶段。一是 1940—1988 年不断增长阶段，露天煤矿煤炭产量由 6 Mt 增加到 229 Mt，煤炭总产量由 69 Mt 增加到 425 Mt，增长了约 37 倍；二是 1989—2002 年下降和停滞阶段，1988 年之后煤炭生产由于开采条件的恶化，加之 1991 年苏联解体，煤炭总产量和露天煤矿产量均呈现减少和停滞状态，分别由 425 Mt 减少到 253 Mt、229 Mt 减少到 167 Mt；三是 2003—2021 年恢复发展阶段，俄罗斯政府对煤炭工业进行改革和重组，通过关闭严重亏损煤矿、加快科技进步等措施，煤矿生产效率得到逐步恢复和提升，煤炭总产量和露天煤矿产量呈现恢复增长，分别由 276 Mt 增加到 434 Mt、183 Mt 增加到 338 Mt，露天煤矿产量占比由 66.3% 增长到 77.9%（图 2-6-2）。

3. 俄罗斯露天煤矿以中小型为主

2020 年，俄罗斯共有露天煤矿 130 个，按生产能力划分：小型（≤1 Mt/a）18 个，占比 13.8%；中型（1~5 Mt/a）76 个，占比 58.5%；大型（≥5 Mt/a）36 个，占比 27.7%，其中千万吨以上煤矿 10 个。中小型露天煤矿占比达到 72.3%。按煤矿生产状态划分：生产煤矿 82 个，其中小型 13 个，中型 48 个，大型 21 个；勘探、许可或在建矿井 48 个，其中小型矿井 5 个，中型矿井 28 个，大型矿井 15 个（图 2-6-3、图 2-6-4）。

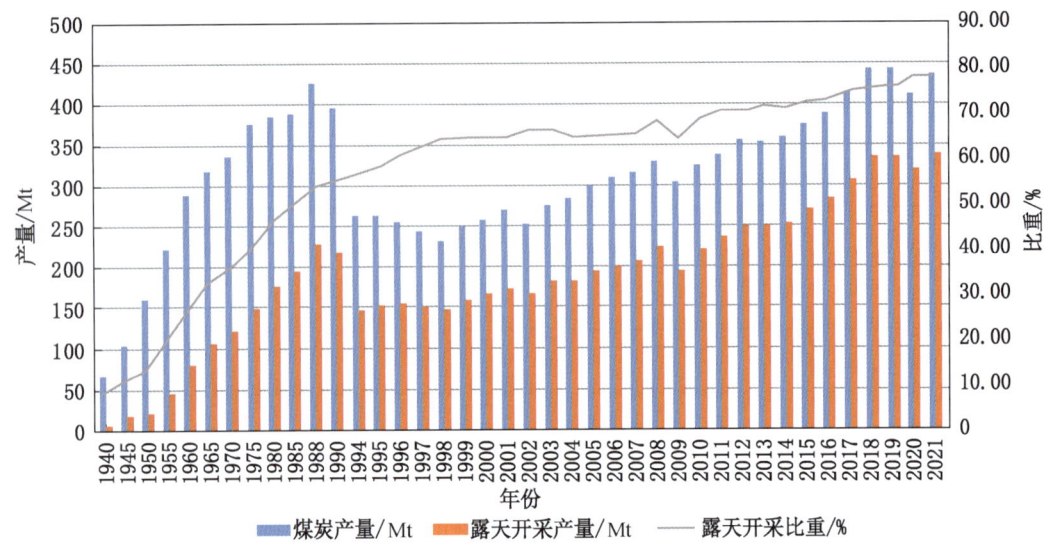

图 2-6-2　1940—2021 年俄罗斯煤炭产量、露天开采产量与所占比重

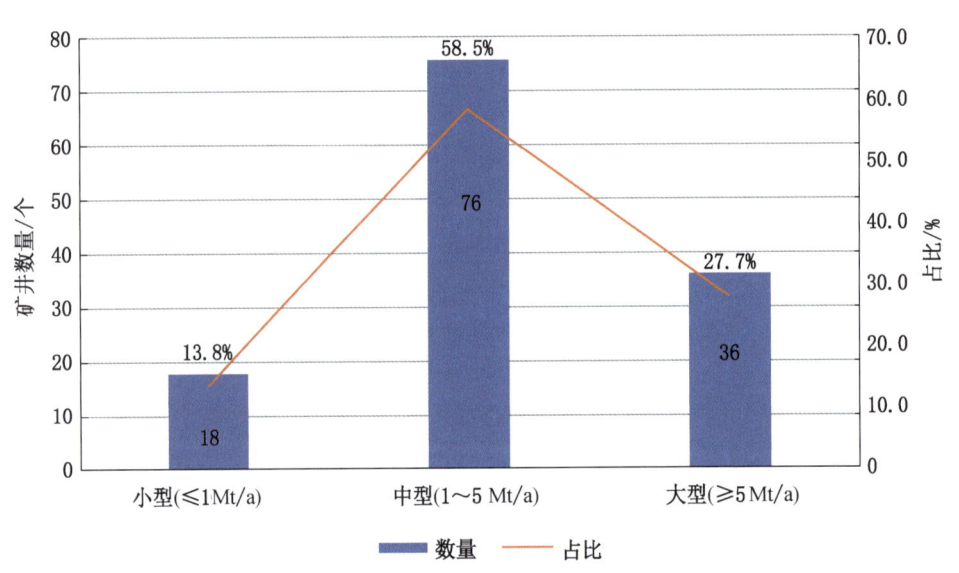

图 2-6-3　2020 年俄罗斯大中小型露天煤矿数量和占比

4. 2021 年露天单矿产量略高于煤炭工业改革初期水平

由于苏联解体，经济衰退导致对煤炭工业的投资显著减少，露天开采设备老化严重且更新不及时，单矿产量从 1998 年开始出现较大幅度下降，直到近几年才恢复至煤炭工业改革初期水平。2018 年单矿产量达到最高 2.8 Mt，2021 年单矿产量为 2.5 Mt，比 1994 年平均单矿产量高 0.24 Mt。1994—2021 年俄罗斯露天煤矿产量及露天煤矿单矿产量如图 2-6-5 所示。

6 俄罗斯露天煤矿开采技术

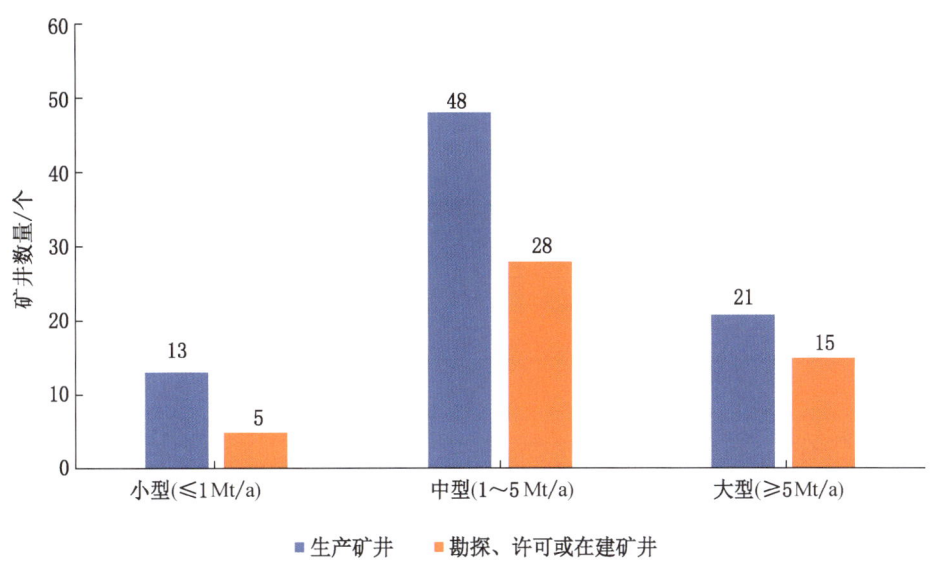

图2-6-4 2020年俄罗斯大中小型露天煤矿生产状态情况

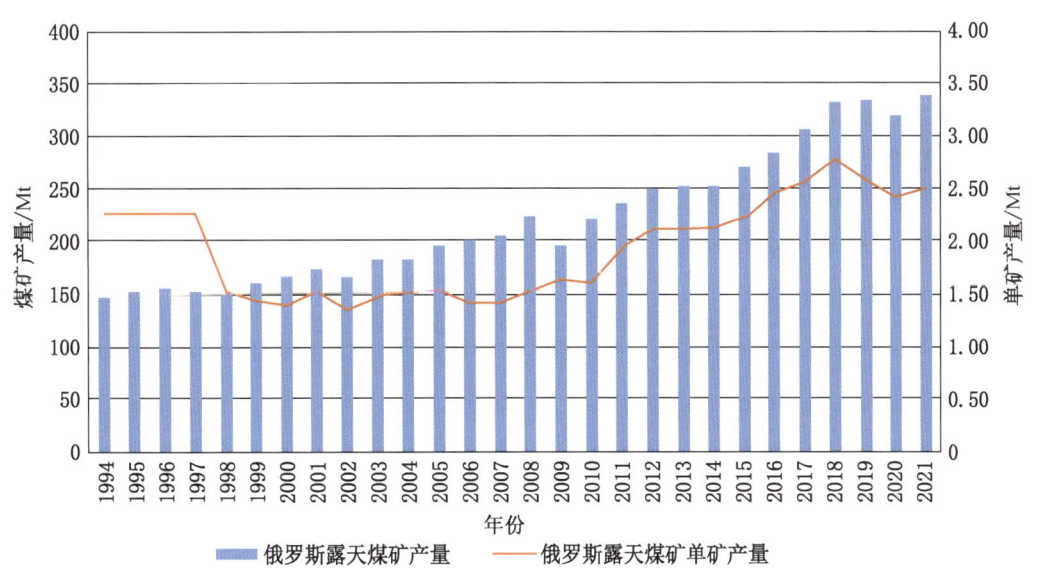

图2-6-5 1994—2021年俄罗斯露天煤矿产量及露天煤矿单矿产量

5. 2021年露天煤矿生产效率远高于井工煤矿

俄罗斯露天煤矿的生产效率在2000年以前相对稳定，从1994年的2100 t/(人·a)上升到2000年的2376 t/(人·a)，增幅为13.1%。2010年以后，俄罗斯采用新技术、新设备建设了多个现代化煤矿，对生产效率的促进作用显著增强，从2010年的3432 t/(人·a)

上升到 2021 年的 5112 t/(人·a)，增幅达到 48.9%，生产效率较同期井工煤矿生产效率高出一倍多（图 2-6-6）。

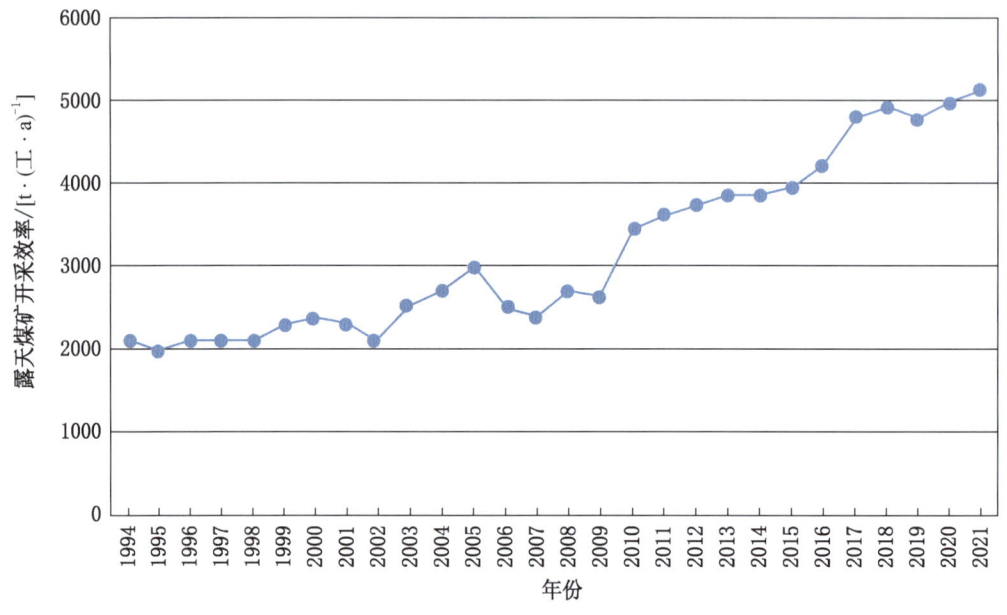

图 2-6-6　1994—2021 年俄罗斯露天煤矿生产效率变化

6. 2021 年五大露天煤矿基本情况

根据 Global Data 采矿数据库，2021 年俄罗斯煤炭产量最大的五座露天煤矿基本情况见表 2-6-4，产量共计占 66.6 Mt，占 2021 年俄罗斯露天煤矿产量的 20.0%。

表 2-6-4　2021 年俄罗斯煤炭产量最大的五座露天煤矿基本情况

序号	名　　称	位　　置	2021 年产量/Mt
1	别列佐夫斯克（Borodinsky）露天煤矿（西伯利亚煤炭能源公司）	克拉斯诺亚尔斯克地区雷宾斯克区的 Borodino 村	22
2	Buryatia 露天煤矿	Sagan-Nur, Buryatia 地区	14.1
3	塔尔丁斯基（Taldinsky）露天煤矿	克麦罗沃州 Novokuznetsky 区 Bolshaya Talda 附近	11.2
4	Arshanovsky	哈卡斯共和国 Arshanovo（阿尔沙诺沃）村	10
5	Kiyzassky	Myski	9.3

6.2 露天煤炭开采技术特点

6.2.1 俄罗斯露天煤矿主要开采工艺及发展

当前主流露天煤矿开采工艺仍以间断式、半连续式及连续式为主,并逐步向综合工艺的趋势发展。为适应不同的资源赋存条件,俄罗斯露天采煤采用了多种开采工艺,主要包括三种:单斗机械铲-铁道运输或单斗机械铲-汽车运输的间断工艺、轮斗挖掘机-铁道运输或单斗机械铲-带式输送机运输的半连续工艺、轮斗挖掘机-带式输送机的连续工艺。

(1) 20 世纪 80 年代以间断工艺为主。间断工艺在俄罗斯发展最早,1980 年的剥离量中,以无运输倒堆比重最大,占 38.2%;其次为铁道运输,占 31.4%。单斗-卡车具有机动灵活、适应性强、工作线较短、适合复杂开采条件等优点,俄罗斯各硬煤矿区适合采用这种工艺。

(2) 20 世纪 90 年代以来,俄罗斯露天开采工艺逐步向半连续、连续以及联合开采工艺转变。苏联自 1980 年开始应用半连续开采工艺,1985 年占比达到 3.8%;到 1990 年,卡车-带式输送机半连续工艺的采煤总量达到 25 Mt,铁道-带式输送机半连续工艺采煤量达到 95 Mt,总计达到 120 Mt,约占露天采煤总量的 30%~40%。90 年代中期,轮斗连续开采工艺成为发展方向,对褐煤等软岩大型露天煤矿的开采具有明显的技术经济效果。1996 年俄罗斯露天煤矿共采煤 147.9 Mt,几乎有一半的露天产量由轮斗连续开采工艺完成。轮斗挖掘机是目前唯一能直接保证煤质和粒度的开采设备,适于开采结构复杂的煤层,且劳动工效高,采用轮斗连续开采成为俄罗斯增加露天采煤量的发展方向。随着露天煤矿向大而深发展,90 年代以后在条件适合的煤田都尽量采用联合工艺、连续工艺和半连续工艺。综合工艺主要是为适应不同的地质条件,改变以往单一工艺形式,克服单一开采工艺对地质、气候、煤岩条件的局限性,提高露天煤矿的生产效率。

6.2.2 俄罗斯露天煤矿主要开采装备及发展

露天开采包括采掘准备、采装、移运、排卸等作业环节,需要的主要设备有穿孔机、挖掘机、自卸卡车、带式输送机、排土机等。

(1) 牙轮钻机是俄罗斯露天煤矿最主要的穿孔设备。钻孔爆破是露天采煤工艺的首要环节,在很多方面决定着露天采煤各工艺过程的效率和对生态环境的影响。目前 65% 左右的剥离物挖掘是用钻孔爆破法进行预先破碎的。所有的硬煤露天煤矿的煤层和褐煤露天煤矿的部分煤层也采用钻孔爆破法进行破碎。

露天煤矿的穿孔设备有牙轮钻机、潜孔钻机和切削钻机,牙轮钻机是主要使用的穿孔设备。早在 1960 年苏联就已经在露天煤矿中采用大型牙轮钻机及硝铵炸药来提高挖掘硬岩的效率。目前用于露天煤矿在籍的现代钻机有 15 种以上是国产钻机,还有两种进口钻机。牙轮钻机的比重几乎占到 50%,完成的工作量占 80%。目前在籍的牙轮钻机主要有:CBШ-200(6 种变型)占 85%,CBШ-250/270(3 种变型)占 10%,CBШ-300(4~5 种变型,其中有 2 种进口型号)占 5%,平均生产能力为 1.5~2 Mm^3/a(表 2-6-5)。

表 2-6-5 俄罗斯露天煤矿钻机的主要技术性能

型　号	钻孔直径/mm	钻井深度/m	额定功率/kW	质量/t	平均生产能力		制造厂
					km/a	Mm³/a	
3CBP-160-24	160	24	80	12	26	0.5	卡尔平斯克机械制造厂
2CBP-160-24	160	24	120	20	50	0.8	乌拉尔采矿机械制造科研生产联合体
CBP-200-32	190~200	32	200	40	55	1.2	乌拉尔采矿机械制造科研生产联合体
CBШ-160-48	160	48	200	40	50	0.7	巴尔文科夫斯克红光工厂
CBШ-200/250-55	200~250	55	380	80	60	2.8	巴尔文科夫斯克红光工厂
CBШ-200/270-36	250~270	36	380	85	66	2.2	布祖卢斯克重型机械制造厂
2CBШ-250-55	250~270	55	460	90	60	2.8	采矿机械制造生产联合体
CBШ-320-36/20	320	40	700	140	100	6.2	采矿机械制造生产联合体
CBШ320/350-55/20	320~350	55/20	1000	160	120	7.5	伊诺尔采矿机械厂生产联合体、全苏采矿机械研究设计院

（2）俄罗斯露天煤矿主要的采掘装备。露天煤矿的采掘设备主要有机械铲、吊斗铲、轮斗铲和链斗铲等。目前在籍的单斗挖掘机，平均斗容为 7.9 m³，其中采煤用挖掘机的平均斗容为 5.3 m³，剥离和排土用挖掘机的平均斗容分别为 10 m³ 和 9.1 m³。斗容为 15~20 m³ 的大型单斗挖掘机的比重较少，仅为 5% 左右；70% 的挖掘机斗容为 4.6~8 m³。ЭКГ-8Н、ЭКГ-12.5 和 ЭКТ-6.3у 型矿用挖掘机是俄罗斯露天煤矿的主要设备。

俄罗斯是采用无运输倒堆工艺系统较多的国家，能采用无运输倒堆工艺的露天煤田的特点是岩石较坚硬，倒堆厚度大，煤层也较厚。因此，俄罗斯生产的倒堆设备的特点是铲斗容积较小，但线性参数较大。为了满足建设一些特大型露天煤矿的需要，也制造了一些铲斗容积及线性参数都较大的倒堆设备。吊斗铲的铲斗能够容纳大块岩石，在挖掘破碎较大的坚硬物料时能保证较高的满斗率从而保证生产能力。在挖掘松散物料时采用大容积铲斗不会增加维修工作量，但吊斗铲的生产能力能提高 10%~20%。

近年来，吊斗铲不仅用于无运输开采，也用于有运输开采，而且还可用于采煤。俄罗斯露天煤矿用的吊斗铲平均斗容为 11.9 m³，臂长 70 m。最大的迈步式吊斗铲 ЭШ~100/100 型臂长 100 m，斗容 100 m³，年生产能力达 15×10⁶ m³，用于克拉斯诺亚尔斯克煤炭股份公司的纳扎罗夫斯克露天煤矿。该挖掘机装有新型液压迈步机构，以及强力牵拉和提升机构。ЭШ-100/100 型挖掘机的投入使用，使纳扎罗夫斯克露天煤矿的年采煤量增加了 2 Mt。目前正计划试制新一代迈步式系列吊斗铲，其技术性能基本上可满足露天煤矿的工艺要求，详见表 2-6-6。

表 2-6-6 俄罗斯露天煤矿吊斗铲主要技术性能

型 号	斗容/m³	装载高度/m	卸载高度/m	工作重量/t	生产能力/(Mm³·a⁻¹)	制造厂
ЭШ-14/40Ⅱ	14	50	1250	700	2.1~3.5	新克拉玛托尔斯克机械制造厂生产联合体
ЭШ-15/80	15	80	1250	1160	2.3~3.7	新克拉玛托尔斯克机械制造厂生产联合体
ЭШ-25/65	20	65	1600	1070	3.0~5.0	新克拉玛托尔斯克机械制造厂生产联合体
ЭШ-20/90	25	90	3750	1900	3.7~6.2	乌拉尔机械制造生产联合体
ЭШ-40/85	40	85	6750	3450	6.0~10.0	克拉斯重型机械制造联合体
ЭШ-65/100	65	100	900	5450	9.7~16.0	乌拉尔机械制造生产联合体
ЭШ-20/120	20	120	—	6540	3.0~5.0	乌拉尔机械制造生产联合体
ЭШ-30/130	30	130	—	7100	4.5~7.5	乌拉尔机械制造生产联合体
ЭШ-10/100	10	100	1250	1100	1.5~2.5	新克拉玛托尔斯克机械制造厂生产联合体

（3）轮斗挖掘机。苏联在 1934 年开始使用斗容量为 100 L 的小型斗轮机，轮斗挖掘机的发展，基本上是从 50 年代开始的。1959 年苏联曾对露天煤矿、金属露天铁矿进行规划，在规划的基础上制订了轮斗挖掘机发展系列，从而促进了轮斗挖掘机的发展。60 年代以前，轮斗挖掘机在苏联主要是应用在气候温暖被挖物料较软的地区。60 年代初设计制造了 ЭРr-750/1000 型用于剥离冻土和中等硬度的岩石（如泥质岩、粉砂等）的轮斗挖掘机。ЭР-125 型轮斗挖掘机的切割力已达 110~220 kg/cm。苏联的轮斗挖掘机切割力一般比同类型其他国家的要大，以切割力高和使用于严寒地区而著称。80 年代开始，苏联大力推广使用轮斗挖掘机及其配套设备，到 1996 年几乎有一半的露天产量是由轮斗挖

掘机完成的，采用轮斗连续开采设备是成为俄罗斯增加露天采煤量的发展方向。

剥离工作的主要挖掘设备是ЭКТ-12.5型挖掘机，批量生产斗容为10 m³的ЭКТ-10型挖掘机、斗容为5 m³的ЭКТ-5У型和斗容为8 m³的ЭКТ-8УС型挖掘机。这些挖掘机装备了电传动的晶闸管控制系统，可靠性指标提高了50%~100%。20世纪80年代进行了大量研制工作，目前可生产斗容为10~15 m³的新型矿用挖掘机及其改进型的长臂挖掘机，这种长臂挖掘机可用于20 m高的台阶开采。俄罗斯露天煤矿挖掘机主要技术性能见表2-6-7。

表2-6-7 俄罗斯露天煤矿挖掘机主要技术性能

型号	斗容/m³	装载高度/m	卸载高度/m	重量/t	生产能力/(Mm³·a⁻¹)	制造厂
ЭКТ-10（改进型）	10	13.5	8.4	390	1.8~2	伊诺尔斯克工厂生产联合体
ЭКТ-15（改进型）	15	16.4	10.1	672	2.4~2.8	伊诺尔斯克工厂生产联合体
ЭКТ-2011	20	17.8	11.1	687	3.2~4	伊诺尔斯克工厂生产联合体
ЭКТ-16ус	16	21.75	15.4	710	2.7~3	伊诺尔斯克工厂生产联合体
ЭКТ-10уЦ	10	30	24.5	725	1.8~2	伊诺尔斯克工厂生产联合体
ЭКТ-20В	20	18	11	1100	3.2~4	乌拉尔机械制造生产联合体
ЭКТ-30	30	20	13.1	1250	4.5~5.4	伊诺尔斯克工厂生产联合体
ЭКТ-20ус	20	25.2	18.2	1300	3.2~5.3	伊诺尔斯克工厂生产联合体
ЭКТ-15у	15~16	29~31	30~32	1300	2.2~2.5	伊诺尔斯克工厂生产联合体

（4）汽车和铁路运输是俄罗斯露天煤矿主要的运输方式。露天煤矿煤炭和剥离物主要依靠汽车运输和铁路运输，90%以上的采煤量、80%左右的剥离量依靠汽车和铁路运输。带式输送机运输是一种最节省资源、对环境无污染的运输方式，但在俄罗斯的露天煤矿没有得到足够的推广应用，每年带式输送机运输只占采煤量的5%~7%，占剥离量的1%左右。

铁路运输列车构成基本稳定，柴油机车占70%以上，电机车占20%以上。铁路运输在大运量（20~30 Mm³或更多）和长距离（5~10 km或更多）时最经济，且可靠，受气候条件影响最小。

汽车运输得到了很大发展，载重 110 t、170 t 的自翻车和载重 105 t 的后卸式煤车进入露天煤矿。目前在籍的自卸汽车，载重量为 27~40 t 的占 70%，75~180 t 的占 27%。载重量较大的自卸汽车有 120 t、180 t 型号，以及进口日本"考玛祖"公司和美国"尤尼特里格"公司的自卸汽车。俄罗斯国内现已能批量生产载重 170 t 和 110 t 的自卸汽车，正在进行载重 240 t 的自卸汽车的验收试验。使用大载重量的汽车可降低运输费用，减少司机和维修人员。俄罗斯西伯利亚克麦罗沃州 Chernigovets 大型露天煤矿，使用世界上最大的自卸卡车别拉斯-75710 型自卸车，可载重 450 t，最大行驶速度 64 km/h，既能适应零下 50 ℃ 的低温，也能在 50 ℃ 的高温环境下作业，还能承受海拔 4876.8 m 工作场地的考验。

6.2.3 俄罗斯装备制造及进口情况

（1）俄罗斯具有一定的自主制造能力，总体制造水平由盛到衰。苏联煤炭机械制造业较为发达，曾广泛出口。苏联解体导致俄罗斯的重型机械产业链断裂，一直未得到明显恢复。目前俄罗斯露天装备生产情况见表 2-6-8。

表 2-6-8　俄罗斯露天装备生产情况表

序号	产品	厂家	主要型号	参数			
1	钻机	OMZ 联合公司	SBSH 系列	钻孔直径 270 mm			
2	电铲	OMZ	EKG-5V、EKG-12V、EKG-9Us、EKG-20A、EKG-32R	斗容 5~32 m³			
3	卡车	BELAZ	7560、7531、7530、7521、7517、7513、7514	载重 30~360 t			
4	吊斗铲厂家：重型机械厂		吊斗铲型号	悬臂长度/m	工作重量/t	铲斗容量/m³	额定悬吊负载/t
			ESH20/90	90	1690	20	63
			ESH20/100	100	1900	20	63
			ESH25/120	120	3400	25	90
			ESH30/110	110	3420	30	95
			ESH40/130	130	5460	40	125
			ESH65/100	100	5460	65	205

（2）露天煤矿开采装备依赖进口。俄罗斯的煤机装备（包括煤炭开采设备、煤炭运输设备、煤炭加工设备等）主要依靠进口。煤矿开采设备中对外依存度最高的是柴油机、装载机、电铲（25 t 及以上）等。砂轮机、刮板输送机和带式输送机等设备的进口需求较小。近年来的煤炭开采设备进口率逐年攀升，2017 年的煤炭开采设备平均进口率为 77.3%，比 2014 年高了 7 个百分点，其中露天煤矿的开采设备进口率高达 84.5%（图 2-6-7）。到 2019 年，设备平均进口率增长到 79.3%，露天矿设备进口率达到 85.9%。

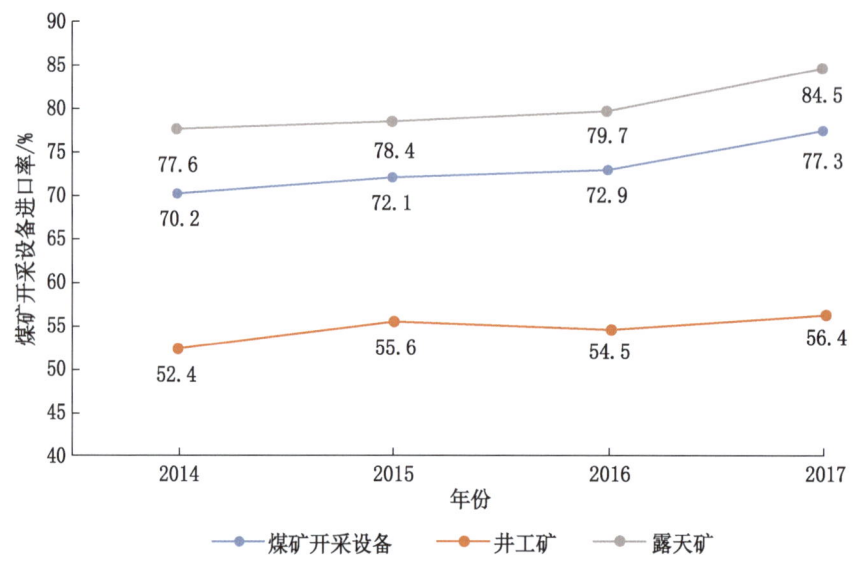

图 2-6-7　2014—2017 年俄罗斯煤矿开采设备进口率

在露天开采设备中,需要进口的主要有单斗式挖掘机、装载机、钻探机及电铲(25 t 及以上)等。各种进口露天开采设备的进口率呈逐年攀升态势,其中装载机进口率最高,从 2012 年的 83.7% 上升到 2017 年的 95.2%,几乎全部依赖进口。电铲(25 t 及以上)的进口率为 77.7%。钻探机和单斗挖掘机的进口率达到 59.8 和 47.4%,属于中等依赖水平(图 2-6-8、表 2-6-9、表 2-6-10)。

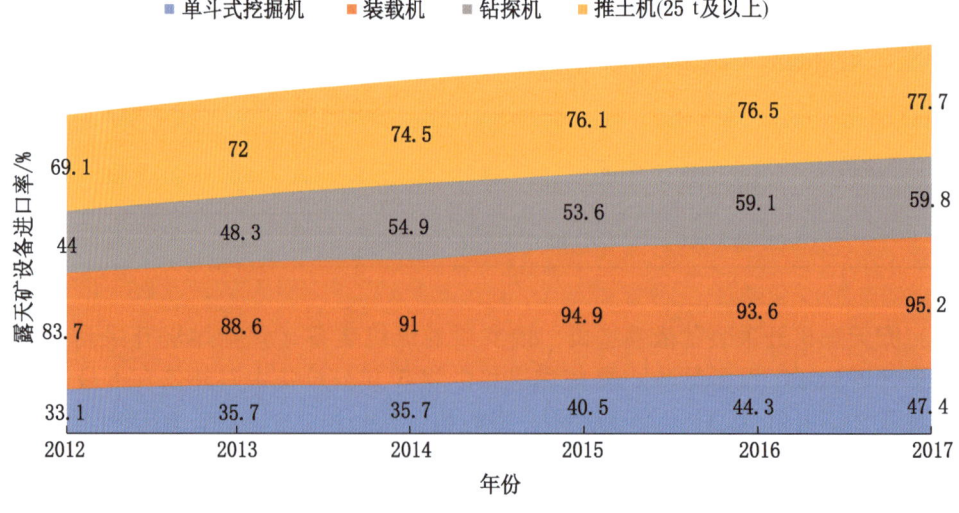

图 2-6-8　2012—2017 年俄罗斯露天煤矿主要开采设备进口率

表2-6-9 俄罗斯露天煤矿开采进口设备名称

序号	设备名称	规格或型号	设计参考型号
一、采掘设备			
1	液压挖掘机（采煤）	斗容6.7 m³	Komatsu PC1250-8
2	单斗挖掘机（剥离）	斗容35 m³	太重 WK-35
3	液压挖掘机（剥离）	斗容11 m³	Bonny CE(D)1850-7
4	钻机	216 mm	DML
二、运输设备			
1	自卸卡车（运煤）	130 t	别拉斯-75137
2	自卸卡车（剥离）	220 t	别拉斯-75306
三、排土设备			
1	履带推土机	392 kW（525 hp）	Shantui SD52-5
四、辅助设备			
1	履带推土机	230 hp	Shantui SD23
2	轮式推土机	525 hp	Yutong TL525

表2-6-10 2012年露天开采按技术种类引入的主要设备数量

露天开采	电铲				吊斗铲		装煤机		滚筒采煤机	
	<10 m³		≥10 m³		<11 m³	>11 m³	进口	国产	进口	国产
	进口	国产	进口	国产						
总计	15	10	12	1	1	1	48	2	1	0

露天开采	钻机		挖掘机		自卸汽车				铁路列车	
					<40 t		>40 t			
	进口	国产	进口	国产	别拉斯	进口	别拉斯	进口	电力，内燃机车	翻斗车，车厢
总计	47	38	66	11	7	49	299	54	6	4036

2019年俄罗斯露天开采矿山拥有2662台设备，进口设备主要来自小松、卡特彼勒、利勃海尔和日立等品牌，设备占比分别达到34.3%、17.7%、14.2%、10.3%。近几年，随着俄乌冲突不断升级，俄罗斯煤机装备和配件仍高度依赖进口，从中国进口的比重逐渐增大，露天装备主要依赖进口的现状短时间内很难改变。

6.2.4 露天煤矿智能化技术

1. 西伯利亚煤炭能源公司在露天煤矿布设 5G 试点

俄罗斯 VimpelCom 移动运营商的"Beeline"在西伯利亚煤炭能源公司（SUEK）的露天煤矿场地布设了 5G 试点区，用于白俄罗斯汽车制造厂无人驾驶自卸卡车的运营，在自卸卡车运行范围内安装了多个高清摄像机，影像输入设备控制信息实时处理中心。与此前使用的无线网络相比，5G 技术能够高速传输信息，最大限度地减少卡顿现象，大幅度提高运行精度和大型车辆控制的安全性。露天开采企业推广 5G 网络不仅为机器人系统，也为工业安全、集中调度和监控最新方案打开了广阔的前景，这些领域要求数据高速、可靠地传输，具有灵活性，不依赖固定式基础设施。

2. 西伯利亚煤炭能源公司实施自动化生产管理系统

2022—2024 年，Zyfra 集团帮助 SUEK 实施基于采矿和加工端到管理端流程的自动化生产管理系统。布里亚特的 Tugnuisky 采矿作业被选为试点。该项目在 Zyfra 集团公司解决方案的基础上实施，实施的生产管理模型的独特性在于，基于 IIoT 平台将采矿和运输综合体 ACS GTK 'Karyer' V8 的控制系统与用于管理生产和技术数据的软硬件综合体统一调度和分析中心（EDAC）相结合。该实施系统结合了许多先进技术，如大数据、IIoT、人工智能，系统能够将当前的企业基础自动化提升到一个新的水平，同时增加复杂功能，例如优化采矿和运输设备的运营、数字顾问、端到端规划等。

该项目设计分三个阶段部署，第一阶段涉及引入新版本的 ACS GTK 'Karyer' V8 平台，包括基本功能、控制采矿和运输设备的操作，以及一个单一的调度中心，然后建立收集数据来自 GTK 'Karyer' V8 的自动控制系统，生成的数据阵列将用于实时监控设备的运行。第二阶段包括在管理功能、监控工厂运作、引入实验室测试管理系统等方面进行制度细化。在第三阶段，将引入一项应用服务来监控进入工厂的煤炭质量对其效率的影响，以及用于实时过程控制和 Razrez – Fabrika 运营规划系统的数字顾问，为信息的多变量分析提供单一访问点，随后将整合的生产数据传输到企业级系统。

该项目的实施，预计将在生产过程所有领域实现成本优化，包括矿山运输生产率提高 4%，提高流程效率，减少采矿设备停机时间，以及预测设备技术准备，在卸货点维护系统的会计和质量控制煤炭，并利用数字顾问的能力。

6.3 典型开采工艺与装备应用特点

6.3.1 典型开采工艺特点分析

1. 无运输倒堆工艺在东西伯利亚煤田和远东煤田使用较多

俄罗斯是除美国以外，另一个较多采用无运输倒堆工艺系统的国家。俄罗斯采用无运输倒堆工艺的露天煤田特点是岩石较坚硬，倒堆厚度较大，煤层也较厚，用于远东地区的坎斯克－阿钦斯克煤田的别列索夫 1 号露天煤矿、那扎洛夫露天煤矿等。无运输倒堆工艺经历了一个由简单到复杂的发展过程，当剥离厚度不大时，可采用简单无运输倒堆工艺将剥离物直接倒排到采空区并暴露煤层以备开采。剥离物的种类可以是非常松散的，也可以是胶结致密的物料，在物料比较坚硬时，倒堆设备可以选用机械铲；当物料较疏松时，可以选用吊斗铲。复杂无运输倒堆工艺一般是由两台或两台以上倒堆设备组成联合作业机组进行无运输倒堆作业。

2. 坎斯克-阿钦斯克煤田采用半连续和连续生产工艺

坎斯克-阿钦斯克煤田是位于克拉斯诺亚尔斯克边疆区的一个煤炭盆地，部分位于克麦罗沃和伊尔库茨克地区。该煤田的特点是厚煤层，一般呈水平状赋存，剥离的岩石相对较软，无论是煤层还是围岩，都适合采用连续生产工艺（图2-6-9）。

图2-6-9 坎斯克-阿钦斯克煤田

西伯利亚煤炭能源公司在克拉斯诺亚尔斯克边疆区拥有坎斯克-阿钦斯克煤田的3座大型矿山，分别是别列佐夫斯基、纳扎罗沃斯基和博罗季诺斯基，由于条件得天独厚，3座煤矿都采用了低成本、高效率的连续或半连续开采工艺。

别列佐夫斯基煤矿采用带式输送机连续开采工艺，具有生产能力大、升坡能力强、运输距离短、运输成本低等优点。由于覆盖层较薄，剥离量不大，该矿没有采用铁路运输方式，而是配备了少量自卸车用于剥离（图2-6-10）。

博罗季诺斯基煤矿采用传统的铁路运输，早期采用单斗电动挖掘机进行采掘和剥离，近年来广泛采用轮斗挖掘机进行采掘，大大提升了生产效率，而单斗挖掘机则主要用于剥离表土。纳扎罗沃斯基煤矿的工艺与博罗季诺斯基煤矿类似，采用铁路运输，轮斗挖掘机成为采掘和剥离的主力。

3. 库兹巴斯煤田主要采用间断式开采工艺

库兹巴斯煤田是世界上最大的煤矿区之一，位于西西伯利亚的克麦罗沃地区，有58个立井和36个露天煤矿，该地区最古老的煤炭估计大约有3.5亿年的历史。

该煤田开采的是硬煤，煤层赋存条件复杂，呈倾斜和急倾斜，厚度变化大。围岩为泥板岩、粉砂岩和砂岩，硬度系数f在12以内，适于露天开采的硬煤储量达8 Gt以上。生产的煤炭主要用于西西伯利亚、乌拉尔和俄罗斯的欧洲部分。根据煤层赋存条件和开采难度，库兹巴斯煤田最利于露天开采。间断式开采工艺在库兹巴斯煤田各露天煤矿占主导地位（图2-6-11、图2-6-12）。

图 2-6-10 别列佐夫斯基煤矿带式输送机运输

图 2-6-11 库兹巴斯煤田

随着采深的不断加大,改进运输工艺的方向是探索新的运输方式,合理组合各种运输形式以及采用新型的采矿和运输设备。库兹巴斯的许多露天煤矿都采用汽车运输,使用 110~180 t 翻斗汽车,一个班有 80~90 辆翻斗车,汽车的年运量达 80~90 Mm³。使用自卸车,特别是采用特大载重量翻斗车来发展汽车运输,可以降低运输费用,相应减少司机和维修人员。露天铁路运输的特点是工作可靠性高,但随着采深加大,矿山基建工程总量将增加。同时,进入工作面和运行组织工作都将复杂化。国产牵引机组对提高运输效率来说意义重大。若想改进运输系统,则要在深露天煤矿推广应用柴油机无轨机车及连续工艺。

6 俄罗斯露天煤矿开采技术

图 2-6-12 库兹巴斯煤田露天采煤

6.3.2 主要装备应用效果评价

1. 吊斗铲选用情况

俄罗斯生产的倒堆设备特点是铲斗容积较小,但线性参数较大。为了满足建设一些特大型露天煤矿的需要,也制造了一些铲斗容积及线性参数都较大的倒堆设备,倒堆机械铲得到了一定发展。吊斗铲的铲斗能够容纳大块岩石,在挖掘松散物料时采用大容积铲斗也不会增加维修工作量,同时生产能力能提高 10%~20%。

别列索夫 1 号露天煤矿的煤层平均厚度为 58.5 m,倾角为 3°,上覆坚硬的矿岩,厚度变动为 5~28 m,其中有 12% 的剥离物需事先进行穿爆作业以保证倒堆设备顺利进行。露天煤矿的剥离厚度随生产工作推进而逐渐加大,在正常生产期间,深部厚 40~50 m 的剥离物采用复杂无运输倒堆工艺系统,初次倒堆采用 ЭВг-100/75 倒堆机械铲(铲斗容积 100 m,卸载半径 75 m),再倒堆工作由型号为 ЭШ-80/100 的吊斗铲来完成。别列索夫 1 号露天煤矿工作线长 7 km,分两个采区进行两翼开采,每一个采区布置一套联合机组(一台 ЭВг-100/75,一台 ЭШ-80/100)进行深部剥离,剥离及采矿作业交替在两翼进行。上部剥离物采用 ЭКГ-12М 型单斗机械铲(铲斗容积 12.5 m³)配合电气化准轨铁道将剥离物运到内部排土场排弃。该矿设计年产量为 55 Mt,采用 ЭРП-1200 型高切割力轮斗挖掘机(单位线切割力 160~180 kg/cm,上挖高度 32 m,小时理论能力 5000 m³/h)进行开采。为了保证在倒堆作业进行到任一位置时顺利地进行煤炭运输,采用了具有专门装置的高倾角爬坡带式输送机,这种带式输送机能在倾角为 45°的情况下进行正常作业。

那扎洛夫露天煤矿的煤层倾角为 1°~1.5°,剥离物松散,整个露天煤矿划分为两个采区,2 采区(煤田西部)煤层平均厚度为 15.1 m(1~20.6 m),平均剥离厚度为 27 m(7.2~47.1 m)。3 采区煤层平均厚度为 12.3 m(1~22.7 m),平均剥离厚度为 23.7 m(5~44.7 m)。2 采区工作线向西推进,而 3 采区工作线向东掘进,两采区相应的长度为

3.2 km。剥离顺序从 2 采区向 3 采区发展。采用吊斗铲进行倒堆以暴露开采煤层,吊斗铲型号为 ЭШ – 80/100,最大倒堆厚度不超过 40 m,采煤工作由小时理论能力为 1000～1200 m/h、上挖高度为 20 m 的高切割力轮斗挖掘机进行全年挖掘作业。大多数吊斗铲被用来倒排厚度一般不超过 40 m 的剥离物,而物料能被设备挖掘并倒排到采空区,以暴露能用其他采掘设备进行开采的煤层,通常煤层是用机械铲或前装机配合卡车运输进行开采。

2. 轮斗挖掘机选用情况

坎斯克 - 阿钦斯克煤田的列佐夫斯基、纳扎罗沃斯基和博罗季诺斯基 3 座矿山开采条件都非常好,实现开采成本最低。

别列佐夫斯基煤矿采用轮斗挖掘机挖掘煤体,转载到带式输送机上运出,煤炭进入煤仓后相当一部分通过 15 km 长的带式输送机直接输送到发电厂。配备了 5 台轮斗挖掘机,最大的是亚速机械厂生产的 3РШРⅡ – 5250 型,生产能力为 5250 m³/h。

纳扎罗沃斯基煤矿覆盖层较厚,为 70 m,其主要剥离设备为塔克拉夫 SRs(K)4000 型轮斗挖掘机,于 1990 年引进,目前在俄罗斯仅有一台,如图 2 – 6 – 13 所示。SRs(K)4000 是俄罗斯最大和生产能力最强的轮斗挖掘机,最大生产能力为 11000 m³/h。转子的动臂长度为 42 m,挖掘高度为 36 m,轮径为 16 m,轮子上有 24 个桶,生产能力为 4000 m³/h,已剥离超过 1.5 Gt 的土石,至今仍是纳扎罗沃斯基煤矿的关键剥离设备,承担 60% 的剥离工作量,其余部分仍由电动单斗挖掘机和拉铲挖掘机进行剥离。另有 5 台轮斗挖掘机用于采掘,其中最大的是乌克兰 Corum 公司生产的 3P – 1250 型,最大生产能力为 2300 m³/h。纳扎罗夫斯克露天煤矿正在使用 1 台 ЭШ – 100/100 型迈步式索斗挖掘机进行开采,斗容 100 m³,是俄罗斯特大迈步式索斗挖掘机。

图 2 – 6 – 13 纳扎罗沃斯基煤矿使用的 SRs(K)4000 轮斗挖掘机

博罗季诺斯基煤矿经过 60 多年的开采形成了宽度为 2 km,长度达 7 km,深度为 100 m 的巨大矿坑。目前该矿有 7 台轮斗挖掘机在不同工作面上作业,其中最大的是亚速机械厂生产的 ЭРП – 2500 型,生产能力为 2500 m³/h。

3 座煤矿对轮斗挖掘机的使用各有特色，如用铁路运输，一般选用生产能力在 2500 m³/h 左右的设备；如用带式输送机运输，则采用生产能力在 5000 m³/h 左右的设备，纳扎罗沃斯基煤矿的塔克拉夫大型轮斗挖掘机由于生产能力巨大，为充分发挥其效率，并不将其用于煤体采掘，只用于剥离。单斗电动挖掘机和拉铲挖掘机因为生产的不连续性沦为配角；铁路运输虽有不连续的缺点，但在条件合适的场合也能发挥较高效率，成本也很低廉。有了这些高效且使用成本很低的设备，自卸车的使用量就非常少，液压挖掘机则几乎没有。这 3 座露天煤矿的经验表明连续或半连续开采工艺在条件适合的情况下可以有效降低成本。

3. 自卸卡车选用情况

位于库兹巴斯煤田克麦罗沃州的塔尔丁斯基煤矿有超过 147 辆 BelAZ 和 Komatsu 自卸卡车在矿区工作，每辆卡车的承载能力从 40 t 到 320 t 不等。最大的自卸车是 BelAZ - 75600，最大载重 320 t，单车重 560 t。一次行程中最多可运输三节车厢的岩石、泥土和淤泥。百公里油耗为 1000 L 柴油，油箱容量为 4360 L。每个车轮重 8 t，成本约为 100 万卢布（28600 美元），需要一台特殊的随车起重机来装上轮胎（图 2 - 6 - 14）。

图 2 - 6 - 14　BelAZ - 75600 自卸车

4. Sibanthracite 公司设备使用情况

Sibanthracite 集团是俄罗斯最大的冶金煤生产商，也是俄罗斯发展最快的煤炭公司之一。2021 年，产量为 22.6 t，增长 28%，90% 以上的产品出口。该集团包括新西伯利亚地区领先的煤炭公司 – JSC Siberian Anthracite 和 LLC Razrez Vostochny，以及克麦罗沃地区的大型煤炭生产商 LLC Razrez Kiyzassky。采矿设备主要选用矿用自卸车、挖掘机和推土机。矿用自卸车以 90 ~ 130 t 为主，挖掘机以 5 ~ 8 m³ 为主，推土机总共有 78 台。2021

年，根据增产计划，Sibanthracite 集团开始向使用大容量的高性能采矿和运输设备过渡。2021 年共采购矿用自卸车 42 台，载重 220~240 t 的 28 台，载重 130 t 的 14 台。购买推土机 3 台，平地机 2 台。购买铲斗容量 12 m^3 的 EKG–12K 电动挖掘机 5 台，平均生产率约为 4 Mm^3/a，将能够以更快的速度将覆盖层运送到重型自卸卡车上，从而增加煤炭产量。新的挖掘机依靠电力运行，也将对环境产生积极影响。Sibanthracite 公司设备数量统计见表 2–6–11。

表 2–6–11 Sibanthracite 公司设备数量统计表

矿用自卸车	220 t	170~180 t	90~130 t	33~55 t	总计
个数	39	16	308	34	396
挖掘机	15~22 m^3	10~12 m^3	5~8 m^3	1~4 m^3	总计
个数	13	10	66	14	103

Sibanthracite 集团的 Vostochny（东方）露天煤矿的剥离工作由铲斗容量为 6~15 m^3 的挖掘机和承载能力为 90~130 t 的 BelAZ 卡车进行。2021 年挖掘机–车辆联合体（EAC）开始在 Vostochny 运行，其中包括两台铲斗容量为 22 m^3 的日立 EX3600 矿用挖掘机和十辆日立 EH3500 自卸卡车，有效载荷容量为 180 t。日立综合体每月将能够运送多达 900000 m^3 的岩体。随着它的投产，Vostochny 矿的表土清除量将增加 15%，达到每月 4.4 Mm^3。Vostochny 露天煤矿将继续实施重型设备计划，铲斗容量 22 m^3 的利勃海尔 9400 矿用挖掘机和 10 辆载重 220 t 的矿用自卸车将陆续在东方矿使用。重型设备的使用提高了采矿作业的强度和效率，并优化了公司成本——每运输 1 m^3 覆盖层消耗的柴油燃料更少。

6.4 露天煤矿生态环境保护技术

俄罗斯露天煤矿资源和生态环境保护采用"部、局、署"三位一体模式，成立专门的联邦署负责监督工作，建立资源与生态一体化管理机制，对俄罗斯露天煤矿等矿产资源进行集中化管理。制定了《俄罗斯联邦环境保护法》《俄罗斯联邦生态评估法》等法律法规，生态鉴定制度、生态保险制度等环境管理制度，形成了露天煤矿生态环境保护法律法规和制度体系。俄罗斯的煤矿公司积极与国家监管机构、工会组织互动，参与土地利用、大气环境保护等领域工作，投入大量资金开展露天煤矿土地复垦、生态重建技术创新和项目实施，露天煤矿的生态环境得到修复和改善。

6.4.1 主要露天煤矿区的生态环境分类

俄罗斯主要煤田包括：西伯利亚地区的库兹巴斯煤田、坎斯克–阿钦斯克煤田、伊尔库茨克煤田、米努辛斯克煤田，欧洲部分的顿巴斯煤田、伯朝拉煤田，远东地区的南雅库特煤田等。这些煤田主要分布于克麦罗沃州、伊尔库茨克州、新西伯利亚州。俄罗斯主要煤田环境生态环境情况见表 2–6–12。

6 俄罗斯露天煤矿开采技术

表 2-6-12 俄罗斯主要煤田生态环境情况表

煤田	地理位置和气候特征	地貌/用地
库兹巴斯煤田	位于西伯利亚南部，亚寒带针叶林气候	森林、农业用地
坎斯克-阿钦斯克煤田	位于西伯利亚南部，亚寒带针叶林气候	森林、农业用地
伊尔库茨克煤田	位于西伯利亚南部，亚温带大陆性气候	山地、森林
米努辛斯克煤田	位于西伯利亚南部山地同东、西萨彦岭、库兹涅茨克和阿巴坎山脉间，温带大陆性气候	盆地、农业用地
顿巴斯煤田	位于乌克兰东部和毗邻的俄罗斯的罗斯托夫州，温带大陆性气候	平原、山地，农业用地
伯朝拉煤田	位于伯朝拉河畔、乌拉尔山脉北部，寒带针叶林气候	
南雅库特煤田	位于萨哈（雅库特）共和国南部涅留恩格里市，与阿穆尔西北部相邻	

克麦罗沃州具有多种地形地貌，分成 5 个地形区：库兹涅茨克山地、山地盐沼地、萨拉伊尔斯基连绵的低山地、库兹涅茨克盆地和西西伯利亚平原。该州农业用地面积约为 2658100 hm^2，其中耕地面积为 1586000 hm^2，多年生的植物面积为 21200 hm^2、草场 451600 hm^2、牧地 596600 hm^2。其工业中心大部分分布在农业生产区内，城市、工人村、工业企业占用大量农业用地。俄罗斯是世界森林覆盖面积最多的国家，克麦罗沃州的森林资源占州面积的 65% 左右。

伊尔库茨克州位于西伯利亚南部，大部为山地，平均海拔 500~700 m。北、中部为中西伯利亚高原的一部分。西南为东萨彦岭，东为贝加尔湖沿岸山脉和斯塔诺夫高原。气候为温带大陆性气候，冬季严寒、干燥又漫长，夏季多雨。整个州全年平均气温在零度以下。南部年总降水量为 350~650 mm，山地的降雨量为 600~1400 mm，北部降水量只有 300~500 mm，降水大部分集中在 8 月。

新西伯利亚州位于西西伯利亚平原东南部，大部分土地位于鄂毕河和额尔齐斯河之间，东部与萨莱尔岭相连。新西伯利亚州大部分地区位于西西伯利亚平原，平均海拔 200 m，为显著的温带大陆性气候。1 月平均气温零下 24 ℃，7 月平均气温 22 ℃。平均年降水量 300~500 mm。

6.4.2 露天煤矿环境监管机构及相关法律

1. 环境监管机构

俄罗斯的环境监管机构包括：俄罗斯联邦环境保护部、俄罗斯联邦自然资源和生态部、地区环境保护和自然资源部、俄罗斯联邦工业和能源部、俄罗斯联邦农业部、俄罗斯环境保护委员会、俄罗斯矿业和工业审查办公室、区域及地方自然资源部、区域和地方劳动和社会发展部门等。

俄罗斯联邦的煤矿区环境管理机构主要是自然资源和生态部，包括10个司和5个联邦级直属机关（2个署、3个局），其职责包含地质调查、矿产资源的利用与保护等，实行决策权、执行权、监督权相分离的机构设置方式。自然资源和生态部作为俄罗斯联邦政府的决策机关，进行自然资源领域国家政策、法律法规的制定与宏观调控；3个联邦局作为俄联邦政府的执行机关，是连接自然资源和生态部与地方单位协调工作的桥梁和政策实施主体，直接或通过联邦局下属单位、各地区资源管理机构实现对全国资源的调控和管理；2个联邦署作为俄联邦政府的监督机关，对自然资源利用与保护实施监督管理，以保证资源的合理利用和可持续发展。在隶属关系上，3个联邦局和2个联邦署是平级关系，隶属于自然资源和生态环境部领导。其中，法律司负责矿产资源法律法规的制定；环境保护与国家政策司、俄联邦自然资源利用监督署负责自然资源生态环境保护和矿产资源利用监督工作。

2. 相关法律法规和制度

俄罗斯涉及环境相关的国家级法律法规包括：《俄罗斯联邦矿产资源法》《俄罗斯联邦生态评估法》《联邦环境保护条例》《联邦环境评价法》《联邦环境审计条例》《联邦特殊保护区法》《联邦大气环境保护法》《联邦生产和消费废弃物法》《联邦水利法规》《联邦森林法规》《联邦土地法规》《州环境影响评价法》等。俄罗斯法律法规体系较为复杂，不仅有联邦法律统一管理，还有各加盟共和国、州等联邦主体或州级法律。在俄罗斯开展矿业项目，需要遵守包括《联邦环境影响评价法》《联邦环境保护条例》《联邦环境审计条例》等联邦法律的相关条例，同时需要遵守各州、地区的州环境影响评价法。

（1）法律法规。《俄罗斯联邦环境保护法》秉承资源有偿使用、环境污染破坏补偿、环境监管独立性原则。规定：保护、恢复和利用自然资源是保护环境和维护生态安全的重要条件，对计划中的经济活动和其他活动有可能产生的生态危害需要进行预先评估，在决定开始进行经济活动和其他活动时，必须对其进行环境影响评估；必须根据环保技术标准检查项目情况，尽量利用最佳技术工艺，确保有关活动的有害影响降至最低。

《俄罗斯联邦生态评估法》规定，要对与生态评估客体有关的经营活动相关文件进行评估，确认其符合环境保护领域的技术规章和法律的要求，防止该活动对环境产生负面影响。环境评估基于以下原则：对任何计划经营活动和其他活动对环境的潜在危害进行预测；在决定实施环境评估对象前环境审查的义务；综合考虑经营活动和其他活动对环境的影响；在进行生态评估时考虑生态安全的要求；保证提供的生态评估信息的真实性和完整性；环境评估专家独立行使其在环境评估领域的权力；科学的有效性，环境影响评价结论的客观性和合法性；公开性，公共机构（协会）的参与，考虑公众意见；生态评估的参与者和利益相关者对组织、行为、生态评估质量承担责任。

（2）环境管理制度。生态鉴定制度。生态鉴定，即对拟进行的经济活动或其他活动是否符合生态要求进行鉴定，目的是预防经济活动或其他活动对自然环境可能产生的不良影响，以及预防可能导致的与此相关的不良的社会、经济及其他后果。生态鉴定并非针对矿产资源开发而专门建立的制度，而是俄罗斯进行环境管理的一项重要措施，在整个环境管理法律体系中占有非常重要的地位。由于矿产资源的开发常常伴随环境污染问题，因此也受其约束。生态鉴定制度包括国家生态鉴定和社会生态鉴定。其中国家生态鉴定是法定的强制性生态鉴定，针对生态危险概率较大的活动项目；而社会生态鉴定针对危险概率较小不纳入国家生态鉴定范围的活动，由有资格的社会团体来完成。

生态保险制度。生态保险，也叫环境污染责任保险，又称为"绿色保险"，是指由于被保险人在生产经营活动过程中，由于非故意的原因形成污染，进而造成第三人伤亡、财产损失或环境破坏时，由保险人根据保险合同的约定就被保险人由于此类损害所承担的赔偿进行损失填补的一种责任保险，俄罗斯生态保险制度的实行能够转移环境污染带来的民事损害赔偿风险。

（3）《俄罗斯2035煤炭工业发展规划》规定。为进一步消除煤炭行业发展带来的负面影响、改善环境质量，俄罗斯将"确保煤炭工业的环境安全"确定为《俄罗斯2035煤炭工业发展规划》的7个子计划之一。从法律方面完善相关法律法规入手，加强细化环境保护的法律法规，调整和废除陈旧和不合时宜的法规标准文件，改善监管框架，严格要求加大环境污染的惩罚力度，如在2018年通过修订《俄罗斯联邦环境保护法》，建立了污染物排放量及污染物排放自动控制系统。

6.4.3　露天煤矿生态环境修复典型案例及技术

煤炭的开发和利用，既对俄罗斯经济发展起到了巨大的推动作用，同时也对环境产生了重大影响。俄罗斯联邦政府高度重视煤炭工业的环境安全问题，一方面完善、细化环境保护相关法律法规，加强环境监管；另一方面积极发展环境保护、资源合理开发与利用等先进技术，大幅提升破坏土地的修复比例，减少环境负面影响。

1. 基本情况

煤炭在开采加工和利用过程中对周围自然环境产生诸多不利影响，其主要表现在：污染和破坏地下和地表水源；破坏地表及植被，煤矸石和剥离物排放占据大量农田；燃烧的矸石山排放有毒气体污染大气等。俄罗斯露天煤矿的主要环保治理对象包括：粉尘、自燃、瓦斯、发动机及锅炉废气、水体改变、地表及地下水污染、挖土及矸石等。

（1）土地资源合理利用及复垦。根据《俄罗斯联邦森林法》《俄罗斯联邦土地法》《关于恢复土地、去除、保存和合理利用沃土层的基本规定》，露天煤矿的采后复垦是保护环境的重要措施，俄罗斯国家标准GOST 17.5.3.04－83《土地复垦的一般要求》，在开采矿产资源时企业必须将被侵占的土地恢复到适合继续使用的状态，同时国家每年拨出专项资金作为矿区的生态恢复之需，用于减少采矿工作的土地占用量、深露天煤矿和大排土场复垦等。

（2）煤尘治理和大气环境保护。露天煤矿剥离，开采过程中的穿孔、爆破、采装、运输、卸载、排土等过程均会产生煤尘和硅尘；露天煤矿物料运输过程中车辆行驶在道路沿线会产生扬尘；使用柴油发动机设备也会排出有害气体。在大气环境保护方面，要净化二氧化硫、氧化氮、瓦斯等气体排放。在露天煤矿装卸载工作过程中，采用压风洒水系统、理化方法等进行防尘和降尘。

（3）水资源保护和固体废弃物利用。对土地植被、地表水等进行生态监测，保护地表水和地下水免受枯竭和污染；固体废弃物利用方面，可以作为生产矿物黏合剂、建筑材料、有机矿物肥料和其他日用品原料，扩大其使用范围，同时做好工业废料存储时的环境保护。

《俄罗斯 2035 煤炭工业发展规划》中指出：引进先进的煤炭开采、加工和运输技术，减少对环境的负面影响。加强煤层气（煤矿瓦斯）开发利用技术的科研攻关；引进环保、无废料或低废料的技术和设备，减少废弃物的产生；对效率低的污水处理厂进行改造升级；采用封闭式的煤炭运输装置，建设先进的封闭式煤炭港口，避免以开放的方式运输煤炭过程中造成煤尘污染等问题。积极发展环境保护、资源合理开发与利用技术，并着力强化煤炭工业垃圾再生利用技术，提高被破坏土地修复比例。

2. 主要煤田生态修复

（1）库兹涅茨克煤田。库兹涅茨克煤田是俄罗斯最大的煤田，在俄罗斯有着举足轻重的作用，储量丰富，集中了所有牌号的优质烟煤、长烟煤、瘦煤和无烟煤。库兹涅茨克煤田的生态状况复杂，主要是：破坏了地质构造和地表；因堆放和储存煤炭、尾矿及建设相应地占用了耕地；形成起伏不平的地势；造成水、空气等环境污染。

1990 年库兹巴斯露天矿采煤破坏土地总面积为 37800 hm^2，其中农田占 51.5%，为 19500 hm^2。每采百万吨煤要破坏 880 hm^2 土地，复垦土地仅为 550 hm^2，占 56.8%。复垦速度远远落后于破坏的速度，复垦问题日益突出，要增加采深和剥离系数，就要大规模加大剥离作业。综合解决环保问题的主要方向是：建立和采用少尾矿和无尾矿回采工艺，扩大采用无运输系统和内排土场的范围，实现露采和井工相结合。综合解决环保问题的具体措施为：首先扩大南库兹巴斯的内排土范围；更新技术设备，缓解由于采深加大和其他复杂因素造成的环境破坏问题。

开发和实现保护自然环境新工艺；研究新的剥离工艺以及汽车和铁路运输相结合的工艺，采用局部输送列车和外排土的循环–连续工艺，将其作为先进的运输新途径。

（2）莫斯科近郊煤田。莫斯科（近郊）矿区以褐煤为主，煤层开采地质条件复杂，莫斯科近郊煤田的环保做法包括：修筑防水帷幕，防止露天煤矿引起水患，保持地下水在环保区域内处于自然状态；对所剥离的矸石进行选采，同时将矸石运到舍场按自然分层依次堆放；及时平整舍场，防止形成酸性蓄水池和防止污染地下水和潜水；在露天煤矿边坡上水播多年生草，以防止边坡受到侵蚀引起滑坡。

（3）伊尔库茨克州阿杰伊斯克以及切列霍夫斯克露天煤矿。伊尔库茨克州阿杰伊斯克以及切列霍夫斯克露天煤矿是苏联露天煤矿复垦工作较好的矿区之一。该矿区的复垦程序是，先剥离采场表面肥沃的土层，将其运到临时堆放场；然后再用推土机平整排土场，最后把临时土壤堆放场的土层再运到排土场表面，平整后分别植树造林或种草。复垦总成本的 80% 属于平整土地费、剥土费和肥沃土层复垦费用，其他 20% 属于生物复垦费。为解决复垦费用昂贵的问题，把复垦费用摊入煤炭产品的成本。降低复垦成本主要取决于煤层矿山地质条件及剥离的岩层厚度。

3. 煤矿生态修复案例

JSC "MC" Kuzbassrazrezugol 是乌拉尔矿业和冶金公司（UMMC）原材料部门的企业，专门从事露天煤矿开采。JSC "MC" Kuzbassrazrezugol 的主要战略发展任务之一是以环境政策的实施顺序确定企业现代化的前景，评估和减少对环境的影响程度。公司非常重视在生产过程的各个阶段遵守环境安全标准，并在大气环境、水资源、土地资源保护方面做了很多积极的努力和尝试。

（1）Kuzbassrazrezugol 环境政策和管理体系。环境政策主要方向如下：

① 持续改进综合管理体系，按照 IS ISO 9001、ISO 14001、ISO 45001、ISO 50001 的要求运作，通过改进流程、环境绩效和确保工作场所的安全。

② 通过不断减少和控制企业环境方面的影响，如危险工业废物的排放、形成和处置以及有害物质排放到大气中来防止环境污染。

③ 合理利用自然资源开发煤层。

④ 复垦受采矿作业干扰的土地。

⑤ 生物多样性保护。

⑥ 生态领域员工能力水平的年度专业发展。

⑦ 提高能源效率。

环境管理体系（EMS）作为在公司规划和活动实施过程中考虑环境保护效益的方法，自 2010 年起已被纳入 JSC "MC" Kuzbassrazrezugol 的综合管理体系（IMS）。公司最高管理层负责确定公司在质量、生态和劳动保护领域的政策，包括整个公司的环境安全领域政策和活动的持续改进；中层负责公司各部门的环境安全保障工作；员工操作层面确保场地、设施等的环境安全。公司每年的环保投入约为 3.5 亿卢布，用于引进环境友好和资源节约型技术，安装现代化的处理装置和设施，进行卫生保护区的组织和布置等。

（2）大气环境保护方面。定期组织开展预防措施。公司高度重视大气环境保护工作，定期组织开展预防措施，以减少污染物排放。包括：钻探工作中粉尘抑制和减少灰尘产生；应用除尘装备；不断改进污染排放净化系统；使用最清洁、最环保的燃料；开展生产环境控制，监测环境保护区、邻近居住区边界的大气质量动态，采用必要的防护调整措施等。

参与俄罗斯联邦立法和监管法案。公司通过参加会议、研讨会、谈判、检查等，不断与国家监管机构、工会组织、当局进行互动，参与了旨在防止气候变化和保护生物多样性的项目，提出了修改生态和土地利用领域、大气环境保护领域的立法框架倡议。

（3）水资源保护方面。聘请专业机构寻求解决方案。为了尽量减少煤炭资源开发对水资源的影响，JSC "MC" Kuzbassrazrezugol 的工作重点是开发废水处理系统，提高废水处理效率。为使废水成分符合监管要求，公司聘请研究机构进行一系列调查工作，以寻找和制定实施最佳清洁方案的建议，设计、建造和维护污水设施和其他环境设施。目前公司总共有 26 个污水排放口和 2 个进入地表水体的取水口，污水是根据国家机构颁发的向环境（水体）排放污染物许可证进行排放的。根据现有计划，废水与雨水一起通过排水装置被引导至沉淀池，然后经过处理的废水进入水体。

加大投入力度解决环境问题。公司每年投入超过 2 亿卢布用于解决环境问题，2017 年超过 2.4 亿卢布用于环境保护。主要用于工艺净化解决方案，包括使用废水；过滤材料和生物材料；内部和外部实验室对环境成分进行监测；环境安全人员的培训；环境保护领域的工程和科学研究；重新种植被破坏的土地（矿山技术和生物）；环境安全和土地使用的其他活动。

（4）土地利用方面。露天煤矿土地利用的主要问题是土地退化导致环境问题的出现。JSC "MC" Kuzbassrazrezugol 公司工业设施占地约 38000 hm^2，其中被扰动的土地为

26000 hm²。为了减少土地使用的环境负担，公司开展了一系列工作，例如土地复垦、重新造林、填海工程等，在涉及该地区经济周转的土地复垦量方面一直处于领先地位。

根据立法要求和"复垦工作计划"开展工作。JSC "UK" Kuzbassrazrezugol 公司根据现行立法要求的项目，开展受干扰土地的复垦工作，必要时对项目进行更新。公司每年制定一份"复垦工作计划"，通过公司董事会商定后实施，按照计划对征地复垦指标的完成情况和扰动土地复垦指标的执行情况进行控制。

采用先进技术开展复垦工程。为了合理利用土地资源，减少采矿作业对环境的影响，公司应用内部倾倒技术，以及土地分阶段参与采矿。复垦工程涉及两个主要工作阶段：采矿和生物。采矿技术阶段是生物复垦的准备环节，主要任务是布置受干扰的区域，为植被的正常生长和发育准备条件。在完成采矿和复垦技术阶段后，进行生物复垦，包括建立森林种植园。

参与森林恢复基金计划进行生物复垦。2021 年，公司拨款 790 万卢布，种植面积超过 96 hm² 的树林，提高土地复垦阶段的质量。在 Taldinsky 露天煤矿，生物修复面积达到 10.73 hm²，种植 25.4 hm² 的针叶树和灌木；在 Bachatsky、Mokhovsky、Kaltansky、Kedrovskoye、Krasnobrodsky 等露天煤矿共种植了约 60 hm²，完成了露天煤矿全年计划种植量。公司将继续参与库兹巴斯森林恢复基金计划，在克麦罗沃地区的别洛夫斯基区种植 66 hm² 的针叶树。

与专业机构合作开展试点项目。JSC "UK" Kuzbassrazrezugol 公司正与俄罗斯科学院西伯利亚分院的联邦煤炭和煤炭化学研究中心（FRC UUH SB RAS）合作组织试点项目，用于测试受干扰土地的生物开垦创新技术。试点项目选址在曾开展过采矿和复垦技术的垃圾填埋场，由 30 个试验区组成，对乔木和灌木、草本植物等物种组成进行了测试。在约 3 hm² 的面积上，再现库兹巴斯各个地区的自然、气候和地质条件，包括针叶林山、草原的光照面和潮湿面等。

6.4.4　生态环境保护原则及特点总结

（1）建立资源与生态一体化管理机制。俄罗斯联邦自然资源和生态环境保护管理体系采用"部、局、署"三位一体的模式，对俄罗斯的矿产等自然资源进行集中化管理。重视自然资源利用与生态环境保护关系的协调管理，建立了资源与生态一体化管理机制，成立专门的联邦署负责监督工作。管理过程中联邦部、联邦局、联邦署等管理部门之间既相互制约又相互协调，保障自然资源管理的宏观性和公正性。

（2）完善环境保护相关法律法规体系。俄罗斯联邦煤炭资源开发及利用过程中的环境保护法律体系以《俄罗斯联邦环境保护法》为根本法，以《俄罗斯联邦生态评估法》为基本法律，遵守联邦法律统一管理的同时还需要遵守各加盟共和国、州等联邦主体或州级法律；制定了生态鉴定制度、生态保险制度等环境管理制度；将"确保煤炭工业的环境安全"确定为《俄罗斯 2035 煤炭工业发展规划》的 7 个子规划之一，通过修订《俄罗斯联邦环境保护法》，细化环境保护的法律法规，加大环境污染惩罚力度。

（3）煤矿公司积极探索试验环保措施。积极与国家监管机构、工会组织等进行互动，参与俄罗斯土地利用、大气环境保护等领域联邦立法框架。每年制定"复垦工作计划"，按照计划进行征地复垦并对完成情况进行考核。公司高度重视环境保护工作，建立环保政策和管理体系，每年投入大量环保费用用于环境改善。与专业机构合作开展调研和项目试点工作，探索水资源、土地资源等环境保护的方案和创新技术。参与森林恢复基金计划，在露天煤矿进行大面积种植，提高土地复垦质量。

6.5 典型露天煤矿

俄罗斯规模较大、开采工艺技术特点明显的露天煤矿主要包括别列佐夫斯克（Borodinsky）、Kiyzassky、科利万斯基（Kolyvansky）、塔尔丁斯基（Taldinsky）四处，其地形和气象条件、资源与赋存、生产规模、开采工艺与装备以及生态环境保护的基本情况如下。

6.5.1 别列佐夫斯克（Borodinsky）露天煤矿

1. 地形和气象条件

别列佐夫斯克露天煤矿位于（Kansk – Achinsk）坎斯克 – 阿钦斯克煤田，毗邻俄罗斯克拉斯诺亚尔斯克地区雷宾斯克区的 Borodino 村。坎斯克 – 阿钦斯克煤田是俄罗斯探明储量与产量最大的侏罗纪褐煤煤田，大部分位于俄罗斯克拉斯诺亚尔斯克边疆区的南部，沿西西伯利亚铁路延展，西部深入克麦罗沃州，东部延至伊尔库茨克州，东西长 800 km，南北宽 50~250 km，面积达 60000 km^2。但水文地质条件复杂，地面沼泽化并有河流穿过，侏罗系中有多层有水力联系的含水层，还有含水量大的烧变岩带。

2. 资源与赋存条件

坎斯克 – 阿钦斯克煤田的煤层呈水平和缓倾斜，厚度大，储量丰富，适于露天开采，煤田最大的开采矿床——波罗底诺克、别列佐夫斯克和纳扎罗夫斯克矿床总共蕴藏着 21.9 Gt 的煤炭储量。别列佐夫斯克露天煤矿资源总量为 952.322 Mt，可开采储量 600 Mt；主要以褐煤为主，牌号为 2B，水分为 32%，硫分为 0.4%，灰分为 6%，热量为 3700 kcal/kg[①]。煤的低发热量和低强度决定了它的主要用途是用于大型热电站发电和供热；低硫低灰分的特点决定了可用于生产肥料、水泥、混凝土、干式建筑混合物和屋顶。

该露天煤矿矿山面积超过 2000 hm^2，相当于 2000 个足球场。矿田范围为 8.6 km × 6.6 km，最大开采深度为 290 m，煤层平均厚度为 55 m，煤层倾角为 0°~4°。剥离岩石为易粘、易滑落的黏土、亚黏土和砂。剥离岩石中有呈透镜体形状硅化砂岩，分布无规律。

3. 生产状况

别列佐夫斯克露天煤矿是位于俄罗斯 Krasnoyarsk 境内的煤矿企业，由西伯利亚煤炭能源公司（SUEK）经营。年设计生产能力 55 Mt，年产量为 22 Mt，是俄罗斯最大的露天矿山。该矿于 1949 年 12 月投产，年产煤 1 Mt。到 1987 年生产能力达到每年 29 Mt。1991年，最高煤炭产量达到每年 30 Mt。从 1950 年到 2005 年，Borodinsky 露天煤矿生产了 794 Mt 煤炭。2007 年 5 月，Borzinsky Razrez、Berezovsky – 1 Razrez 和 Nazarovsky Razrez 的股东决定并入 SUEK – Krasnoyarsk。2016 年 1 月，该露天煤矿成为俄罗斯业内唯一一家突破 1 Gt 煤炭生产里程碑的企业。2018 年，该露天煤矿在过去十年中首次突破了 20 Mt，生产了 21.6 Mt 煤炭。Borodinsky 露天煤矿生产场景如图 2 – 6 – 15 所示。

---

① 1 kcal = 4.1868 kJ。

图 2-6-15 别列佐夫斯克露天煤矿生产场景

4. 开采工艺与装备应用

（1）工艺类型。研究、设计工作表明，该煤田采用连续开采工艺最有效，第一期设计和建设露天煤矿时也决定采用连续工艺。露天矿田分为两个区，每个区都用独立的斗轮挖掘机－带式输送机成套设备进行开采。两个区都采用中央开拓沟进行开拓，通过此开拓沟将煤运到地面。第一期的设计能力为 27 Mt，于 1988 年投产，计划开采矿田西部 4.6 km 长的范围，剥离计划全部采用斗轮挖掘机－排土机成套设备的连续开采工艺。由于煤层厚度大（达 60 m），工作线推进速度快（90 m），成套设备的剥离台阶高度为 20~25 m。剥离作业采用自卸车通过铁路进行，开采的煤炭通过铁路运输，冬季高峰期每天的运输量达到一千辆货车（图 2-6-16）。

图 2-6-16 别列佐夫斯克露天煤矿剥离作业

（2）主要装备及管理。剥离的工艺特点是每个剥离台阶用一套成套设备开采。底部剥离台阶的成套设备包含 3РП – 5250ВС 轮斗挖掘机、IMB – 5250 台阶间转载机和 OP – 5250/190 排土机。上部剥离台阶的成套设备包括 ОШР – 6750/190 排土机，以及安装在上部采煤台阶顶板的 TK3 – 5250/65 工作面转载机。PП – 5250ВС 挖掘机的特点是切割力提高了（125 N/cm²），并在输送带上装有防止黏上矿岩的设施。当遇到有硬夹层时，挖掘机的切割速度由 3.92 m/s 降至 1.38 m/s。

剥离作业采用自卸车通过铁路运输，Dumpkar 是具有倾斜车身和折叠侧面的自卸卡车（图 2 – 6 – 17）。

图 2 – 6 – 17 Dumpkar 自卸卡车

采煤生产工艺采用两套轮斗挖掘机 – 带式输送机成套设备开采两个高度各为 30 m 的台阶。上部的轮斗挖掘机 – 带式输送机成套设备包括 3P – 5250 轮斗挖掘机、ПК3 – 5250/651 工作面转载机与 K – 5250 带式输送机线。输送机线由 K3 – 5250 工作面移动式带式输送机和若干固定式输送机组成。煤可不经过储煤仓直接运到 KM – 4500 干线带式输送机上，然后运送到别列佐夫斯克国家区域电站 1 号（PC – 1）；运至分配 – 回转带式输送机上的煤进入储煤仓内，再运送至干线带式输送机或装载点进行装车。底部的斗轮挖掘机 – 带式输送机成套设备的运输机线与此相似，有一条用于向上一个台阶转载的 MI – 5250 台阶间转载机，一个采宽采完后，挖掘机空行至台阶尽头，加长干线带式输送机，挖掘机开切新的采宽并进行开采。

切割中产量最高的两台采矿机是 ERP – 2500 轮斗挖掘机，每小时可处理 3000 多吨煤。挖掘机高度 30 m，高达 10 层楼高，重 1860 t；转子轮是挖掘机的主要工作体，带有 18 个桶的轮子，每个 330 L，一次可举起数十吨岩石；挖掘机的移动速度为 0.3 km/h；装载一辆车需要 3 min。ERP – 2500 轮斗挖掘机作业情况如图 2 – 6 – 18 所示。

图 2-6-18　ERP-2500 轮斗挖掘机正在作业

别列佐夫斯克露天煤矿拥有自己的维修和机械厂,确保了采矿设备的可维修性和可靠性,并生产创新和进口替代产品。Borodinsky 装载和运输部是俄罗斯最大的工业铁路运输企业,为煤矿内的 130 多千米轨道提供服务,拥有自己的机车车队,76 辆内燃机车、机车车辆和轨道设备。

(3)开采工艺与装备应用效果。别列佐夫斯克露天煤矿煤炭探明储量大、质量高,为连续大规模开采创造了得天独厚的条件。采矿作业的发展、新设备的开发和人员的高级培训使 Borodinsky 露天煤矿成为俄罗斯最大的露天煤矿。轮斗挖掘机、采矿机车、现代化辅助设备的使用和发达的维修基地配套使 Borodinsky 煤矿工人每年可生产超过 20 Mt 的煤炭。

采煤由 ERP-2500 回转复合机、ERP-1600、ER-1250 斗轮挖掘机、EKG-4U 机械铲进行。在冬季,货运量达到每天一千辆货车,开采的煤炭满足克拉斯诺亚尔斯克地区电力行业、住房和公共服务的燃料需求。

5. 生态环境保护

SUEK 公司非常重视生态环境保护工作,采取了很多针对露天煤矿的环保措施。采煤前,矿工们将肥沃的土壤层移走,存放在仓库中。采煤工作完成后,再将这些土壤送回采空区,用未来工作区的岩石和肥沃的土壤层恢复景观,平整并种植针叶树。在夏天,利用卡车给矿场浇水,在干燥的天气里通过在道路上浇水来对抗灰尘。同时,SUEK 公司不断监测煤炭开采对环境的影响,在自己的工业实验室检查水、空气和土壤状况。现在开采煤炭的地方已经有一片茂密的绿色森林,里面生活着松鼠、野兔和鸡油菌,也会有野鹤飞到这里栖息(图 2-6-19)。

图 2-6-19 治理后的矿区景观

6.5.2 Kiyzassky 露天煤矿

1. 地形和气象条件

Kiyzassky 露天煤矿位于克麦罗沃地区，Kemerovo 区，地处西西伯利亚东南方，属于库兹涅茨克（Kuznetsk）煤盆地，是俄罗斯的主要产煤地区。库兹涅茨克煤盆地三面环山，西南面以萨莱尔岭为界，东南面邻接戈尔诺尔隆起，东北与库兹涅茨克山接壤，在北西方向，盆地过渡为西西伯利亚低地；煤盆地呈西北—东南走向，长约 335 km，宽约 110 km，面积为 26000 km^2。

2. 资源与赋存条件

Kiyzassky 露天煤矿处于库兹涅茨克煤盆地，该煤盆地煤炭煤质优良、硫含量低，煤层多、埋藏浅，适合大规模露天开采。Kiyzassky 露天煤矿开采深度为 60 m，2021 年露天煤矿储量为 77 Mt，露天煤矿资源主要以动力煤和炼焦煤为主。

3. 生产状况

Kiyzassky 露天煤矿由西伯利亚无烟煤公司（SibAnthracite Group）和 Vostok Coal 共同经营，双方各占 50%。该露天煤矿于 2012 年开始运营，2014 年以来，一直在运营 Uregolsky 5~6 个站点。年产量 9.3 Mt。截至 2022 年初，Kiyzassky 露天煤矿共开采 55 Mt 煤炭（图 2-6-20、图 2-6-21）。

4. 开采工艺与装备应用

（1）工艺类型。Kiyzassky 露天煤矿主要采用单斗-卡车间断工艺进行开采。主要设备包括挖掘机和矿用自卸车。

（2）主要装备及管理。主要剥离采煤设备是 2 台斗容为 20 m^3 和 2 台斗容为 12 m^3 的挖掘机，已经逐渐停止使用铲斗容量较小的挖掘机。2022 年，Kiyzassky 露天煤矿将购买斗容 20 m^3 和 22 m^3 的电动挖掘机。计划采购 30 辆载重 220~240 t 的矿用自卸车。此外，承包商将购买约 40 辆此类自卸卡车，其有效载荷能力为 90~220 t，专门用于 Kiyzassky 矿的需求。

图 2-6-20 Kiyzassky 露天煤矿全景

图 2-6-21 Kiyzassky 露天煤矿庆祝开采 55 Mt 煤炭

为了出口煤炭,"Razrez Kiyzassky"铺设了一条长约 30 km 的道路,建造了一个装载火车站。

5. 生态环境保护

Kiyzassky 正在实施一项环境计划,计划系统地放弃使用柴油运输,将 100% 的设备转移到天然气和电动机上。该公司使用以液化天然气为燃料的自卸卡车运输煤炭。2020 年底,Razrez Kiyzassky 首次改用环保交通工具,使用 10 辆液化天然气(LNG)运行的载重 32 t 的 C&C TRUCKS N342 自卸卡车从仓库运送煤炭到装煤站,路线长度为 25 km。每台设备每月可运输约 9000 t 煤炭。

2018 年，Kiyzassky 为装煤站配备了 TF10 EmiControls 抑尘装置，并建造了两块吸音吸尘屏，从 Borodino 村一侧将火车站部分完全封闭。2019 年，在装煤站境内又安装了两套抑尘系统。2021 年，该企业在库兹巴斯种植了超过一百万棵树。在 Kiyzassky 矿区的 Myskovsky 市区，种植了 2000 棵金字塔形杨树，沿煤炭装载站设置了一条保护带。这些树能有效地吸收灰尘，夏季高达 50%，冬季达 37%。2022 年，Kiyzassky 将继续开展植树计划，增加防护屏长度，公司还将增购抑尘装置。Kiyzassky 矿向当地居民开放，管理层定期与民众一起参与爆破作业的监测，并组织参观生产设施。

2022 年，Kiyzassky 矿的电气化将继续进行。Kiyzasskaya 变电站的建设和高压线路的建设将使 6 台电动挖掘机投入运行成为可能，重型车辆的使用将大大减轻环境负担。

6.5.3 科利万斯基（Kolyvansky）露天煤矿

1. 地形和气象条件

科利万斯基露天煤矿位于新西伯利亚地区，Novosibirsk 区 Iskitimsky 村附近，属于 Horlivka 煤田。

2. 资源与赋存条件

科利万斯基露天煤矿开采面积 4.6 km², 开采深度 60 m，2021 年露天煤矿储量为 126 Mt。该露天煤矿资源主要以高质量无烟煤为主，具有碳含量高，硫、挥发物和灰分含量低的特点（图 2 - 6 - 22）。

图 2 - 6 - 22 科利万斯基露天煤矿全貌

3. 生产状况

科利万斯基露天煤矿由该地区唯一的煤炭开采公司——西伯利亚无烟煤公司（SibAnthracite Group）所有，该露天煤矿大规模开发开始于 2005 年，为了增加产量，推出了 Severny 区块。2007 年，附近的 Krutikhinsky 开始开发。年产量 8 Mt。

4. 开采工艺与装备应用

（1）工艺类型。科利万斯基露天煤矿主要采用单斗－卡车间断工艺进行开采（图2-6-23）。

图2-6-23　科利万斯基露天煤矿开采工艺

（2）主要装备及管理。主要剥离采煤设备是利勃海尔ER9250液压挖掘机，铲斗容量为15 m³；5台比塞洛斯RH120E挖掘机，铲斗容量为17 m³；ESH11/70步行式挖掘机，铲斗容量为11 m³；EKG 5A挖掘机，铲斗容量为5 m³；EKG-10挖掘机，桶容量为10 m³（图2-6-24～图2-6-27）。

图2-6-24　利勃海尔ER9250液压挖掘机

6 俄罗斯露天煤矿开采技术

图 2-6-25 ESH11/70 步行式吊斗铲

图 2-6-26 EKG 5A 挖掘机

主要运输设备是容量从 50 t 到 220 t 的 BelAZ 卡车。2021 年，支出 4500 万美元购置了 24 台自卸卡车，其中 10 台容量为 220 t、14 台容量为 130 t（图 2-6-28、图 2-6-29）。

6.5.4 塔尔丁斯基（Taldinsky）露天煤矿

1. 地形和气象条件

塔尔丁斯基是俄罗斯克麦罗沃州的露天煤矿，位于俄罗斯克麦罗沃州 Novokuznetsky 区的 Bolshaya Talda 附近，属于库兹涅茨克（Kuznetsk）煤盆地（图 2-6-30）。

图 2-6-27　EKG-10 挖掘机

图 2-6-28　BelAZ 卡车

2. 资源与赋存条件

该露天煤矿资源总量 900 Mt，开采深度 60 m，主要以烟煤和动力煤为主。按照 8.2 Mt/a 的开采速度，目前的储量将可以持续开采 100 年（不包括约 1 Gt 储量的第三条线）。

3. 生产状况

塔尔丁斯基是克麦罗沃地区和俄罗斯最大的矿之一。由 Ural Mining Metallurgical Company（乌拉尔矿业冶金公司）子公司 Kuzbassrazrezugol 所有，年产煤炭 13 Mt 左右。1986 年正式生产运营，最初规划是建设苏联最大的矿山，年产量为 30 Mt。苏联解体后煤炭工业重组期间，30 Mt 的项目产能被废弃（图 2-6-31）。

6 俄罗斯露天煤矿开采技术

图 2-6-29 BelAZ 卡车装煤

图 2-6-30 塔尔丁斯基露天煤矿

4. 开采工艺与装备应用

(1) 工艺类型。外运剥离开采工艺在库兹巴斯煤田各露天煤矿占主导地位，采用单斗-卡车间断工艺采煤，塔尔丁斯基煤矿主要采用卡车运输，超过 147 辆 BelAZ 和 Komatsu 自卸卡车在矿区工作，每辆卡车的承载能力从 40 t 至 320 t 不等。

(2) 主要装备及管理。塔尔丁斯基煤矿最大的自卸车是 BelAZ-75600，最大载重 320 t，单车重 560 t，是俄罗斯最大的卡车。一次行程中最多可运输三节车厢的岩石、泥

图 2-6-31　塔尔丁斯基露天煤矿正在生产

土和淤泥。每行驶 100 km 使用 1000 L 柴油燃料（每 60 mile 大约使用 265 gal）。油箱容量为 4360 L。每个车轮重 8 t，成本约为 100 万卢布（28600 美元），需要一台特殊的随车起重机来装上轮胎（图 2-6-32）。

图 2-6-32　塔尔丁斯基露天煤矿最大的自卸车是 BelAZ-75600

7 哈萨克斯坦露天煤矿开采技术

哈萨克斯坦煤炭工业以露天煤矿为主，约占煤炭总产量的80%。哈萨克斯坦各露天煤矿以间断式开采工艺为主，包括单斗－铁道工艺、单斗－卡车工艺和吊斗铲无运输倒堆工艺，半连续和连续开采工艺也有使用，部分露天煤矿采用综合工艺。哈萨克斯坦本国装备制造业非常薄弱，露天煤矿开采主要依靠进口国外（包括美国、俄罗斯、欧洲等国）装备和技术。由于哈萨克斯坦露天煤矿地质条件总体较好，加上国家对新技术的使用没有强制的高要求，总体上露天煤矿开采技术和装备以实用为主，技术和装备更新比较慢。近几年个别大型露天煤矿企业开始采用更高效环保的工艺和装备。

7.1 概述

7.1.1 露天煤炭资源

1. 露天煤炭资源总体情况

哈萨克斯坦地处中亚造山带，煤炭形成于中晚泥盆世、早石炭世、晚石炭世、二叠纪、侏罗纪和古新世，早石炭世是主要含煤盆地（卡拉干达、埃基巴斯图兹）及几个储量巨大矿床的形成时期，构造整体平缓，含煤层系厚、埋藏较浅，适合露天开采的煤炭资源较多，约占煤炭储量的2/3。20世纪90年代初，哈萨克斯坦煤炭探明及证实储量为34 Gt，其中适于露天开采的储量为21 Gt，占探明储量的61.8%。哈萨克斯坦煤炭探明存储量在近30年没有巨大的波动，2021年该国煤炭总探明储量为25.605 Gt，占世界煤炭探明储量的2.4%，全部为无烟煤与烟煤，其露天煤炭储量占比与20世纪90年代初相近。

2. 露天煤炭资源分布

哈萨克斯坦最主要的优质煤炭资源富集区在中、北部，共四个煤盆地：卡拉干达（Karaganda）、埃基巴斯图兹（Ekibastuz）、迈库边（Maikuben）和图尔盖（Turgai）（表2-7-1）。煤层赋存条件很好，2/3的煤炭储量埋藏较浅，可露天开采。

表2-7-1 哈萨克斯坦主要煤田

主要煤田及煤种	资源量/储量	煤层条件	开采方式
卡拉干达盆地（炼焦煤、动力煤）	24.6 Gt（炼焦煤11.8 Gt）	可采煤层30多个，总厚40 m，平均后2.5 m	露采＋井工
埃基巴斯图兹盆地（动力煤）	7 Gt	可采3层，其中3号煤层总厚92 m，2号煤层总厚31~40 m，1号煤层总厚19~23 m	露天开采
迈库边盆地（褐煤）	可采0.16 Gt		露天
图尔盖盆地（动力煤）	19.6 Gt	最连续的两个煤层分别厚10~60 m和5~35 m	露采＋井工

卡拉干达煤盆地坐落于哈中部，东西长 100~180 km，南北宽 30~45 km，总区域面积 3000~3600 km^2。煤盆地主要含煤区域大约 2000 km^2，4000 m 深，煤盆地中心位于卡拉干达市。有石炭系和侏罗系两个产煤层位。煤炭资源量 35 Gt、储量 11 Gt（其中 60% 是炼焦煤），年产量 50 Mt。是哈最大的炼焦煤产地，焦煤产量比重占该地区煤产量的 55%。可采层共 69 层，可采煤层总厚度 40 m，煤层平均厚度 2.5 m（个别为 7~8 m），多为缓倾斜煤层，煤层埋深一般小于 600 m，矿井采深平均约为 300 m，煤矿瓦斯含量高。

埃基巴斯图兹煤盆地位于哈东北部的巴普洛达尔州，盆地内埃基巴斯图兹煤田面积为 160 km^2，为一封闭式向斜构造，地质储量约 12.7 Gt。煤层共有 20 层，煤层平均深度约为 160 m，最深超过 670 m。由于煤层厚，又距地面浅，适于露天开采，开采成本低。该煤盆地煤质较差，主要用于发电。

迈库边煤盆地位于埃基巴斯图兹煤盆地以南 40 km，面积达 1400 km^2，为一大的向斜构造。煤层厚度变化较大，有的地方有 50 多层厚度较大的煤层，有些地方则只有 1~2 层厚达 20~40 m 的煤层。地质总储量约为 20 Gt，埋深在 300 m 以内的有 9 Gt，其中探明储量为 1.76 Gt。煤盆地以褐煤为主，含硫量为 1.5%~2%，灰分为 7%~8%，发热量为 18833~25110 kJ/kg。Shoptykol 是迈库边煤盆地最主要的褐煤矿床，总面积 1040 km^2，矿床通过一条铁路线与圣彼得堡相连，矿区为缓坡平原，东部海拔 230.0~250.0 m，西部最高可达 300.0 m。从气候条件看，矿区属干旱大陆性气候，具有干冷草原特征，冬冷夏热。全区年平均气温 2.2 ℃，最高 40 ℃，最低 -43 ℃。土壤冻结深度 2.5~3.0 m，平均年降水量 207 mm。该地区强风频繁，能达到 24 m/s 的速度，主要方向是西南方向，在夏季有时会变成沙尘暴，在冬季变成暴风雪。盆地内土壤覆盖复杂，以盐碱地为主。Shoptykol 矿床的构造结构很简单，水文地质条件相对简单。地下水形成东南流向，地下水补给的主要来源是大气降水的入渗，主要是雪融水和秋季长时间的降雨。

该盆地的主要煤含量与 Shoptykol 和 Taldykol 地层有关。Shoptykol 组包含两个煤层，上层（Ⅰ~Ⅲ）厚度达几十米，以含煤量最大为特征。煤层的特点是厚度大，同时结构复杂多变。它们是相邻层的复合体，在某些区域合并为复杂结构的厚单层。Shoptykol 褐煤是 3B 级、长焰(D)，Ⅰ~Ⅲ 层煤体的灰分含量为 10%~15%，分裂层的灰分含量为 15%~20%。煤层瓦斯含量低。

图尔盖（Turgai）盆地位于哈西北部的图尔盖州和库什坦奈州，盆地内图尔盖煤田面积 33000 km^2，成煤时代主要为侏罗纪，地质储量为 5.8 Gt，煤层总厚度为 40~70 m，埋藏不深，适于露天开采（剥采比为 4.1~6.2 m^3/t）。煤种为褐煤，含硫量为 1%，灰分为 15%~25%，发热量为 12137~12555 kJ/kg。1957 年在库什木龙开始建第一座露天煤矿，但因煤层薄而分散，至今尚未进行大规模开发。

7.1.2 生产情况

1. 近 40 年露天煤矿产量总体情况

哈萨克斯坦以露天煤矿为主，总体上露天煤炭产量全国占比一直保持在 80% 以上。1992 年哈萨克斯坦煤炭产量为 126.8 Mt，其中露天产量 93.5 Mt，露天产量占比 73.7%。从计划经济到市场经济改革（1995—2005 年）的十年间是哈萨克斯坦煤炭工业的低谷期（图 2-7-1），但露天煤炭产量仍占总产量的 80% 以上，比如 1997 年露天开采比重为 85%。

7 哈萨克斯坦露天煤矿开采技术

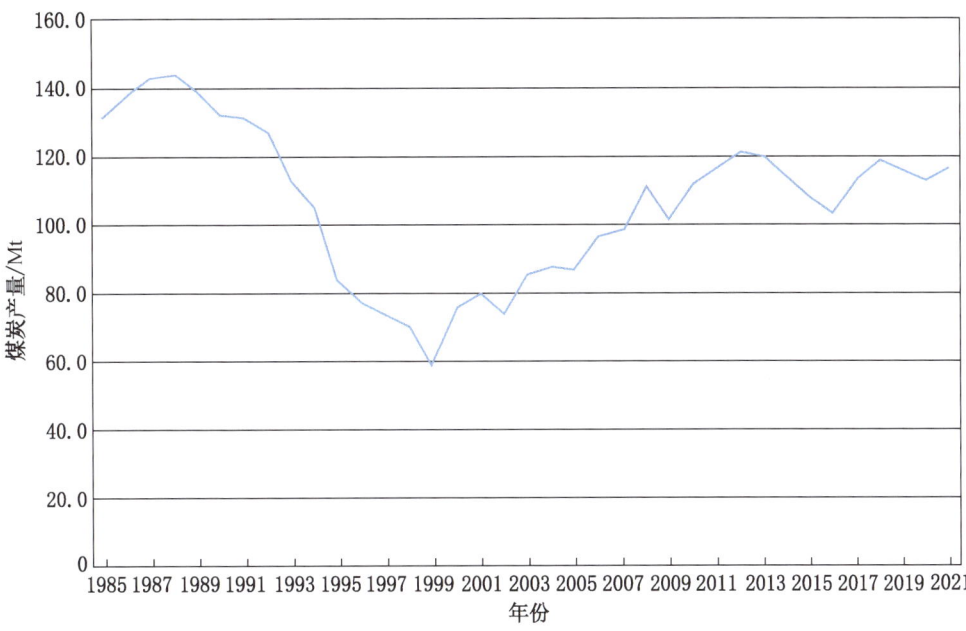

图 2-7-1 1985—2021 年哈萨克斯坦煤炭产量

埃基巴斯图兹矿区是哈萨克斯坦主要露天产煤区，始建于 1948 年，1955 年投产，1975 年产煤 45.80 Mt，1987 年达到 88.72 Mt，1988 年更登至 90 Mt 顶峰，1995 年，埃基巴斯图兹矿区煤炭随着全国煤炭工业的衰落而减产，产量为 58 Mt，但依然占全国煤炭产量的 69.6%（1995 年全国煤炭产量为 83.3 Mt）。根据 2021 年 Samruk 能源公司年报中将哈萨克斯坦煤矿产地分为三大区域：巴普洛达尔地区、卡拉干达、东哈萨克斯坦。巴普洛达尔地区主要是露天煤矿（表 2-7-2），其产量在 2017 年占全国的 58.96%，2018—2021 年占全国煤炭产量的 61.78% 左右。卡拉干达地区拥有哈萨克斯坦主要的井工煤矿，但该地区煤炭产量依然以露天为主。

表 2-7-2 2017—2021 年哈萨克斯坦主要产煤地区煤田产量　　　　　　　　Mt

地区	2017 年	2018 年	2019 年	2020 年	2021 年
巴普洛达尔	62.47	70.33	68.36	67.05	70.86
卡拉干达	35.91	34.99	34.22	33.61	36.65
东哈萨克斯坦	6.87	8.29	8.16	8.39	8.19
其他	0.72	0.101	—	—	—
全国	105.97	113.71	110.74	109.05	115.7

来源：Samruk energy 2021 年报。

2. 主要露天煤矿煤炭生产情况

露天煤矿开采集中在 8 座大型露天煤矿，巴普洛达尔地区有 3 座，分别为埃基巴斯图兹煤盆地的勇士（Bogatyr）和 Severnyy，以及埃基巴斯图兹煤盆地南面的迈库边斯基（Maikubensky）露天煤矿；卡拉干达煤盆地有 4 座，分别为 Molodezhny、舒尔巴科（Shubarkol）、东方（Vostochnyy）和 Zhalyn；还有一个 Saryadyr 露天煤矿在 Akmola 地区。从产能上看，根据目前哈萨克斯坦公开的规模以上煤矿产能统计数据，这 8 座露天煤矿总产能为 88.1 Mt（表 2-7-3），井工煤矿全部在卡拉干达地区（全部为 ArcelorMittal 公司所有），产能为 4.3 Mt，露天煤矿产能占比约为 95.34%。

表 2-7-3　哈萨克斯坦主要露天煤矿基本情况　　　　　　　　　　　　　　　　Mt

序号	矿井名称	所属公司	开采年份	煤炭类型	产能	总储量	可采储量	所属地区
1	Bogatyr	Samruk Energy JSC/United Company RUSAL 俄铝	1970	烟煤	32		3000	巴普洛达尔
2	Maikubensky	Maikuben-West, LLP	1987	褐煤	5.3		160	巴普洛达尔
3	Molodezhny	Kazakhmys Coal LLP	1962	热力	9.5		368	卡拉干达
4	Saryadyr	On-Olzha LLP			1	174		Akmola 地区
5	Severny	Bogatyr Komir		烟煤	10		3000	巴普洛达尔
6	Shubarkol	Eurasian Energy Corporation JSC	1985	热力/烟煤	11.3	1500	405.6	卡拉干达
7	Vostochny 东方	Eurasian Energy Corporation JSC	1996	烟煤	18			卡拉干达
8	Zhalyn	Saryarka-ENERGY LLP	2009	热力/烟煤	1	55.2	49.1	卡拉干达
产能合计					88.1			

哈萨克斯坦露天煤矿装备了现代化的机械设备，开采成本较低，生产效率较高。ArcelorMittal Temirtau 公司拥有的井工煤矿年产量为 4.3 Mt，员工 6455 人，煤炭生产效率约为 666 t/（人·a），远低于勇士露天煤矿 6462 t/（人·a）的生产效率。

根据表 2-7-4 中数据进行初步分析，得到主要四类露天煤矿产量和数量的占比情况，由此可知，哈萨克斯坦现有的煤炭产品由 8 座露天煤矿提供。哈萨克斯坦在产露天煤矿生产规模均为 1~32 Mt/a 不等，哈萨克斯坦大型露天煤矿以较少的煤矿数量生产了超过 88.1 Mt 的褐煤资源，平均每座露天煤矿的产量达到了 10 Mt/a；其中 10 Mt/a 及以上的露天煤矿产量和数量占比分别为 81.2% 和 50%，不到 1/2 的露天煤矿生产了 4/5 以上的煤炭产量，特别是勇士露天煤矿年度煤炭产量达到 32 Mt，占比达到 36.36%。

表2-7-4　主要四类露天产量和数量占比

煤矿统计范围	露天煤矿数量/座	产能/(Mt·a^{-1})	露天煤矿产量占比/%	露天煤矿数量占比/%
20 Mt/a 及以上	1	32	36.36	12.5
10（包括）~20 Mt/a	3	39.3	44.66	37.5
4（包括）~10 Mt/a	2	14.8	16.82	25
4 Mt/a 以下	2	2	2.27	25

7.2　露天煤矿开采技术特点

7.2.1　露天煤炭开采技术

哈萨克斯坦各露天煤矿以间断式开采工艺为主，包括单斗-铁道工艺、单斗-卡车工艺和吊斗铲无运输倒堆工艺，半连续和连续开采工艺也有使用，部分露天煤矿采用综合工艺。哈萨克斯坦各露天煤矿均采用剥离外排的运输开采系统。1992年哈萨克斯坦共剥离研石92 Mm³，剥离主要采用斗容为5~12.5 m³的单斗挖掘机，向排土场排研则采用斗容为10~14 m³的吊斗铲和单斗铲。20世纪90年代，该国60%的煤炭和75%的剥离物用铁道运输，而16%的煤炭和24%的剥离物采用汽车运输。其余的煤炭（大约22 Mt）则采用带式输送机运输。哈萨克斯坦最大的商业开采煤田是埃基巴斯图兹煤田，该煤田工业储量大（约13 Gt），近距煤层厚度约170 m，剥采比小，仅0.75 m³/t，这为大面积露天开采创造了良好条件。因此，20世纪90年代，连续式开采工艺主要在埃基巴斯图兹煤田使用，该煤田87%的煤炭采用切割力较大的轮斗挖掘机开采，其理论生产能力为3500~5000 t/h，其他煤田则采用斗容为5~10 m³的单斗挖掘机开采。

但由于2000年左右，埃基巴斯图兹煤田采掘深度每年以5~10 m的速度不断延深，导致深部水平开采条件恶化，如采深已达200 m，剥采比增加，运输系统更加复杂，铁路运距增长，达15~20 km以上等。为此，2000年初该煤田各露天煤矿的发展方向是：①对矿山地质赋存条件较好，且剥采比较小的"勇士"和"东方"露天煤矿进行技术改造，以扩大该煤田南部的煤炭产量；②把"勇士"露天煤矿的铁路运输改为带式输送机运输，使用的带式输送机小时生产能力为5250 t；③"勇士"和"东方"露天煤矿深部水平的剥离将采用由单斗挖掘机，自行式破碎机组，带式输送机和排土机组成的综合机组，小时生产能力为8000 m³；④改变"北方"露天煤矿的开采顺序（由外排土改为内排土），到2000年以后产量将缩减到5 Mt，这样可改善埃基巴斯图兹市的生态环境。

哈萨克斯坦在20世纪90年代开始开发巴普洛达尔州的迈库边煤田，卡拉干达州的舒巴尔科利煤田和谢米巴拉丁斯克州的卡拉瑞尔煤田，以扩大低灰分煤（灰分为12%~24%）的产量。考虑到这三个煤田的矿山地质条件，如煤层厚30~35 m，缓倾斜赋存，煤层构造复杂，需要选采，现行剥采比达2~3 m³/t（1992年哈萨克斯坦各露天煤矿的实际平均剥采比为0.96 m³/t），因此在建新露天煤矿时哈萨克斯坦采纳了以下技术方案：如采用生产能力为3500 t的轮斗挖掘机对复杂煤层进行选采；在选采时为使煤、矸分流，采用汽车-带式输送机运输（在工作平台采用载重量为105 t的自卸式汽车，运煤则采用生产能力为2500~5250 t/h的带式输送机）；剥离矸石采用铁道运输，使用黏重为360 t的牵引机组；在舒巴尔科利煤田露天煤矿剥离时采用带式输送机把开采、运输和排土组合成一体的全连续开采系统，小时生产能力为5000 m^3。

哈萨克斯坦本国机械制造业实力较弱，露天煤矿开采装备主要从国外进口，包括俄罗斯、美国、德国等国家。根据美国商务部的报告，哈萨克斯坦矿业的主要技术和管理实践依然是苏联时期传承下来的，其超过一半的采矿企业使用落后的设备。

7.2.2 露天煤矿智能化技术

哈萨克斯坦政府重视数字和智能化发展，实施了数字哈萨克斯坦项目，国家的数字和智能化基础设施有一定水平，露天煤矿智能化发展有一定基础。

露天煤矿智能化技术在哈萨克斯坦大型露天煤矿有所应用，但还没有大规模推广。根据Samruk能源公司2018年年报，其下属勇士（Bogatyr）和Severny露天煤矿正在建设"数字煤矿"项目，包括自动监测煤矿运行情况和煤矿运输设备（包括运输重量、地点、技术状况、速度、轮胎压力和温度等）、自动化和装卸卡车每天工作情况的分析（包括运输次数、装卸次数、发动机时间、公里数、耗油量、自动驾驶、驾驶员的操作分析和相关工作统计信息）。

7.2.3 中哈两国露天采矿装备合作前景

哈萨克斯坦露天煤矿生产依靠引进国外先进装备与技术，但是并不依赖于某一个国家。哈萨克斯坦是中国"丝绸之路"的门户和连接欧洲的主要交通走廊，是中国的全面战略合作伙伴和上海合作组织的重要成员国，徐工等中国企业的产品已经进入哈萨克斯坦市场，随着中国装备制造业科技含量的进一步提高，两国在装备设备领域有更多的合作空间和机会。

7.3 典型开采工艺与装备应用特点

7.3.1 半连续采煤工艺

哈萨克斯坦露天煤矿半连续开采工艺主要在勇士煤矿（Bogatyr Komir）公司的勇士煤矿和Severny煤矿中使用，这两个露天煤矿使用卡车与传送带将煤炭运输至储煤仓，使用快速铁路装车系统装车。这项技术的使用可以更合理地分配煤炭，提高列车装车效率2.5倍，提高装货精度。公司自2006年开始，装备了自动化的煤炭传输系统。这些现代化装备的使用，大大提高了勇士公司的煤炭生产效率。

半连续采煤工艺系统于2022年在勇士煤矿建成。勇士煤矿平均剥采比不超过0.73 m^3/t，2005—2008年，勇士露天矿采用单斗-铁道工艺、轮斗-铁道工艺、单斗-卡车工艺进行煤炭开采。其中，单斗-卡车工艺开采出来的煤炭经载重为90~130 t的卡车运送至坑内储煤场，并由轮斗挖掘机为铁道列车装车。2006年勇士露天矿进行了采煤半连续工艺的可行性研究。2008—2010年投资重建煤炭运输系统，在煤矿5区、6区、9区和10区重建铁路运输系统，煤炭平均运输距离从2006年的16.2 km降低到2010年的12.9 km，减少了19.4 km铁轨和128个铁轨转辙器。2014年，煤矿岩石和内部剥离物被存放于5号矿区的永久矿坑存放点。2022 年完成采煤半连续工艺系统的最终建设后年产能提高到 40 Mt/a。该系统采用现代化的高效装备，包括：单斗挖掘机、卡车、破碎站、带式输送机、铁路装车系统；带式输送机、自动堆取料机、装载机。

Severny 露天煤矿计划 2027 年建设半连续运输系统。该矿 2005 年采煤采用单斗 – 铁道工艺、轮斗 – 铁道工艺、单斗 – 卡车工艺。卡车装载能力为 90 t，把煤炭送到坑内储煤场，轮斗挖掘机把坑内储煤场的煤炭装载到铁道列车。2017—2026 年产能保持在 6 Mt/a，1~4 区煤矿继续使用现有工艺；2027 年开始建设半连续运输系统。

7.3.2 连续采煤工艺

连续开采工艺主要在东方露天煤矿使用。埃基巴斯图兹矿区的东方露天煤矿是苏联第一个用轮斗挖掘机 – 带式输送机连续工艺开采硬煤的露天煤矿，年设计能力 30 Mt，1985 年 9 月投产，1988 年出煤 14 Mt。该矿煤层倾角为 10°~20°，煤层结构复杂，煤和岩层硬度较大，普氏系数为 $f \leq 8$，轮斗开采前需松动爆破。初步设计规定，该矿采用 4 套连续开采机组采煤。每组包括轮斗挖掘机、转载机、装载机等。2009 年，投入使用 TAKRAF BSM – KS – 4250 型半移动破碎站，主要用于破碎剥离物，破碎能力为 4250 t/h，采用双齿辊破碎机。2012 年购置了德国 FAM 公司的 4108SR(K)2000 型号轮斗挖掘机。在超过 35 年的煤炭开采时间里，已经开采了 11 Gm^3 的煤炭。

7.3.3 单斗 – 卡车工艺

单斗 – 卡车间断开采工艺主要在舒巴尔科露天煤矿和 Zhalyn 露天煤矿、迈库边斯基露天煤矿使用。舒巴尔科露天煤矿主要开采 30~100 m 深的大型煤层，剥采比为 3 m^3/t，采用间断式单斗 – 卡车开采工艺。采煤和剥离主要采用由日立公司生产的矿用挖掘机，包括 4 台超大型挖掘机：1 台 EX1900 – 6、1 台 EX3600 – 6 和 2 台 EX3600E – 6s。运输主要采用日立公司和卡特彼勒公司生产的矿用卡车。2015 年采购了 4 台 EH1100 – 5s、2 台 H3500ACIIs、6 台 EH1100 – 3、2 台 EH3500ACII 矿用自卸卡车。公司 2019 年购置了 11 台卡特彼勒公司的 777E 自卸卡车、2 台日立 EX1900 – 6(LD) 液压挖掘机和日立 EX3500 6 大型矿用挖掘机（斗容范围为 21~23 m^3）。

Zhalyn 露天煤矿采用单斗 – 卡车间断式工艺，液压挖掘机斗容 4~15 m^3 和自卸卡车装载能力 42~45 t。

迈库边斯基露天煤矿采煤采用单斗 – 铁道工艺、轮斗 – 铁道工艺、单斗 – 卡车工艺。台阶的实际高度为 10~20 m，采矿作业线的实际长度为 6.2 km；生产工作面的平均年移动量为 25 m。采用设备型号为：轮斗挖掘机 CPc(K) – 470；单斗挖掘机 EKG – 4U、EKG – 5V、EKG – 10；装载自卸车主要有白俄罗斯 Belaz 公司生产的 BelAZ – 75131（130 t）、BelAZ – 7547（45 t）。

7.4 露天煤矿生态环境保护技术

法律法规对露天煤矿的环境保护作出详细规定。1997 年 7 月颁布的《环境保护法》和 2007 年更新的《环境法典》对煤矿区环境作出的规定要求：煤矿作为矿物资源，是环境保护的对象之一；要求对煤矿开采进行环境影响评估；要求对矿物生产与消费的废弃物进行有毒和无毒分类与分级，允许无水的地下煤矿设置有毒废弃物存储点。为突出矿产资源领域的特殊性,1996 年的《地下资源及地下资源利用法》规定除了首先遵守《环境保护法》以外,还应当遵循合理的地下资源保护规则,预防勘探、挖掘装备及材料的使用对矿区的地质、水文等生态环境造成影响,在开采过程中发现具有特殊生态价值、科学文化价值和其他价值的物品时,应及时划分自然保护区加以保护。2010 年修订的《地下资源及地下资源利用法》,在原有基础上进一步加强了环境保护的要求,主要体现在:矿产开发终止时,要对矿产利用对象进行清除和密封等。2021 年初哈萨克斯坦颁布最新的环保法案,要求采用最佳的可行技术。该法案要求露天煤矿年产量 0.1 Mt 以上的和褐煤年产量 0.2 Mt 以上的,需要安装煤炭(硬煤和褐煤)处理设施,并强制执行环境影响审查。

大型煤炭企业制定和实施现代环境管理系统。Bogatyr 煤矿公司实行了 ISO14001 环境管理标准,购买了环保保险,并且保持工业环境监管,包括大气环境、地表与地下水、土壤。该公司 2017—2018 年环境保护资金拨款 28.08~28.52 亿坚戈,2018 年末减少排放超过 30 Mt。Bogatyr 公司的环保措施包括:建造了一个地下废物处理系统,废弃物存储区域从 2000 年的 7 个减少到了现在的 1 个,安装了灰尘吸附系统以减少空气中的颗粒排放。

7.5　典型露天煤矿

7.5.1　勇士和 Severny 露天煤矿

哈萨克斯坦最大的露天煤矿公司是勇士煤矿公司,隶属于 Samruk 能源公司,目前拥有每年 42 Mt 煤炭生产能力,其中 32 Mt 煤炭生产能力来自勇士煤矿,另外的 10 Mt 生产能力来自 Severny 煤矿,两矿相邻。勇士煤矿最初的设计产能是 50 Mt,1985 年产能达到历史最高的 56.8 Mt,占哈萨克斯坦当年煤炭产量的 43.4%(1985 年全国煤炭产量为 130.8 Mt),为当时世界最大露天煤矿。根据该煤矿公司的母公司 Samruk 能源公司 2020 年年报,勇士煤矿公司 2018 年、2019 年、2020 年煤炭产量分别为 44.9 Mt、44.8 Mt 和 43.3 Mt,略高于其核定产能,其煤炭产量占埃基巴斯图兹煤田产量的 59%,约占全国的 39.5%。该公司正在建设的连续煤炭开采工艺将提高勇士煤矿产能至 40 Mt/a。勇士煤矿公司拥有员工 6500 人,劳动生产率约为 6462 t/(人·a)。

2019 年 5 月勇士煤矿采购了俄罗斯 Uralmashplant 公司生产的 EKG – 20 型大型矿用挖掘机(电铲)。EKG – 20 的主要参数与中国太原重工生产的 WK – 20 矿用挖掘机相似,铲斗标准容量为 20 m^3,斗容范围为 16~24 m^3,铲斗额定载荷 40 t,用于剥离表土和采装爆堆。Uralmashplant 公司目前生产的矿用挖掘机的最大标准斗容为 35 m^3,而中国太原重工生产的最大标准斗容量为 75 m^3。该公司装备了中国徐州工程机械集团生产的 LW300F 型装载机,吨位为 2 t,用于清理带式输送机撒落的煤炭以及砾石、沙子等。勇士煤矿公司装备了美国卡特彼勒公司生产的矿业车辆,包括用于运送煤炭的重型自卸卡车 CAT 785,D9N8 推土机和 16H 平地机。

勇士露天煤矿 2014 年底采用的采煤半连续工艺系统更加环保,由德国的蒂森克虏伯采矿技术公司提供技术,该套系统 2022 年全部建设完成,包括一个存储站和一个火车装货站,可以显著减少灰尘和 CO_2 排放,降低运行成本;系统的另一个特点是,提供了在线煤炭质量监测系统,确保煤炭质量。

7.5.2 东方（Vostochny）露天煤矿

东方露天煤矿位于埃基巴斯图兹煤盆地，隶属于欧亚能源公司，母公司为欧亚资源集团（Eurasian Resources Group），每年产煤 20 Mt。根据 ERG 官网资料，东方露天煤矿于 1985 年投入生产运营，员工超过 3000 人，至今已生产 518 Mt 煤炭，劳动生产率约为 6667 t/（人·a）。东方煤矿生产的电煤约占哈萨克斯坦电煤产量的 20%。2010 年引入了循环连续覆盖技术。在超过 35 年的煤炭开采时间里，已经开采了 1 Gm^3 的煤岩。

7.5.3 迈库边斯基（Maikubensky）露天煤矿

迈库边斯基露天煤矿坐落于埃基巴斯图兹煤盆地东南部 65 km 的 Shoptykolskoye 矿床，由 Maikuben – West LLP 公司开采。迈库边斯基露天煤矿划分为 5 个产区：东方、中央、西方、东部储备、西部保护区，主要在东方和中央两个地区进行采矿作业。矿床煤层赋存的开采和地质条件决定了东方地区剖面的最小剥采比为 3.73 m^3/t，中部地区剥采比为 3.92 m^3/t。迈库边斯基露天煤矿的煤炭开采和运输始于 1987 年 11 月。截至 2013 年 11 月 1 日，露天煤矿沿煤层走向的长度为 6.50 km；平均宽度为 0.67 km，采矿作业深度达到 70 m（地表标高 +220 m）。迈库边斯基露天煤矿主要生产褐煤，年产量为 25 Mt。

该露天煤矿大部分剥离物通过运输系统移至东部和中部地区的公路和铁路排土场。铁路运输采用载重为 105 t 的 2VS – 105 自卸车。公路运输采用 BelAZ – 75131（130 t）自卸卡车。东部铁路排土场由一台 EKG – 10 铲式挖掘机和推土机 T – 170、DET – 250、T – 35 配合工作。排土场台阶高度为 20~40 m。

迈库边斯基露天煤矿的开采流程和装备：

（1）穿孔爆破。使用 3SBSH – 200、SBR – 160 – 24A、DM – 45L 钻机进行钻孔。

（2）采装工程。单斗挖掘机"HITACHI" EX 2600E – 6、EKG – 10、EKG – 5A、EKG – 5V、CAT – 5130、EKG – 4U，旋挖挖掘机 SRs(K) – 470、ER – 1250D 用于挖掘和装载煤和覆盖层。吊斗铲 ESh 10/50，装载机 SAT 993。

（3）运输工程。BelAZ 75131 自卸车、PE – 2M 牵引装置、2VS – 105 自卸车用于清除煤炭和覆盖层。

（4）排土。排土工程由 ESh 11/75，EKG – 10 执行；推土机 T – 35、T – 170、DET – 250、BelAZ – 78231 用作辅助设备；装载机 XG 992，BelAZ – 7822，平地机 DZ – 98，SAT – 16M。

（5）筛分破碎。在 2014 年购买了破碎筛分综合设备等专用设备，购买 Keestrack 和两台现代装载机。

（6）装袋。2015 年，公司采购以下专用设备：一个破碎站；山特维克分拣设备，增加总产能高达 0.7 Mt/月；一个破碎和填充复合体，将煤炭装在袋子中并出售包装好的煤炭，总计每小时可处理 400 袋；定制三台日立装载机，铲斗容量为 3 m^3；推土机 T – 35；平地机 DZ – 98；六辆沃尔沃自卸卡车。

7.5.4 舒巴尔科（Shubarkol）露天煤矿

舒巴尔科煤炭股份有限公司（Shubarkol Komir JSC），母公司为欧亚资源集团（Eurasian Resources Group）。在 2018 年的总资产约为 3347 亿坚戈，总利润 1250 亿坚戈，拥有员工 3669 人，产煤 11.6 Mt，约占全国煤炭生产总量的 10.3%，煤炭生产效率约为

3162 t/（人·a）。从成立到 2018 年已经开采 170 Mt 煤炭。舒巴尔科煤矿位于卡拉干达地区的 Nura 区域，煤矿有 15 km 长、6.5 km 宽，分为中部与西部两座露天煤矿，采用露天开采技术，大部分煤层厚度在 30~100 m。剥采比低，为 3 m^3/t。Shubarkol 煤矿总储量约 968 Mt，其中西部煤矿储量 464 Mt，中部煤矿储量 504 Mt。中部煤矿产能为 7 Mt/a，西部煤矿产能为每年 6 Mt。舒巴尔科公司及其下属企业的业务包括煤炭和半焦炭开采、加工和销售，也生产特殊焦煤，主要作为催化剂用于金属冶炼，2018 特殊焦煤产量为 0.21 Mt。

7.5.5　Molodezhny 露天煤矿

Molodezhny 露天煤矿地处卡拉干达地区，探明储量为 273.7 Mt，产能为每年 9.5 Mt，2020 年拥有员工 927 人，劳动生产率约为 10248 t/人。该煤矿属于 Kazakhmys 集团公司，该集团公司主营业务为铜矿的开采和铜产品的生产，同时也拥有煤矿和电厂，Kazakhmys 煤矿公司负责集团公司煤矿开采业务。1980 年 4 月，在 Borly 地区建立了 Molodezhny 露天煤矿。1997 年，Kazakhmys 公司管理的 Borly 州控股公司（Borly State Open Joint Stock Comany）收购了 Molodezhny 露天煤矿。2006 年 10 月，Kazakhmys 公司的 Borly 煤矿部门成立。2018 年，基于 Borly 煤矿部门，成立 Kazakhmys 煤矿公司。煤炭生产主要用于集团的卡拉干达电厂和其他电厂，约 90% 用于集团热电厂，剩余的卖到外面。煤炭用铁路运输到电厂，集团拥有 130 km 的铁路，接到全国铁路系统。

7.5.6　Zhalyn 露天煤矿

Zhalyn 露天煤矿坐落于卡拉干达的 Zhanarka 地区，距离卡拉干达市区 350 km。该露天煤矿开采时间为 2009 年，由 Sary – Arka – ENERGY LLP 公司所有。矿区面积为 4015 km^2，煤炭工业储量为 49.1 Mt。2015—2019 年的计划煤炭产量为每年 1 Mt，2020 年计划增产到每年 2 Mt。煤炭等级为 G、DG 和 D 的低灰煤，含硫量低，热值高。含灰量为 4%~38%，工作湿度为 3%~4.2%，净热值为 3800~6400 kcal/kg。

8　印度露天煤矿开采技术

印度煤炭资源丰富，资源总量位列世界第五位，为满足十多亿人口的用能需求，印度持续扩大国内煤炭产量，成为世界第二大煤炭生产和消费国；印度煤炭资源赋存条件较好，煤炭生产规模扩大的主要开采方式是露天开采，2021年露天煤炭开采产量占到煤炭总产量的95%以上；20世纪80年代以来，印度依靠国际合作和国外采购，购置世界先进制造企业的高效开采装备，开采工艺由单一向综合转变，露天煤炭开采发展迅速，带动煤炭总产量快速增加，2021年煤炭总产量和露天煤矿产量分别增长为1980年的5.2倍和14.8倍，对国内能源需求作出了较大贡献；与此同时，印度露天煤矿开采的环境保护工作也取得了一定成效。

8.1　概述

8.1.1　露天煤炭资源条件

1. 露天煤炭资源储量

印度位于南亚次大陆中部、印度板块中心部位，地质构造框架清晰，北部为喜马拉雅褶皱带，中、南部为印度半岛克拉通，之间为山前坳陷。根据广泛出露的前寒武纪变质岩系的差异，印度半岛克拉通可划分为7个次级克拉通。印度大多数煤炭资源发育在印度半岛克拉通的辛格布姆和布海因达拉克次级克拉通，且印度大部分煤炭资源的赋存条件较为简单，煤层较厚，埋深通常也都较浅，非常适于露天开采，印度95%以上煤炭产量都来自露天开采。

根据印度官方公布的统计资料，印度近年来探明的煤炭资源量逐年上升，截至2020年4月1日，硬煤资源总量为344.021 Gt，比2018年增加了7.83%，其中探明储量163.461 Gt，比2018年增加了9.86%，占硬煤资源总量的47.51%，比2018年增加了0.87个百分点；推断储量150.392 Gt，比2018年增加了8.07%，占硬煤资源总量的43.72%，比2018年增加了0.10个百分点；推测储量30168 Mt，比2018年减少了2.89%，占硬煤资源总量的8.77%，比2018年减少了0.97个百分点。褐煤资源总量为46019 Mt，比2018年增加了0.78%，其中探明储量6788 Mt，比2018年增加了3.78%，占褐煤资源总量的14.75%，比2018年增加了0.43个百分点；推断储量26237 Mt，比2018年减少了0.58%，占褐煤资源总量的57.01%，比2018年减少了0.77个百分点；推测储量12994 Mt，比2018年增加了2.04%，占褐煤资源总量的28.24%，与2018年持平。

2. 露天煤炭资源分布

按含煤区域分布：硬煤资源主要位于贡达瓦纳煤田，约占硬煤资源总量的99.5%，其余属于第三纪煤田；褐煤资源的80%分布在奈维利煤田。

按行政区划分布：印度硬煤煤炭资源主要分布在奥里萨邦（Odisha）、恰尔肯德邦（Jharkhand）、恰蒂斯加尔邦（Chhattisgarh）、西孟加拉邦（West Bengal）、中央邦（Madhya Pradesh）、特伦甘纳邦（Telangana）等地；褐煤煤炭资源主要分布在泰米尔纳德邦等地（Tamilnadu）等地。2021年硬煤和褐煤煤炭资源按行政区划的分布如图2-8-1、图2-8-2所示。

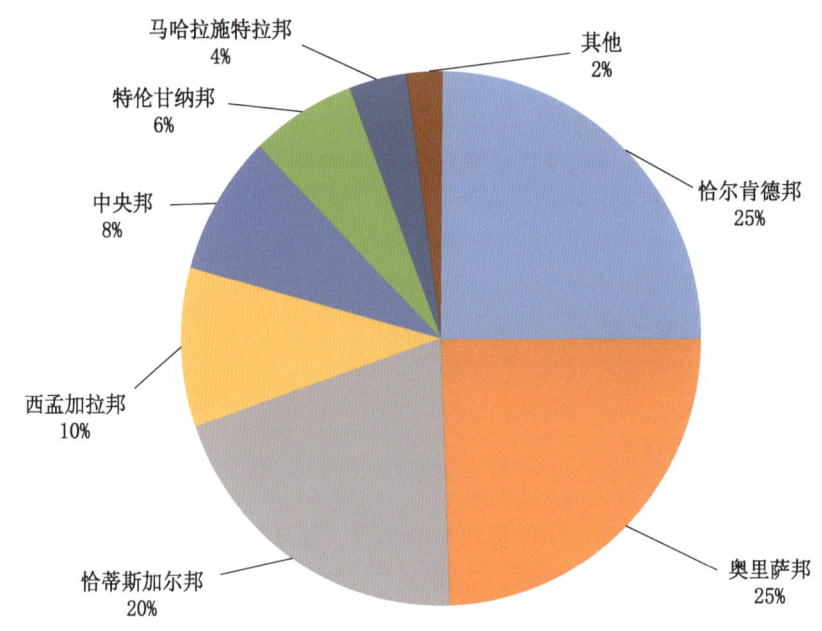

图2-8-1 2021年硬煤煤炭资源按行政区划的分布

3. 露天煤炭资源赋存条件

印度煤炭主要赋存于晚古生代二叠纪（一般称为贡达瓦纳煤田）和第三纪，这与欧洲和北美大部分重要煤矿床赋存于石炭纪地层中有所不同。印度煤炭资源分布具有以下特点：一是晚石炭世—二叠纪的贡达瓦纳煤田资源量占统治地位，它们主要分布在印度半岛东部和中南部的时代较老的贡达瓦纳地层组内的27个主要的煤田内；二是印度东北部的第三纪煤的产区；三是印度南部的泰米尔纳德邦（Tamilnadu）等地。

贡达瓦纳煤田：印度半岛石炭二叠纪和三叠纪的沉积岩统称为贡达瓦纳岩系，该岩系的煤主要产在下冈瓦纳群（自下而上）的卡哈巴瑞组、巴荣卡组以及拉尼根组。产于上冈瓦纳岩系的煤很少，只有一些次烟煤产在卡奇地区、苏伦德拉讷格尔地区和梅萨纳地区的上冈瓦纳沉积（白垩系）中。冈瓦纳岩系发育在印度半岛的许多独立的盆地内，形成了70个以上含煤盆地，被称作贡达瓦纳煤田。该煤田多为裂谷盆地，沉积作用以沿着前寒武地层界线发育的断裂为界，岩层走向 E-W 至 NW-SE，几乎平行于盆地的走向。这些盆地的共同特征是：多以断裂为边界；形态受到区域构造的改造；盆地内部断裂发育，如桑-默哈讷迪谷赫斯多-阿兰德盆地等，更明显地表现出了这一特点。

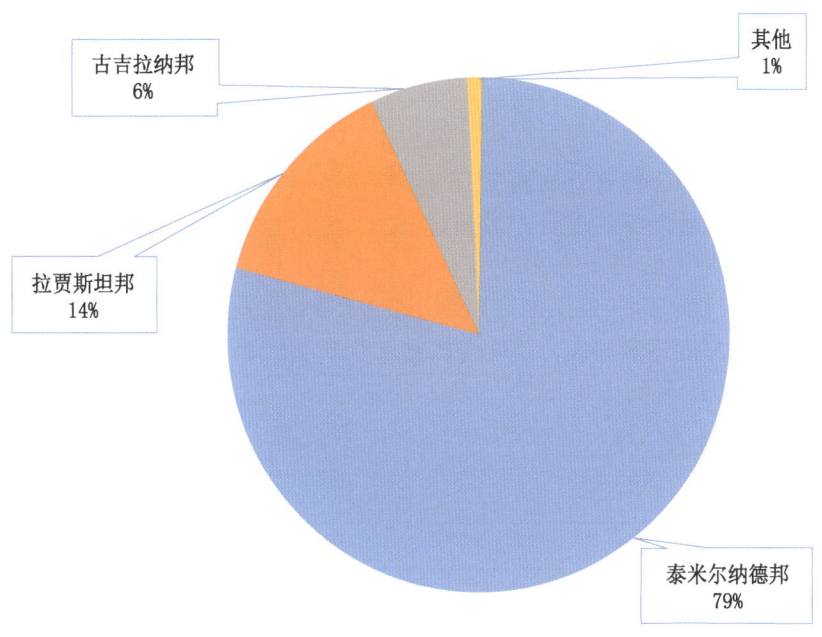

图 2-8-2　2021 年褐煤煤炭资源按行政区划的分布

第三纪盆地：第三纪煤产在第三纪早期沉积地层之中，沉积环境为近滨的环克拉通盆地和陆架。印度第三纪煤田集中在印度东北地区的阿萨姆邦（Assam）、梅加拉亚邦（Meghalaya）和那加兰邦（Nagaland）。在该地区共 20 余个煤田中，阿萨姆邦的马库姆煤田的资源量最丰富。

印度大部分煤炭资源位于 300 m 以浅，适合露天开采。2021 年不同埋深煤炭资源占比如图 2-8-3 所示。

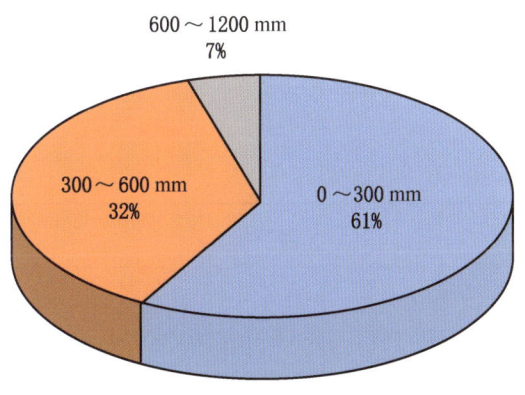

图 2-8-3　2021 年不同埋深煤炭资源占比

8.1.2 露天煤矿生产情况

1. 近 50 年露天煤矿生产总体情况

近 50 年印度露天煤炭产量持续增长，占比增长了 74 个百分点，达到 95% 以上。印度大部分煤炭资源的地质构造比较简单，煤层较厚，煤层倾角小，赋存较浅，适于露天开采。因此印度煤炭开采主要以露天煤矿开采为主。1970—2021 年的 52 年间，印度露天煤矿煤炭产量所占比重稳步提升，如图 2-8-4 所示，从 1970 年的 20.00% 上升到 2021 年的 95.64%；1986 年露天煤矿煤炭产量超过井工煤矿产量，占比达到 57%；之后，露天煤矿煤炭产量的比重持续提升，2021 年印度露天煤矿产量 776 Mt，占全国煤炭产量的 95.64%。印度露天煤矿的开采深度一般为 100～150 m，剥采比一般为 1.15～4.4 m³/t。近年来，随着开采深度逐渐加大，印度全国露天煤矿生产剥采比逐渐增大，从 2019 年的 2.47 m³/t 扩大到 2021 年的 2.81 m³/t（表 2-8-1）。

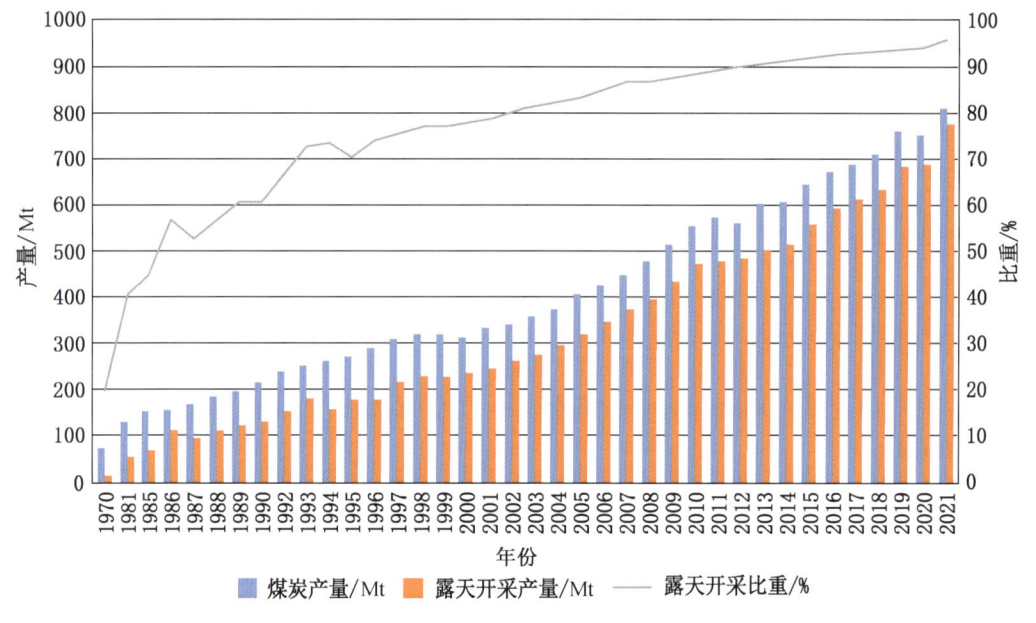

图 2-8-4 1970—2021 年印度煤炭产量和露天煤矿生产情况

表 2-8-1 2019—2021 年印度露天煤矿主要生产数据

2019 年			2020 年			2021 年		
剥离量/Mm³	产量/Mt	剥采比/(m³·t⁻¹)	剥离量/Mm³	产量/Mt	剥采比/(m³·t⁻¹)	剥离量/Mm³	产量/Mt	剥采比/(m³·t⁻¹)
1694.9	686.2	2.47	1760.0	690.2	2.55	1926.4	776.0	2.81

2. 露天煤矿生产集中度

2021年硬煤露天煤矿行政区划集中度有所提升。印度主要硬煤露天煤矿集中在奥里萨邦（Odisha）、恰蒂斯加尔邦（Chhattisgarh）、中央邦（Madhya Pradesh）、贾坎德邦（Jharkhand）、特伦甘纳邦（Telangana）和马哈拉施特拉邦（Maharashtra），2021年6个邦的露天煤矿硬煤产量占比较2015年提高了6.43个百分点，2021年和2015年主要行政区划露天煤矿硬煤产量占比变化分别如图2-8-5、图2-8-6所示。

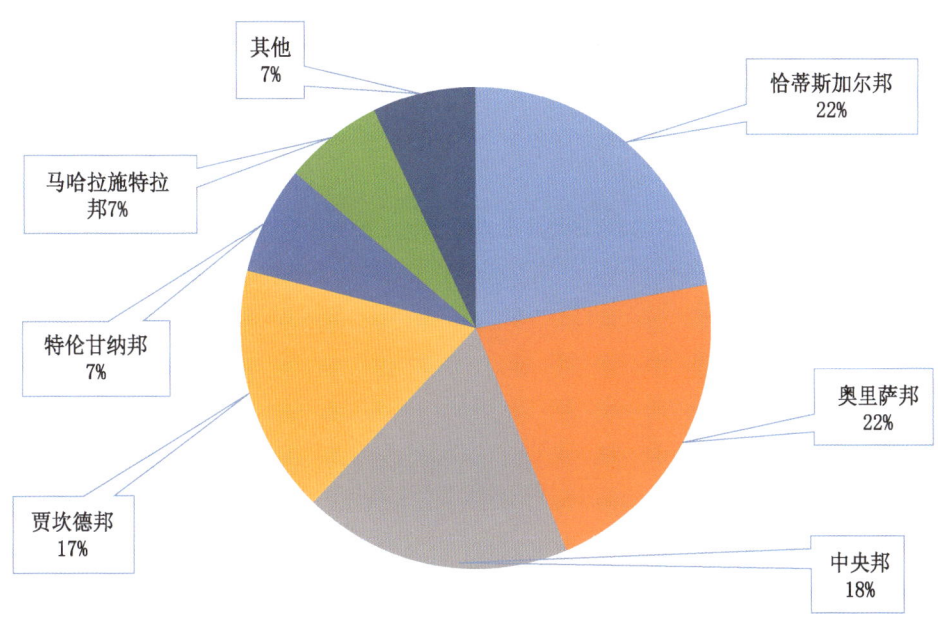

图2-8-5 2021年印度主要行政区划露天煤矿硬煤产量占比

2021年泰米尔纳德邦（Tamil Nadu）褐煤生产优势更加显著。印度主要褐煤露天煤矿集中在泰米尔纳德邦、古吉拉特邦（Gujarat）和拉贾斯坦邦（Rajasthan），2021年泰米尔纳德邦露天煤矿褐煤产量占比较2015年提高了16.32个百分点，而古吉拉特邦和拉贾斯坦邦的褐煤产量占比均有所降低，2021年和2015年3个褐煤生产地的褐煤产量占比变化分别如图2-8-7和图2-8-8所示。

露天煤矿生产企业高度集中。印度露天煤矿硬煤产量主要来自印度煤炭有限公司（CIL）和辛格雷尼煤矿有限公司（SCCL），露天煤矿褐煤产量主要来自奈维利褐煤公司（Neyveli）。2021年，印度煤炭有限公司生产硬煤596.219 Mt，占印度硬煤总产量的83.26%，辛格雷尼煤矿有限公司生产硬煤50.580 Mt，占印度硬煤总产量的7.06%，两个公司硬煤产量合计占印度硬煤总产量的90.32%。2021年奈维利褐煤公司生产褐煤19.262 Mt，占褐煤总产量的52.61%。其中，印度煤炭有限公司露天煤矿煤炭产量最高的下属生产企业默哈讷迪煤田有限公司（MCL）2021年煤炭产量为147.477 Mt，占比为21.53%，露天煤矿煤炭产量排列第二位的东南部煤田有限公司（SECL）2021年煤炭产量为135.227 Mt，占

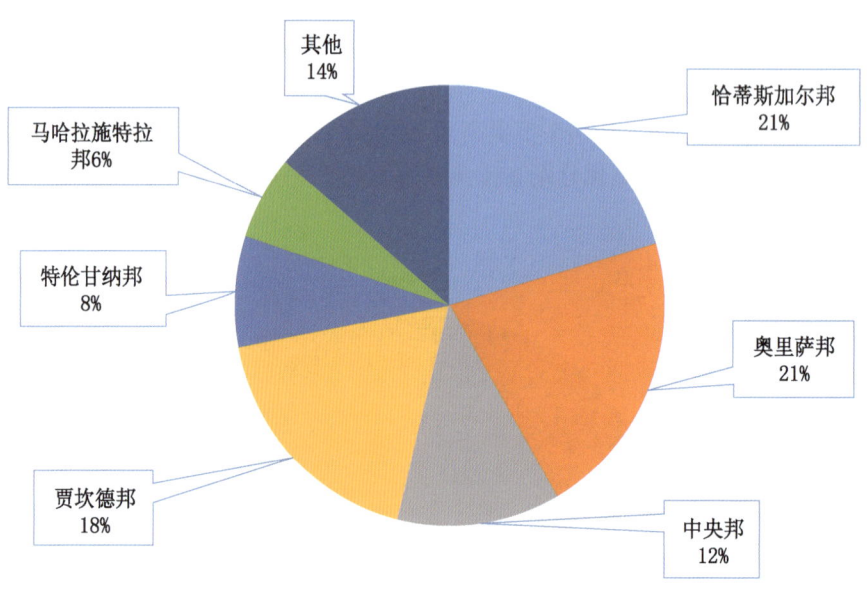

图 2-8-6　2015 年印度主要行政区划露天煤矿硬煤产量占比

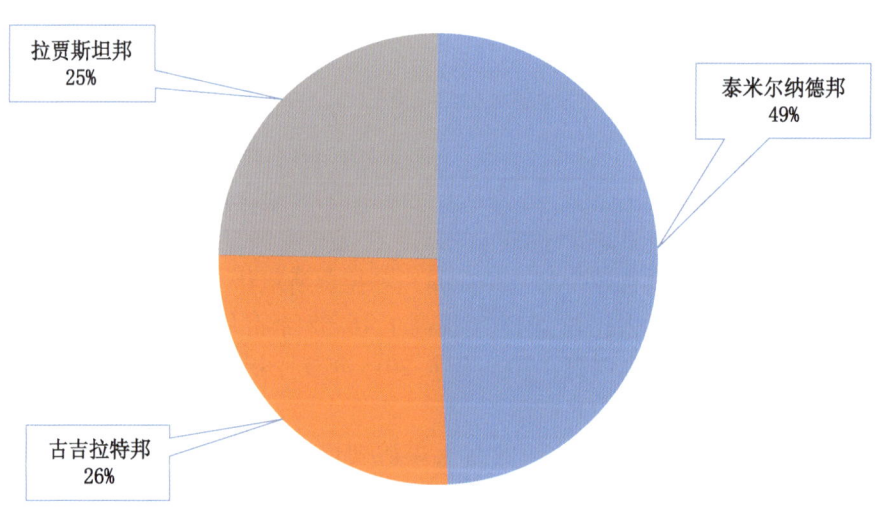

图 2-8-7　2021 年 3 个褐煤生产地褐煤产量占比

比为 19.75%，露天煤矿煤炭产量排列第三位的北部煤田有限公司（NCL）2021 年煤炭产量 115.042 Mt，占比为 16.80%。2001—2021 年印度煤炭有限公司煤炭总产量、露天煤矿产量及占比如图 2-8-9 所示。

8 印度露天煤矿开采技术

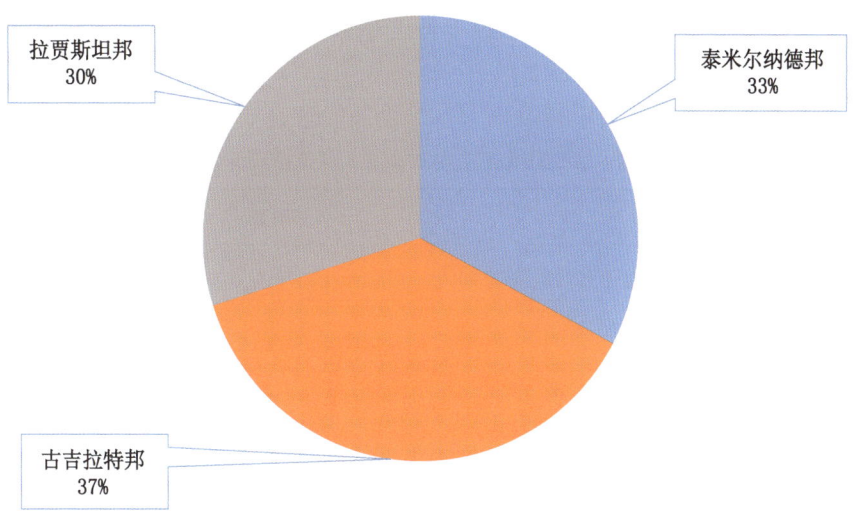

图 2-8-8　2015 年 3 个褐煤生产地褐煤产量占比

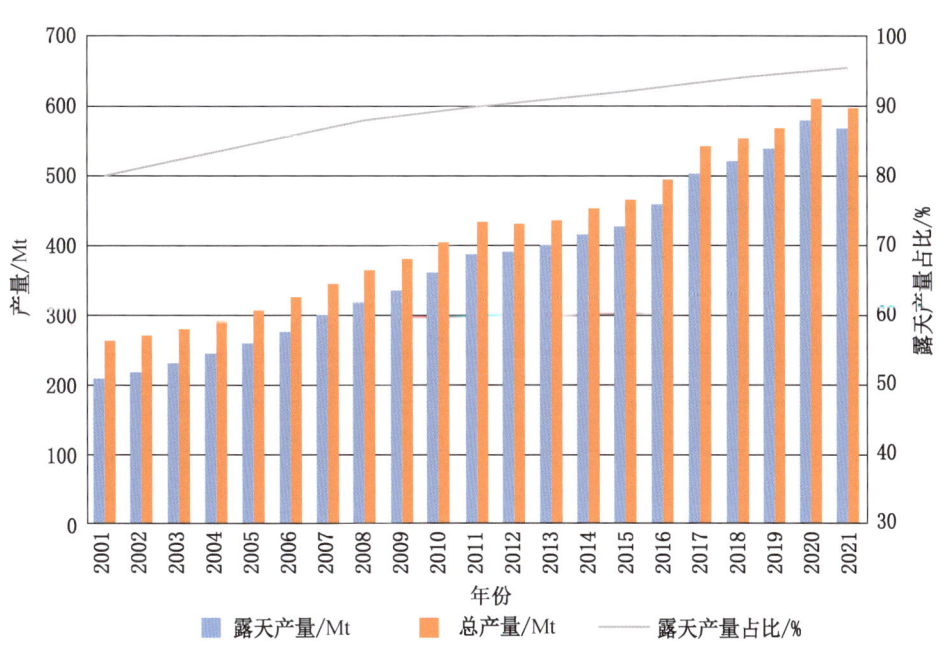

图 2-8-9　2001—2021 年印度煤炭有限公司煤炭总产量、露天煤矿产量及占比变化

3. 露天煤矿生产结构

大型露天煤矿煤炭产量贡献超过 65%。印度中小型露天煤矿数量占优势，年产 1 Mt 以下露天煤矿 150 余处，数量占比超过一半，年产 4 Mt 以下露天煤矿数量占比超过 80%；

大型露天煤矿产量占优势，年产 4 Mt 以上的大型露天煤矿不到 50 余处，但产量占印度全国露天煤矿产量的 65.8%；年产 10 Mt 以上特大型露天煤矿仅 15 处，产量占印度全国露天煤矿产量的 30% 左右（表 2-8-2）。

表 2-8-2　2015 年主要四类露天煤矿产量和数量

项　目		1 Mt 以下	1~4 Mt	4~10 Mt	10 Mt 以上	合计
数量及占比	数量/个	156	75	32	15	278
	占比/%	56.1	27.0	11.5	5.4	100
产量及占比	产量/t	9602.55	11143.56	22016.39	18020.19	60782.69
	占比	15.8	18.3	36.2	29.6	100

4. 露天煤矿生产效率

露天煤矿人均工效是井工煤矿的 15 倍。人均工效是衡量煤炭生产效率的重要指标，印度露天煤矿人均工效是井工煤矿的 15 倍以上。从 20 世纪 90 年代开始，随着露天煤矿产量增加，井工煤矿产量下降，印度露天煤矿从业人数逐渐增加，井工煤矿下井人员逐渐减少。近十年来，露天煤矿人均工效呈上升趋势，印度煤炭公司露天煤矿人均工效从 2001 年的 5.9 t/工上升到 2021 年的 14.01 t/工；辛格雷尼煤矿有限公司露天煤矿人均工效从 2006 年的 9.6 t/工增加到 2021 年的 13.86 t/工（图 2-8-10、图 2-8-11）。

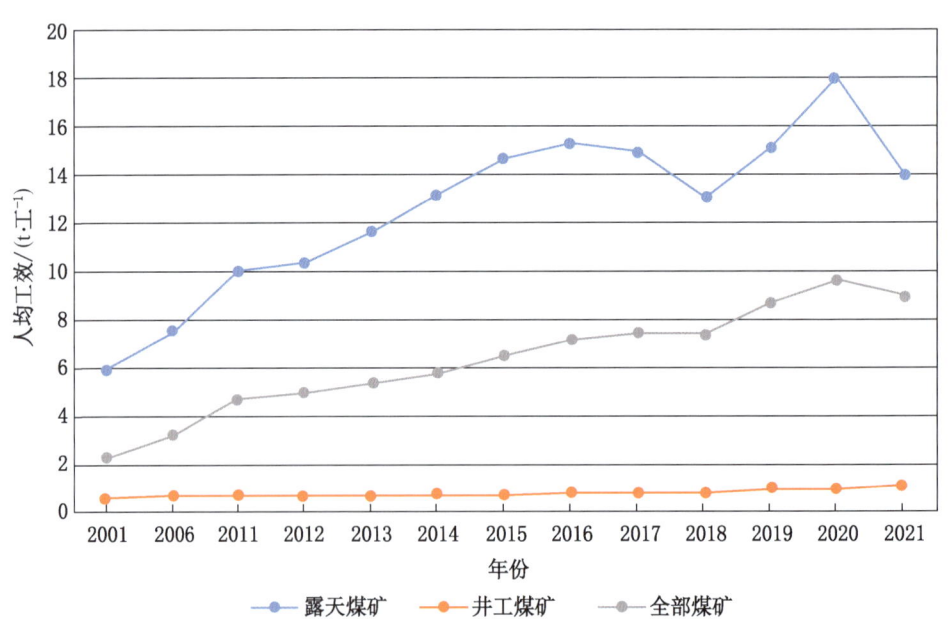

图 2-8-10　2001—2021 年印度煤炭公司露天煤矿和井工煤矿人均工效

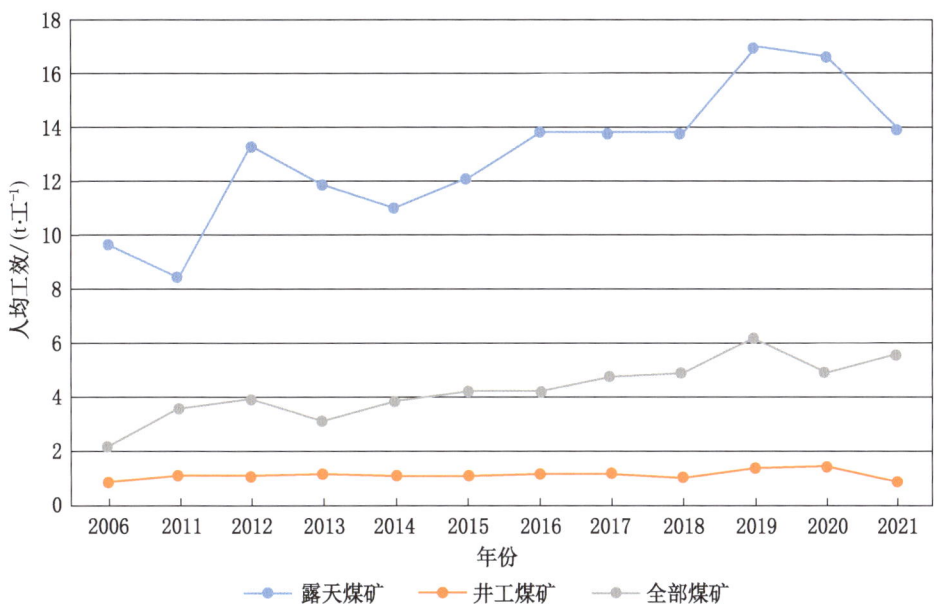

图 2-8-11 2006—2021 年印度辛格雷尼煤矿有限公司露天煤矿和井工煤矿人均工效

8.2 露天煤矿开采技术特点

2022 年 5 月 6 日印度煤炭部制定了煤炭行业技术路线图，目标是实施新技术并建设数字基础设施，以支持当前和未来的矿山建设。设计强大的骨干信息技术和基础设施系统，可以快速部署新技术。技术转型还将成立一个技术转型团队，通过建立卓越的中心来推动项目的影响力并维持该系统。该路线图包括 4 项主要内容：煤矿技术赋能，实现跨业务价值链的转型；利用"数字技术"作为加速器，促进煤矿的性能提升；确定煤炭行业的技术转型雄心，并为煤炭行业员工做好工业 4.0 数字技术储备；通过将传统技术升级为新技术，提高生产效率、生产安全性和可持续性，同时减少对环境的影响。

8.2.1 露天煤炭开采技术

印度早期的露天开采主要采用电铲-自卸汽车和吊斗铲。用电铲配自卸汽车剥离表土层时，吨煤剥采比限制在 2 m^3；用吊斗铲剥离时，剥采比则限制在 3 m^3。直到 20 世纪 50 年代中期，印度露天煤矿剥离的表土层平均厚度也只有 50 m，在建成一批露天煤矿之后，随着设备能力的加大，剥离厚度超过了 100 m，煤层倾斜达到 1∶3，薄厚煤层都开采。随后电铲斗容加大到 4.6~10 m^3。20 世纪 80 年代后印度露天开采技术有了很大发展，对煤层厚度在 4~20 m，倾角小于 5°的硬煤，下部剥离物用吊斗倒堆开采工艺，其余剥离物及采煤采用单斗卡车开采工艺，为减少燃油消耗及提高经济效益，一些露天煤矿中使用半连续开采工艺，主要装备包括单斗铲-卡车-端帮半固定破碎机-带式输送机-排土机或单斗铲移动破碎机-带式输送机-排土机，褐煤露天煤矿采用轮斗连续开采工艺。

印度露天煤矿煤炭开采技术的基本特点：

（1）露天开采剥采比小，工艺简单，投资少，效益高，成本低。

（2）采用吊斗铲无运输倒堆开采工艺。在多煤层或剥离层较厚的情况下采用倒堆工艺，二次倒堆量为 30% ~40%。

（3）根据煤层厚度选择机械铲和自卸汽车规格。4 m 煤层选用 3.5~5 m^3 的电铲或液压铲和 35~50 t 自卸汽车。在煤层厚度 10~15 m 时，选用 10 m^3 的电铲和 8 m^3 液压铲和 85~120 t 自卸汽车。大型露天煤矿选用 25 m^3 的电铲和 170 t 自卸汽车。

（4）部分露天煤矿采用配有坑内破碎 – 运输系统连续开采工艺。

（5）采用信息技术合理调配汽车运输。

（6）采用快速组合列车将煤炭从露天煤矿运至电厂。

（7）褐煤露天煤矿采用大型轮斗挖掘机连续开采工艺。

（8）大型露天煤矿机械化开采的煤炭采出率达到 80% ~90%。

8.2.2　露天煤矿山智能化技术

一种适用于露天煤矿山的、基于 GPS 的、独立于操作员的在线卡车调度系统（OITDS）（图 2 – 8 – 12），已在大型煤矿安装并投入使用。但这一系统仍然有待进一步提升，以适应未来煤矿发展的要求。

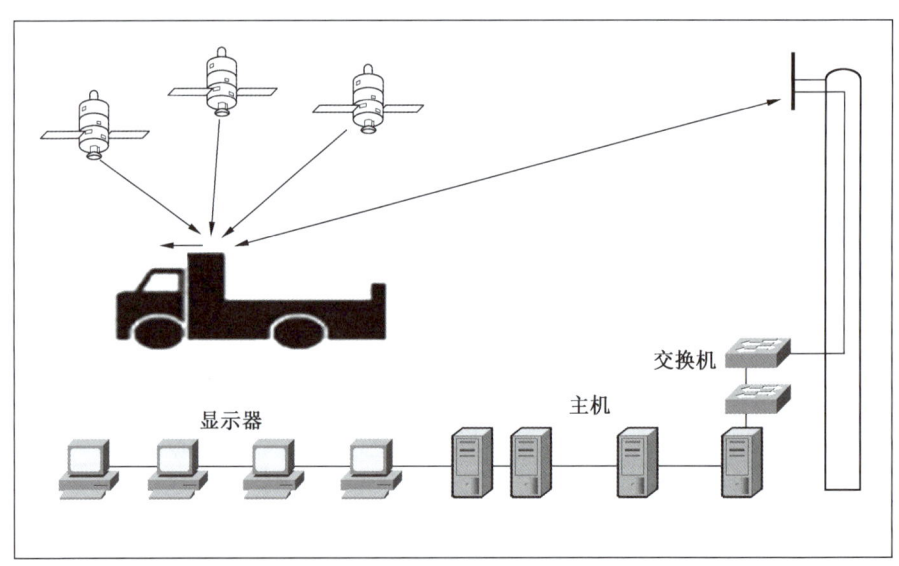

图 2 – 8 – 12　露天煤矿山卡车调度系统

目前，大多数露天煤矿山的土地复垦监测工作都是基于卫星遥感完成的，例如对印度煤炭公司所有主要露天煤矿山的监测。目前正在利用卫星数据绘制各主要煤田的植被覆盖图。摄影测量软件使用这些图像创建与地理相关的 3D 地图、等高线、数字地形模型或网站的数字表面模型，并配备了无人机从不同的地点拍摄露天煤矿或采石场的图像。

8.2.3 露天煤矿新技术发展方向

印度露天煤矿新技术发展方向包括6项内容。

1. 坑内破碎和输送系统

将在所有坡度较平缓的大型露天煤矿中分阶段引入坑内破碎和输送系统。在大型露天煤矿中，实践证明煤的坑内破碎是经济的，其中涉及合理的引导距离和提升；根据各个参数，该系统可以完全或部分取代卡车在矿坑内的向外运输。

2. 单斗卡车工艺系统规模升级

单斗卡车和电铲的规模将进一步升级。目前，国际上部署的最大单斗卡车为400 t，印度煤炭公司下属企业东南部煤田有限公司（SECL）正在使用的钢丝绳电铲最大铲斗容量为42 m^3，而国际上部署的最大钢丝绳电铲铲斗容量达63 m^3。高效采矿装备具有燃料消耗低、工作效率高、工作人员较少，粉尘等污染物扩散程度低等优点。将在产量超过10 Mt或处理能力超过40 Mm^3 的大型矿山中引入高效开采装备，从而提供更大的操作空间、转弯半径和矿坑规模。

3. 端帮开采工艺

通过部署远程操作设备，现有露天煤矿中为了避免不经济的剥采比或减少对当地的某些影响，造成部分煤炭资源无法使用常规露天开采技术进行开采，为达到更好的资源回收，在矿坑中引入端帮开采工艺。该方法依赖于一系列平行入口上方地层的自支撑能力，这些平行入口机械驱动至相当大的深度，而无须人工顶板支撑和煤层层位的通风。

4. 燃料替代技术

液化天然气在高效采矿装备中的应用。液化天然气具有更高的燃料消耗效率、更低的运营成本、更低的碳排放（约减少22%）和更高的能量密度等优势。已在美国、加拿大、墨西哥、俄罗斯和加纳矿山实施了大容量矿用自卸车的液化天然气混合作业。印度Sasan煤矿将5台240 t自卸车（Bucyrus制造）改装为柴油液化天然气双燃料系统，液化天然气发动机的二氧化碳排放量比柴油发动机低17%。在开始大量使用液化天然气之前，印度煤炭公司主动与印度天然气公司合作，在下属的一个矿场进行试点项目。默哈讷迪煤田有限公司的Lakhanpur露天煤矿已经启动了一个在高效采矿装备中使用液化天然气的试点项目，该项目涉及100 t BEML制造的自卸车。试点项目完成后，如果该技术可行，将推广到其他露天开采矿山。

氢燃料的使用。国际上的一些公司已经开始运营使用氢燃料的卡车。卡车的性能与原来的柴油卡车相同或更好，还有空气更清洁、噪声更小和维护成本更低的多种优势。印度计划将这项技术与最近的煤制氢计划进一步结合，为将来的实际应用打下基础。

8.3 典型开采工艺与装备应用特点

8.3.1 典型开采工艺特点分析

印度大部分煤炭资源地质构造比较简单，煤层较厚、赋存较浅、煤层倾角普遍较小，适宜露天开采；硬煤露天煤矿主要采用吊斗铲无运输倒堆和单斗卡车开采工艺，褐煤露天煤矿主要采用轮斗连续开采工艺等。

1. 硬煤开采采用吊斗铲无运输倒堆和单斗－卡车间断开采工艺

吊斗铲无运输倒堆开采是层状矿床最具成本效益的工艺，也是大型露天开采的首选工艺技术。印度煤炭有限公司共有 32 台吊斗铲在使用，其中 23 台在北部煤田有限公司（NCL）；2021/22 财政年度该公司投资 24 亿卢比采购了 5 台 24/96 吊斗铲（图 2－8－13），32 亿卢比采购了 96 台 240 T 自卸车。

单斗卡车开采操作灵活，能够轻松过渡到任何其他工艺技术或设备，是露天采矿中最受欢迎的技术工艺。印度煤炭公司的露天煤矿大都采用这种工艺，正在分期分批采购价值超过 70 亿卢比的 360 台高效采矿装备，提高产量、计划完成 1 Gt 煤炭产量目标。2021 年，已经完成 201 台高效装备的调试，包括 14 台铲斗容量 10 m^3 及以上的电铲（图 2－8－14）、44 台 150 t 和 190 t 后倾翻斗车、43 台 460 马力和 850 马力推土机。

图 2－8－13　露天煤矿的吊斗铲　　　图 2－8－14　露天煤矿的绳索电铲和液压电铲

吊斗铲倒堆、电铲、汽车开采工艺主要应用于辛格劳利露天煤矿区，倒堆剥离物总厚度 30～46 m，其余剥离物及煤层用电铲、汽车完成。

2. 露天采矿机开采工艺

露天采矿机开采工艺需要有选择地开采煤炭，以保证矿床的高质量和最佳开采，不需要钻孔爆破。印度煤炭有限公司（CIL）共有 30 台露天采矿机，其中 8 台在北部煤田有限公司（NCL），22 台在默哈讷迪煤田有限公司（MCL）。露天采矿机如图 2－8－15a 所示。

3. 褐煤开采采用连续开采工艺

连续开采工艺是用轮斗挖掘机对黏土、沙子、砾石、褐煤等软质至半硬质的矿产品进行开采，是一种连续采矿技术，与带式输送机和移动式转载机协同工作。轮斗挖掘机如图 2－8－15b 所示。这种连续开采工艺主要应用于奈维利露天煤矿区，开采该矿区的褐煤资源。

图 2－8－15　露天煤矿的露天采矿机和轮斗挖掘机

8.3.2 主要装备应用效果评价

1. 露天采矿装备引进与制造

印度露天开采的机械设备大多是引进国外专利技术在国内制造，包括大型电铲和自卸汽车。硬煤露天煤矿采用的机械设备多配备斗容 25 m³ 的电铲、170 t 自卸卡车、斗容 24 m³ 的吊斗铲，以及给料破碎运输系统等；褐煤露天煤矿采用大型轮斗挖掘机。印度建设一座露天煤矿所需投资的 70% 主要用于购置设备。露天煤矿使用的设备主要是吊斗铲、电铲、自卸汽车和推土机等。由于矿山机械设备的最大用户是露天煤矿，因此，印度矿山机械设备制造业的重点一直是生产露天采矿设备。井工煤矿的设备需求量有限，所需设备仍依靠进口。

露天开采装备的国内制造与国际合作。为满足矿山生产的需要，印度政府 20 世纪 60 年代成立了国营矿山设备制造公司，并批准注册几家私营矿山设备制造公司；生产的产品有：挖掘机、钻机、自卸卡车、推土机、矿车、电机车、材料搬运和运输系统，以及各种煤炭开采设备等。印度国际合作生产的设备，大部分是与世界上先进的设备制造公司合作生产的，其关键部件基本上从国外引进，也选用国内部件。重型工程机械设备公司（HEC）是印度矿山机械设备制造规模较大的公司，该公司装备齐全，有职工 12275 人，1963 年开始建厂，1976 年建成，大部分加工设备从苏联和捷克等国进口，现部分设备已更新，有 600 t 锻压机、大型自动切割机、大型铣齿机等精密加工设备，并配备计算机控制；主要产品有：5 m³、10 m³、12.5 m³ 或 15 m³ 单斗机械铲；26/96、20/90 吊斗铲和 250 mm 爆破孔钻机。哈莱脱运设备公司（BEML）原为军工企业，规模大、组织管理好，有 3 个工厂；其 A 分厂生产 25 t、35 t、50 t、85 t、120 t 自卸汽车，170 t 自卸汽车与美国合作取得制造权；与日本合作生产 GD605R-2145 马力、GD825A-1280 马力平路机；B 厂与美国合作生产 MODEI7820-41a 型吊斗铲和 182 M（10 m³）单斗铲；与日本合作生产 D355A 410 马力和 D155A 320 马力推土机；与奥钢联合作生产 BC-710（1400 L）紧凑型轮斗铲。

露天采矿装备国际合作企业。印度在矿山机械设备制造方面的合作伙伴主要是法国 Poclain 公司、日本小松公司、美国 Wabco 公司、德国 Demag 公司、美国通用电气公司、日本日立公司、美国 Cummins 公司和 Caterpillar 公司等。根据国内需求，印度计划进一步扩大合作生产矿山机械产品，例如生产大功率应急排水泵、钢芯胶带、钻车、长孔钻进设备、重型推土机、顶板锚杆安装机、树脂锚杆、二次破碎用的高能力液压岩石破碎机、露天采矿机、延期雷管和其他爆破设备等。

国内采矿装备研发与制造。为实现未来所需采矿设备能够主要依靠国内制造，印度成立了专门机构，协调未来采矿设备制造和供应，研究提高国内采矿机械制造能力，以及与国外技术合作的范围和领域。进口的采矿设备严格限制在双边合作和世界银行贷款的煤矿建设项目上，尽可能采用国内制造的设备，减少对进口设备的依赖。印度现有 69 家大型矿山机械设备制造厂，其中 17 家生产开采设备，20 家生产剥离设备，12 家生产工程机械，20 家生产物料搬运设备。随着先进技术的引进，印度矿山机械设备制造能力和产品质量不断提高，有不少生产企业制定了扩大生产规模的计划。

露天开采企业与装备制造企业的合作。为满足生产需求，加速设备供应和安装，确保备件供应和售后服务，印度煤炭公司与矿山设备制造公司保持密切合作；各煤炭公司和矿山设备制造公司定期召开联席会议，共同讨论和解决设备供应、售后服务、设备维修和备件供应等问题。其中设备维修和备件供应尤为重要，因为它们影响设备的有效利用率。据统计，印度露天煤矿机械铲有效利用率为30%～60%，自卸汽车有效利用率为43%～65%，爆破孔钻机有效利用率为33%～55%。而设计要求的有效利用率机械铲为70%～75%，自卸汽车为60%～65%；爆破孔钻为60%～70%。在印度，露天煤矿大型设备还没有普遍采用先进的微处理机和可编程序逻辑装置监控设备的运行。

2. 露天煤矿吊斗铲的使用是亚洲最多的国家

印度是亚洲范围内使用吊斗铲最多的国家，全国共有约50台吊斗铲，其中斗容62 m³、33 m³、30 m³ 的吊斗铲各1台，斗容24 m³ 的吊斗铲16台，斗容20 m³ 的吊斗铲7台，其余均为斗容15 m³ 的吊斗铲。印度煤炭有限公司露天煤矿大都采用吊斗铲无运输倒堆和单斗卡车开采工艺，正在使用的吊斗铲32台，其中23台在北部煤田有限公司（NCL）；2021/2022财政年度该公司投资24亿卢比采购了5台斗容24 m³ 的吊斗铲，32亿卢比采购了96台载重240 t自卸卡车；同时为了完成年产1 Gt煤炭产量的目标计划，正在分期分批采购价值超过70亿卢比的360台高效采矿装备。

3. 露天开采装备应用总体情况

为提高露天煤矿的机械化开采水平和生产效率，印度不断引进国外先进技术、购置大型化高效化采矿装备。2006—2021年印度露天煤矿装备数量总体呈现持续增加的态势，其中数量增长幅度从大到小依次为铲运机、装载机、起重机、平路机、吊斗铲、自卸卡车、电铲、推土机、钻机（图2-8-16）。为了实现未来几年提高煤炭产量的目标，2021/2022财政年度，印度计划投入9000亿卢比采购其他国家的高效装备，包括1台吊斗铲、35台电铲、112台自卸卡车和43台推土机。

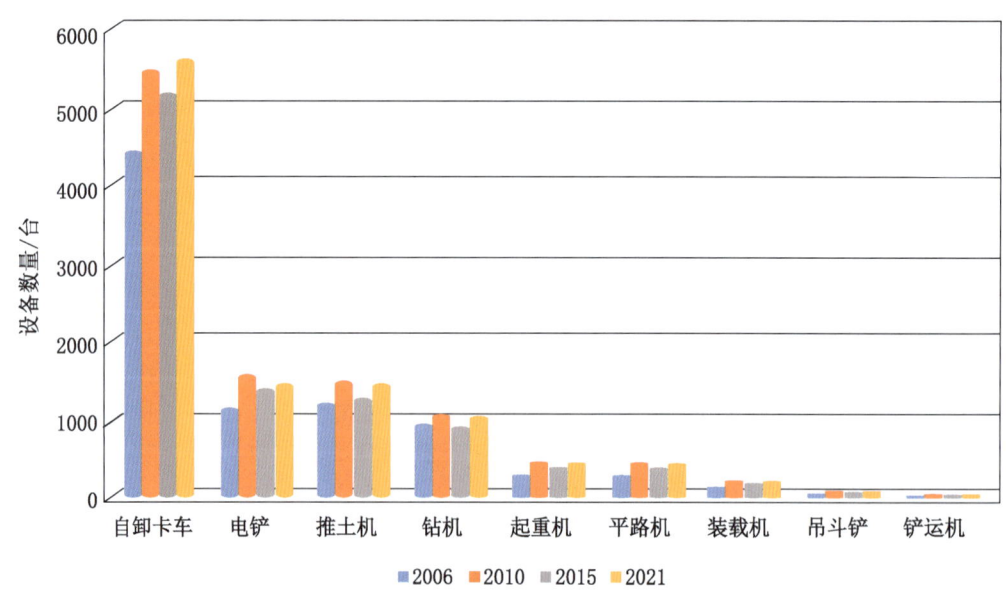

图2-8-16　2006—2021年印度露天煤矿主要设备数量

1986 年，拉杰拉伯露天煤矿首次采用计算机汽车调度系统。1993 年，东部煤田有限公司拉杰马赫尔露天煤矿从加拿大引进 PMCS3000 系统，该系统由控制系统（用于汽车调度和露天开采作业优化）、高速无线电通信网络系统（一种实时控制系统）和汽车控制系统（利用卫星定位的遥测装置与控制室通信）组成。采用 PMCS3000 系统用于控制 5 台斗容各为 20 m^3 单斗铲、4 台 Demag 型 12.5 m^3 装载机、20 辆 170 t 自卸汽车和 24 辆 85 t 自卸汽车。采用该系统后，露天煤矿生产能力提高了 18%，自卸汽车利用率提高了 13.6%，汽车空载时间减少了 60%。目前印度煤炭公司采用最先进的技术来提高露天煤矿的生产效率，斗容 42 m^3 的电铲、240 t 后卸式汽车已经在 Gevra Expansion，Dipka & Kusmunda 等露天煤矿山应用。

8.4 露天煤矿生态环境保护技术

在印度，由于长期开采煤炭且缺乏环境保护意识所带来的环境问题已引起国内公众的极大关注，一些大型露天煤矿及坑口电站造成的水源、大气污染和森林资源与土地破坏等环境问题更为严重。20 世纪 70 年代以来，印度颁布制定了一系列环境保护法律法规和管理制度，注重对煤矿区环境保护意识的培养，同时对煤矿企业的环境保护责任从污染源控制到环境保护的技术措施提出了更加具体的要求。印度煤炭公司是该国规模最大的煤炭开采企业，在矿区粉尘控制、煤矿废弃水处理、土地复垦和噪声控制等方面采取了一系列防控措施。

8.4.1 环境保护法律法规与管理制度

20 世纪 70 年代开始，印度政府通过从国家层面制定和颁布各项环境保护法律法规、管理制度等措施，加强了对煤矿区环境保护意识的培养以及对大型煤炭企业在环境保护方面的具体要求。目前印度与煤炭开采活动有关的环境保护法律法规主要有：《预防和控制水污染法》（1974 年）、《污水排放（污染预防和控制）法》（1977 年）、《大气污染预防和控制法》（1981 年）、《大气卫生实施条例》（1982 年）、《土地洪水控制与侵蚀预防法》（1955 年）、《森林（保护）法》（1980 年）、《野生动物保护法》（1972 年）、《矿山法》（1952 年）、《煤矿（保护与开发）法》（1974 年）、《城市土地管理法》（1976 年）、《矿山与矿产（开发与监管）法》（1957 年）、《国家矿产政策、矿山和矿产（发展和管理）法》（1957 年）、《环境保护法》（1986 年）、《矿产资源保护与开发规则》（1988 年）、《矿物保护和发展条例》（2017 年）等。

20 世纪 90 年代后，印度煤炭公司实施了环境与社会缓解项目（ESMP）用以对矿区环境进行综合治理，包括实施环境行动计划（EPA）、实施复垦行动计划（RAP）以及当地居民发展计划（IPDP）。

环境行动计划：包括建设民用污水处理厂、工厂污水处理厂、矿山水排放沉淀设施、粉尘抑制工程项目、树木种植、露天煤矿排土场复田、环境监控等。

复垦行动计划：包括有效实施对受采矿影响村民的转移和重新安置。

当地居民发展计划：当地居民的发展计划包括社区基础设施的建设，如铺设公路、新建学校教学楼、新建居民住房、新建社区服务设施，以及新建各种职业培训设施等。

8.4.2 环境管理计划和税收约束

为保证采后的土地复垦，印度政府对所有煤炭开采项目（包括在采煤矿和新建煤矿）

都要求在其设计及开采活动中制定并实施《环境管理计划》(EMP)。在新项目立项前，必须提交环境影响报告书(EIS)，由政府有关部门审查，审查通过后报呈国家环境委员会审批。在提交环境影响报告书之前，要求认真对计划开采区域的地形、地质、气象、生态环境及社会经济等影响因素进行调研，最后在提交的环境影响报告书中详细阐明煤炭开采对环境影响的预测和评估，以及拟采用方案的选择。此外，在2010财年，印度引入了清洁环境税（一种针对煤炭消费的环境税），该税的征收标准为每吨50卢比，随后在2014财年增至每吨100卢比，2015年增至每吨200卢比，2016年增至每吨400卢比；随着2017年商品及服务税(GST)的引入，清洁环境税被取消，取而代之的是每吨400卢比的煤炭生产税。

8.4.3 煤矿企业环境保护管理要求

印度对煤矿企业在环境保护方面的具体要求是从矿山规划阶段开始就高度重视环境保护，实行和遵循可持续的采矿方法。在采矿作业的同时，采取各种污染控制措施和倡议，以保持环境原有的主要物理和化学属性，主要包含粉尘控制、废弃水处理、土地复垦以及地面噪声震动控制等。

1. 矿区粉尘控制

印度煤炭开采地区空气污染的主要来源包括：钻孔和爆破、装卸煤炭和表土、运动的重型车辆运输道路、吊斗铲挖土机操作引起的粉尘、重型推土机尾气，以及选煤厂造成的空气污染。为了控制和减少钻孔、爆破、装车和煤炭运输过程中产生的粉尘，印度煤炭公司根据《环境管理计划》采取了各种措施。

《环境管理计划》根据煤矿开采项目对现有环境和森林可能造成的影响，指导煤矿进行建设及开采等相关准备工作，通过对每个项目进行环境影响评价(EIA)研究制定相关防控措施。如在传送带沿线安装喷雾系统、流动洒水装置、自动洒水装置以减轻空气污染。

2. 煤矿废弃水处理

要求所有矿山企业建立废弃物排放处理厂，用以处理从矿山中抽出的废弃水并进行进一步处理。经过处理的废弃水在矿山内部可用于抑尘、灭火、种植、洗涤等，同时还可以根据矿区生活的需要，将部分剩余的处理过的废弃水供应给附近的村庄，用于灌溉和地面清洁等。

为了评估采矿活动对地下水的影响，印度煤矿企业已经实施了矿山租赁区内和周围地区对地下水水位进行季度监测。在矿房和附近村庄的地下水补给方面，已经采取了诸如雨水收集、池塘的挖掘/潟湖的开发、现有池塘/蓄水池的清除淤泥等措施。煤矿企业需按照规定对矿山、车间和生活污水进行定期监测，定期形成报告并提交给政府部门。

3. 矿区土地复垦

为了有效地对被破坏的土地进行生物复垦，印度对此进行了科学研究，并为每个煤田选择合适的植物种类（草、灌木、乔木等）。森林研究所与印度煤炭公司在复垦地区生态恢复领域方面进行了合作，同时印度煤炭公司还在森林研究所的技术指导下开发了生态修复点，在部分矿区的复垦区建造了生态公园等。

为了使环境污染缓解措施更加透明，印度煤炭公司各二级子公司正在尝试实施最先进的卫星监测技术，以监测所有露天煤矿开采项目的土地复垦和恢复情况。根据卫星监测数据，印度目前对矿山按 5 Mm^3/a 为分界线分成两类进行土地复垦监测，超过 5 Mm^3/a 类别的煤矿每年进行 1 次监测，低于 5 Mm^3/a 类别的煤矿每 3 年进行 1 次分期监测。印度煤炭公司自成立以来，在其 52 个主要监测点中，已复垦面积为 62.95%，采矿区仅占 37.05%，效果较好；印度煤炭公司及其下属企业已栽苗 1976618 株；通过完善的环境管理计划和可持续发展活动，目前已在矿山租赁区内种植了共计 9960 万株树木，面积约 39842 hm^2。

同时煤矿关闭退出计划也构成了环境影响评估的一部分，并已提交给了环境保护部门进行地区的环境清理。

4. 地面震动噪声控制

主要采取以下措施进行地面震动以及噪声方面的控制以减小对矿区职工、居民和环境的影响：采用控制的爆破技术；在居民区和煤矿区周围建设绿色隔离带；定期维护重型表土剥离机械；注重对个人进行防护，在有噪声的地方使用耳罩/耳塞；选择白天施工，避免夜间施工；适当保养设备减小噪声和震动。

8.5 典型露天煤矿

8.5.1 奈维利（Neyveli）褐煤矿区概况

1. 地形和气象条件

奈维利褐煤矿区位于印度半岛东南部，在泰米尔纳德邦的南阿尔科塔地区，距孟加拉湾 40 km，面积为 470 km^2，是印度最大的褐煤产地。泰米尔纳德邦是印度南部的一个邦，南临印度洋，东隔孟加拉湾与斯里兰卡相望，西与卡纳塔克邦、喀拉拉邦接壤，北接安得拉邦。气候以热带气候为主。夏季气温在 43 ℃ 左右，冬季气温在 18 ℃ 左右。最低气温在 12 月左右，最高气温在 4—6 月。奈维利褐煤矿区每年的平均降雨量为 1200~1400 mm。

2. 资源与赋存条件

奈维利褐煤矿区的褐煤资源发现于 20 世纪 50 年代，矿区煤矿主要以露天煤矿开采为主，露天煤矿的开采深度一般为 100~150 m，剥采比一般为 1.15~4.4 m^3/t。煤层埋深 47 m，厚 4~27 m，平均厚 13 m，赋存于第三纪中新世地层中。煤灰分为 3%~10%，挥发分为 56%，发热量 25.5~29 MJ/kg，含碳量为 65%~71%，含硫量低于 1%，宜用作动力煤，总储量为 3.3 Gt。奈维利褐煤公司（NLC）成立于 1956 年 11 月 14 日，隶属于印度煤炭部，是一个以煤、电为主，开展多种经营的大型综合企业。奈维利褐煤矿区是南亚最大的褐煤产地，其开采对印度南部地区的能源供应具有重要的意义。

3. 生产状况

奈维利褐煤露天煤矿，由奈维利褐煤公司经营，包括 1 号露天煤矿、1 号 A 露天煤矿、2 号露天煤矿和 3 号露天煤矿。采出的褐煤主要作为燃料供矿坑口电站使用，奈维利褐煤公司在 Neyveli 运营 4 座总容量为 3390 MW 的褐煤坑口热电站。

（1）1 号露天煤矿。1 号露天煤矿投产于 1962 年 5 月，最初设计年产能力 6.50 Mt，所产褐煤供给 1 号坑口电站发电。为满足 1 号坑口电站和 1 号坑口电站扩建项目的发电用煤，从 2003 年 3 月起，1 号露天煤矿的年产能力提高到 10.5 Mt，目前维持该产能。

(2) 1号A露天煤矿。1号A露天煤矿于2003年3月30日投产,年产煤为3.0 Mt。褐煤开采采用连续开采工艺。目前正在对1号A矿进行扩建,这将使1号A矿的产能提高4.0 Mt/a,印度煤炭部已经批准了该项扩建计划。

(3) 2号露天煤矿。2号露天煤矿的建设分二期工程完成。一期工程设计年产煤能力为4.70 Mt,投产于1985年3月。二期工程的扩建于1991年12月完成,年产能力提高到10.5 Mt,目前维持该产能。

(4) 3号露天煤矿。3号露天煤矿正在建设中,规划区域面积4841.99 hm^2(包括采煤区、外部排土区和基础设施区),可采储量为386.87 Mt,煤矿寿命35年。

4. 开采工艺与装备应用

奈维利是外运剥离开采露天煤矿。剥离作业采用轮斗挖掘机和排土机连续工艺,如图2-8-17和图2-8-18所示。

图2-8-17 轮斗挖掘机剥离作业

图2-8-18 奈维利露天煤矿连续开采工艺

褐煤开采采用连续开采工艺,即轮斗挖掘机、移动式转载机和带式输送机系统。

多数煤矿开采的设备从国外引进,采用的轮斗挖掘机、排土机和移动式转载机主要是从德国进口;带式输送机由印度 Elecon 工程公司提供。轮斗挖掘机主要来自德国 Takraf,2015 年为 2 号露天煤矿采购了 2 台 1400 L 轮斗挖掘机,工作能力最高达到每小时 6800 m^3。2008 年采购一台大型 Takraf 排土机,每小时 20000 t 排土能力。

5. 生态环境保护

主要是从土地复垦、空气噪声污染控制以及水资源保护等 3 个方面开展相关矿区环保工作。

(1) 土地复垦造林。矿区为了将排土场废渣转化为肥沃的土壤,采用了化学复垦方面,即将锯末、褐煤、粉煤灰、石膏、磷灰石、农家肥、尿素、超磷酸盐、钾肥、微量元素等土壤输入物添加到沙土中。建立了以褐煤为载体生产生物肥料的中试装置,施用生物肥可使作物产量提高 15%~40%。同时,在部分合适地区种植柚木、白巴贝、罗望子等植物,发现它们的生长状况较好,可以完全抑制土壤侵蚀和沙尘的产生(图 2-8-19)。

图 2-8-19 矿区土地复垦

(2) 空气噪声污染控制。通过绿化带建设,即在一段时间内在该地区种植了 1710 万棵树,起到防尘屏障的作用。同时,树木使平均温度降低 2 ℃,一英亩土地上的树木有可能吸收 6 t 二氧化硫。每开发 10 m 宽的绿化带,噪声就会降低 10 dB。火力发电厂安装了高效除尘器,减少排放气体的污染(图 2-8-20)。

(3) 水资源保护。雨水收集系统已在奈维利褐煤矿区的矿山、电厂和乡镇广泛进行了使用。通过对褐煤采掘区周围进行局部抽水,优化了抽运作业。实施了地下水人工回灌工程,建立了现代化的污水处理厂处理乡镇污水,并将处理后的水用于灌溉。

8.5.2 辛格劳利露天煤矿区

辛格劳利露天煤矿区大部分在中央邦,部分在北方邦,面积 312 km^2。适宜露天开采的有两个主煤层。矿区内煤田走向西南,倾角 1°~3°。上覆岩层为砂岩和砂质黏土,最大抗压强度 20 MPa。最大普罗托吉雅可诺夫硬度系数为 4。煤炭储量约为 9150 Mt。

辛格劳利煤田是印度与苏联合作开发的。从 20 世纪 70 年代中期开始建设,按井田分

图 2-8-20 矿区绿化带建设

布划分为 11 个矿,分期建设投产,现已建成 10 个露天煤矿,供周围 5 个电厂用煤。

10 个露天煤矿地质条件相同,均采用吊斗铲倒堆和电铲、汽车联合开采工艺。倒堆剥离物总厚度为 30~46 m,其余剥离物及煤层采用电铲、汽车完成。年产 10 Mt 的露天煤矿,采用 24/96 吊斗铲(24 m³ 斗容、96 m 臂长),10~12.5 m³ 电铲和 85 t 自卸汽车。较大型设备,如 20 m³ 单斗铲、120 t 和 170 t 汽车应用较少。

9 印度尼西亚露天煤矿开采技术

印度尼西亚煤炭资源条件好，埋藏较浅。目前印度尼西亚开采的煤矿最深煤层不过 40 m，露天煤矿产量占比超过 99%，仅有不到 5 处煤矿尝试进行井工开采，其产量几乎可以忽略不计。

由于露天煤矿具有成本低、安全性好、回收率高等优点，且印度尼西亚煤炭资源赋存条件具有埋深浅、煤层聚集数量大等方面的优势，使得印度尼西亚能够以露天煤矿为主要开采方式，大量进行煤炭生产作业。该国整体开采工艺和装备水平虽然较为落后，但其煤矿安全生产形势依然较好，部分煤炭企业工人工效达到 13219 t/人（PTBA，2021），吨煤成本达到 26 美元/t（Indika，2010），连续生产 240 万小时零事故（ITM，2012—2018）均在世界煤炭行业处于较高水平，显示出露天煤矿的优势。

9.1 概述

9.1.1 露天煤炭资源

印度尼西亚共和国（以下简称印尼）是传统的能源大国，也是重要的煤炭生产国和消费国。截至 2021 年底，印尼煤炭产量为 614 Mt，消费量为 133 Mt，出口量为 481 Mt。印尼煤炭生产几乎全部为露天开采，主要煤种为褐煤和次烟煤，主要分布在加里曼丹岛和苏门答腊岛两个地区。印尼也是世界上主要的煤炭出口国之一，2017—2021 年连续 5 年煤炭出口量位居世界第一。

印尼大部分的煤来自古近系和新近系，大部分煤层埋藏比较浅。根据印尼能源部数据，截至 2021 年，印尼煤炭资源量为 99193 Mt，储量 35054 Mt，探明储量 34869 Mt，占全球探明储量的 3.2%。在印尼的煤炭储量中，褐煤和次烟煤总共占 85.26%，其中烟煤占 14.38%，大部分煤层埋藏比较浅，适合露天开采（次烟煤，是一种变质程度介于烟煤与褐煤之间的煤炭，主要用作电煤。次烟煤的发热量为 4614 ~ 6393 kcal/kg，内部含水量一般为 15% ~ 30%，没有结焦性）。

印尼主要为新生代第三纪的煤系地层，这也决定了独有的地质特征。印尼处于三大地壳板块会聚的复杂地质环境，基本的地壳构造格局自晚中生代以来已奠定了轮廓。自第三纪以来，由于沟弧体系的发展，在苏门答腊南部以及中、东加里曼丹等地广泛形成滨海地质环境，为冲积平原及滨海平原大规模填积的沉积盆地，有利的气候及植物繁茂条件，形成了较广泛的油、气、煤共生盆地。这种以三角洲及近岸沉积环境为主的条件带来了印尼第三纪煤盆地特有的优越条件。煤层形成的范围广泛，煤层相对聚集数量优势大，分布稳定。煤系地层主要为新生界第三系中新统、渐新统、始新统。二叠系煤层仅苏门答腊岛有少量分布，还是薄煤层；侏罗系 – 三叠系煤层在西伊里安鸟头半岛有少量分布。

印尼为典型的热带雨林气候，年平均温度 25 ~ 27 ℃，雅加达日均温度介于 26 ~ 30 ℃，年温差小，无四季分别。平均年降雨量介于1780~3175 mm，山区最多可达6100 mm，北部受北半球季风影响而分为干、湿两季，7—9月降水量丰富，南部受南半球季风影响，12月至次年2月降水量丰富。湿度一般而言相当高，平均约80%。由于降水量较多，印尼露天煤矿经常性因暴雨导致停产，其中2008年的持续性暴雨令印尼最大的煤炭生产公司——布米资源集团的Satui煤矿年产量锐减1.5 Mt，降幅高达28%。

9.1.2 生产情况

印尼煤炭产量的增长在很大程度上归因于规模化的开采，这一趋势将继续保持。根据中国驻印尼大使馆经济商务处引述印尼能源与矿产资源部的资料，印尼矿区主要分布在苏门答腊与加里曼丹两岛，其中苏门答腊占67%，加里曼丹占31%，且几乎为露天煤矿，开采条件比较好。主要产煤省有8个，分别为东加里曼丹、南加里曼丹、中加里曼丹、廖内、西苏门答腊、名古鲁、占碑、南苏门答腊。其中，绝大多数煤炭产量来自加里曼丹岛东部和南部，占到印尼煤炭总产量的90%以上，其他约9%的煤炭产自苏门答腊岛南部。未来煤炭产量的增长中，将有越来越多的份额来自中小规模煤矿。虽然印尼能源与矿产资源部、印尼煤炭开采协会并无直接数据，但是从印尼煤炭矿区分布比例和产量比例的失衡中可以看出，印尼加里曼丹岛主要以各大煤炭生产集团的大型露天煤矿开采为主要模式，而苏门答腊岛等地区则是以众多小型分散的露天煤矿开采为主要模式。

印尼煤炭的规模化生产始于20世纪80年代，并在近几年显著增加。根据印尼能源和矿产资源部（ESDM）发布的《印尼能源展望》报告中显示，2021年印尼煤炭生产量为614 Mt，占世界总产量的7%，位居世界第三。印尼1996—2021年煤炭产量如图2-9-1所示。

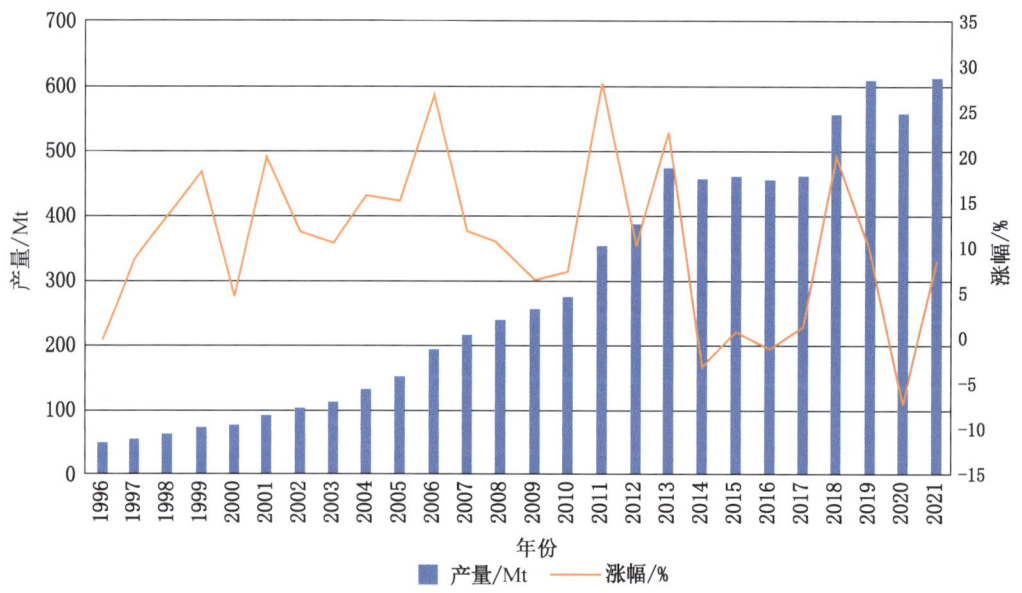

图2-9-1 1996—2021年印尼煤炭产量

从图中可以看出，印尼煤炭产量总体呈现波动中上升，1996—2021 年印尼煤炭产量年均增长 10.52%，增长迅猛。同时在 2014—2017 年、2019—2020 年出现过产量波动，煤炭产量出现了下降，这符合当年国际经济形势出现的变化规律，因此可以看出，印尼煤炭生产与国际市场紧密相连。

随着开采规模的扩大和优质条件煤矿规模的逐渐萎缩，印尼煤矿的开采深度和开采难度在逐渐增大，已经出现了部分井工开采的煤矿，如江西煤炭集团中鼎国际公司的印尼朋古鲁煤矿、萍矿集团与印尼 IBP 矿业公司合资开发的 IBP 煤矿（0.9 Mt/a）、印尼国家煤炭公司 PTBA 旗下的 Ombilin 煤矿。未来随着部分露天煤矿的浅部资源开发完毕，也会转向井工法继续开采，如印尼 WBM 露天煤矿，采深已经超过 160 m，目前已计划转为井工开采，并开始前期地质调查等相关准备工作。

9.2　露天煤矿开采技术特点

印尼对矿产资源的管理制度，使得印尼能够大规模地吸引外国和其他民营资本投资本国矿山产业。印尼中央政府和地方政府，只在矿权批准和税收政策上对煤炭生产企业进行管理，而煤炭企业所采用的技术、工业装备、生产监管等事项，主要依靠企业自身完成。加之印尼并没有完整且发达的工业体系和机械设计制造能力，因此印尼露天煤炭的开采技术，主要来自进口，特别是煤炭生产企业所属外资集团或合作的外资集团的技术，在本企业的煤矿中使用较为广泛。例如，布米资源（Bumi Resources）由于其所有方印尼巴克利家族与英国罗斯柴尔德家族有相关合作，因此其采用的装备以欧洲企业为主；中国、泰国、韩国、新加坡等国家的企业采用的设备一般以中国、韩国、日本设备为主；其他印尼本地的中小煤矿使用中国设备居多。

9.2.1　露天煤矿主要开采工艺及发展

由于印尼煤炭资源埋藏普遍较浅，印尼绝大多数煤矿采用露天开采的方式，且多数煤矿由于较低的剥采率，使之不需要配备大量的重型装备，甚至有些露天煤矿只有简单的铲车和卡车。印尼露天开采工艺较为简单，大部分煤矿采用正铲挖掘机和轮式装载机进行剥离和开挖，由矿山卡车运至破碎站或洗选厂，原煤经过初步加工后，再由卡车运至临近港口装船。

印尼煤炭资源大部分埋藏于地表平坦的自然环境中，具有埋藏浅、倾角缓的特点，主要开采工艺为单斗－卡车。处理覆盖层和煤炭运输的混合车队，一般配备正铲挖土机、各种能力的挖掘机和轮式装载机，配合辅助设备包括推土机、平地机、压路机和水车，由挖掘机运除表土和废料。正铲和液压挖掘机装载覆盖层，再通过非公路自卸卡车进行运输。较低的剥采比使之不需要大量的重型设备。煤炭通过侧卸式两重或三重拖车从矿区运输到驳船装载点，再由转载装备装载到远洋货轮，实现海上运输和出口。印尼东加里曼丹省 PT Singlurus Pratama 露天煤矿如图 2-9-2 所示。

9.2.2　露天煤矿主要开采装备及发展

由于印尼煤炭资源埋藏普遍较浅，且多数煤矿剥采率较低，以目前公开的资料，印尼各主要露天煤矿绝大多数采用正铲挖掘机、各种能力的挖掘机和轮式装载机进行作业。与美国、澳大利亚等世界先进露天煤矿采用的机械装备尚有较大差距。

图 2-9-2 印尼东加里曼丹省 PT Singlurus Pratama 露天煤矿

（1）采煤作业与选采设备。印尼煤矿的大部分煤炭产量都是采用传统的单斗-卡车作业方式开采的，少部分大型煤炭企业则采用了更大型的开采机械。以位于苏门答腊岛南部的国有煤炭企业逸亚拉亚煤矿为例，它采用单斗-卡车作业开采该矿煤系中最薄的一层煤，然后用5个连续轮斗挖掘机和输送机一起将开采的煤炭和剥离的表层输送到相应的储煤场和排土场。开采过程中的钻孔爆破，部分煤矿运用了钻机。以婆罗洲煤矿为例，该矿采用了阿特拉斯·科普柯 CDM30 系列低风压回转式钻机，一小时内可完成 40 m 的净孔（200 mm 孔径）。

（2）煤炭运输设备。由于印尼的基础设施较为落后，加上群岛地形与河流湖泊密布，因此印尼的煤炭运输主要以矿山卡车-驳船-远洋货轮为主要运输模式。矿区一般卡车载重量为 30 t，部分大型煤矿的重载卡车载重量最高达 135 t。以加里曼丹岛的 PTHillcon Jaya Sakti 煤矿为例，该矿采用了 Volvo 的 R60D 车队，并与之前的 Volvo A40F 绞卡一同形成运力。R60D 最大有效载荷高达 54500 kg，这些车辆每周工作 7 d、一天两班 22 h，每小时可运煤 454 t。

9.3 典型开采工艺与装备应用特点

9.3.1 典型开采与运输工艺特点分析

印尼由于煤炭资源普遍埋藏较浅，暴雨普遍，因而印尼绝大部分露天煤矿采用单斗-卡车开采工艺。该工艺最为灵活，优点是更适合于地质条件复杂的矿床，深度和厚度不同的覆盖层，以及储量较小的矿藏；投资成本低于吊斗铲，可进行长距离运输。图 2-9-3 所示为东加里曼丹的露天煤矿生产情况。

在运输方式上，由于印尼基础设施较为落后，河流港口密布，因此印尼煤炭外运无法依靠现代化的铁路与公路。小型露天煤矿基本依靠重型自卸卡车由矿山直接运至临近的接驳船，由接驳船运至远洋运输船（图 2-9-4）；而布米资源、武吉阿桑等大型煤炭企业所属的大型露天煤矿，运用长距离带式输送机（图 2-9-5）。

9　印度尼西亚露天煤矿开采技术

图2-9-3　印尼东加里曼丹露天煤矿生产情况

图2-9-4　印尼运煤驳船

图2-9-5　印尼布米资源露天煤矿带式输送机

9.3.2 主要装备应用效果评价

露天开采活动的主要装备包括：推土机、挖掘机、卡车、钻机等。印尼自身无生产大型煤矿开采设备的能力，几乎全部依靠进口。主要进口国有中国、日本、德国、美国等，主要进口设备商包括卡特彼勒、小松、沃尔沃、徐工集团、郑煤机、中煤装备等公司。

印尼中小型露天煤矿较多，资本较小，因此物美价廉的中国装备备受印尼中小露天煤矿的青睐。

10　加拿大露天煤矿开采技术

加拿大煤炭资源丰富，煤炭工业发达，煤炭品质好，是亚太炼焦煤市场的主要供应国之一。2021年加拿大煤炭储量为6582 Mt，约占世界煤炭储量的0.6%。煤炭工业在加拿大矿业经济中占有重要地位，占全国GDP的0.2%~0.3%。近年来煤炭产量一般在50 Mt/a左右，2021年世界排名第13位，占全球煤炭产量的约0.6%；煤炭产量中约40%为炼焦煤，60%为动力煤。加拿大煤炭销售市场分化明显，炼焦煤主要用于出口以供应亚太市场，而动力煤主要用于国内的电力生产。

加拿大煤炭品种齐全，动力煤、炼焦煤和褐煤均有产出。2021年煤炭产量为46.7 Mt，主要产自24座煤矿，包括22座露天煤矿和2座井工煤矿，主要分布于不列颠哥伦比亚、阿尔伯塔、萨斯喀彻温3个产煤省；露天煤矿煤炭产量占比逐年提高，2000年以后保持在99%以上。不列颠哥伦比亚省露天煤矿主产炼焦煤，开采工艺主要为单斗-卡车；阿尔伯塔省露天煤矿主产动力煤和喷吹煤，开采工艺为单斗-卡车和吊斗铲倒堆相结合；萨斯喀彻温省露天煤矿主产褐煤，开采工艺主要为吊斗铲倒堆。

加拿大国家、地方政府及一些组织共同致力于矿山环境保护工作。除了常态化的矿区土地治理与复垦之外，2001年以来加拿大逐渐重视废弃矿山管理，并通过全国遗弃/废弃矿山倡议机制，推动政府、产业和学术界共同协作，解决遗弃/废弃矿山遗留问题。

10.1　概述

10.1.1　露天煤炭资源条件

加拿大煤炭资源丰富，全国各地大都有分布，含煤地层大多是中生代白垩纪，含煤地区的地貌分为三种情况：西部属山区，一般地质变化较大，断层较多，但埋藏浅，煤质好，为烟煤；中部属丘陵地带，地质变化较小，煤质稍差，为次烟煤；东部为平原区，赋存比较稳定，埋藏较深，多为动力煤。目前加拿大可查在产煤矿以露天煤矿为主。

根据现有勘探资料，2021年加拿大煤炭资源探明储量6582 Mt，占全球储量的约0.6%，全球排第16位。加拿大煤炭资源主要分布在加拿大西部的不列颠哥伦比亚省、阿尔伯塔省和萨斯喀彻温省三省，东部的新斯科舍省和新不伦瑞克省也有少量煤炭资源；北方育空领地也有煤炭资源，但勘探程度较低。

1. 煤炭资源分布

加拿大95%以上的煤炭资源赋存于西部沉积盆地。加拿大在16个沉积盆地中发现煤炭资源，煤层年代从泥盆纪至第三纪均有分布；95%的煤炭资源发现于西部省份，东部的安大略、新斯科舍和新不伦瑞克仅有少量煤炭。此外，加拿大北部地区也有煤炭资源，但是勘探程度低。

该盆地是加拿大的七大沉积盆地之一，形成于5亿年前，从加拿大地盾延伸至落基山脉，横跨曼尼托巴、萨斯喀彻温、阿尔伯塔和不列颠哥伦比亚东北部。该沉积盆地内 45% 为亚烟煤，主要分布于阿尔伯塔省；14% 为褐煤，分布在萨斯喀彻温省；其余 41% 为烟煤和半无烟煤。西部沉积盆地的煤藏年代范围从早石炭纪（密西西比煤系）至第三纪古新世，煤田可采煤层地质年代为晚侏罗纪至早白垩纪，煤种为褐煤至次无烟煤；东部地区煤层形成于白垩纪至第三纪，煤化程度稍低。总体来说，西部地区煤层煤质要普遍好于东部地区煤层。

2. 主要煤田

加拿大主要煤田包括西部的阿尔伯塔煤田以及中部和大平原区的萨斯喀彻温煤田，滨海的锡德尼煤田（Sydney Coal Field）、坎伯兰（Cumberland）煤田、皮克图（Pictou）煤田等，北极列岛的含煤区较小。

（1）阿尔伯塔煤田。阿尔伯塔煤田煤炭的资源量估计为 134 Gt，为全国煤炭资源量的 50% 以上，约占全国硬煤资源量的 90%。阿尔伯塔煤田于 1793 年发现，地处偏僻，远离东部工业区。目前年产量在 5 Mt 以上，主要是炼焦煤，大部分供应出口。

该煤田是中生代与新生代煤田，位于加拿大西部落基山东坡，分布在阿尔伯塔省南半部及不列颠哥伦比亚省东北部和东南部，呈西北－东南方向，往南延伸与美国落基山含煤区相衔接。该煤田分为内、外山麓带及平原区 3 部分，山麓带与落基山脉走向平行，平原区在山麓带东侧。

该煤田为多纪煤田。含煤岩系主要有上侏罗统、下白垩统、上白垩统和第三系。其中最主要的含煤岩系是上白垩统，形成于河流、湖泊及浅海沉积环境，主要由砂岩组成，夹有煤层、粉砂岩和页岩。上白垩统总厚约 1000 m，其下段贝利河组的上部和下部都含有多个可采煤层，横向稳定，个别煤层厚度达 3 m，下段累计煤层厚达 6 m。上段霍斯舒坎宁组含煤 13 层，在煤田中部厚度达 5 m，上段累计煤层厚度达 12 m；在煤田西北部煤层厚度达 24 m。

该煤田主要是低硫烟煤和次烟煤。内山麓带主要分布低和中挥发分烟煤，外山麓带为高挥发分烟煤，而平原区则为次烟煤。平原区煤质：水分为 14%～20%，灰分为 11%～16%，挥发分为 40%～44%，发热量为 28.0～30.0 MJ/kg，硫分为 0.32%～0.66%。山麓带煤质：水分为 4.7%～11%，灰分为 22%～28%，挥发分为 25%～52%，发热量为 30.0～35.0 MJ/kg，硫分为 0.4%～0.7%。该煤田的煤属极低硫煤，硫分为 0.3%～0.7%，适于炼制优质焦炭。

（2）萨斯喀彻温煤田。萨斯喀彻温煤炭资源量估计为 11～12 Gt。该煤田分布在大平原南部，沿着南部国境线延伸，面积约 6000 km^2。煤田内的第三纪沉积赋存在穹地或呈水平状分布在被侵蚀的晚白垩纪地层之上，由 3 个组组成。古新世的拉文斯克里克组分布最广，由细粒砂岩、黏土质页岩、粉砂岩和煤层组成，有 8 个可采煤层，厚度 2.4～4.8 m。该煤田煤种为褐煤，平均水分为 29%～37%，灰分为 5%～10%，发热量为 13.4～18.3 MJ/kg。

（3）锡德尼煤田。锡德尼煤田煤炭资源量估计为 2700 Mt。该煤田是新斯科舍省主要的开采煤田之一，煤田被浅海沉积物分为 4 个含煤区：莫里印、格拉斯贝伊、林根－维克托里亚和锡德尼。含煤地层厚约 2000 m，约有 40 个煤层，其中 10～12 层具有 1～2 m 的可采厚度。该煤田煤种为烟煤，平均水分为 4%～5%，挥发分为 33%～37%，灰分为 4%～11%。

（4）坎伯兰煤田。该煤田分布在阿巴拉契亚山脉东北端的山间盆地内，由斯普林希尔和乔金斯－希格内克托2个煤产地组成。前者约有35个煤层，总厚度为60 m，后者有26个可采煤层，总厚度为33 m。煤种为烟煤，焦炭产出率高，煤炭灰分中到低，挥发分为30%～35%，硫分为1%～7%，发热量为31.4 MJ/kg。该煤田煤炭资源量估计为222 Mt。

（5）皮克图煤田。皮克图煤田主要含煤系是斯捷尔拉尔顿，由湖相沉积物组成，厚度约3000 m。主要煤层分布在威斯特维尔段、阿尔比昂段、库尔—布努克段和托尔布尔恩段。厚度约150 m的威斯特维尔段正在开采4个复杂的煤层：阿卡迪亚（第一层），第二、第三和第四层。其中最重要的阿卡迪亚煤层厚度为3.5～5 m，其他各个煤层的厚度为1.8～3.6 m，有些地方厚达5.4 m。

煤种为烟煤，平均水分为2%～5%，灰分为16%～20%，挥发分为24%～28%，硫分为3.1%，发热量为25.9～28.9 MJ/kg（6200～6900 kcal/kg）。

3. 各煤种资源分布

加拿大煤炭分为褐煤、亚烟煤、烟煤和无烟煤。褐煤发现于萨斯克彻温南部、阿尔伯塔省东南部以及曼尼托巴省西南部；亚烟煤分布于阿尔伯塔省；烟煤分布于阿尔伯塔、不列颠哥伦比亚、新斯科舍、新不伦瑞克和纽芬兰等省；唯一已知的无烟煤资源主要分布于不列颠哥伦比亚省西北部；新斯科舍省的大部分煤炭资源位于海底。加拿大煤层地质结构主要集中在阿尔伯塔省的中南部。

无烟煤主要集中在不列颠哥伦比亚省北部和平河煤田，各煤田均有烟煤分布，但主要位于东部科迪勒拉地区，次烟煤主要分布在艾伯塔省，褐煤主要分布在科迪勒拉地区北部和萨斯喀彻温省。

10.1.2 露天煤矿生产情况

1. 近50年露天煤矿生产情况

加拿大煤炭生产以露天开采为主，近50年露天煤矿产量经历了占比上升和稳定2个阶段。第一个阶段是1971—1999年，露天煤矿生产规模迅速扩大，产量增加了56.88 Mt，产量占比增加了13.8个百分点，达到97.8%；第二个阶段是2000—2021年，露天煤矿产量规模基本保持稳定，产量占比保持在97.0%～99.3%（图2－10－1）。

加拿大煤炭主要来自露天开采，通过露天剥采或露天煤矿坑开采。露天剥采仅临时占用土地，在开采的同时进行地表修复；露天坑采时，煤炭开采完毕后会对矿坑进行回填，并在地表种植本地树木、灌木和草本植物。

2. 露天煤矿生产结构

加拿大大型露天煤矿煤炭产量在生产结构中占有绝对优势。2021年，加拿大有生产煤矿24座，露天煤矿22座，井工煤矿2座。露天煤矿中年产量大于等于4 Mt的露天煤矿煤炭产量占比为88.91%，数量占比仅为36.3%；年产量小于4 Mt的露天煤矿煤炭产量占比为11.09%，数量占比达63.7%。年产量大于等于8 Mt的2处露天煤矿煤炭产量占比达1/3，年产量大于等于5 Mt的3处露天煤矿煤炭产量占比达到近45%（图2－10－2）。

3. 露天煤矿生产效率

近35年加拿大生产效率总体呈现上升趋势，从业人员总体呈现减少态势。根据加拿

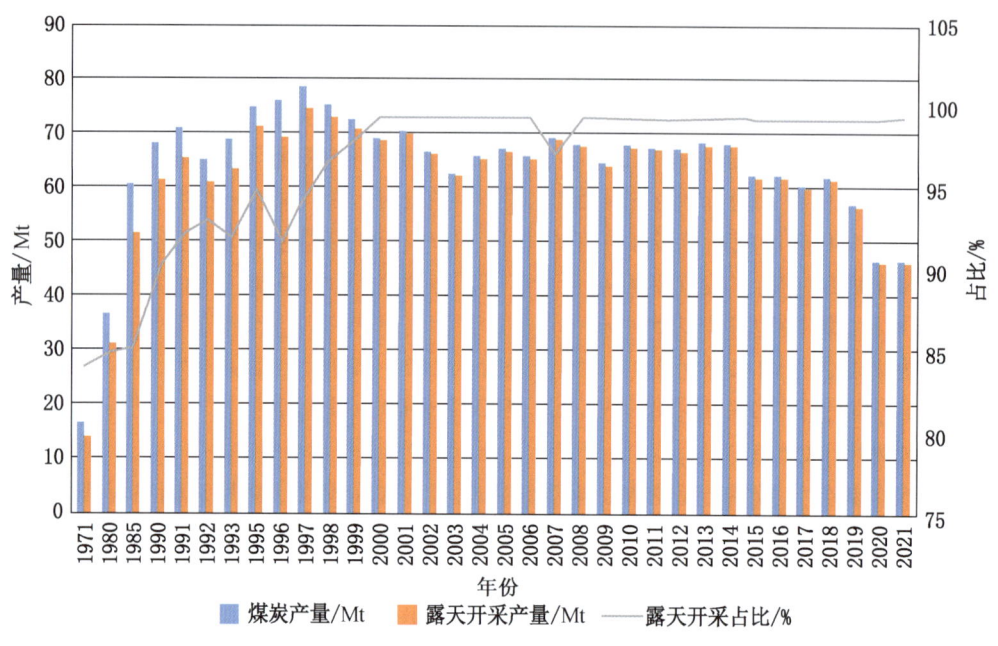

图 2-10-1　1971—2021 年加拿大煤炭总产量及露天煤矿煤炭产量与占比

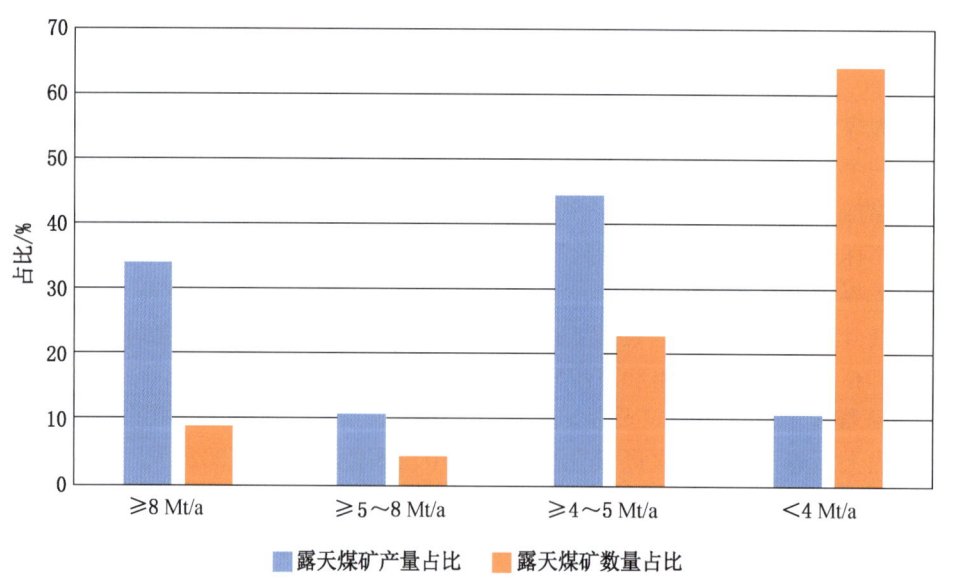

图 2-10-2　加拿大露天煤矿生产结构

大自然资源部和加拿大统计局资料，1985—2019 年加拿大煤炭开采生产效率提高了近 60%，从业人员减少了近 40%，分别经历了由低到高、逐渐稳定和由多到少、逐渐稳定的阶段。生产效率由 1985 年的约 5500 t/工提高到 2004 年的约 15000 t/工，2015—2021 年逐渐稳定在 8000~10000 t/工之间；从业人员由 1985 年的约 11100 人减少到 2004 年的约 4500 人，2015—2021 年逐渐稳定在 6000~7000 人（图 2-10-3）。

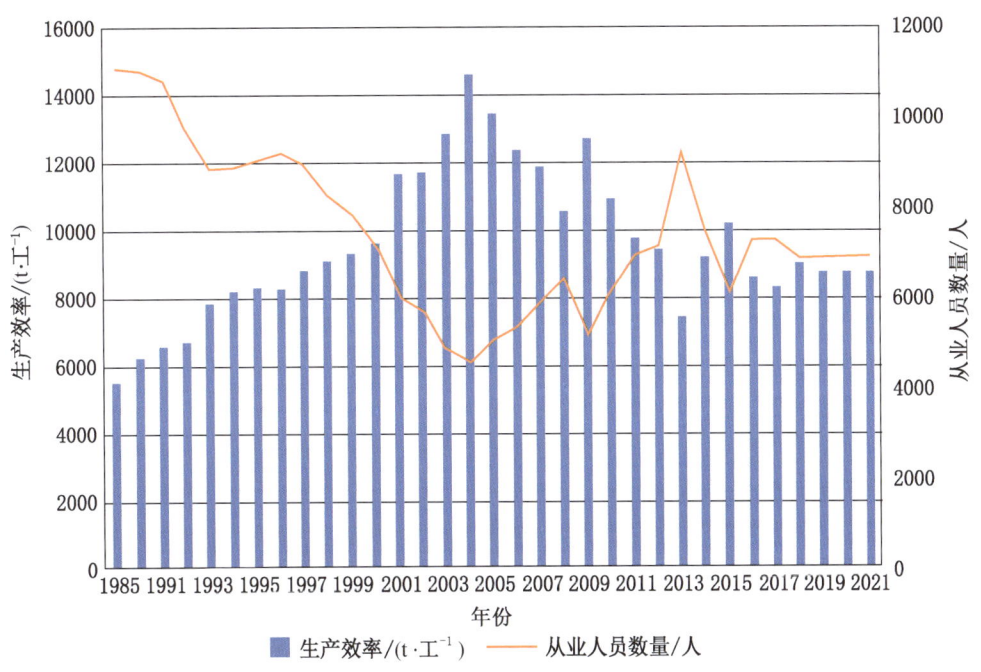

图 2-10-3　1985—2021 年煤矿生产效率和从业人员数量

加拿大露天煤矿的成本低于澳大利亚，但高于美国和南非等主要产煤国，迫切需要降低成本、提高效率，以适应竞争激烈的国际、国内市场。煤矿经营者通过改善劳资关系，提高人机效率使生产效率进一步提高；通过严格审计经营状况，削减人员，选择资源回收率高的开采方法及优化开采方案，及时维修并更新设备，应用计算机及微处理技术等达到降低成本的目的。

10.2　露天煤矿开采技术特点

10.2.1　露天煤矿开采工艺

加拿大适合露天开采的煤炭资源占很大比重，而且十分重视露天煤矿的发展。1982 年露天煤矿的煤炭产量占煤炭总产量的比重为 85%，1990 年超过 90%，1996 年占比为 91.26%，露天煤矿产量为 69.20 Mt。

加拿大适合露天开采的煤炭资源包括：赋存条件相对复杂的优质烟煤以及赋存条件相对较好的次烟煤和褐煤。加拿大煤炭资源大多集中在阿尔伯塔、不列颠哥伦比亚和萨斯克彻温，22 处露天煤矿几乎都位于这 3 个省。

加拿大多数露天煤矿采用单斗 – 卡车开采工艺和吊斗铲倒堆工艺，多个工作面同时开采多个煤层。部分露天煤矿使用吊斗铲、前装机、液压铲和推土机完成表土和非固结性覆盖层的剥离，保存剥离的表土以便复垦时使用；固结性坚硬覆盖层采用履带式钻车打眼爆破；采装使用液压挖掘机、前装机，装入 150 t、180 t 的自卸式卡车。

10.2.2　主要露天煤矿技术指标

第二次世界大战以前，加拿大以小型煤矿居多，开采技术比较落后。20 世纪 60 年代开始大量引进了国外先进技术和设备，煤矿生产向机械化、大型化过渡。到 80 年代，小型矿井已经为数极少，绝大部分为现代化大型煤矿。加拿大特别重视大型露天煤矿的发展，露天煤矿的煤炭产量比重逐年上升，目前几乎所有产量均来自露天煤矿。加拿大主要露天煤矿技术指标见表 2 – 10 – 1。

表 2 – 10 – 1　加拿大主要露天煤矿技术指标

所在省	煤矿名称	开采方式	产能/产量/(Mt·a^{-1})	商品煤种类
阿尔伯塔省	希尔内斯煤矿（Sheerness）	露天开采	3.3	动力煤
	Paintearth	露天开采	2.7	动力煤
	杰纳西煤矿	露天开采	5	动力煤
	Highvale	露天开采	13	动力煤
	煤炭谷（Coal Valley）	露天开采	3	动力煤
	Cardinal River（Cheviot）	露天开采	2	炼焦煤
不列颠哥伦比亚省	煤山煤矿（Coal Mountain）	露天开采	—	炼焦煤/动力煤（2019 年第二季度关闭）
	Line Creek	露天开采	4	炼焦煤/动力煤
	Elkview	露天开采	7	炼焦煤
	Fording River	露天开采	9	炼焦煤
	格林希尔斯煤矿	露天开采	5.9	炼焦煤
	Brule	露天开采	2.5	炼焦煤
	Willowcreek	露天开采	1.2	炼焦煤
	Wolverine	露天开采	1.5	炼焦煤
萨斯喀彻温省	埃斯特万煤矿（Estevan）	露天开采	6	动力煤
	杨树河煤矿（Poplar River）	露天开采	3.3	动力煤

10.2.3 露天煤矿新区建设

加拿大露天煤矿新区建设注重项目的基础设施建设，包括地质勘探、设计方案、可行性研究报告以及开工前的港口、公路、电源、水源、住宅等工程，大项目一般需6~8年，一经确定开工之后，2~3年可以在设计概算之内顺利投产。

不列颠哥伦比亚省北部的昆太特（Quintette）露天煤矿区是1981年开工兴建的，该矿区是由三个国家合资经营，加拿大股份占50%；日本钢铁公司股份占38%；法国股份占12%，第一座露天煤矿年生产能力10 Mt，1984年开始出煤。煤田总储量3 Gt，大部分属炼焦用煤，硫分低于1%，年产洗精煤5 Mt，主要出口日本。位于煤矿正西1000 km的太平洋沿岸建设了一座新港口，用于运输煤炭。为该矿区服务的城镇建设、铁路、公路、港口均由该省政府筹资建设，住宅租给职工居住，铁路运输距离虽然较长，但采用大吨位运煤专列运煤，仍然能够盈利。政府为新区配套的这些项目所用的投资达到10亿加元，折合人民币16亿元。但矿区生产后，这笔资金均能在为煤矿服务过程中于数年或十余年间分别收回，之后，政府仍将继续从煤矿的发展中得到持续收益。

10.3 典型开采工艺与装备应用特点

10.3.1 典型开采工艺特点分析

三个省份开采工艺各有特点。不列颠哥伦比亚省露天煤矿开采工艺主要为单斗－卡车，阿尔伯塔省露天煤矿开采工艺为单斗－卡车和吊斗铲倒堆相结合，萨斯喀彻温省露天煤矿开采工艺主要为吊斗铲倒堆。加拿大露天煤矿发展快，装备先进，主要工序全部实现了机械化，用人少、成本低、效率高。加拿大露天煤矿使用的开采设备大多数为比塞洛斯、卡特等美国品牌。

加拿大露天煤矿最新的技术发展是应用全球定位系统（GPS），该系统可以应用于露天煤矿作业的全阶段。主要包括以下四个方面。

1. 地形测量

地形测量广泛应用于矿量计算、道路和台阶的轮廓和范围的绘制、勘查等方面，它可以替代、改善之前使用的以激光为基础的两人测量系统。其优点是可以减少人力（现1人作业），不受气候条件和地形条件的限制。GPS系统精度很高，三维实时测量达50 ram；目前的测量设备重量轻，可携带，易操作。

2. 钻机钻孔定位

钻孔位置的三维定位精度高，不用测量。由于改善了爆破块度从而降低了爆破费用；精确的炮孔深度，减少了超钻和欠钻，使台阶更为平整。三维实时精度小于200 mm。三维位置通过图示显示器在司机室的显示屏上显示出来。

3. 挖掘机和前装机坡度保持

保持坡度在设计规范内，使每一铲斗装载的位置与爆堆挖掘相适应，以提高爆破设计的控制和各种类型物料的混合和堆放。其优点是改进了露天坑底盘的外形，减少贫化，提高设备的计划性和调度性，提高对矿石品位的控制。三维精度达200 mm。利用图文显示屏为司机显示高程和坐标；活动图示显示器显示矿石品位的界限和铲斗位置。

4. 运输卡车定位

包括：所有运输卡车与破碎机、矿场、排土场、电铲和运输槽的相对位置；某类电铲对某类汽车的平均装载时间；每台汽车的平均运输能力；使用的破碎机、汽车、电铲，装载机、废石翻车机的形式，并结合考虑以下几个因素：如汽车在电铲和破碎机处的排队时间最少、电铲装载时间最长、作业循环时间最佳和计划外的设备故障。由调度算法作出最优调度决策。目前加拿大铁矿公司正使用一种模拟汽车调度系统它可以进行设备工况和性能的监测。

10.3.2 典型露天开采工艺应用

加拿大露天煤矿开采工艺以吊斗铲倒堆和单斗－卡车为主。加拿大露天煤矿发展快，装备先进，主要工序全部实现了机械化，用人少，成本低效率高，重视覆土造田，快速恢复河道，保持自然原貌，利用剥离物建设"隔音墙"并加以绿化，加强环境保护，防止噪声美化环境。2021年加拿大主要露天煤矿工艺和装备见表2－10－2。

表2－10－2　2021年加拿大主要露天煤矿工艺和装备

所在省	煤矿名称	工艺	装　备	产量/(Mt·a^{-1})	备　注
不列颠哥伦比亚	Fording River（可采年限38年）	采深60 m、可采储量387.9 Mt；单斗－卡车	电动钻机、平地机、推土机（D10）、2～3.5 m³电铲、运输卡车（CAT 777、HD 1500）、6.8 m³装载机等	9.5（2021）	Fording River、Elkview、Greenhills、Line Creek是Teck集团在Elk山谷的4个炼焦煤露天矿，分别位于该省东南部Elkford社区东北约29 km、Sparwood附近、Elkford社区东北约8 km、Sparwood北部约25 km；分别占地23000 Ha、12943 Ha、8183 Ha、8200 Ha；包含数个煤层，累计煤厚大于60 m。煤质从高挥发分烟煤到低挥发分烟煤不等
	Elkview（可采年限30年）	采深60 m、可采储量269 Mt；单斗－卡车	电铲、装载机、卡车等	7.4（2020）9.0（2021）	
	Greenhills（可采年限40年）	采深60 m、可采储量295 Mt；单斗－卡车	5台电铲（Marion301－M、P&H 4100XPB、P&H 2800 s）、液压铲L1850、2台装载机Ca994、2台矿卡（Komatsu830E）等	5.9（2021年）	
	Line Creek（可采年限12年）	采深60 m、可采储量40.4 Mt；单斗－卡车	电铲、装载机、卡车等	4.0（2021年）	
	Brule（可采年限5年）	采深60 m、可采储量12.26 Mt；单斗－卡车	液压挖掘机、前端装载机、矿卡、旋转钻机和支撑机械等	2.5（2020年）	Brule、Wolverine、Willow Creek是ERP燃料公司3个炼焦煤的露天煤矿，分别位于该省东北Chetwynd镇南57 km、Tumbler Ridge附近、Chetwynd镇西45 km
	Wolverine（可采年限6年）	采深60 m、可采储量8.8 Mt；单斗－卡车	电铲、卡车和辅助设备	1.5	
	Willow Creek（可采年限14年）	采深50 m、可采储量16.6 Mt；单斗－卡车	卡车、电铲	1.2（2020年）	

表 2-10-2（续）

所在省	煤矿名称	工艺	装备	产量/(Mt·a^{-1})	备注
阿尔伯塔	Highvale	吊斗铲倒堆	2021年进入关闭复垦阶段	8	隶属 TransAlta 公司
	Vista coal	采深50 m、可采储量74 Mt；单斗-卡车	2019年投产	5.5	隶属 Bighorn 采矿公司，占地9984 Ha
	Genesee	采深50 m、可采储量74 Mt；吊斗铲倒堆	2台吊斗铲（M8750、M8200）；1台电铲（P&H 4100）	5	Genesee、Sheerness、Coal Valley、Paintearth 露天煤矿均隶属于 Westmoreland 采矿公司，分别位于该省的 Warburg、Hanna、Edson、Forestburg；占地分别是 7378 Ha、7000 Ha、20660 Ha、6226 Ha
	Sheerness	采深50 m、可采储量19.78 Mt；吊斗铲倒堆	2台吊斗铲（BE 1300、Page 736）	3.3	
	Coal Valley	可采储量10.7 Mt；单斗-卡车、吊斗铲倒堆	吊斗铲 Page752LR；M7450	3	
	Paintearth	采深50 m、可采储量18 Mt	—	2.7	
萨斯喀彻温	Estevan	采深50 m、可采储量125 Mt；吊斗铲倒堆工艺开采褐煤	6台吊斗铲（BE2570W、BE1570W、P&H1920、Marion8750、P&H2355）	6	Estevan、Poplar River 均隶属 Westmoreland 公司，占地分别是20331、7488 Ha；铲运机剥离表土，吊斗铲倒堆；岩层由两台电铲剥离；装载机进行煤炭装载，矿卡运输，推土机进行土地平整
	Poplar River（可采年限13年）	采深50 m、可采储量45 Mt；吊斗铲倒堆工艺开采褐煤	2台吊斗铲（BE2570W）；3台铲运机（Cat 637G）；装载机（Cat993K）；矿卡（Cat776D）；推土机（Cat D10T）	3.4	

10.4 露天煤矿生态环境保护技术

加拿大露天煤矿由联邦和地方两级管理。联邦政府设有矿业部，并组织"国家遗弃/废弃矿山倡议"委员会，在矿业部的指导下开展相关工作。各省、领地政府根据联邦宪法、《领土土地法》和《公共土地授权法》的精神，订立各自的矿山复垦、生态环保的法律，从而形成联邦-地方两级管理的体制机制。

10.4.1 主要露天煤矿区的生态环境分类

加拿大的煤炭资源丰富，全国各地大都有分布。其主要产煤地区主要有三种地形地貌：西部属山区，为科迪勒拉山系的落基山脉，多数山峰在海拔4000 m以上，一般地质变化较大，断层较多；中部属丘陵地带，为大平原和劳伦琴低高原，面积占国土的一半左右，地质变化较小；东部为平原区，为低矮的拉布拉多高原，东南部是五大湖中的苏必利尔湖、休伦湖、伊利湖和安大略湖，和美国的密歇根湖串连形成的圣劳伦斯河，夹在圣劳伦斯山脉和阿巴拉契亚山脉之间形成河谷，地势平坦，多盆地。

加拿大气候大部分为温带大陆性气候。西部地区为高原山地气候和温带海洋气候，北部极地区域为苔原气候。气候在不同地区会有明显差别。冬季时多数地区会非常寒冷，尤其是在内陆和大平原地区，日间气温通常为－15 ℃，最冷可达－40 ℃，风寒指数经常处于严重水平。在内陆地区积雪可覆盖地面长达半年，而在北部大雪可以持续整年。在不列颠哥伦比亚省的海岸，例如温哥华都是温带气候。在东部的海岸，平均气温最高大约是20 ℃，而在内陆，夏季的平均气温为25～30 ℃，偶尔气温会升至40 ℃。

10.4.2 露天煤矿环境监管机构及相关法律

1. 环境监管机构

加拿大负责露天煤矿环境监管机构包括联邦政府机构和省/地区政府两级机构。其中联邦政府的矿业部和自然资源部统一负责联邦层面的露天煤矿环保和复垦的相关工作，同时联邦政府通过"国家遗弃/废弃矿山倡议（NOAMI）"委员会来协调推进全国的废弃矿山管理工作（图2-10-4）。

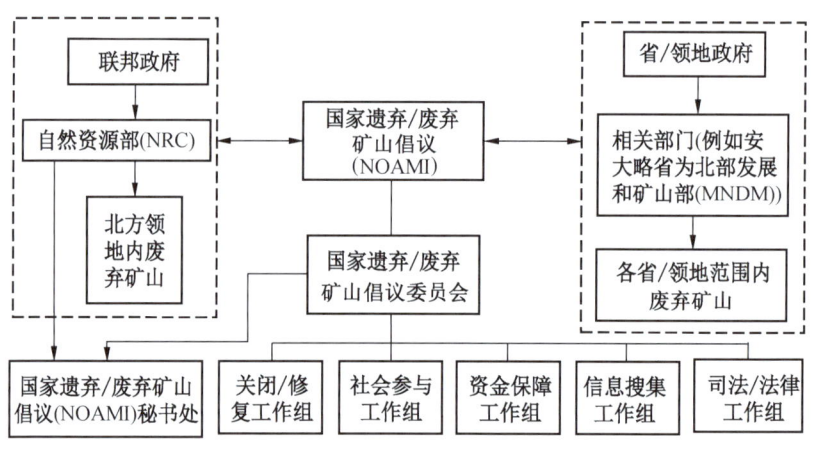

图2-10-4　加拿大废弃矿山的管理与协作体系

加拿大遗弃/废弃矿山的管理归各省或领地政府，联邦政府主要是负责北方领地废弃矿山的管理。联邦与各省/地区间通过国家遗弃/废弃矿山倡议机制来协调推进全国的废弃矿山管理工作。在联邦政府层面，自然资源部是相关工作的协调推进机构；国家遗弃/废弃矿山倡议委员会秘书处设在自然资源部；各省有自己的相关部门去推进。

2. 环境保护相关法律法规

加拿大是联邦制国家，联邦政府没有专门的矿业法，与矿业活动有关的法律主要有

《领土土地法》和《公共土地授权法》。

根据联邦宪法规定，联邦和省政府分别有独立的立法权限，因此各省政府都制定了专门的法律，通常要求经营者必须提交矿山复垦计划，包括矿山闭坑阶段将要采取的恢复治理措施和步骤。例如不列颠哥伦比亚省相关的法律有《矿业法》《环境评估法》《废料管理法》和《水管理法》等。安大略省《矿业法》中有专门与矿山恢复有关的章节，其中第七章是1991年进行矿业法修订时特别新增的章节。此章节规定，所有生产和新建矿山必须提交矿山闭坑阶段将要采取的环境恢复、治理措施和步骤的详细计划。

3. 环境保护管理制度和机制

在矿业发展过程中，加拿大特别注重矿业的可持续与绿色发展。近些年来，在矿山环境治理方面，加拿大启动绿色矿山倡议（Green Mining Initiative），支持矿业公司创新绿色技术，改善矿山环境；通过"国家遗弃/废弃矿山倡议"（NOAMI）机制，推动产业界、各级政府部门、非政府组织和原住民等多方合作，共同解决矿业开采历史遗留问题，减少对环境的影响，推进可持续发展；加拿大矿业协会（MAC）2003年制定迈向可持续的矿业 TSM（Towards Sustainable Mining）工具和评价指标，要求参与TSM的矿业公司实现对负责任采矿的承诺，加拿大勘探与开发者协会2009年制定E3（Excellence in Environmental Exploration）Plus，为矿山企业提供负责任勘查框架。

加拿大联邦政府通过对在产煤矿、废弃煤矿的分类管理，实现绿色矿山的最终目的。

（1）在产煤矿管理。通常情况下，矿业公司在申请采矿权时，必须同时提交矿区环境评估报告和矿山关闭与复垦方案，包括闭坑、复垦及后续的处理或监督费用预算及实施计划。由政府环境、资源等有关主管部门共同组织专家论证，举行各种类型的听证会，凡是与此有关系或对此感兴趣的公民都可以参加。环境评价报告和复垦方案通过后，公司必须严格执行。环境评价阶段往往要占用公司几个月甚至三五年时间。矿山闭坑复垦耗资巨大。为保证复垦方案得以落实，各省矿业法中通常都规定矿山经营者从取得第一笔矿产品销售款开始，就要提取复垦基金或保证金。保证金可以交给政府，或交给保险公司，也可以存进银行。早期公司一般将钱交给政府主管部门，目前常用的办法是交给第三者（银行或复垦公司），闭坑后由政府监督，复垦公司用这笔钱完成矿区环境治理。加拿大现在正在尝试由保险公司将复垦作为一种产业来经营。在加拿大，闭坑复垦并不一定要求恢复原貌，而是因地制宜，有的改造成公园，原居民可回迁，有的把露天大矿坑建成水库或鱼池。总体要求是不能低于原有的生态水平。

由于复垦是一项长期且费用较高的投入，对部分矿山来讲，很难按计划实施，因此，加拿大矿山企业往往采取多种方式进行资金的储备。

① 现金支付：按单位产量收费，积累资金，经营结束后返回。

② 资产抵押：矿山用未在别处抵押的资产进行复垦资金的抵押。

③ 信用证：银行代表采矿公司把信用证签发给国家机构的买方并保证它们之间合同的履行。

④ 债券：采矿公司以购买保险的形式，由债券公司提供债券给复垦管理部门。

⑤ 法人担保：由财政排名高过一定程度的法人担保或信用好的公司自我担保。

（2）废弃煤矿管理。加拿大联邦与各省/领地间通过国家遗弃/废弃矿山倡议（NOAMI）

机制来协调推进全国的废弃矿山管理工作。该机制很好地采用了产业界、各级政府部门、非政府组织和原住民等多方合作的模式与机制来解决矿业开采历史遗留问题，并推进可持续发展。该计划不直接资助或开展遗弃/废弃矿业场地清理和修复工作，主要通过研究分析加拿大遗弃/废弃矿山相关问题的法律、政策和计划框架等，并提出相关的改进建议；同时，还通过举办论坛，为各方提供了有效的交流平台，共同探讨面临的障碍及补救措施。

加拿大有矿业开发活动的省份和地区基本建立有各自的废弃矿山信息系统。这些系统汇集了区域内废弃矿山的有关情况，包括废弃矿山的遗址地理信息、废弃矿山主要组成部分的情况描述、推荐治理恢复方案的可能成本、需要治理程度的排序等。系统中的数据资料不仅包括存储在信息系统中的数字信息，还有多种纸质资料，如调查报告和备忘录等，以及已经发生治理活动的文件或随机的治理计划等。

但是，各省的信息系统在具体细节上存在较大差别。为便于决策，推进废弃矿山修复工作的统筹规划及可持续发展，国家遗弃/废弃矿山倡议系统地审查了加拿大国内及国际上的相关做法，并于2009年决定建立加拿大全国性的统一废弃矿山信息系统。这一基于网页的信息系统借鉴了安大略省废弃矿山信息系统（AMIS）的做法，按照对公众和环境的危害程度将场地划分为四个等级，即A、B、C、D，A级代表最高风险等级，D级为最低。具体分类和场地特征见表2-10-3、表2-10-4。该信息系统的信息包括场地名称，别名，地理位置，场地状态，所在辖区，矿山特征，危害状态、等级和类型，交通以及地理空间信息等，由各地提供。该信息系统的建立有利于政府掌握废弃矿山及其对环境破坏的情况并安排资金和组织力量进行统一治理。

表2-10-3 加拿大废弃矿地的分类

等级	是否存在环境风险	是否存在公共卫生风险	是否存在重大伤亡风险
A	是	是	是
B	是，但是较为有限	是	是
C	无	无	是
D	无	无	无

表2-10-4 加拿大不同等级废弃矿地的场地特征

等级	场地矿业活动特征	尾矿
A	场地内有较深且没有保护措施的从地表到地下的开口，例如井筒、提升和空场工作面；地表危险开口，例如阶段矿柱，放射性废石堆，坍塌建筑如井架、厂房和商店等；化学品包括聚氯联苯、石棉、燃料、爆炸物和浓缩物等；废弃金属和其他碎片残骸等	有大型尾矿池或沉降池
B		可能，小型尾矿池或沉降池
C	场地内有危险的地表至地下的开口、废石堆和开口相关的坍塌建筑	没有
D	场地内有较小的地表特征，如沟壕、探坑和剥离等	没有

（3）绿色矿山倡议。在政府层面，2009年、2016年，加拿大政府（自然资源部）两次发布"绿色矿业"倡议（GMI，Green Mining Initiative），加速绿色采矿实践方面研究、开发与部署。

2009年的"绿色矿业"倡议包含四个主题：一是减少污染物排放，探索选择条件优越的矿床进行开采，将废石留在原地。同时研究清洁处理，增值矿产副产品，减少废气排放，开发氰化物和生物浸出替代技术等，在采矿、加工、冶炼综合一体化中实质性地提高能源效率。二是创新废物管理，旨在满足日益严格的监管要求和处理公众关注的问题。改善废弃物（或尾矿）管理和处理技术，将有利于降低矿山运转和关闭的成本，同时也会降低对环境负面影响。三是生态系统风险管理，包括研究对金属危害和对其风险评估更好的方法，及金属毒性评估、金属产品管理、环境影响监测，改进填埋和闭坑方法，降低公共和私营部门成本。四是矿井闭坑和复垦。协调矿业、各省和各地区之间根据气候评估变化的影响，制定适宜的战略、技术和更好的废物管理政策及进行复垦实践。

2016年，加拿大自然资源部发布了《绿色矿业发展计划》，分别从尾矿管理、原住民关系、能源利用、温室气体排放、有害物管理、员工培训等方面对绿色矿业做了要求：一是尾矿管理，包括履行尾矿管理政策和承诺、建立尾矿管理系统、报告尾矿管理年检结果、尾矿库运行维护等；二是与原住民的关系，要求评测《原住民和社区延展协议框架》完成情况并公布结果；三是能源利用和温室气体排放管理，包括建立能源利用管理系统、能源利用报告系统和能源强度绩效目标；四是温室气体排放管理系统，包括建立温室气体排放管理报告系统、温室气体排放强度绩效目标；五是生物多样性保育，按照2009年批准的《生物多样性保育协议框架》，加拿大矿业协会公布前一年度该框架的测评结果；六是外在化利益相关社区的认同度，要求建立利益相关社区的参与和对话机制及响应系统；七是报告系统，需评测矿山安全与健康情况，将于次年公布前一年度的测评结果；八是危险管理规划，包括公布危机管理准备情况、检查结果，开展员工培训；九是矿山关闭，按照相关法律法规及2008年批准的《矿山关闭协议》进行矿山关闭工作。

10.4.3　露天煤矿生态环境修复典型案例及技术

1. 露天煤矿项目环境评估时间长要求严

泰克集团的福丁河露天煤矿（Fording River）斯威夫特（Swift）扩建项目历时3年获得环境评估证书。2012年6月26日泰克集团向其福丁河露天煤矿所在地的哥伦比亚省东北/中部环境评估办公室提交了"泰克集团福丁河露天煤矿拟建斯威夫特（Swift）项目"的草案，并获得该环境评估办公室的同意，进入该项目的环境评估程序，该环境评估办公室对项目的环境评估范围、程序和方法提出了明确的要求。经过3年3个月的时间，2015年9月11日泰克集团获得了福丁河运营斯威夫特项目的环境评估（EA）证书，允许福丁河露天煤矿进行扩建，规模是在25年内生产170 Mt煤炭。

环境评估流程包括草案提交、正式申请、公示和审核4个环节。根据不列颠哥伦比亚省《矿业法》《环境评估法》《环境管理法》的要求，泰克集团这个项目的环境评估需要2次公示和审核。首先是递交环境评估申请的草案，经由不列颠哥伦比亚省东北/中部环境评估办公室在埃尔克福德进行30天公示，在此期间矿山企业必须对公示期内相关方面提出的问题进行及时回复，公示期结束后该环境评估办公室需要对草案内容进行审核，草案审核通过之后，矿山企业泰克集团方可递交环境评估的正式申请；然后再由该环境评估办公室在埃尔克福德对该项目环境评估的正式申请进行 45 天公示，期间矿山企业仍需对各方提出的问题进行及时回复，之后该环境评估办公室仍需对正式申请的内容进行严格审核，通过之后泰克集团才能获得斯威夫特扩建项目的环境评估证书。

2. 露天煤矿通过生态环境治理改善了矿区原有的生态环境

格雷格河露天煤矿（Greg River Mine）通过生态环境治理改善了原有矿区的生态环境。格雷格河露天煤矿位于落基山脉东坡的阿尔伯塔省中西部，海拔 1400~2000 m，土壤很薄且多岩石；1981 年开始建设、1983 年投入煤炭生产，2000 年 10 月煤炭开采作业活动停止，开始土地复垦和生态修复工作，复垦面积 1362 hm²。该矿区原有气候环境严峻，不适合植被生长；在经过大面积开采活动的扰动之后，进行了表土复垦和植被恢复，引入了完整的生物链条，使得当地的大角羊、灰狼、秃鹰和灰熊等野生动物数量都有明显增长；在改善原有地形地貌、提供景观资源的同时，对生态环境的多样性也起到了一定的帮助作用。

煤谷露天煤矿（Coal Valley Mine）经过湿地生态环境恢复建立了生物多样性的鱼类栖息地。煤谷露天煤矿位于阿尔伯塔省中西部的丘陵地带，占地 20660 hm²，原有地貌由湖泊、湿地、连绵起伏的草地和林地组成；1978 年开始运营，年生产能力 3 Mt，2020 年 6 月该矿进入维护阶段，2021 年 8 月重新开始运营。该矿占地面积较大，采取边开采边复垦模式，经过采集复垦区域的样本数据并与原有天然湿地样本数据进行比对和分析，参照原有湿地的样本数据进行湿地复垦，使复垦后湿地的灌木、草地、沼泽等地貌及附近河流连通的水系与天然湿地基本一致；1995 年湿地生态环境恢复后，该矿开始每年都向湿地中投放鱼苗，并允许合法捕捞及游览参观，目前已被开垦为成功的鱼类栖息地。

3. 利用生物技术和遗弃/废弃矿山发展可再生能源

阿尔伯塔省是加拿大煤炭生产大省，面临着草原煤矿加速关闭和城市有机残留物管理需求不断增加的两个严峻挑战，2019 年在加拿大自然资源部"清洁增长计划"、阿尔伯塔省和阿尔伯塔省创新减排公司的支持下，SYLVIS 公司（是为城市和工业有机和无机残留物的使用，开发和实施具有环境可持续和成本效益方法的公司）为阿尔伯塔省遗弃/废弃煤矿的土地复垦提供了一个独特的清洁技术示范项目——BIOSALIX。该项目是利用生物技术和工艺相结合，将埃德蒙顿城市的固体废弃物（生物固体）作为添加剂，调整遗弃/废弃矿山的土壤结构，种植柳条作物，这种作物可被用作可再生能源的生物质原料。既为市政的生物固体提供了可持续管理，也为以采矿为中心的社区转向清洁可持续发展提供了新的前景。

BIOSALEX 项目的负责人是 SYLVIS 公司，加拿大自然资源部"清洁增长计划"（是一项 1.55 亿美元的投资基金，旨在帮助新兴清洁技术的发展和进一步减少对空气、土地和水的影响，同时提高竞争力和创造就业机会）、阿尔伯塔省创新和减排公司是资金提供方，分别为项目提供了 380 万美元、150 万美元的资金支持；项目合作伙伴是威斯特摩兰矿业公司（Westmoreland Mining）、EPCOR 水服务股份有限公司、加拿大自然资源部林业局和 Bionera 资源公司，威斯特摩兰矿业公司提供需要复垦的土地、项目支持和部分劳动力，EPCOR 水服务股份有限公司提供市政固体废弃物（生物固体），加拿大自然资源部林业局提供柳树种植和土壤碳的研究和专业指导，Bionera 资源公司负责建立柳树种植园。

10.5 典型露天煤矿

10.5.1 Fording River 福丁河露天煤矿

1. 基本情况

年产 9.5 Mt 的 Fording River 露天煤矿位于哥伦比亚省东南部 Elkford 社区东北约 29 km 处，占地 23000 hm^2；是 Teck 集团在 Elk 山谷的 4 个炼焦煤露天煤矿之一，于 1971 年投产，原设计能力年产原煤 3 Mt；目前原煤和洗精煤的生产能力分别为 9.5 Mt 和 9 Mt；探明和可能储量预计将支持未来 38 年的开采。

2. 开采工艺

Fording River 露天煤矿有 4 个露天煤矿坑进行开采，使用吊斗铲、电铲和卡车作业来剥离覆盖层。在 Eagle Mountain 以外的地区，对覆盖层进行钻孔和爆破，然后用吊斗铲剥离，露出下面的煤层；然后将煤炭堆放起来，以便随后装载到 155 t 的运输车上，运输至破碎机。图 2-10-5 和图 2-10-6 所示为 Fording River 露天煤矿主要装备。

图 2-10-5 加拿大 Fording River 露天煤矿运输卡车

图 2-10-6 加拿大 Fording River 露天煤矿挖掘机和运输卡车

3. 土地复垦

Fording River 露天煤矿是采矿复垦研究的先驱，几十年来引领着矿区环境治理和生态保护的最佳实践和改进技术的研究和开发。该矿环境人员在 20 世纪 80 年代初开始进行填海研究，对边坡准备、场地准备、物种选择以及植被恢复的间隔和时间进行了早期研究；通过这些研究，制定了关键运营最佳实践方法。在 Rosebowl 一个 30 hm^2 的排土场进行复垦研究，更好地了解什么类型的植物物种最适合植被重建，以及什么样的土壤处理可以帮助保持水分以支持植被生长。

10.5.2 Highvale 露天煤矿

1. 基本情况

Highvale 露天煤矿位于阿尔伯塔省，年产煤炭 8 Mt，于 1970 年投产，2021 年 12 月因其供煤的电厂停止燃煤发电而关闭；该露天煤矿年度最高煤炭产量达到 13 Mt，曾经是加拿大最大的露天煤矿。该露天煤矿由 SunHills 采矿公司负责运营，所有权属于 TransAlta 公司。该矿位于加拿大阿尔伯塔省埃德蒙顿以西的 Wabamun 湖附近，占地 12140 hm^2。

2. 关闭过程

1970—2010 年，Highvale 露天煤矿同时有 5 个矿坑（03、04、05、06 和 07 号矿坑）进行开采，开采作业涉及移除岩层和开采煤炭储量，开采装备包括 4 台吊斗铲、电铲和卡车等。2010 年 5 月以后，经阿尔伯塔省公用事业委员会和阿尔伯塔省环境局申请批准，Highvale 矿场的 08 号矿坑也开始露天开采作业，目的是确保 Keepwills 发电厂在 2020 年之前持续供应煤炭的需要；2020 年开始，该露天煤矿因需求减少，进行开采的矿坑缩减为 1 处，并于 2021 年 12 月全部关闭。

3. 土地复垦

自 1970 年开采煤炭以来，TransAlta 已对 Highvale 露天煤矿动用土地的 1/3 进行了复垦。虽然煤炭开采活动已经停止，但该公司将负责把土地复垦到与采矿活动之前相当或更好的状态，或将其恢复用于其他用途；复垦完成后，复垦土地可支持多种土地用途，如农业、林地、野生动物栖息地、娱乐和湿地等。

10.5.3 Estevan 露天煤矿

1. 基本情况

年产 5.7 Mt 的 Estevan 露天煤矿于 1973 年投产，所有权归属 Westmoreland 矿业有限责任公司并由其负责运营；该矿位于加拿大萨斯喀彻温省东南部的 Estevan 和 Bienfait 附近，占地 20331 hm^2。

2. 开采工艺和装备

Estevan 露天煤矿同时有 4 个矿坑进行褐煤开采，开采作业涉及移除岩层和开采煤炭储量，向 5 座电站供应煤炭；开采装备包括 6 台吊斗铲、电铲和卡车等。所采用的采矿方法为露天条带开采，顺序从采矿前的土壤回收开始，然后移除覆盖层，将其回填至相邻矿坑中；露出下覆煤层，并进行煤炭开采，然后用下一个露天煤矿坑的覆盖层回填后续露天煤矿。该矿经营着一支由卡车拖车和装载机组成的车队，在车队管理系统（FMS）技术上投入了大量资金，以监控车队的健康运行状况和运输效率。

3. 土地复垦

该矿采用先进的表层土堆放技术,将侵蚀降至最低,同时采用等高线平整、无人机测量、3D 建模和设备模拟软件,优化复垦效率,并在恢复使用前对所有扰动土地进行植被重建。

10.5.4　Poplar River 露天煤矿

Poplar River 露天煤矿占地 7488 hm^2,位于萨斯喀彻温省中南部科罗纳赫镇附近,向萨斯喀彻温省电力公司拥有和运营的杨树河发电站的两个发电机组供应褐煤。自 1978 年以来,该煤矿一直向电站供应煤炭。该矿使用两台吊斗铲(2 – BE 2570W)进行生产,年产 3.3 Mt。

该矿使用 3 台 Cat 637G 铲运机剥离表土,由 2 台比塞洛斯伊利 2570 – W 拖铲移除覆盖层,使用 Cat993K 装载机进行煤炭装载,Cat776D 矿卡进行运输,Cat D10T 推土机进行土地平整。煤矿拥有自己的农业设备,进行后期土地复垦。

11 南非露天煤矿开采技术

南非是非洲经济最发达的国家之一,也是非洲的能源消费大国,"富煤贫油少气"的资源禀赋决定了南非经济发展长期依赖煤炭消费。截至 2021 年底,南非煤炭资源可探明储量为 9893 Mt,占世界煤炭总储量的 0.9%。在 2021 年 25 个煤炭主要生产国中,储量排在第 12 位,按照目前的开采速度,足以支撑该国未来 40 年的煤炭产量。

南非是世界第七大煤炭生产国和第五大煤炭消费国和出口国,2021 年南非煤炭产量为 234.5 Mt,占世界煤炭总产量的 2.7%;煤炭消费量为 83.9 Mtoe,占世界煤炭总消费量的 2.2%;煤炭出口量为 63.64 Mt,占世界总出口量的 4.6%。

目前,南非政府正努力实现能源多样化,但煤炭仍然是南非主要的初级能源,提供了该国约 72% 的一次能源需求。在可预见的未来,煤炭仍将在南非国民经济发展中发挥重要作用。

11.1 概述

南非露天开采的煤炭资源占资源总量的比重约为 50.47%。大约有 41 座露天煤矿在 Mpumalanga 州,约占南非全国露天煤矿总数的 44.08%,煤矿产量主要依赖于产能在 4 Mt/a 特别是 10 Mt/a 以上的大型露天煤矿。

11.1.1 露天煤炭资源条件

南非煤炭资源分布极不均衡,尽管共有 19 个煤田,但煤炭开发活动主要集中在 4 个煤田,分别为威特班克煤田、弗里尼欣 – 萨索尔堡煤田、海维尔德煤田和埃利斯拉斯煤田,其煤炭产量分别占到全国煤炭产量的 55.12%、19.11%、15.41%、8.46%。其余 15 个煤田产量之和占全国总产量的 1.91%,各煤田的产量均不足全国总产量的 1%。

南非煤炭资源有其得天独厚的条件,一是埋藏较浅(平均埋藏深度为 80 m);二是煤层厚,多为 2.5~8 m;三是煤层分布均匀,基本没有断层,赋存条件好,煤层斜角一般为 15°~25°;四是煤层瓦斯含量低,相对涌出量都在 1.7 m^3/t 以下。大部分适合露天开采。

南非煤炭的发热量为 3872~7481 kcal/kg,平均值为 6053 kcal/kg;灰分为 11%~40%,平均值为 18.5%;水分为 0.9%~11.4%,平均值为 4.08%;硫分为 0.5%~1.99%,平均值为 1.09%。

11.1.2 露天煤矿生产情况

南非煤炭资源赋存条件极好,地质条件简单,断层、褶曲、陷落柱等构造少,煤层埋藏浅且大多呈近水平,赋存稳定,煤炭储量中有 96% 埋藏深度不到 200 m,煤层厚度超过 2 m 的储量约占 80%。南非煤矿的安全生产条件好,自然灾害少,绝大多数煤矿瓦斯含量低,煤层不易自燃,水文地质条件简单,因此南非煤炭矿床相对较浅,煤层较厚,适合较浅的井工和露天开采作业。但是近几年南非优质资源枯竭的问题日益突出,煤炭储量递减,煤炭品质下降以及开采成本增加。矿业公司需要寻找其他更经济有效的方法来开采盆地中更深、质量较差的煤层。

南非共有煤矿 112 个,每年约生产煤炭 420 Mt,其中,采用露天方式开采的煤矿 54 个,生产煤炭占全国的 50.47%;采用井工方式开采的煤矿 31 个,生产煤炭占全国的 26.15%;采用井工和露天两种方式进行开采的煤矿有 27 个,生产煤炭占全国的 23.38%。南非露天煤矿开采从 20 世纪 70 年代开始发展迅速,当时第一座运用露天方式开采的煤矿是 Amot 煤矿。近年来,南非重视露天开采,优先发展露天采矿业。随着大量煤炭资源的开发,越来越多的新建煤矿项目采用露天开采技术。南非露天煤矿开采现场如图 2-11-1 所示。

图 2-11-1 南非露天煤矿开采现场

南非煤炭产业集中度很高,主要聚集在英美煤炭集团公司、必和必拓集团公司、萨索尔集团公司、埃克森集团公司和斯特拉塔集团公司等大型煤矿公司。这 5 家公司的煤炭产量约占南非煤炭总产量的 90%。南非五大煤矿集团露天煤矿数量统计情况见表 2-11-1。

表 2-11-1 南非五大煤矿集团露天煤矿数量表

序号	公司名称	煤矿数量	露天煤矿数量	井工煤矿数量
1	斯特拉塔集团	10	7	3
2	英美煤炭集团	10	5	5
3	埃克森集团	7	4	3
4	萨索尔集团	6	6	0
5	必和必拓集团	4	1	3

大中型露天煤矿优势明显。2021年，南非共有露天开采煤矿54处，其中Mpumalanga州41处，Limpopo州7处、Gauteng州3处、KwaZulu-Natal州2处、Free State州1处。四类露天煤矿产量占比和数量占比情况见表2-11-2。其中4 Mt/a以上的露天煤矿产量与数量占比分别为64.93%和24.07%，南非大中型露天煤矿以较少的煤矿数量生产了绝大部分的煤炭产量；10 Mt/a及以上的露天煤矿产量和数量占比分别为44.92%和11.11%，1/10的大型露天煤矿生产了近一半的煤炭产量。Grootegeluk露天煤矿是南非最大的露天煤矿，2021年该矿煤炭产量占露天煤炭总产量的比重为13.75%。

表2-11-2 主要四类露天产量和数量占比

煤矿统计范围	露天煤矿产量/(Mt·a^{-1})	露天煤矿产量占比/%	露天煤矿数量	露天煤矿数量占比/%
20 Mt/a及以上	29.7	13.75	1	1.85
10（包括）~20 Mt/a	67.3	31.17	5	9.26
4（包括）~10 Mt/a	43.2	20.01	7	12.96
4 Mt/a以下	75.74	35.07	41	75.93

11.2 露天煤矿开采技术特点

南非露天煤矿的资源回收率接近90%。南非的露天开采适用于埋藏距离地表小于70 m的煤层。其开采方法为：将位于煤层上方的覆盖层岩石和表土采用吊斗铲倒堆工艺进行剥离。煤层在通过穿孔爆破后，采用单斗卡车工艺进行开采。然后将煤炭运送到选煤厂。

在南非，应用吊斗铲开采工艺的露天煤矿有10个，合计使用吊斗铲25台，露天煤矿总产能222 Mt/a，其中吊斗铲产能为76 Mt/a，产能占比达到34.23%。在露天开采工艺方面，南非露天煤矿企业逐步打破了单一开采工艺模式，开采工艺趋于综合化、高效化，吊斗铲无运输倒堆开采工艺应用范围进一步扩大。

11.3 经验与启示

（1）煤炭对南非能源经济的重要性，主要归因于其丰富且低成本资源的可得性以及国家对低成本电力生产和能源密集型采矿业的支持。

（2）近年来，南非越来越重视应对气候变化的义务，正逐步改善其能源结构，逐渐从传统能源转向可再生能源，计划到2025年清洁能源占比达到30%。但目前核能、水能、光伏、生物燃料、风能用于发电还处于小规模阶段，地热能、光热发电、潮汐能等其他新能源还未被开发利用，因此煤电在未来很长一段时期内在南非电力生产中占主导地位。

（3）南非煤炭资源保障程度较高，除了Witbank煤田、Highveld煤田和Vryheid煤田以外，近年来新开发的Waterberg煤田资源量大、埋藏浅、易于露天开采，是未来煤电联营重要开发区。

第3篇　世界露天煤矿开采装备

目前，露天矿山主要的开采装备包括钻爆、采装、破碎、运输、排土五大类，其中挖掘机是最早应用于露天矿山的开采装备。20世纪初，国外制造企业开始了露天矿山开采装备的研发与制造：1836年世界上第一台机械传动挖掘机在美国制造；1951年第一台液压挖掘机在意大利生产；1960年第一台液压挖掘机进入美国市场。卡特彼勒、小松、克虏伯、塔克拉夫等国外露天设备厂商先发优势明显，各类装备具有可靠性高、效率高、综合成本低、人机工程良好等特点。通过不断兼并重组，借助国外露天煤矿数量优势及设备的技术优势，国外主要露天开采装备制造商生产的轮斗挖掘机、排土机、吊斗铲、破碎机等设备在行业内基本形成垄断。此外，国外厂商在矿山设备智能、电动、绿色、节能方面发展迅速。我国露天煤矿装备制造经过4个阶段的发展，特别是在近几十年取得了跨越式发展，开采设备从几立方米斗容、几十吨装载量的小型设备发展成几十立方米斗容、几百吨装载量及高速宽皮带的高效采运设备，实现了国外引进到完全国内自主生产的大跨越；但是在核心技术自主研发、关键部件制造、设备整体性能提升等方面与世界先进水平仍有一定差距，需要进一步加大投入，提高设备的可靠性和应用效果。

1 概　　述

1.1　国外露天煤矿开采装备的发展特点

经过几十年的市场竞争和兼并，国外露天开采装备企业按收入排序分别为美国卡特彼勒、日本小松、德国利勃海尔、瑞典山特维克、芬兰美卓奥图泰和瑞典安百拓。根据英国 KHL 全球工程机械 50 强榜单，2021 年上述企业市场份额依次为 13.8%、10.9%、4.1%、3.8%、3.1%、2.3%。通过调研、收集、整理、分析各企业相关内容、数据及学术文章，总结出国外露天开采装备有以下 5 个发展特点。

1.1.1　近 20 年采矿装备的发展以优化性能为主

比如卡特彼勒多数现有的型号都已经有了几十年的历史，通过不断的优化更新局部设备和技术来提升装备性能。设备发展的主流转向下列方面：改进结构、增进系列产品部件的互换性；革新驱动方式，变传统的电动-发电机组驱动系统为交-直-交变频系统或可控硅整流的驱动控制系统，以提高能量的有效利用率；广泛地改进和引进防护和监控系统，以提高设备的安全性和自动控制水平；改进结构设计，应用新型高强度材料以提高设备的耐用性和可靠性；强调设备操纵的轻便、舒适和卫生。

1.1.2　当前露天开采设备发展的主要特点是信息化、数字化、智能化

当前世界正经历新工业革命时代，德国提出的工业 4.0 发展战略，是新工业革命最具代表性的主导技术经济范式，其核心是通过构建信息物理系统（CPS），深度整合传感器、物联网、工业大数据、人工智能等先进技术，推动物流世界和信息网络世界的深度融合，从而实现工业的数字化、网络化和智能化制造与服务。

矿用无人驾驶卡车的研究早在 20 世纪 70 年代就已开始。卡特彼勒和小松是无人驾驶卡车的主要供应商，两家企业在这方面的市场占有率达到了 86.5%，其中 793F 和 930E 分别是这两家制造商最受欢迎的车型。以卡特彼勒公司的"MineStar"系统和小松公司的自动化运输系统（AHS）为代表的卡车无人驾驶技术是矿用卡车智能化的代表。卡特彼勒在无人驾驶领域研发投入超过 30 年，其研发的"MineStar"系统由车辆管理系统（Fleet）、生产现场管理系统（Terrain）、安全探测系统（Detect）、设备诊断系统（Health）与调度协同指挥系统（Command）5 个功能模块组成，于 2013 年投入运营。截至目前，"MineStar"自动运输系统降低了矿山 20% 的运营成本，提高了 30% 的生产率，同时减少了 50% 的安全事故，可以实现近乎连续的作业，支持与其他现有系统的集成，并通过提醒维护人员机器出现问题，来帮助减少停机时间。小松的卡车无人驾驶主要通过自动化运输系统（AHS）实现，小松公司将自动化卡车与作为此系统组成部分的推土机、装载机和铲配合。系统用控制装置、GPS 卫星、无线通信技术和软件通过远程运营中心控制矿卡机队。该系统于 2008 年首次在智利 Gabriela Mistral（Gaby）铜矿运行，目前全球已有 180

多辆小松无人驾驶矿卡在 9 个矿区投入使用，累计矿石运输量超过 35 亿吨。

1.1.3 露天装备向电动化和节能环保方向发展

液化天然气（LNG）可以提供更好的燃料消耗效率，更低的运营成本，更低的碳排放（减少约 22%）。在美国、加拿大、墨西哥、俄罗斯和加纳，液化天然气混合动力运行已经在大容量采矿自卸车上使用。印度 Sasan 煤矿将 5 号 240 t 自卸车的燃油系统改为柴油–液化天然气双燃料系统，液化天然气发动机的二氧化碳排放量比柴油发动机低近 17%。英美资源集团创新性地提出"未来智能采矿"计划，与 ENGIE 公司合作，由英美资源集团开发卡车，ENGIE 公司提供氢发电解决方案，实现卡车的燃料替换，从而获得更清洁的空气、更低的噪声和更低的维护成本。2021 年，小松公司着手中小型液压铲电气化的研制，即安装锂电池系统取代柴油发动机，由电池和氢燃料电池提供动力，预计在 2034 年前实现量产。2018 年，卡特彼勒公司开始专注于电动化研发，投资固态电池技术研究，并与清洁技术工程公司 AVID Technology 共同研发新型电池储能技术。2021 年底，卡特彼勒公司推出可燃烧 100% 纯氢、持续 100% 负载运行的内燃发电机组——CAT G3516H 100% 纯氢内燃发电机组，其子品牌索拉透平拥有近 40 年氢燃料发电经验，具备 100% 燃氢能力。2022 年，卡特彼勒公司加快了新能源产品开发步伐，生产出两款纯电挖掘机和两款纯电装载机。基于 301 平台开发 CAT301.9 小型纯电挖掘机，动力电池容量为 48 V、32 kW·h，单次充电运行时间可达 8 h；基于 CAT 320 挖掘机开发出了电动挖掘机 CAT 320 EV，由 600 V、320 kW·h 电池供电，运行时间为 8 h。两款纯电轮式装载机一台是紧凑型的 CAT 906，配备 300 V、64 kW·h 电池，运行时间长达 6 h；另一台轮式装载机是 CAT 950 GC，配备 600 V、256 kW·h 电池，一次充电可运行 6 h。卡特彼勒公司旗下专注燃气发电机组的子品牌 MWM，研发了 TCG 3016 V12 燃气发动机，MWM TCG 3016 OEM 发动机适用于多种燃气类型，助力客户实现低运营成本和高效益。卡特彼勒公司致力于为客户打造全电动采矿车队和零排放矿场，2028 年前实现 Matawinie 石墨矿全面零排放运营。2015 年，沃尔沃公司在电动化方面投资美国费城的 Momentum Dynamic 公司，研发适用于电动车辆的高功率无线充电技术与最新的电池储能技术，为电动化提供解决方案。2016 年，日立建机与兰州理工大学签署"纯电动挖掘机性能测试"合作项目，ZX360LCE-3 电动物料装卸机（电缆型）采用电力替代柴油驱动方式，适用于固定场地的物料装卸。利勃海尔公司的电动挖掘机 R9200、RR9250、R9350、R9400、R9800（电缆型）在我国内蒙古自治区、云南省大型矿山中使用较多，有着良好的口碑。2020 年电动化小型挖掘机 EC 和轮式装载机 LX（电池型）开始在全球其他市场逐步推广。

1.1.4 国外厂商在原创性、智能化、清洁化装备研发方面已经取得了实质性进展

以矿用卡车为例，2019 年，有"公路之王"称号的世界顶级重卡企业斯堪尼亚（Scania）正式发布全新无人驾驶卡车 AXL，卡车内不设驾驶室，配备了 7 个摄像头，一台激光雷达传感器和雷达，计算机将硬件生成的信息拼接到一张地图中，指挥卡车行动轨迹和障碍物避让。沃尔沃公司研发的纯电池型 HX2 自动化装载车由蓄电池驱动，没有驾驶室，载重 15 t，实现了无人化和清洁化。

在设备健康管理方面，小松公司为矿山卡车等大型装备开发了 KOMTRAX plus 远程监控系统，通过远程的卫星信号反馈挖掘机的健康情况，挖掘机工厂通过分析设备的维修记

录尽可能地预判挖掘机将会出现的故障，降低维修成本。此外，在运输方式上，印度露天煤矿进行了大胆的创新和探索，开发了绳索运输技术。将成熟的输送机技术与索道经验相结合，将轨道绳索在塔架结构上从地面上升起，在带有波纹侧壁的扁平带上运输材料，皮带执行运输功能，由头部或尾部站中的滚筒驱动和偏转，适用于复杂地形运输，如穿越河流、建筑物、深谷或道路等障碍物。具有输送线维护简单、空间要求低的特点，载重 25000 t/h，绳索跨度长达 1 km。

1.1.5 通过公司兼并、产品整合，提高装备的综合性能

大公司可以通过收购小公司来提高自身的专业技术水平。国外大企业的技术实力大多是通过不断收购专业领域的小公司实现的。虽然当前外部环境复杂多变，但还是要加强与国外优秀企业合作，尽可能地收购国外有技术能力的小公司，达到提升技术水平的目的。

日本的小松公司兼并了美国的 P&H、久益（Joy）公司和法国的 Montabert 公司，美国的卡特彼勒公司兼并了 Bucyrus 公司，这两家公司利用自身的优势技术优化整合了原来品牌的装备。

1.2 我国露天煤矿开采装备的发展特点

我国露天装备制造之路经历了多国引进、多国合作、国内组装、自主创新 4 个阶段，经过一百余年的发展，露天开采装备制造水平整体得到提升，尤其是通过改革开放以来四十余年发展，逐渐摆脱了主要生产设备受制于人的局面。随着露天采矿工艺技术的发展，露天采矿设备在大型化、成套化基础上进一步向智能化方向发展。同时，随着各国践行环保理念的不断深入，以及履行"碳达峰""碳中和"承诺，露天采矿设备的生产使用将更加节能、环保、绿色。露天煤矿不再盲目追求设备大型化，而是在满足开采强度的条件下选择先进可靠、生产效率高、选材性能强的设备，从设备大型化向智能化、清洁化方向发展。

1.2.1 露天开采装备发展的 4 个阶段

第一阶段为 20 世纪 10 年代末到新中国成立前，日本侵略者强占我国东北，分别在辽宁的抚顺、阜新和黑龙江的鹤岗等地霸占民间小矿，改建成小露天煤矿，疯狂掠夺我国的煤炭资源。在这一时期，我国开始使用蒸汽铲剥离土砂及岩石，但没有自己的露天煤矿装备及其制造产业，主要为日本及德国所产设备，如日本产的 200B、150B、50B 及德国产的多斗铲等。

第二阶段从新中国成立到 1977 年，我国对原来日本侵占东北时开采的煤矿进行改造并恢复生产，新增设备很少。随着全国 156 项重点工程中的海州露天煤矿和抚顺西露天煤矿开始建设，我国的露天煤矿设备逐步走上国产化道路。然而，受苏联设计方法和理念影响，露天煤矿大部分采用单斗机械挖掘机与铁道运输（局部箕斗提升）组合的间断式开采工艺，挖掘机斗容量在 5 m³ 以下，蒸汽机车主要采用解放、国产上游等 60~80 t 机型，电机车主要使用 60~150 t 的苏联、东德、捷克和国产机车，自翻车为载重 50~60 t 的苏制和国产车。这一时期的特点是，一些采、运设备逐步实行了国产化，但仍以苏联援建制造企业为主，授权制造与仿制相结合，替代进口。

第三阶段从改革开放到 2002 年，以 1978 年五大露天煤矿陆续设计建设为转折，我国

学习、引入了美国、德国的露天设计和生产工艺技术，大斗容机械（液压）挖掘机与大型矿用自卸卡车组合的间断工艺、大斗容机械挖掘机－大型自卸卡车－破碎站（机）－带式输送系统组合的半连续工艺、轮斗－带式输送机－排土机组合的连续工艺被大量应用。这一阶段的特色是：思想最解放，举国家之力推动露天煤矿的发展；中小型液压挖掘设备开始替代斗容量 5 m³ 以下的机械挖掘机；中小型露天煤矿基本采用单斗－卡车间断工艺；混合生产工艺在大型露天煤矿得到普遍应用。此阶段使用的机械挖掘机斗容量达到 35 m³ 级别，液压挖掘机斗容量达到 16 m³ 级别，载重卡车达到 200 t 级别，轮斗挖掘机理论小时能力达到 3600 m³，半固定破碎站理论小时能力达到 3500 t，带式输送机小时输送能力达到 7800 t。国内 100 t 级别矿用自卸卡车、大斗容挖掘机、大型破碎站制造企业凤毛麟角。

第四阶段从 2003 年开始，我国煤炭行业进入"黄金十年"发展期，露天煤炭事业全面壮大，露天煤矿设备呈现国外制造设备和国内自主研发设备激烈竞争的局面，设计人员的视野、理念、技术更加先进，露天生产企业管理人员水平不断提升、经验日益丰富。75 m³ 级别矿用电铲、363 t 级别自卸式矿车、大型自移式破碎机、全液压轮斗挖掘机、大功率推土机、吊斗铲无运输倒堆工艺等相继投入使用或试运行。目前，绝大部分设备可以实现进口替代。这一阶段的特点是：半连续工艺中的破碎设备距采掘设备越来越近；剥离系统半连续工艺越来越被认可；与露天煤矿产能规模相配套的大型、集约、连续、绿色的生产工艺越来越被推崇。此阶段使用的机械挖掘机斗容量达到 60 m³ 级别，液压挖掘机斗容量达到 40 m³ 级别，载重卡车达到 360 t 级别，自移式破碎机小时能力可达 9000 t（伊敏矿在作业的设备能力为 3000 t/h），吊斗铲斗容量达到 90 m³ 级别，理论生产能力 2.25×10^7 m³/a。国内 200 t 级别以上矿用自卸卡车生产企业相继涌现，单斗机械挖掘机制造企业一家独大。

1.2.2 露天开采大型化装备基本实现国产化

电铲挖掘机是我国大型露天煤矿建设中的关键设备，目前全球能自主研制 55 m³ 以上巨型电铲的企业只有太原重工、美国 P&H 公司和比塞洛斯公司 3 家，太原重工研制的斗容量在 75 m³ 的 WK75 单斗挖掘机是目前世界上最大的矿用电铲挖掘机。徐工集团生产的 XDE4000 型矿用自卸卡车，载重量达到 400 t。中小型露天煤矿多采用斗容量 4~6 m³ 的液压挖掘机配 40~80 t 级卡车，千万吨级大型露天煤矿以斗容量 10 m³ 级别电铲配 108 t 自卸卡车为主。随着开采规模和范围的扩大，逐步引进 23 m³、35 m³ 电铲及 150 t 级别、220 t 级别自卸卡车，外包设备配的液压挖掘机斗容量由 1~3 m³ 提高到 4~6 m³，卡车载重由 20~30 t 提高到 40~60 t，基本上全部实现了国产化。北方重工设计、生产制造的最大旋回破碎机规格为 PXF60110，处理能力达到 5800~7000 t/h；中信重工已可以生产处理能力达 9000 t/h 的破碎站，用于破碎露天煤矿的各种矿岩，基本能满足国内特大型露天煤矿矿岩破碎的需求。中煤科工集团提出了研制处理能力 3000 t/h 和 9000 t/h 的自移动破碎站计划，通过大型露天矿山连续开采工艺系统和成套设备研发的技术参数要求；太原重工已研制出 12000 t/h 的半自移动破碎站。

1.2.3 露天开采智能化装备应用广泛

长沙矿山研究院研制的 CS165E 智能型整体式露天潜孔钻机，采用了先进的 CANbus

1 概 述

技术，实现了高度的智能化，利用盘式钻杆库增加了钻孔深度，节约了换杆时间，提高了凿岩效率，同时高度集成的液压系统使能耗大大降低。国内部分厂家自主研制出了适应多变载荷的自适应智能辅助挖掘系统、运行状态监测系统、设备健康管理系统、铲斗物料在线称量系统、安全防护系统、监控系统，提高了电铲全方位状态监测能力，具有较好的自主检测修复能力、高效的开采能力和极佳的无人化作业水平，不断推动露天矿山安全、高效、智能开采。我国矿用卡车无人驾驶技术研究起步较晚，始于20世纪80年代，2010年以后，国产矿用卡车开始向智能化和无人驾驶方向发展，国有大型露天煤矿陆续采用矿用卡车无人驾驶技术及装备参与矿山生产。北方重工MT3600自卸卡车在白云鄂博矿区进行了国内第一辆无人驾驶卡车试验；航天重工与神宝能源合作，对HT3110矿用车进行了无人化升级改造，已实现固定道路无人驾驶、自动避障等功能；河南能源焦煤公司与中国移动签订了5G战略合作协议，计划将10台钻机、13台挖掘机和60台矿卡车实现远程控制或者无人驾驶，使露天矿区铲、装、运工序全部无人化，达到智慧矿山的要求。2022年，国内新增近20个矿区无人驾驶项目。踏歌智行科技有限公司的14台无人驾驶矿用自卸卡车在白音华一号露天煤矿落地；鄂尔多斯永顺煤矿项目，实现了矿卡/矿用宽体车的24 h "常态化去安全员作业"，成为矿山无人驾驶规模化商用的重要标志。太原重工自主研发的首台大型5G电铲智能化远程操作系统在伊敏露天煤矿应用，将5G技术应用在WK-20A挖掘机上，6块高清显示大屏360°实时传回工作现场画面，延时控制在0.5 s以内，实现了人工远程智能操作。太原重工联合拓疆者智能科技公司实施的电铲远程操控项目在霍林河南露天煤矿得到应用。

1.2.4 露天开采清洁化装备发展迅速

我国电动矿卡研发较晚，2018年同力重工推出首台电动矿卡，主要应用在砂石骨料矿山的重载下坡工况。三一重装2019年开始研发电动矿卡，推出了60 t级别的电动矿卡，2020年实现销售。徐工集团2020年开始研发纯电动矿卡，首台试验机于2020年底应用于重载上坡煤矿作业。柳工集团第一代电动卡车产品在传统的90 t燃油车基础上开发，2019年底应用于重载下坡非道路露天开采工况。2020年，博雷顿科技股份公司推出百吨级纯电动矿卡，具有能量回收效率高、能耗低的特点，适合重载下坡场景；2022年公司继续推出适合重载上坡工况的105 t、700 kW·h大电量及100 kW增程器+423 kW·h电增程电动矿卡，可以覆盖各种高强度工况，同步推动1000 V高压电气架构平台，实现超快速充电，满足重载上坡用户对效率的追求。目前，我国矿山卡车电动化水平尚不足1%，未来将在内蒙古、西藏、青海、新疆等矿产资源丰富地区，加快推广换电系统，计划到2025年，实现矿山重卡电动化替代超过5000台，替代电量达到4×10^9 kW·h。上汽红岩汽车有限公司生产的6×4氢能重卡配备100.3 kW·h宁德时代动力电池，最大扭矩1600～2500 N·m，燃料电池系统可实现92～117 kW额定功率输出，120 kW系统峰值功率输出，以及行业领先的3.7 kW/L燃料电池体积功率密度，可有效满足车辆的多环境应用。首批产品于2021年11月正式投入运营，主要用于鄂尔多斯市伊金霍洛旗露天煤矿运输，运输路线由原煤坑口运至集运站，单程在100 km左右。

1.2.5 原创性露天装备开始起步

2020年，我国自主研发的首套电动重型卡车智能换电系统在华能伊敏露天煤矿通过

100 d 高强度试运行后正式投运,开启了我国大型工程车辆的电能替代进程。试运行 100 d,替代电量 6.3×10^6 kW·h,直接减少柴油消耗 1500 t。2021 年,河南跃薪智能机械有限公司研发的无人双向纯电动矿卡在洛阳钼业集团用于钼矿开采。相对于传统矿卡,无人双向纯电动矿卡取消了驾驶室,真正实现了无人化设计,可有效增加 20% 的运载量;双向行驶无须掉头,在提高安全性的同时,运输周期也大为缩短,运输成本可减少约 15%,有效提高了矿山运营的经济效益;动力部分采用宁德时代锂电池作为动力源,低污染、低消耗。2022 年,徐工集团最新款纯电动矿车 XDR80TE 交付全球矿业巨头淡水河谷公司使用,矿车采用高能量磷酸铁锂电池、全天候动力电池系统,双电机驱动系统匹配 AMT 变速箱,多种温度控制技术,是全球首款采用刚性自卸车优势技术的纯电动新品,真正实现了零污染、零排放,动力强劲、续航里程长。

2 钻 孔 设 备

20 世纪 30 年代末,国外露天钻孔设备开始在露天矿穿凿炮孔,50 年代在露天矿山得到推广。目前国外钻孔设备整体性能较为优越,操作快捷方便、工作效率高,特别是牙轮钻机可以用于各种矿岩,效率高、通用性强。20 世纪 90 年代我国钻孔设备制造水平基本赶上世界同类设备制造水平,与国外同类产品比,钻孔设备还存在制造精细化程度不够、通用性不强等不足。

2.1 国外钻孔设备

露天矿用穿孔爆破钻机按破碎凿岩机构工作原理不同,分为顶锤钻机、潜孔钻机、回转钻机和牙轮钻机。顶锤钻适用于钻孔深度不超过 14 m,潜孔钻适用于深度不超过 37 m。

牙轮钻机用特殊的合金牙轮钻头来碾压硬岩,钻杆直径普遍为 250~440 mm,主要用于大中型露天矿山。回转钻机钻头切削破碎岩石,适用于矿岩硬度较小($f<4$)的露天煤矿,普遍适用于大型褐煤露天矿。

全球第一个液压凿岩机是由法国 Montabert 公司于 1970 年发明的 H50 液压凿岩机。20 世纪八九十年代初露天液压钻机取得的进展主要有:①配用规格系列齐全、高效、重型液压凿岩机;②管式钻杆使液压凿岩机进入大孔径钻孔领域,使用管式钻杆提高了深孔的排渣能力;③钻机辅助设施显著提高了钻孔效果,如炮孔角度和深度的测量装置、注水系统、导向管等;④采用液压控制系统及良好的保护系统;⑤露天液压钻机实现了斜孔钻进,采用倾斜孔爆破,能保持工作平台的平整,消除根底,降低炸药消耗量,破碎质量好,减少二次爆破。实践表明,露天液压钻机钻孔速度为牙轮钻机和潜孔钻机的 2~4 倍,在中小型露天煤矿可以替代潜孔钻机,在大型露天煤矿可钻凿斜孔,进行削坡爆破。当前,国外普遍采用牙轮钻机,直径大多为 310~380 mm。

当前,钻机朝着自动化和智能化方向发展。世界第一台全自动智能露天钻机是安百拓公司的 SmartROC D65。自动化钻孔不仅可以使操作人员远离存在风险的矿山或采石场台阶,而且可以让他们在钻机钻孔的同时进行其他工作。此外,通过无间断式连续作业还可以更快更精准的定位。自动化钻孔还可以提高生产率和成孔质量,山特维克公司的 AutoMine 是一个用于自主和远程操作的移动设备的产品群,AutoMine 露天钻孔是用于 iSeries 露天钻机的远程操作自动化系统,实现一个操作员控制一组钻机。2021 年安百拓公司获得了第一个柴油改电池服务的订单。

露天穿孔爆破钻机市场经历了各种并购重组,各主要钻机厂商都已依附于大型综合厂商。比塞洛斯公司和 P&H 公司早期生产水井钻机和油井钻机,20 世纪 40 年代初开始进入爆破孔钻机市场,并于 50 年代开始生产牙轮钻机,其 R 系列大孔径牙轮钻机成为世界牙轮钻机的领军者,也成为该公司钻机业务的主力。随着市场的变化,笨拙的重型电动牙轮钻机逐渐被更灵活的钻机取代。比塞洛斯公司也顺应潮流，于 1996 年起，陆续推出一系列中型的、柴油动力、液压驱动并可选用潜孔锤方式钻进的牙轮钻机。但是这些钻机未能有效占领市场，比塞洛斯公司仍以大孔径电动牙轮钻机为主要业务。

里德公司总部在美国得克萨斯州，1974 年进入爆破孔钻机市场，1993 年收购了加纳德·丹佛的 Hydra - trac 钻机产品线后，既拥有牙轮钻机又拥有液压凿岩钻机。2010 年并入比塞洛斯公司后，不再拥有自己的品牌。其牙轮钻机均为柴油 - 液压钻机，钻头负载 24 ~ 54 t。Hydra - trac 钻机均为顶锤式液压钻机。卡特彼勒公司接手后，将比塞洛斯公司的牙轮钻机系列命名为 MD6000 系列。用卡特 390 挖掘机的底盘彻底改造了 MD6640，解决了驱动行驶限制、转向操纵性和履带张紧等问题，有助于最大限度地减少停机时间，降低运营成本。

露天矿钻孔设备两大著名公司，山特维克公司与阿特拉斯公司（现今为安百拓公司）都来自瑞典，曾经有过良好的合作，阿特拉斯提供设备，如钻机、台车、空压机；山特维克提供钻具，如钎尾、钻杆、钻头。1989 年，阿特拉斯公司收购瑞典 Secoroc 凿岩钻具公司，建立了自己的凿岩钻具体系，标志着两家公司竞争的开始。山特维克公司 1996 年完成对 Tamrock 公司的收购，从此全球矿业市场上变成了山特维克公司与阿特拉斯公司两强相争的状态。

瑞典安百拓（Epiroc）公司 2018 年从阿特拉斯独立出来，专注于矿业，但安百拓公司仍是阿特拉斯的全资子公司。阿特拉斯收购了美国英格索兰公司的矿山钻机业务。安百拓公司 2021 年收入为 39645M 瑞士克朗。

2.1.1 潜孔钻机

1. 设备发展历程及趋势

潜孔钻机是一种风动冲击破碎式钻机，主要原理是风动冲击器随钻头一起潜入孔内，由活塞运动产生的冲击功直接传至钻头破碎岩石，并借助钻杆上部回转机构，实现风动冲击和回转式凿岩。因为冲击器和钻头随钻杆潜入孔底，而且能随钻孔的延伸而不断推进，这样能充分利用冲击功，提高了穿孔效率，不像顶锤机接杆钻进那样随钻杆加长而增加能量损失，因而能打深孔。潜孔钻机结构简单，机械化程度高，易于操作，穿孔成本低，应用广泛。潜孔钻机的效率取决于钻孔的直径、所穿凿矿岩的特性等因素。

潜孔钻机在 20 世纪 50 年代后期到 60 年代初期才真正用于露天矿生产。在 60 年代初期，国外厂商对露天矿用潜孔钻机做了大量研究和改变工作，制造了多种类型和各种规格的潜孔钻机。当时潜孔钻机效率是钢绳冲击钻的 2 ~ 3 倍，被认为是穿凿硬岩经济又有效的设备。

到了 20 世纪 60 年代中期，特别是 1965 年以后，由于露天采矿规模不断扩大，加上使用了大型装运设备，因而穿孔成为主要矛盾。这时要求增大孔径来爆破大量的矿石，提高矿山产量。另外由于牙轮钻机的显著进步，钻头的结构、材质以及加工工艺等的改进，使钻头使用寿命显著提高，过去一直认为不能在坚硬岩石中穿孔的牙轮钻机，此时也能在坚硬的花岗岩、铁燧岩和磁铁石英中钻孔，而且技术经济指标均优于潜孔钻。大孔径牙轮钻机的优势明显，使用比例不断上升。

2. 设备主要型号和性能参数

当前国外露天煤矿广泛使用的潜孔钻机型号和性能参数见表 3-2-1。

表 3-2-1　国外露天煤矿广泛使用潜孔钻机型号和性能参数

国　家	厂　家	型　号	孔直径/mm	单次孔深/m
瑞典	Sandvik	DI450	90~130	
		DI550	90~165	
		DI560	90~165	
		DI650i	115~203	
美国-日本	Komatsu-P&H	ZT44	114~216	6.1

瑞典 Sandvik 公司目前生产的潜孔钻机有 4 个型号，最大的型号为 DI650i，总重量 25 t，装配柴油发动机，功率 403 kW，爆破孔径 115~203 mm，空气排送能力 28.3 m³/min。钻机装备有智能液压、空气压缩系统和全自动控制系统。实物如图 3-2-1 所示。

图 3-2-1　Sandvik 公司 DI650i 潜孔钻机

日本小松公司下属的 P&H 生产的 ZT44 型号潜孔钻机，功率为 588 kW，爆破孔径 114~216 mm，装备康明斯 QSK19 柴油发动机，排放标准为 Tier2[①]。

---

① Tier2 指美国环保署（EPA）对柴油发动机排放规定的级别。

3. 设备生产厂家和应用情况

国外生产潜孔钻机的主要有瑞典的 Sandvik 公司和日本的小松公司。

2.1.2　牙轮钻机

1. 设备发展历程及趋势

牙轮钻机是采用液压破碎的高效穿孔设备。牙轮钻机依靠钻机的回转和推压机构，通过钻杆带动钻头连续转动，同时对钻头施加轴向压力，以回转动压和强大的静压形式使与钻头接触的岩石破碎。在钻进的同时，通过钻杆与钻头中的风孔向孔底注入压缩空气，利用压缩空气将孔底的岩屑吹出孔外，从而形成炮孔。

牙轮钻机具有钻孔孔径大，效率高，生产能力大，作业成本与能耗低，机械化、自动化程度高，适应 $f = 4 \sim 20$ 的各种硬度矿岩钻孔作业等优点，是当今世界大型和超大型露天矿山广泛使用的大孔径爆破孔钻凿设备。

牙轮钻机最初用于石油工业钻进油井和天然气井。美国从 1939 年开始在露天矿中试用牙轮钻机穿凿炮孔，但在第二次世界大战结束以前，牙轮钻机在采矿工业中并未应用。1947 年，美国研制的用液压传动产生轴向压力的牙轮钻机第一次在露天采矿作业中应用，当时还是用水排除孔内的岩渣。1948 年，美国在密歇根州的一个露天采石场开始采用以压缩空气作为吹扫介质的牙轮钻机，消除了用水排渣时的一系列技术组织上的复杂性和困难，提高了穿孔效率，延长了钻头寿命，降低了穿孔成本，从而使牙轮钻机在露天采矿中得以实际应用。

20 世纪 50 年代以后，牙轮钻机逐步在美国、加拿大和其他国家的露天煤矿、非金属矿和金属矿山得到推广。苏联从 1956 年开始研究牙轮钻机在露天矿的应用。

在 20 世纪 50 年代后期和 60 年代初期，根据国外冶金露天矿的生产实践和技术研究部门的看法，一般认为牙轮钻机在中硬度以下的矿岩中穿孔，其技术经济指标比较合理。之后由于技术不断进步，矿山生产建设规模和采、装、运设备越来越大，牙轮钻机和牙轮钻头的技术水平也逐步提高，即使在坚硬的矿岩（如花岗岩、铁燧石和磁铁岩英岩等）中穿孔时，牙轮钻机也能获得良好的技术经济指标。

现代牙轮钻机规格向大型化、高效化发展，系统向全自动化、智能化方向发展，结构向形式多样化、结构简单化和高可靠性、高适应性、易维修性方向发展。

2. 设备主要型号和性能参数

当前国外露天煤矿广泛使用的牙轮钻机型号和性能参数见表 3-2-2。

表 3-2-2　国外露天煤矿广泛使用的主要牙轮钻机型号和性能参数

国　家	厂　家	型　号	孔直径/mm	单次孔深/m
美国	CAT	MD6200	127~200	—
		MD6250	152~250	—
		MD6310	203~311	—
		MD6640	244~406	—

表 3-2-2（续）

国 家	厂 家	型号	孔直径/mm	单次孔深/m
瑞典	安百拓	DM-M3	251~311	11.3
		DM30Ⅱ	—	8.5
		DM30Ⅱ SP	—	11
		DM45/50	—	8.4
		DML	149~250	—
		DM75	250~270	—
		PV231	152~251	16.1
		PV235	171~270	12
		PV271	171~270	19.2
		PV275	171~270	11.3
		PV311	270~311	19.8
		PV316	270~311	—
		PV351	207~406	19.8
	山特维克	DM30XC	—	8.5
		D245X	127~203	—
		D25KX	127~203	—
		D45KS	152~229/	—
		D50KS	152~229/	—
		D55SP	172~254	17
		D75KX	229~279	—
		DR410i	152~251	10
		DR412i	203~311	12
		DR416i	270~406	21
日本-美国	Komatsu-P&H	ZR77	200~270	16.8
		ZR122	270~349	19.8
		320XPC	270~444	19.8~21.3
俄罗斯	UZTM-KARTEX	SBSH-270	250~270	10
		SBSH-270A	250~270	19.5
		MR-200	170~250	9

卡特彼勒公司目前生产的牙轮爆孔钻有 4 个型号，分别为 MD6200、MD6250、MD6310，MD6640（图 3-2-2），该系列主要是基于比塞洛斯公司旗下钻机的产品。卡特彼勒公司在 2011 年完成了对比塞洛斯的收购，获得了较为完整的露天钻孔设备产品线。除了原比塞洛斯的 2 个型号，其余型号都来自里德（Reedrill）钻机公司。

图 3-2-2　卡特 MD6640 牙轮钻

小松公司生产的牙轮钻有 3 个型号，分别为 ZR77、ZR122 和 320XPC，孔径范围为 200~444 mm，单次孔深范围 16.8~20 m。

俄罗斯 UZTM - KARTEX 公司生产的牙轮钻机有 3 个型号，分别为 MR - 200（图 3-2-3b）、270A 和 SBSH - 270（图 3-2-3a），最大孔径范围为 250~270 mm，比瑞典和美国的牙轮钻机尺寸小。

(a) MR-200牙轮钻机　　　　　　(b) SBSH-270牙轮钻机

图 3-2-3　俄罗斯 UZTM - KARTEX 公司的牙轮钻机

3. 生产厂家和应用情况

经过兼并整合后,目前国外钻机生产厂商主要有瑞典 Sandvik 公司、安百拓公司,美国卡特彼勒公司,日本小松公司和俄罗斯 UZTM – KARTEX 公司。

瑞典山特维克公司拥有员工 44000 人,在全球约 150 个国家销售其产品,2021 年收入为 990 亿瑞典克朗,矿业部门收入占总收入的 41%

瑞典安百拓公司主要生产矿用牙轮钻机,型号丰富齐全,应用广泛。安百拓于 2018 年 6 月从阿特拉斯·科普柯(Atlas Copco)独立出来,专门做矿业设备,因此该品牌原先名为 Atlas Copco。安百拓先后收购了加拿大的波伊尔(JKS Boyles)公司和豪贝(Hobie)公司,美国的克里斯坦森(Christensen)公司,英格索兰(Ingersoll – Rand)公司钻机事业部,不断扩大钻机产品线。2016 年,PV351 型钻机应用于智利 Los Bronces 铜矿、瑞典 Aitik 露天铜矿,进行远程控制钻孔;PV 系列钻机也应用于墨西哥金矿。国内霍林河南露天煤矿使用阿特拉斯 DM30 型和 DM45 型钻机,黑岱沟采用 DM45 型、DM – H 型、DM – H2 型、1190E 型和 CDM75 型牙轮钻机,白音华二号、白音华三号露天煤矿使用 DM45 型和 DM50 型钻机,元宝山露天煤矿使用 DM45 型钻机。

2.1.3　钢丝绳冲击式钻机

钢丝绳冲击式钻机采用连杆机构或卷扬机带动钢丝绳提升冲击钻头,利用冲击钻头下落的动能产生冲击作用,实现破碎岩土。钢丝绳冲击式钻机结构陈旧、效率低、操作重,20 世纪 70 年代前国外钢丝绳冲击式钻机已被淘汰。

2.1.4　回转式钻机

回转式钻机借助钻杆把能量传递给钻头,在轴压力和旋转力矩的作用下,由钻头刃部将孔底岩石刨削下来,再用钻杆上的螺旋片把岩屑排至孔外。由于受到高的轴向压力和旋转力矩,故回转钻机一般多在坚固系数 $f = 2 \sim 5$ 的矿岩中应用。回转式钻机的效率也很高。

国外钻孔设备一般分为三类,分别是顶锤式、潜孔式和牙轮式,不把回转钻机单独分类。在山特维克中文官网上,回转钻机是牙轮爆破孔钻机分类下的型号,因此暂不单独讨论回转钻。

2.2　国内钻孔设备

2.2.1　潜孔钻机

潜孔钻机的工作方式属于风动冲击式凿岩,但在穿孔过程中风动冲击器跟随钻头一起潜入孔内,这种方式称为潜孔凿岩。按其钻具使用的空气压力又可分为普通型潜孔钻机(空气压力一般小于 0.7 MPa)和高压型潜孔钻机(空气压力一般大于 1.0 MPa)。与常见的凿岩机相比,潜孔钻机具有钻孔深、钻孔直径大、钻孔效率高、适应范围广等特点,是当前通用的大型凿岩钻孔设备。

1. 设备发展历程

新中国潜孔钻机的发展最早可追溯至 1951 年。当年我国开始筹建第一家凿岩机械气动工具生产厂——沈阳风动工具厂。1958 年,我国开始自主研制潜孔钻机,1964 年研制出第一台潜孔钻机,1971 年研制成功 QZ – 250 型潜孔钻机。1974 年,我国已经可以生产

CLQ-80、YQ150A、KQ-150、T170、KQ-200、QZ-250、KQ-250、LQZ-200 等的低气压钻机,孔径 80~250 mm,低气压钻机技术基本成熟。从 20 世纪 80 年代开始,我国先后从瑞典、美国、加拿大引进了 ROC306、PromeeM177、Simba261、CMM-1、CMM-2、CD-360、CD-90 等不同类型的潜孔钻机及其配套设备。20 世纪 90 年代起,我国开始了中高气压露天潜孔钻机的研发,并积累了一些经验,如宣化机械厂研制的 KQG100 型、KQG150 型高气压露天潜孔钻机,天水风动研制的 KQLG115、KQLG165 型高气压露天潜孔钻机,基本赶上了世界钻机技术发展的水平。

2. 设备主要型号和性能参数

我国露天潜孔钻机产品跟随国外同类产品的发展轨迹,按型号和性能可划分为三个代次。

第一代是以 KQ 系列为代表的,于 20 世纪 70 年代研制成功的潜孔钻机,现仍然大量装备于露天矿山,主要特征是使用 0.7 MPa 以下的工作气压,采用机械传动方式和单自由度仰俯臂结构。这一代钻机的特点是自动化程度低、劳动强度大、钻孔功能单一、机动性差、作业效率低。根据 1996 年我国 44 个重点矿山的统计,这一代潜孔钻机台年平均综合效率为 14066 m,最高为 25279 m(兰尖铁矿)。

第二代露天潜孔钻机是 2003 年以后,湖南山河智能率先在国内研制出了高气压一体化露天潜孔钻机,随后宣化风动工具厂与瑞典 Atlass Copco 公司合作生产出了 CBH-10 型高气压一体化露天潜孔钻机。该系列钻机仍然沿用传统钻机的固定钻臂结构,钻孔功能单一、定位困难、精度低,难以保证工艺要求,需要边坡钻机配套。

第三代露天潜孔钻机采用了现代液压集成技术、电子程控技术和互联网通信技术,自动化和智能化程度更高,可实现远程控制、诊断和管理。高效螺杆压缩机的使用使新一代钻机的工作气压达到 2.5 MPa,凿岩效率成倍提高。多自由度钻臂结构的应用,有效地扩展了钻机的钻孔范围,而且不需要辅助钻孔配套。

我国露天煤矿广泛使用的国产潜孔钻机主要型号和性能参数见表 3-2-3。JK830 一体式全液压潜孔钻机如图 3-2-4 所示。

表 3-2-3 国产潜孔钻机主要型号和性能参数

钻机型号	钻孔直径/mm	钻孔方向/(°)	钻孔深度/m	钻杆直径/mm	钻机质量/t
CLQ-80	80~130	0~90	20	60	4.5
YQ-150A	150~160	60~90	17.5	108	12
KQ-150	150~170	60~90	17.5	133	14
KQ-200	200~220	60~90	19	168	41.5
KQ-250	230~250	90	18	203/210	45
JK830	138~235	0~90	30	102/114	25
JK810	90~165	0~90	28	76/89	17.5

表 3-2-3（续）

钻机型号	钻孔直径/mm	钻孔方向/(°)	钻孔深度/m	钻杆直径/mm	钻机质量/t
JK650	90~650	0~90	50	76	10
JK730-2	90~165	0~90	21	76	10.5
JK590BC	90~165	0~90	50	—	7.2
JK520	90~150	0~90	40	—	5.8
JK468	105~305	0~90	200	—	7.1
SWDB165	138~180	0~90	25	110/133	23
SWDW165	115~165	60~90	40	89	12.8
CS165E	138~178	0~90	30	114	25
ZDH152S	112~152	0~90	25	76/89	7

图 3-2-4　JK830 型一体式全液压潜孔钻机

3. 设备生产厂家和应用情况

潜孔钻机以河北宣化地区制造的最为著名，"宣化钻机"逐渐成为一个产品品牌。该地区制造钻机的历史长、品种多、知名度高，为国家大型钻机行业发展做出了突出贡献，尤其是潜孔钻机，在国家建设初期的工程施工机械保障和节省购置国外设备资金，以及培养国内机械制造行业人才等方面做出了不可磨灭的贡献。从而逐步形成潜孔钻机行业国内的产业基地。如宣化金科股份有限公司生产的 JK 系列潜孔钻机在国内露天矿山都有较为广泛的应用。

此外，近年来山河智能和中南大学智能研究所共同研发了 SWDB 系列一体化液压潜孔钻机，具有高气压潜孔钻进系统，能高精度、高效率地钻凿爆破孔。设计了功率匹配与负载适应的系统，实现动力系统从动力－泵－负载全局功率匹配，有效降低整机能耗，确保了整机最佳性能与高可靠性。

长沙矿山研究院研制的 CS165E 智能型整体式露天潜孔钻机，采用了先进的 CANbus 技术，实现了高度的智能化，利用盘式钻杆库增加了钻孔深度，节约了换杆时间，提高了凿岩效率。同时高度集成的液压系统使能耗大大降低。该研究所还开发了 CS100L 高风压履带式潜孔钻机、CS100D 高气压环形潜孔钻机、CS100ET 潜孔钻机。其中 CS100D 高气压环形潜孔钻机、CS100ET 潜孔钻机可以应用于地下采矿，并能满足高效凿岩的要求。

2.2.2 牙轮钻机

牙轮钻机是一种高效率的穿孔设备，它是通过推压和回转机构给钻头以高钻压和扭矩，将岩石在静压、少量冲击和剪切作用下破碎，然后回转供风机构将压气引入中空钻杆，通过钻头的喷嘴喷向孔底，将牙轮钻头破碎下来的岩渣沿钻杆和孔壁吹至孔外。牙轮钻机可以分成以下几种类型：

$$
牙轮钻机\begin{cases} 按加压传动方式\begin{cases} 钢绳——液压式牙轮钻机 \\ 封闭链——齿条式牙轮钻机 \end{cases} \\ 按钻机大小\begin{cases} 轻型牙轮钻机 \\ 中型牙轮钻机 \\ 重型牙轮钻机 \end{cases} \end{cases}
$$

1. 设备发展历程

我国从 20 世纪 60 年代起开始研制牙轮钻机，到 80 年代研制成功并投入市场。1958年，我国开始自主研制牙轮钻机，先后研制成功了 YZ－64、YZL－1、YZL－230、ZL－200、KHY－200、HYZ－250、HYZ－250A、HYZ－250B 等十余种机型。在钻机结构、钻孔参数、使用维护、生产管理等方面取得了可喜的成绩，并于 1976 年对 HYZ－250C 钻机进行了定型，转入批量生产。1976 年还试制了可以钻直径 310 mm 的大孔径的 KY－250 型牙轮钻机。1982 年，YZ－35 型牙轮钻机研制成功；1985 年，穿孔直径达 380 mm 的 YZ－55 型牙轮钻机通过鉴定，当时认为其整机参数选择合理，技术起步高，制造质量精良，配套件选择考究，适应性强，效率高，维修方便，居当时国内同类钻机最先进水平，达到了国外同类钻机的先进水平，填补了我国大型露天矿山钻机的空白。

2. 设备主要生产厂家及型号性能

自 20 世纪 60 年代研制牙轮钻机以来，经过多次改良和淘汰，现在还在生产和使用的牙轮钻机有 KY 和 YZ 两大系列 12 种型号。主要研制单位有洛阳矿山机械工程设计研究院（简称"洛矿院"）、南昌凯马有限公司和中钢集团衡阳重机有限公司（简称"中钢衡重"）等。

南昌凯马 KY 系列牙轮钻机全部配套件均立足国内市场，因而制造成本相对低廉，主要有 KY-250 型和 KY-310 型及其派生产品。洛矿院和南昌凯马合作开发的 KY-250A 型钻机在宝钢白云鄂博铁矿岩石硬度 $f=16\sim20$ 的矿岩上穿孔，穿孔效率为 $128\sim199.5$ m/(台·日)，最高为 644 m/(台·日)，超过了比塞洛斯公司 45-R 型牙轮钻机在该矿日最高进尺 570 m 的纪录，并获得国家科技进步特等奖及国家金质奖。

KY-310 型钻机轴压 $0\sim490$ kN，钻进速度 $0\sim4.5$ m/min，爬坡能力为 $12°$，行走速度 $0\sim0.78$ km/h。钻机采用了交流变频电机驱动，顶部回转，减速机—封闭链条—齿轮齿条连续加压，高钻架，电动、气动、液压联合操纵，压气排渣工作机构，可在 $f\geqslant5$ 的各种矿岩上穿凿 310 mm、孔深为 18 m 的爆破炮孔。

中钢衡重主要生产 YZ-35 型和 YZ-5 型钻机及其派生产品。YZ-35 型钻机也是获得国家金质奖的产品，性能超过比塞洛斯公司的 45-R 型钻机。YZ-55 型钻机是目前我国生产的最大型号的牙轮钻机，YZ-55A 型钻机已应用于首钢秘鲁铁矿。表 3-2-4 是中钢衡重生产的钻机技术参数，YZ-55D 型牙轮钻机如图 3-2-5 所示。

表 3-2-4 中钢衡重生产的钻机技术参数

序号	技术指标	单位	KY-310	YZ-55	KY-250	YZ-35	KY-150	ZX-150A
1	钻孔直径	mm	250~310	250~380	220~250	170~270	120~150	150
2	钻孔方向	(°)	90	90	90	90	60/75/90	90
3	钻孔深度	m	17.5	16.5	17	16.5	19.3	21
4	钻杆直径	mm	219/273	219/273/325	159/194	140~219	104/114	114
5	钻杆长度	m		15/16/18.5			0.2	7.5
6	加压方式		封闭链	封闭链	封闭链	封闭链	封闭链	钢绳-液压缸
7	钻压	t	交流给进 50 直流给进 31	55	42	35	13	11
8	提升力	t	15.4	电力 13.5，液力 40	43	23		5
9	给进速度	m/min	0~4.5	0~2	0.8	9.2		2.8
10	提升速度	m/min	11.9~20	0~30	10	36.7		17
11	钻具回转速度	转/min	0~100	0~120	0~115	0~90	45/60/90	90/150
12	钻机爬坡能力	(°)	12	14	12	8	14	15
13	行走方式		履带式	履带式	履带式	履带式	履带式	履带式
14	排渣方式		干式、湿式	湿式	干式、湿式	干式、湿式		干式
15	主空压机型号或方式		LG31-40/35	滑片式	LG31-30/3.5	滑片式		BH12/7G
16	主空压机风量	m³/min	40	37	30	27.8	25	12

表3-2-4（续）

序号	技术指标	单位	KY-310	YZ-55	KY-250	YZ-35	KY-150	ZX-150A
17	主空压机风压	kg/cm²	3.5	2.8	3.5	2.8	4~7	4.5
18	回转电机	kW	54	100	50	30		30
19	提升行走电机	kW	54	100	75			2×16
20	主空压机电机	kW	225	155	160	135		75
21	电动机安装总容量	kW	388.3		369.3		304.1	
22	油泵机	kW	22		13			17.5
23	运输宽度	m	5.7	6.11	5.48	5.9	3.2	3.2
24	钻机总重	t	118.5	130	88	85	35	30

图3-2-5　中钢衡重生产的YZ-55D型牙轮钻机

为增大钻头的推进力度，YZ-55型钻机在回转系统和主传动机构设计了3个交流变频电机，以满足提高电压和频率的需要，这一设计在国内尚属首创。此外，中钢衡重还在YZ-55型牙轮机上应用了PLC、人机界面HMI技术，改进了空压机并将机棚与驾驶室分离，增强了整机的防腐防锈功能。

2.2.3　钢丝绳冲击式钻机

钢丝绳式冲击钻机是一种采用连杆机构或卷扬机带动钢丝绳提升冲击钻具，利用冲击

2 钻 孔 设 备

钻具下落的动能产生冲击作用，破碎岩土实现钻进的工程钻机。

1. 设备发展历程

在新中国成立后相当长时间内，我国露天煤矿使用的钻机主要为钢丝绳冲击式钻机，主要研制了 BC-1、BY-20-2、YKC-20、CZ-1、CZ-20、CZ-22 及 CZ-30 等型号的钻机，它们之间的原理基本相同，只是在钻进能力、整机重量等方面做了改进和提高。冲击式钻机目前在国内仍应用于水利、铁道、公路桥梁等大口径施工工程领域，但已基本退出露天煤矿钻探领域。

2. 设备主要型号和性能参数

表 3-2-5 为改革开放之前我国生产的主要钢丝绳冲击式钻机技术参数。表 3-2-6 为 20 世纪 80 年代后我国生产的主要钢丝绳冲击式钻机技术参数。图 3-2-6 为 CZ-22A 型钢丝绳冲击式钻机。

表 3-2-5 改革开放之前我国生产的主要钢丝绳冲击式钻机技术参数

序号	技术指标		单位	型号			
				BC-1	BY-20-2	YKC-20	抚顺地钻
1	钻孔直径		mm	230~300	150~400	120~300	115
2	最大钻孔深度		m	100	200	300	30
3	钻具重量		kg	1700~2700	730~1200	850~1000	218.5
4	冲击次数		次/min	48~52	56~58	40~50	47~48
5	钻头重量		kg	—	75	120~596	49.5
6	钻具冲击提升高度	最大	mm	1200	760	1000	660
7		最小	mm	600	300	450	650
8	钻具提升速度		m/s	0.9	1.5	0.52~0.65	0.25
9	行走速度		km/h	1	0.9	20（轮式）	1.4
10	钻机电机功率		kW	55	20	32	
11	总重量		t	23.3	11.6	5.6	3.8
12	钻机对地比压		kg/cm²	0.7	0.58		—
13	钻机行走最大坡度		(°)	30	30	—	—
14	钻机工作尺寸（长×宽×高）		m×m×m	7×3.48×15	5.86×2.62×12.1	5.8×1.85×12.3	8.23×2.1×10.21

303

表3-2-6 20世纪80年代后我国生产的主要钢丝绳冲击式钻机技术参数

序号	技术指标		单位	型号	
				CZ20-2	CZ-1
1	钻孔直径		mm	150~400	150~400
2	最大钻孔深度		m	200	100
3	钻具重量（包括钎头）		kg	730~1200	1800~2800
4	冲击次数		次/min	56~58	48~52
5	钻具冲击提升高度	最大	mm	760	1200
6		最小	mm	300	600
7	钻具提升速度		m/s	0.9	
8	行走速度		km/h	0.9	0.7
9	钻机电机功率		kW	20	55
10	总重量		t		21.6
11	钻机行走最大坡度		(°)	30	
12	钻机工作尺寸（长×宽×高）		m×m×m	5.85×2.62×12	7×3.5×15

图3-2-6 CZ-22A型钢丝绳冲击式钻机

2.2.4 回转钻机

回转钻机由动力装置带动钻机回转装置转动，从而带动有钻头的钻杆转动，由钻头切削土壤。回转钻机用于泥浆护壁成孔的灌注桩，成孔方式为旋转成孔。根据泥浆循环方式不同，分为正循环回转钻机和反循环回转钻机。回转钻机采用正循环或反循环成孔工艺，正循环钻孔作业时，由钻机回转装置带动钻杆和钻头回转切削破碎岩土，钻进时用泥浆护壁、排渣；泥浆由泥浆泵输进钻杆内腔后，经钻头的出浆口射出，带动钻渣沿钻杆与孔壁之间的环状空间上升到孔口溢进沉淀池后返回泥浆池中净化。反循环钻孔作业时，泥浆由孔口经钻杆、钻头与孔壁的间隙流入孔底，然后携带钻渣从钻头、钻杆抽返地面泥浆沉淀池。

1. 设备发展历程

目前我国全回转套管钻机的自主研发和研制尚属起步阶段。20 世纪 70 年代，我国开始少量引进摇动式全套管钻机（搓管机），20 世纪 90 年代开始引进全回转钻机用于桥梁和铁路建设，取得了良好的效果。1994 年，昆明捷程桩工有限责任公司研制成功我国第一台摇动式全套管钻机（搓管机），填补了国内摇动式全套管钻机的空白，并开发出摇动式全套管钻机系列产品。目前国内生产摇动式全套管钻机的厂家超过 5 家，产品规格已覆盖桩径，在软土层、杂填土等地层的施工中显露出优势，并在做软咬合桩上取得了国际领先的技术优势。

全回转全套钻管钻机由于其结构庞大、控制系统复杂，国内主机厂商一直未涉足研发制造，设备一直依赖进口，日本制造居多，钻进口径 1000～2500 mm，总数已超过 50 台。2011 年，徐州盾安重工机械制造有限公司开始对全回转钻机进行深入研究并着手研发制造。2012 年 1 月，第一台国产全回转全套管钻机 DTR1505 在盾安重工下线并成功推广应用。

2. 设备生产厂家、主要型号和性能参数

截至 2015 年，盾安重工已经形成 DTR1305L、DTR1505、DTR2005H、DTR2605H、DTR3205H 全系列全回转全套管钻机的生产能力，累计制造销售 30 多台产品并成功出口东南亚，参与国际市场竞争。盾安重工 DTR 系列全回转全套管钻机主要参数见表 3-2-7，盾安重工 DTR2005H 型全回转全套管钻机如图 3-2-7 所示。

表 3-2-7 盾安重工 DTR 系列全回转全套管钻机主要参数

型号	钻孔直径/mm	回转扭矩/(kN·m)	工作装置自重/t	压拔行程/mm	发动机功率/(kW/r·min^{-1})
DTR1305L	600～1300	1770/1050/590	25	500	2×90/1480 电动机
DTR1505	800～1500	1500/975/600 瞬时 1800	32	750	2000
DTR2005H	1000～2000	2965/1752/990 瞬时 3391	46	750	272/1800
DTR2605H	1200～2600	5292/3127/1766 瞬时 6174	56	750	367/200
DTR3205H	2000～3200	9080/5368/3034 瞬时 10593	96	750	2×272/1800

目前，国内涉足全回转钻机生产的厂家也由盾安重工一家发展到多家，这些厂家跟随

盾安重工的步伐，通过同国外企业合作或者自主研发，均已完成了一台样机的试制。随着技术水平的不断提高，国产全回转钻机取代进口设备指日可待。

图 3-2-7　盾安重工 DTR2005H 型全回转全套管钻机

3 采 装 设 备

国外露天煤矿主要采装设备包括单斗挖掘机、轮斗挖掘机、吊斗铲、露天采矿机和端帮采煤机5种,前3个常用设备的研制始于20世纪初,已有一百多年的历史,后两个设备是20世纪80年代针对某些特殊煤层或矿层进行研制的,这5种设备具有移动性能好、结构简单紧凑、操作灵活等特点。我国露天煤矿采装设备主要有单斗挖掘机和轮斗挖掘机2种,1955年研制出第一台1 m³全回转履带机械式挖掘机,改革开放后我国采装设备研发速度明显加快,大型装备基本实现了国产化;但与国外的成熟装备制造技术相比仍有较大差距,特别是设备控制系统应逐渐向节能、智能方向发展,加快矿用卡车发动机和电铲的电驱电控等核心部件的研发和制造,尽快实现关键部件的国产化,提高采装设备的可靠性和工作效率。

3.1 国外采装设备

主要研究分析了美国、德国、日本、俄罗斯等国开发制造的5种适用于露天煤矿的采装设备,包括单斗挖掘机、轮斗挖掘机、吊斗铲、露天采矿机和端帮采煤机,对每种设备的发展历程及趋势、主要型号和性能参数、生产厂家和应用情况进行了简要介绍。

3.1.1 单斗挖掘机

1. 设备发展历程及趋势

挖掘机最初是手动的,发明至今已经有一百多年的历史,期间经历了由蒸汽驱动半回转挖掘机到电力驱动、内燃机驱动回转挖掘机,以及机电液一体化的全自动液压挖掘机的发展过程。

1833年,美国机械工程师取得了单斗挖掘机的发明权,1836年制造了世界上第一台机械传动挖掘机。

1951年,第一台液压挖掘机在意大利产生,由Carlo和Mario Bruneri两兄弟发明。1954年,法国Sicam公司购买了两兄弟的专利,开始生产Yumbo液压挖掘机。1960年,美国市场的第一台液压挖掘机就是Yumbo,由美国Drott公司引进销售。

20世纪60年代至70年代初,国外挖掘机制造技术的发展特点:小型多用挖掘机向全液压方向发展;大型正铲挖掘机的斗容量扩大将近一倍;同时各部分结构也在不断改进,主要是采用可控硅整流和控制系统,给铲斗、动臂和斗杆以及推压、回转和行走各部结构带来的变化;采用了多种新材料,美国P&H 2800型体现了当时挖掘机制造所用的新材料。

1962年,Bucyrus公司生产出了3850 - B型机械铲,其斗容量为88.5~95.5 m³或107 m³,臂长为63.8 m或60.8 m,质量8200 t,生产能力为3000万 m³/a。Bucyrus公司的3850 - B型机械铲如图3 - 3 - 1所示。

图3-3-1　Bucyrus-Erie公司的3850-B型机械铲

20世纪70年代单斗挖掘机发展的特点：挖掘机的斗容量和功率在增大，美国、加拿大等国单斗挖掘机斗容普遍加大至 7.6~11.5 m^3；不断采用新技术装备；传统的绳式（cable）挖掘机向液压挖掘机转变，液压技术主要来自欧洲，特别是法国的波克兰（Poclain）、韵波（Yumbo）公司和西德的Orenstein&Koppel公司。

大斗容采矿挖掘机也向全液压方向发展，比如法国Poclain公司生产的EC-1000型和西德Orenstein&Koppel公司的RH60等型，斗容量均为8 m^3。EC-1000型是当时最大的液压电铲型号，RH60型第二大。德国Orenstein&Koppel公司1998年把露天矿用液压铲业务卖给了美国的Terex公司，2010年又卖给了Bucyrus-Erie公司，2011年Bucyrus-Erie公司将该业务卖给了卡特彼勒公司。

单斗电铲已有70余年的历史，因其能耗较低（不用油）、生产能力大、使用寿命长等优点，至今仍是露天矿山的主要采矿设备。

厂商收购兼并带来产品和技术整合。1970年代，美国生产挖掘机的主要公司有Bucyrus-Erie、Marion、Harnischfeger、Koehring等三十多家。2011年，卡特彼勒公司完成对Bucyrus-Erie公司的收购，在设备上，卡特彼勒整合两家公司的设备技术，将CAT公司的部件安装到Bucyrus-Erie公司的机器上，如Bucyrus-Erie公司被收购6个月后，一台配有CAT公司发动机的Bucyrus AC卡车便交付作业。

电气化、智能化是发展方向。2011年，CAT公司推出CAT MineStar系统，该系统是业内最完善、最全面的综合采矿作业和移动设备管理系统。能够帮助客户完成从物料跟踪到复杂的实时车队管理、机器运行状态系统管理、自主设备系统管理等。根据小松公司2021年年报，小松公司正在研制将中小型液压铲电气化，即安装锂电池系统，预计在2034年前量产。

2. 设备主要型号和性能参数

当前国外露天煤矿主要使用的液压铲、电铲型号和性能参数分别见表3-3-1和表3-3-2。

表 3-3-1　国外露天煤矿主要使用的液压铲型号和性能参数

国家	厂家	型号	斗容量/m³	工作重量/t	功率/kW	传动系统（电/机械）
日本	小松	PC2000-8	12~13.7	200		
		PC2000-11	12~13.7	207	794	机械
		PC3000-11	15~16	261	940	机械
		PC4000-11	22	409	1400	电
		PC5500-11	29	552	2×940	电
		PC7000-11	38	699	2×1250	电
		PC8000-11	42	773	2×1500	电
	日立	EX1200	7	118	567	电
		EX2000	12	193	610	
		EX2600	17	250	860	
		EX8000	40	837	2×1450	
俄罗斯	UZTM-KARTEX	UGE-300	16	300		
德国	利勃海尔	R9100 G6	7~7.5	113~116	565	
		R9150 G7	8.3~9.6	130	565	
		R9200 G7	12.5	205~210	810	
		R9250 G6	15~15.7	250~253.5	960	
		R9350 G6	18~18.7	302~310	1120	
		R9400 G6	22~24	345.5~353	1250	
		R9600 G8	37~37.5	633~645	2×1250	
		R9800 G6	42~47.5	800~810	2×1492	
美国	CAT	6015	8.1	140	615	
		6020B	12	230.2	778	
		6030	16.5	294	1140	
		6040	22	407	1516	
		6060	34	542	2256	
		6090	52	980	3360	

表3-3-2 国外露天煤矿主要使用的电铲型号和性能参数

国家	厂家	型号	斗容量/m³	载荷/t	能力/(t·h⁻¹)	工作重量/t
美国	CAT	7295	19.1~38.2	50		
	CAT	7395	20.6~55.8	64		1202.9
	CAT	7495	30.6~62.7	109		1435
	CAT	7495HD	27.5~60.4	82		1295.7
日本	小松/P&H	1900XPC	11	18	1348~1797	381
		2300XPC	18~25	45	3365~4488	
		2800XPC AC	26.8~33.6	59	5702~7603	
		4100C AC	41~49	72.5~82	7184~9579	1458
		4100XPC AC-90	42~49	73~82	7183~9578	1458
		4100C BOSS	49	90.7	6830~8707	1458
俄罗斯	UZTM-KARTEX	EKG-5A	5.2	10		196
		EKG-10	10	20		410
		EKG-12A	13	24		655
		EKG-12K	12	24		430
		EKG-15M	15~16.5	32.5		725
		EKG-20	16~22	40		750
		EKG-20K	20	40		740
		EKG-20KM	25	50		780
		EKG-32R	35	63		1085
		EKG-35	35	63.5		1230

小松液压铲最小型号为PC2000系列，斗容量12~13.7 m³，最大型号为PC8000系列（图3-3-2），工作重量752~773 t，最大斗容量50 m³。小松液压铲装配自研柴油发动机，采用水冷、直喷技术，排放标准为Tier4，更环保、高效。装配有Komtrax Plus监测系统，用于检测、发现问题，提高了生产率，实时载荷监测数据能够帮助驾驶者及时调整装载物质量。

小松公司的系列电铲是原P&H公司的系列电铲，采用工业领先的IGBT交流电技术，装有Centurion电控系统，具有监控和数据集成功能，可以通过通用性电铲交互界面与矿山管理系统交换数据，并拥有PREVAIL远程状态监控系统，对设备进行实时状态和性能管理，小松P&H 4100C Boss电铲如图3-3-3所示。小松公司目前在产的电铲主要

3 采装设备

图 3-3-2　小松 PC8000 液压铲

有 8 个型号，最小的是 1900XPC，挖掘高度 13 m，挖掘半径 17.8 m，铲斗容量范围 7.5～19.1 m³，标称有效负载 18 t；最大的型号是 4100C Boss，斗容量 49 m³，标称有效负载 90.7 t，挖掘高度 16.9 m，挖掘半径 24.7 m。

图 3-3-3　小松 P&H 4100C Boss 电铲

小松公司还生产一款混合动力单斗挖掘机，型号是 2650CX，工作重量约 818 t，斗容量 27.1～36 m³，标称有效负载 59 t；这款挖掘机兼具电铲的高生产效率和柴油液压铲的机动灵活性，比一般 550～700 t 液压挖掘机每吨减少 15% 的成本，该型号混合动力单斗挖掘机如图 3-3-4 所示。

图3-3-4 小松P&H 2650CX混合动力单斗挖掘机

日本日立公司主要生产液压铲,最大的型号为EX2600-7E,发动机功率为860 kW。该公司液压铲主要在北美和拉美地区销售,比如EX2000-7B仅在北美地区销售,EX2000-7仅在拉美地区销售。

卡特彼勒公司液压挖掘机有5个型号,最大的型号是6060,铲斗载荷61 t,装备两台CAT3512E柴油发动机。

卡特彼勒公司的电铲目前有7个型号,最小的型号是7295,其次是7395,最大的7495,CAT 7495电铲如图3-3-5所示。7495又分为5个型号,7495HD是其中尺寸最小的,铲斗载荷90 t,斗容量27.5~60.4 m³,其他铲斗载荷120 t,斗容量30.6~62.7 m³。

图3-3-5 CAT 7495电铲

2012 年问世的 CAT 336E H 是卡特彼勒公司第一台液压混合动力挖掘机，与标准的 CAT 336E 相比，可以在提供同等性能的情况下最多节省 25% 的燃油。

小松公司和卡特彼勒公司的产品在智能化方面比德国利勃海尔公司的要完备。印度 BEML 公司生产 4 个型号的液压挖掘机，最小的型号为 BE700，斗容量 4.5 m³，装配自研柴油发动机，动力为 305 kW；最大的型号为 BE1800E/D，BE1800E 采用电机动力系统，BE1800D 装备柴油发动机，工作重量 170 t，斗容量 10.5 ~ 12 m³，BE1800 液压挖掘机如图 3 – 3 – 6 所示。

图 3 – 3 – 6　印度 BEML 公司 BE1800 液压挖掘机

俄罗斯 UZTM – KARTEX 公司主要生产电铲。目前该公司生产的电铲型号有 10 种，在 Uralmashplant 生产。最小的型号是 EKG – 5A，斗容量 4.6 ~ 6.3 m³，载荷 10 t，工作重量 196 t，23 s 一个循环；最大电铲型号为 EKG – 35，斗容量 24 ~ 40 m³，载荷 63 t，工作重量 1230 t，实物如图 3 – 3 – 7 所示。该公司液压铲只有一个型号即 UGE – 300，斗容 16 m³，工作重量 300 t，采用柴油发动机。

3. 设备生产厂家和应用情况

法国 Poclain 公司在 1951 年生产了最早的一台液压挖掘机。1967 年生产的 GY120 挖掘机，是第一台也是最大的装配有全轮驱动液压系统的单斗挖掘机。1970 年，生产出了 EC1000 液压挖掘机，并装备了最大的液压机，为当时最大的液压铲。这种液压铲采用美国通用汽车公司或 Deutz 公司的发动机，最大功率约 573 kW，可选装 8.7 m³ 斗容，因实际运行中故障多，只生产了 7 台。20 世纪 60 年代 Poclain 公司在巴西、墨西哥、阿根廷、捷克斯洛伐克、印度、日本和韩国都开展了生产工作。公司于 1977 年把 40% 的股份卖给了美国的 Case 公司，1987 年 Case 公司拥有了 Poclain 公司 98.7% 的控制权，Poclain 公司仅保留了液压部门。

德国利勃海尔公司目前生产的矿用挖掘机都可以装正铲或反铲，R9100 和 R9150 型号挖掘机使用自研的柴油发动机，其他更大的型号都使用康明斯柴油发动机，还可以选择电机。

图 3-3-7 俄罗斯 UZTM-KARTEX 公司 EKG-35 电铲

日本小松公司早期引进美国 Buyrus-Erie 公司的技术生产挖掘机。日本小松产品的液压工作模式有两种,可以满足不同工况的需求。小松挖掘机针对不同市场产品的型号会有所不同,比如在美国小松有 6 款液压挖掘机,在中国是 5 款;相同型号也针对不同市场在机器参数设置上有所调整,比如在美国销售的型号为 PC3000-11(斗容量 15~16 m^3),在中国的型号是 PC3000-6(斗容量 12~20 m^3)。

日立公司液压铲使用情况:澳大利亚风景露天煤矿配备有 EX5600 挖掘机;我国红沙泉一号露天煤矿配备有 690 和 890 型液压挖掘机,黑岱沟和哈尔乌素露天煤矿配备有 EX1900 和 EX3600 两种型号的挖掘机。

俄罗斯第一辆由 IZ-KARTEX 公司(下属于 UZTM-KARTEX 公司,母公司为俄罗斯的 OMZ 集团)生产的 EKG-32R 电铲于 2011 年在 Krasnoborodsky 煤矿投入使用。该公司 1957 年开始生产挖掘机,截至 2012 年,生产超过 3000 台矿用电铲,有 1200 台在服役中。该公司生产的设备主要销往俄罗斯、乌克兰、哈萨克斯坦、乌兹别克斯坦、蒙古、中国、印度、越南。在独联体国家地区 9~15 m^3 斗容量的挖掘机一般使用电铲(如 EKG-10 型和 EKG-15 型电铲),但是其他地区这个斗容一般使用液压铲。主要原因是独联体国家地区的煤矿基础设施更适合 EKG-10 型和 EKG-15 型电铲,并且这些电铲比其他品牌的国外挖掘机要便宜,也更适合当地的地理和气候条件。其他原因有:由于 1990—2000 年的经济转型,俄罗斯工业发展停滞;多数的煤矿设计都是依据斗容量最大 15 m^3 和自卸卡车最大 140 t 来设计的。2000 年后,独联体国家地区煤矿开始有对 20~45 m^3 斗容量挖掘机的需求。

2007 年、2008 年,IZ-KARTEX 公司制定了开发 8~70 m^3 斗容量挖掘机的战略,决定使用统一设计。公司可根据客户需求,在一个基础平台上对产品进行设计,选择 rope(K)

或 rack-and-pinion(R)挖掘机作为基础，不同类型的挖掘机有 80% 的部件相同。第一台新产品线生产的 EKG-12K 电铲在 2009 年投入使用。2011 年，俄罗斯生产的 EKG-32R 电铲在 Krasnobrodskiy 露天煤矿投入作业。

3.1.2 轮斗挖掘机

1. 设备发展历程及趋势

轮斗挖掘机特点是，连续采掘、冲击负荷小、能量消耗低、单位机体质量的小时能力高、线性参数大。轮斗挖掘机按照铲斗类型分为有格式、无格式、半格式；按照斗臂构造分为斗臂可伸缩型、不可伸缩型；按照行走方式可分为履带式、轨道式、迈步式。

现代轮斗挖掘机于 1916 年开始在德国正式使用，采用轨道行走方式；1925 年，已能生产铲斗容量 0.75 m³ 的挖掘机；1955 年德国生产出日产 1.0×10^5 m³ 的大型轮斗挖掘机，用于福尔图纳露天煤矿；1978 年德国生产出日产 2.4×10^5 m³ 的轮斗挖掘机，整机长 220 m，高度 95 m，斗轮直径 21.9 m，铲斗数 20 个，每斗容积 15 m³，整机质量 14195 t。

目前，世界上有德国、美国、俄罗斯、日本、英国、法国、捷克斯洛伐克等十多国生产和使用轮斗挖掘机，斗容量 0.07~8.6 m³，斗轮直径 1.9~22 m，斗轮臂长 5~105 m。

轮斗挖掘机除了向大型化和巨型化方向发展以外，在"紧凑型"轮斗机方面也有很大的发展。"紧凑型"轮斗机的特点是，线性尺寸小、生产效率高、切割力大、质量轻、重心低、机器刚性好。

2. 设备主要型号和性能参数

国外露天煤矿广泛使用的轮斗挖掘机及排土桥型号和基本参数见表 3-3-3。

表 3-3-3 国外露天煤矿广泛使用的轮斗挖掘机及排土桥型号和基本参数

国家	厂家	型号	工作重量/t	装机功率/kW	斗容驱动功率/kW	斗轮直径/m	铲斗（数量×斗容）/m³	挖掘高度/m	挖掘深度/m	能力
德国	克虏伯	SchRs $\frac{6000}{9(17)} \times 51$	13500	16560	3360		18×8.6			19100 m³/h
	塔克拉夫	SRs 281	133		45	5.3	7×0.29	12	0.5	450 m³/h
		SRs 2000	2850		800	11.2	14×1.7	28	3	4900 m³/h
		SRs 4000	5100		2×1000	16	16×3.2	36	2.5	11000 m³/h
		SRs 6300	6852				18×3.3	50	15	14000 m³/h
		SRs 8000	14200	21870	5040	21.6	18×6.6	51	17	2.5×10^5 m³/d
	FAM	SR 300 R3	230	550	250	7.0	12×0.37	11	1	1530 m³/h
		SR 300 R5	350	750	500	6.8	18×0.21	11	1	1560 m³/h
		SRs 1301	1750	2200	500	8.4	14×0.65	26	5	3500 m³/h
		SRs 1602+VR	2300	3200	900	9	23×0.52	26	5	5000 m³/h

3. 设备生产厂家和应用情况

德国 FAM 公司轮斗挖掘机的应用情况：一台 SR800P9 的轮斗挖掘机 2018 年应用于智利 Radomiro Tomic 露天铜矿，生产能力 14500 t/h；一台 SR300P3 的轮斗挖掘机 2018 年应用于智利 Zaldivar 铜矿，生产能力 5400 t/h；一台 SR500R4 的轮斗挖掘机 2014 年应用于智利 Escondida 铜矿，生产能力 5027 t/h；一台 SR200R2 的轮斗挖掘机 2013 年应用于塞尔维亚 Lafarge Beocin 石灰石矿，生产能力 814 t/h；一台 4108SR(K)2000 的轮斗挖掘机 2012 年应用于哈萨克斯坦东方煤矿，生产能力 4500 m^3/h；一台 SR300R5 的轮斗挖掘机 2002 年应用于美国 Holly Hill 泥灰土矿开采，生产能力 2350 t/h。

1926 年，德国 TAKRAF 公司生产的首批 3 台轮斗铲在纳米比亚钻石矿投入使用。TAKRAF 公司生产的"紧凑型"轮斗挖掘机最大生产能力可达 75000 m^3/d，其生产的大型和巨型轮斗挖掘机最大生产能力可达 240000 m^3/d。1986 年，云南小龙潭布沼坝露天煤矿投入使用 TAKRAF WUD400/700 型轮斗挖掘机。1994 年，内蒙古元宝山露天煤矿投入使用 TAKRAF SRs1602 型轮斗挖掘机。2008 年，塞尔维亚 Drmno 露天煤矿投入使用 TAKRAF SRs2000 型大型轮斗挖掘机（图 3 – 3 – 8），该型号轮斗挖掘机针对剥离物进行了专门的设计，理论生产能力为 6600 m^3/h。2013 年，TAKRAF SRs(K)2000 型大型轮斗挖掘机在内蒙古扎哈淖尔露天煤矿投入使用，理论生产能力为 6600 m^3/h。印度奈维利（Neyveli）露天煤矿也装备了 TAKRAF 轮斗挖掘机。

图 3 – 3 – 8　TAKRAF SRs2000 型大型轮斗挖掘机

克虏伯公司为德国汉巴赫露天煤矿提供了世界上最大的轮斗挖掘机 Bagger 293，有效日挖掘能力 2.4×10^5 m^3，整机质量约 1.35×10^4 t。2003 年，黑岱沟露天煤矿投入使用克虏伯公司的 SchRs710/1x15 型轮斗挖掘机。

俄罗斯 Borodinsky 露天煤矿使用了 ERP – 2500、ERP – 1600 和 ER – 1250 轮斗挖掘机。

3.1.3　吊斗铲

1. 设备发展历程及趋势

John W. Page 于 1904 年发明了吊斗铲，用于建设美国芝加哥运河。1923 年，Page 公司建造了第一台迈步式吊斗铲，1924 年该公司制造了第一台专用柴油发动机的吊斗铲；

同时期，Mohnigan 公司在 1925 年给自己生产的吊斗铲装上了该公司研发的移动设备系统。20 世纪 30 年代，Mohnigan 公司卖出部分股份给 Bucyrus-Erie 公司，两公司于 1946 年正式合并。另一家吊斗铲公司 Ransomes and Rapier 于第一次世界大战后开始生产 Marion 吊斗铲。

1969 年，Bucyrus-Erie 公司生产了世界上最大的吊斗铲 4250 W（Big Muskie）。在其服役了 22 年后，由于美国的《清洁空气法案》和对煤炭需求的降低导致设备运营成本太高，最终退役。

目前吊斗铲生产厂商数量远低于 20 世纪 60 年代时的数量。

采用吊斗铲倒堆工艺的千万吨级先进露天矿山普遍具有"多台吊斗铲、长工作线（单铲工作线 4 km 以上）、多个采区、多煤层回采面"等特点。

吊斗铲的特点：斗容量大、悬臂长、作业范围大、功率及机重大。2014 年，世界上在用的吊斗铲最大斗容量为 140 m³，最长悬臂 130 m，机重 7200 t（历史上吊斗铲斗容量最大为 168 m³，悬臂最长 160 m，驱动总功率最大 37300 kW，设备自重最大 12200 t）。

当前巨型吊斗铲已经不再是主流，吊斗铲会使用交流电控制技术替代传统的液压技术。

2. 设备主要型号和性能参数

国外露天煤矿广泛使用的吊斗铲型号和基本参数见表 3-3-4。

表 3-3-4 国外露天煤矿广泛使用的吊斗铲型号和基本参数

国家	厂家	型号	悬臂长度/m	工作重量/t	铲斗容量/m³	额定悬吊负载/t
美国	CAT-Bucyrus	8750-65	109.7		90	267.7
	CAT-Bucyrus	8000	75~101		23~34	71~102
	CAT-Bucyrus	8200	99~117		45~84	136~249
	CAT-Bucyrus	3270W	101	7938	135	
	CAT-Bucyrus	BIG MUSKIE		12258	168	
	CAT-Bucyrus	URSA MAJOR	110	6700	122	
	CAT-Bucyrus	MARION 8900	76	6356	119	
	P&H	9010	80~105			
	P&H	9020	90~125		55~90	
	P&H	9030	100~130		85~122	
印度	BEML	W2000	74.6~100.85		24~34	71~102
俄罗斯	重型机械厂	ESH20/90	90	1690	20	63
		ESH20/100	100	1900	20	63
		ESH25/120	120	3400	25	90

表 3-3-4（续）

国家	厂家	型号	悬臂长度/m	工作重量/t	铲斗容量/m³	额定悬吊负载/t
俄罗斯	重型机械厂	ESH30/110	110	3420	30	95
		ESH40/130	130	5460	40	125
		ESH65/100	100	5460	65	205
日本	Komatsu	9010C				

UZTM-KARTEX 公司旗下的 Uralmarshplant（UZTM）是目前俄罗斯唯一生产吊斗铲的厂商，生产迈步式和履带式两大类吊斗铲。迈步式吊斗铲有 6 种型号，斗容量 11~40 m³，臂长 75~100 m，可以在 -50~40 ℃ 环境下工作。履带式吊斗铲尺寸比迈步式的要小，但移动能力强，底盘基于电铲挖掘机 EKG5A 和 EKG-12A。该系列有 6 个型号，最小的型号为 EDG3，斗容量 3.2 m³，臂长 30 m，工作重量 186 t；最大的型号为 EDG-8，斗容量 8 m³，臂长 55 m，工作重量 630 t。1949 年，Uralmarshplant 的第一台吊斗铲 ESH14.65 出厂。

小松公司目前生产美国 P&H 公司的吊斗铲，有 3 个型号，分别是 9010C、9020C、9020XPC。9010C 型号的最大斗容量 57 m³，最长臂长 106.7 m，最大工作重量 4056 t；9020C 型号的工作重量为 5844.2 t，臂长为 106.7 m；9030XPC 型号的工作重量为 7971.6 t，臂长为 113.1 m。

美国卡特彼勒公司目前生产 3 款吊斗铲：CAT8000 型号的斗容量 24~34 m³，臂长 75~101 m，工作重量 1988 t；CAT8200 型号的斗容量 46~61 m³，臂长 100 m，工作重量 4100 t；CAT8750 型号的斗容量 76~116 m³，臂长 109.7~132.5 m，工作重量 7500 t，如图 3-3-9 所示。

图 3-3-9　卡特彼勒公司 CAT8750 吊铲斗

3. 设备生产厂家和应用情况

1997 年，比塞洛斯-伊利收购了 Marion Power Shovel 公司，公司后来被卡特彼勒公司收购。巨型步进式拉铲的生产商只有比塞洛斯-伊利和马里昂，比塞洛斯收购马里昂后，只有原马里昂的 8000 系列得以保留，公司融合了两家产品的技术，推出为比塞洛斯 8000 系列，后发展成为卡特彼勒 8000 系列。

比塞洛斯-伊利吊斗铲广泛应用于美国露天煤矿：美国黑雷露天煤矿采用比塞洛斯-伊利（B-E）2570WS、B-E 1570W 和 B-E 1300W 吊斗铲进行剥离作业；美国北安特洛浦罗切尔露天煤矿使用了 2 台 B-E 2570 吊斗铲、1 台 Marion 8200 吊斗铲和 1 台 B-E 1570 吊斗铲；美国北达科他州的自由露天煤矿也采用比塞洛斯-伊利公司的吊斗铲。国内黑岱沟露天煤矿使用了 B-E8750-65 步进式吊斗铲。

P&H 公司在 1988 年收购 Page 公司后，开始发展巨型步进式吊斗铲 9000 系列。

3.1.4 露天采矿机

1. 设备发展历程及趋势

露天采矿机是 20 世纪 90 年代发展起来的一种用于露天矿山开采层状矿床的采矿设备，是一种采用分层铣削方法开采的连续式采矿设备，它具有以下优点：一是集开采、破碎收集于一身，省去了钻孔、爆破及与之相关的辅助环节，简化了工艺，同时避免了爆破震动带来的不利影响，开采后的物料粒度适中，不需要二次破碎；二是一次采厚小，选采性能好，刨采深度可以自由调整，实现精确选采；三是回收薄煤层，提高了资源采出率；四是可减少废石混入，提高矿石质量；五是机身质量轻，行走速度快，机动灵活；六是作业坡度大，截割力强，对地质条件的适应力强；七是连续作业，生产能力大。

露天采矿机在薄煤层的回采和复杂煤层的选采方面具有明显优势。缺点是开采工作面边角存在作业盲区，需要其他辅助设备进行处理；选择开采时存在煤、岩厚度的准确定位问题。

20 世纪 80 年代，印度、澳大利亚等国外露天矿由于地区的特殊原因导致不能爆破开采露天矿，有些矿山矿层较薄，同样也不适合爆破开采。为了回采这些资源，维特根公司将筑路用的铣刨机移植到露天矿山，制造了世界上第一台中置式冷铣刨技术的露天采矿机。随后，奥地利破碎机厂家奥钢联受井工矿巷道掘进设备启发，研发制造了 VASM 悬臂式露天采矿机，其切割装置位于前端可以升降的滚筒上，滚筒装有交错的切齿，滚筒内装有螺旋叶片并能做横向运动。由于中置式露天采矿机对矿石硬度适用性较小、工作线长度要求较大，进入 21 世纪，美国 Vermeer 公司在岩石开沟机的使用中总结经验，研发制造了世界上第一台后置式露天采矿机。

露天采矿机按照结构形式的差异可以分为滚筒式、轮斗式及犁式。滚筒式露天采煤机是一种集开采、破碎、装运等功能于一体的大型露天开采设备，主要由工作机构、装载机构、转载机构、行走机构、机架、液压系统、电气系统等部分组成。滚筒式露天采煤机分为水平切割和垂直切割两类，其中水平切割的滚筒式露天采煤机主要有滚筒前置式、滚筒位于机体中部和滚筒后置式 3 种；垂直切割的滚筒式露天采煤机主要为滚筒前置式。滚筒前置式水平切割露天采煤机主要生产厂家是德国的 Man TAKRAF 公司。滚筒中置式水平切割露天采煤机主要生产厂家为德国的 Wirtgen 公司，这种采煤机适宜薄壁煤层的开采且行驶速度快，可分层选采煤、矸。滚筒后置式水平切割露天采煤机主要生产厂家为美国的

Vermeer 公司,这种采煤机减少了截割下的物料对机器作业产生的危害,降低了生产成本,自顶向下的截割方式,更有利于矿体开采,生产处的颗粒度小且均匀。滚筒前置式垂直切割露天采煤机的主要生产厂家为奥地利的 Voest – Alpine 公司。

2. 设备主要型号和性能参数

当前国外露天煤矿广泛使用的露天采矿机型号和性能参数见表 3 – 3 – 5。

表 3 – 3 – 5 国外露天煤矿广泛使用的露天采矿机型号和性能参数

国家	厂家	型号	最大切割宽度/m	切割深度/mm	总功率/kW	工作重量/lbs
德国、美国合作	Wirtgen	220 SMi	2.2	300	708	119070
	Wirtgen	220 SMi 3.8	2.2	300	708	130095
	Wirtgen	280 SMi	2.75	650	783	256949
	Wirtgen	4200 SMi	4.2	650	1194	450397
美国	Vermeer	地平王 T855Ⅲ	2.56 ~ 2.64		261	
	Vermeer	地平王 T955Ⅲ	2.9		309.5	
	Vermeer	地平王 T1055Ⅲ	2.95 ~ 3.1		309.5	
	Vermeer	地平王 T1155Ⅲ	2.92 ~ 3.04		402.7	
	Vermeer	地平王 T1255Ⅲ	3.4		447.4	
	Vermeer	直驱地平王 T1255Ⅲ	3.4		447.4	
	Vermeer	地平王 T1655Ⅲ	6.2		894.8	410100
意大利	Tesmec	975EVO	2.9	350		
	Tesmec	1150EVO	3.2	500		
	Tesmec	1475XL EVO	4.2	500		

意大利的 Tesmec 公司创建于 1951 年,是能源及数据输送通道建设解决方案的世界领军企业。该公司生产的露天采矿机目前有 3 个型号,分别是 975EVO、1150EVO 和 1475XLEVO。采矿机采用卡特彼勒公司生产的柴油发动机,可以用于垂直墙面和角落煤炭的开采,装配有 3D GPS 系统、自动深度和级别控制、自动导航到预定路径等自动化系统和远程监控系统。该公司 1475XL EVO 露天采矿机如图 3 – 3 – 10 所示。

美国 Vermeer 公司地平王系列露天采矿机有 7 个型号,都采用卡特彼勒公司生产的柴油发动机,最小的型号是 T855Ⅲ,总功率 261 kW,最大的型号是 T1655Ⅲ,总功率 894.8 kW。该公司 T1255Ⅲ 露天采矿机如图 3 – 2 – 11 所示。

3. 设备生产厂家和应用情况

Wirtgen Group(现下属 John Deere)公司成立于 20 世纪 60 年代,一开始主要做道路建设装备。70 年代中期开始将已有的道路沥青铣刨技术转化利用于露天矿开采,并于

图 3-3-10 Tesmec 公司 1475XL EVO 露天采矿机

图 3-3-11 美国 Vermeer 公司 T1255Ⅲ 露天采矿机

1980 年生产出第一台露天采矿原型机 3000SM。1983 年卖出第一台露天采矿机 1900SM，正式进入露天采矿机市场。目前 Wirtgen 4200SM 在美国南得克萨斯州和墨西哥的露天煤矿都有使用，在美国得克萨斯州露天煤矿的使用场景如图 3-3-12 所示。

图 3-3-12 Wirtgen 4200SM 露天采矿机在美国得克萨斯州露天煤矿

3.1.5 端帮采煤机

1. 设备发展历程及趋势

20 世纪 80 年代,通过借鉴井工煤矿房柱式采煤机的经验,露天煤矿连续采煤机应运而生。1994 年,在连续采煤机成功经验和螺旋钻开采技术的基础上,美国 SHM 公司研发了端帮采煤机。该机具有高安全性、高操作性、较强的灵活性、占用人员少、开采能力大等特点,大大提升了端帮煤炭的采出率,降低了吨煤生产成本。

2. 设备主要型号

端帮采煤机的主要型号为卡特彼勒公司的 HW300。美国 ADDCAR 公司的端帮采煤系统有宽和窄两种。

3. 设备生产厂家和应用情况

美国西弗吉尼亚的 SHM 公司的端帮采煤机主要用于美国、俄罗斯、印度的露天煤矿。据不完全统计,该公司全球在用的端帮采煤机约有 70 台。SHM 公司先是被美国 Terex 公司收购,然后被 Bucyrus 公司收购,2011 年 Bucyrus 公司被卡特彼勒公司收购。图 3 - 3 - 13 所示为美国 SHM 公司生产的端帮采煤机。

图 3 - 3 - 13　美国 SHM 公司生产的端帮采煤机

美国西弗吉尼亚的 Madison 露天煤矿采用 2 台 SHM 公司的端帮采煤机对环山体露头煤进行开采。第一台设备工作煤层厚度较薄,平均为 1 m,煤层上覆盖岩层、山体厚度为 40～70 m,采煤边坡高度约 20 m,有一定坡度,端帮采煤机距离山体较近,站立台阶宽度约为 20 m。端帮采煤机采用 1.2 m 薄煤层截割头对煤层进行开采,采高为 0.76～1.5 m。第二台端帮采煤机工作条件、技术参数与第一台相仿,煤层上覆岩层厚度为 30～50 m。该矿每月工作 20 d,每天 2 班,单班能够完成 1 个采硐,产煤量达 50000～70000 t/月。

2022 年,美国 Bens Creek Group 公司采购了 SHM 公司的端帮采煤机和配套装备,用于冶金煤的开采。

2011 年,卡特彼勒公司生产出了 HW300 端帮采煤机,最低可以在 18 m 宽度的平台上工作。该机器装备了可编程的逻辑控制系统(PLC),用于设置采煤机参数,确保钻头在煤层里工作。采煤机装备了推梁和锚固系统,可以减少顶层落石。截至 2019 年,该公司有 85 台端帮采煤机在全世界 40 多个地区运行。

印度 Gainwell Engineering 公司生产端帮采煤机。2022 年澳大利亚 Vitrinite 公司为其新开的 Vulcan 煤矿采购了 GHWM300M 端帮采煤机。

端帮采煤机整机价格太高，目前国内露天煤矿尚没有采用 SHM 采煤机。

3.2 国内采装设备

露天煤矿采装设备是指可以完成剥离物或矿物的挖掘并能卸载在特定设备中或地点的机械。从露天煤矿开始使用机械采掘到现在，采掘设备基本上一直以挖掘机为主，前端式装载机、铲运机、露天采矿机、露天采煤机、地平王、端帮采煤机等辅助设备也可独立完成露天煤矿矿岩的采装工作。

挖掘机一般分为单斗式挖掘机和多斗式挖掘机。单斗式挖掘机分为机械式电铲（简称"电铲"）、液压铲、吊斗铲，多斗式挖掘机分为轮斗式挖掘机和链斗式挖掘机。目前，我国露天煤矿以使用机械式电铲为主，部分露天煤矿也使用液压铲、轮斗铲和吊斗铲。

我国从新中国成立初期便开始了挖掘机的研制工作，目前可以生产最大斗容量达 75 m^3 的电铲，但液压铲的生产能力远远不能满足国内市场的需求，大型液压铲基本上被进口产品占据。

3.2.1 单斗挖掘机

单斗挖掘机是一种利用单个铲斗挖掘土壤或矿石的自行式挖掘机械。单斗挖掘机主要由发动机、液压系统、工作装置、行走装置和电气控制等部分组成。液压系统由液压泵、控制阀、液压缸、液压马达、管路、油箱等组成。电气控制系统包括监控盘、发动机控制系统、泵控制系统、各类传感器、电磁阀等。矿用单斗挖掘机按动力来源可分为电铲和液压挖掘机。

1. 电铲

电铲又称绳铲、钢缆铲，机械式电动挖掘机是利用齿轮、链条、钢索滑轮组等传动件传递动力的单斗挖掘机。电铲是千万吨级露天矿山的主要采掘设备，生产率高，作业率高，操作成本低，是采矿业公认的机型。电铲由行走装置、回转装置、工作装置、润滑系统、供气系统组成。

1) 发展历程

新中国成立之前我国露天煤矿采装设备基本来自日本和德国，国内制造业为零。新中国成立初期，我国矿用电铲主要引进苏联的 W10012 型和 W5012 型。1955 年 6 月，抚顺挖掘机厂研制成功第一台 1 m^3 全回转履带机械式挖掘机。1957 年 12 月 21 日，引进苏联技术，试制成功我国第一台 W-3 型 3 m^3 矿用电铲。1959 年，抚顺挖掘机厂又研制成功 4 m^3 的 W-4 型机械式挖掘机。此阶段我国挖掘机技术比较薄弱，技术基本来自苏联，仿制比例较高。

1961 年 5 月 21 日，太原重型机器厂也试制成功 4 m^3 电铲。1965 年 7 月 28 日，太原重型机器厂在原有履带式电铲的基础上，试制成功国内首台 4 m^3 迈步式长臂电铲。1974 年 6 月中旬，太原重型机器厂制成我国第一台矿用长臂电铲。1977 年 6 月，太原重型机器厂试制成功国内首台 WK-10 型 10 m^3 电铲。1977 年 7 月 15 日，WD1200 型挖掘机在该厂试制成功，该挖掘机为当时我国斗容量最大的机械式挖掘机。之后，抚顺挖掘机厂又先后为抚顺西露天煤矿和霍林河露天煤矿生产了 4 台 12 m³ 的机械式挖掘机。抚顺挖掘机厂和太原重型机器厂成为国内露天煤矿采掘设备的主要生产厂家。2000 年后，抚顺挖掘机厂改制，不再生产电铲。

20 世纪 80 年代中期衡阳重机、湘电集团分别与美国 B – E 公司、P&H 公司合作生产 7～45 m³ 斗容量的挖掘机，但因没有掌握核心技术，于 20 世纪末基本放弃了机械挖掘机的生产。

1986 年 3 月 20 日，太原重型机械厂生产的首台 2300XP 型电铲发运出厂。1998 年，太原重型机械厂与美国公司合作生产了 2800XPB 型 35 m³ 电铲。该厂还与比赛洛斯公司合作，生产了臂长 100 m、斗容量 20 m³ 的大型拉铲。

2005 年后，抚顺矿业集团机械厂在原电铲维修、零配件生产的基础上，通过自主研发，生产出 FWK – 4A（斗容量 4 m³）、FWK – 12（斗容量 12 m³）等多个型号电铲。截至 2013 年底，已累计销售近 50 多台，主要用户有抚顺东露天煤矿、鄂尔多斯壕赖梁露天煤矿等。

2005 年底，太原重工 WK – 20 型 20 m³ 电铲成功问世。随后又研制出 WK – 27 型 27 m³ 电铲，该机斗容范围 23～46 m³，工作重量 915 t。9 个月后，太原重工集团 WK – 35 型 35 m³ 电铲问世。2008 年 1 月 26 日，首台 WK – 55 型矿用电铲发运出厂。2012 年，世界最大的电铲 WK – 75 下线。目前，太原重工已成为世界三大矿用挖掘机制造商之一。

2014 年，我国矿用电铲生产企业又增添新成员。2014 年 5 月 21 日，由中铁科工与中铁九局联合研制的首台 WKHKG – 12（斗容量 12 m³）电铲投入使用；2014 年 7 月，三一集团的 SES12 电铲（斗容量 12 m³）在昆山产业园下线，是国内首台高原型矿用电铲。

近年来，数字化、网络化、智能化技术在大型电铲上不断应用。国内部分厂家自主研制出了适应多变载荷的自适应智能辅助挖掘系统、运行状态监测系统、设备健康管理系统、铲斗物料在线称量系统、安全防护系统、监控系统，提高了电铲全方位状态监测能力，具有较好的自主检测修复能力、高效的开采能力和极佳的无人化作业水平，不断推动露天矿山安全、高效、智能开采。

2）设备生产厂家、主要型号和性能参数

我国国内生产矿用挖掘机的企业主要有太原重工、中国一重、衡阳衡冶重型机械有限公司、抚顺挖掘机制造有限公司、四川邦立重机有限责任公司等公司。除太原重工能够自主开发大型矿用挖掘机外，其他企业主要是与美国 P&H 公司、比塞洛斯公司合作制造，或只能生产小型矿用挖掘机。部分国产电铲主要参数见表 3 – 3 – 6，实物如图 3 – 3 – 14 所示。

表 3 – 3 – 6 部分国产电铲主要参数

序号	机型	斗容范围/m³	额定负载/t	最大挖掘半径/m	最大挖掘高度/m	最大卸载高度/m	生产厂家
1	WK – 4	5	15.5	12	7.5	6.3	太原重工
2	WK – 6 长臂	6	—	24.25	23.4	17.7	
3	WK – 8	8	—	17.4	12.7	8.05	

表 3-3-6（续）

序号	机型	斗容范围/m³	额定负载/t	最大挖掘半径/m	最大挖掘高度/m	最大卸载高度/m	生产厂家
4	WK-10	10	21.6	18.9	13.5	8.6	太原重工
5	WK-12C	10~16	21.6	18.9	13.5	8.6	
6	WK-20C	16~37	45	21.0	13.5	9.0	
7	WK-27A	23~46	49	23.4	16.8	10.2	
8	WK-35	25~54	65	24.0	16.2	9.4	
9	WK-45	31~61	82	24.4	17.4	10.0	
10	WK-55	36~76	110	23.85	18.1	10.1	
11	WK-75	40~100	135	26.3	19.2	10.6	
12	FWK-4	4	—	—	—	6.37	抚矿机械制造厂
13	FWK-12	12	—	—	—	8.45	
14	SES12	12	—	—	—	—	三一矿机
15	WKHKG-12	12	—	—	—	8.88	中铁科工
16	195-BI	12.23	18	16.92	12.5	7.06	衡阳重工

3）应用情况

新中国成立之后，我国在抓露天煤矿建设的同时也注重采掘机械化，1958 年前引入了大量苏联生产的先进设备。如 1950 年 11 月，抚顺西露天安装完成 1 台苏联乌拉尔机构制造厂的 CЭ-3 型挖掘机；1953 年，海州露天煤矿建成投产，引进 10 台 CЭ-3 型电铲、6 台 CЭ-3Y 型电铲。

改革开放以前，我国新建的十几处露天煤矿都使用了太原重型机械厂和抚顺挖掘机厂生产的挖掘机，主要为 W-4、WK-4、WD400 等机型。随着我国挖掘机技术逐渐成熟，国内露天煤矿开始使用自主研发的挖掘机。1969 年，抚顺西露天引入 WD-4（非定型产品）型挖掘机，1985 年购入 3 台 WK-10A 型挖掘机，大幅提高了露天煤矿的生产效率。阜新海州露天煤矿也相继引入 W-4 型、WK-4 型、WP-6 型、WK-10 型挖掘机。

"五大露天煤矿"及之后相继建设的露天煤矿在设备选择方面更加多样化，同时开始大量采购欧美等国家生产的设备。表 3-3-7 为 2013 年底之前我国主要露天煤矿使用的电铲型号及数量。

(a) WK-12C 型电铲

(b) WK-75 型电铲

(c) 195B 型电铲

(d) 295B 型电铲

图 3-3-14 部分国产电铲实物

表 3-3-7 我国主要露天煤矿使用的电铲型号及数量（截至 2013 年底）

序号	使用露天煤矿	型号	斗容/m³	生产厂家或国家	使用数量	投用时间	备注
1	安家岭露天煤矿	P&H2800	35	P&H 公司	7	2001 年	
2		P&H2800XP	35		2	2008 年	安太堡调入
3		WK-55	55	太原重工	2	2008 年	
4		P&H 4100	58.1	P&H 公司	2	2008 年	
5	安太堡露天煤矿	P&H2800XP	35		11	1986 年	
6		P&H 4100	58.1		5	2008 年	
7	白音华二号露天煤矿	WK-35	35	太原重工	1	2009 年	
8		495HD	49	比塞洛斯公司	1	2011 年	
9		WK-20	23	太原重工	4	2009 年	
10	宝清露天煤矿	WK-35	35		1	2012 年	
11	宝日希勒露天煤矿	WK-4	4		2	2006 年	
12		WK-10B	12		4	—	
13		WK-35	35		5	2010 年	

表 3-3-7（续）

序号	使用露天煤矿	型号	斗容/m³	生产厂家或国家	使用数量	投用时间	备注
14	布沼坝露天煤矿	WD-400	4	抚顺挖掘机厂	1	—	
15		WK-10(A)B	12	太原重工	1	2009 年	
16	哈尔乌素露天煤矿	395B	32	比塞洛斯公司	2	2008 年	黑岱沟调入
17		WK-35	35	太原重工	2	2010 年	
18		WK-55	55		4	2008—2010 年	
19		495HR	52.25/58/60.4	比塞洛斯公司	6	2008 年	
20	黑岱沟露天煤矿	WK-10B	14	太原重工	4	2000 年前	已退役
21		WK-20	20		1	2006 年	
22		P&H 2800	25	P&H 公司	1	1998 年	
23		396BI	32	比塞洛斯公司	6	1998 年	
24		WK-35	35		3	2007 年	
25		WK-55	55		3	2008 年	
26	霍林河北露天煤矿	WK-27	27		1	2007 年	
27		WK-10(A)B	12		3	2007 年	
28	霍林河南露天煤矿	WE-8YC	8		1	1996 年	原 2 台
29		WK27	27		3	2007 年	
30		WK-10	12	太原重工	18	1989—2008 年	
31	胜利东二露天煤矿	WK-20	23		4	2008 年、2009 年	
32		WK-35	35		3	2011 年、2012 年	
33		WK-75	75		1	2012 年	
34	胜利西二露天煤矿	WK-12C	12		2	2009—2012 年	
35	胜利西一露天煤矿	WK-10(A)B	12		2	2003—2007 年	
36		WK-35	35		7	2009 年	
37		495HD	49	比塞洛斯公司	1	2007 年	
38		WD-400	4	抚顺挖掘机厂	1	—	已报废
39		WK-4C	4	太原重工	1	—	已报废
40	魏家峁露天煤矿	WK-35	35		2	2009 年	

表 3-3-7（续）

序号	使用露天煤矿	型号	斗容/m³	生产厂家或国家	使用数量	投用时间	备注
41	伊敏河露天煤矿	WD-400	4	抚顺挖掘机厂	6	1982年、1986年、1990年	
42		WK-10B	12	太原重工	6	1997年	
43		WK-35	35		2	2007年	
44		WK 20	20		6	2009年	
45	元宝山露天煤矿	WK-10(A)B	12		2	1997年	
46		ЭКГ-12.5	12.5	俄罗斯	3	1996年	
47		ЭКГ-15	15		1	1997年	
48	扎哈淖尔露天煤矿	EKG-10	12.96		2	—	
49		EKG-15	16		2	—	
50		WK-20	23	太原重工	4	—	
51		WK-12C	14		2	2011年	
52	准东露天煤矿	WK-35	35		3	2010	
53	抚顺西露天煤矿	WK-10	10		3	1985年	
54		WD-1200	12	抚顺挖掘机厂	1	1980年	
55		200B	11.5	日本	1	1980年	
56		1900AL	8.4		1	1984年	
57		FWK-4A	4	抚矿集团机械厂	3	2005—2009年	
58	平朔东露天煤矿	395BI	32	比塞洛斯公司	3	1997年	安太堡调入
59		WK-35	35	太原重工	2	2011年	
60		P&H4100	60.3	P&H 公司	4	2011—2013年	
61	白音华一号露天煤矿	WK-10	10	太原重工	2	2012年	
62		WK-35	30		2	2012年	
63	大峰露天煤矿	WK-4B	4	抚顺挖掘机厂	1	1971—1990年	
64		WK-4C	4		6		
65		WD-400A	4		2		
66		WD-400	4		1		

表3-3-7（续）

序号	使用露天煤矿	型号	斗容/m³	生产厂家或国家	使用数量	投用时间	备注
67	白音华四号露天煤矿	WK-10(B)	10~12	太原重工	2	2006—2007年	
68		WP-6	6		1	1988年	海州矿调入
67	扎尼河露天煤矿	WK-12C	14		2	2013年	
68	抚顺东露天煤矿	WK-4	4	抚顺挖掘机厂	2		
69		WK-10	10				
70		W-4	4		16	1965—1980年	
71		CЭ-3У	3	苏联	4	1954—1966年	
72		FWK-12	12	抚矿集团机械厂	7	2009—2013年	

目前，太原重工是我国唯一专业生产大、中、小型矿用机械正铲式挖掘机系列产品的大型国有企业，具有近五十年的研发和生产制造历史，占据着国内露天煤矿90%以上的市场份额，共计为国家矿山配套及出口制造近两千台套矿山挖掘设备。

2. 矿用液压挖掘机

矿用液压挖掘机一般为正铲挖掘机，即铲斗和斗杆向机器前上方运动进行挖掘的单斗挖掘机，主要用于露天采矿和剥离作业，适于挖掘停机面以上的岩堆，因此也叫液压铲。挖掘机通过液压传动使转台在360°范围内任意旋转，并由液压传动使动臂、斗杆及铲斗动作，实现矿物的挖掘、提升、回转和卸料的周期式作业，在机器本身的任何一种作业循环里无须移动机体，靠履带式行走机构实现移位。液压铲具有灵活机动、效率高、投资相对小、重量轻、挖掘力大等特点，适合采煤，选采性能好，是露天煤矿不可或缺的辅助设备。

1) 发展历程

我国开始研制、发展液压挖掘机产品是在20世纪60年代末。1967—1977年，这十年我国有少数几家工厂开始研究、开发液压挖掘机，通过坚持不懈的努力，终于有少量几种规格的液压挖掘机产品获得初步成功，当时有上海建筑机械厂的WY100型、贵阳矿山机器厂的W4-60型、合肥矿山机器厂的WY60型、长江挖掘机厂的WY160型和杭州重型机械厂的WY250型等。1977年，中国第一台WY160型全液压挖掘机试制成功，填补了我国全液压挖掘机的空白。

20世纪80年代初，我国涉足挖掘机行业的厂家先后引进了当时国际上比较先进的液压挖掘机制造技术。

这个阶段各主机生产厂通过对引进技术（主要是德国挖掘机制造技术）的消化、吸收和移植，使我国液压挖掘机产品的性能指标全面提升。

1992年，太原重工与德国曼内斯曼德马克公司合作生产的H121型液压挖掘机，工作重量 115.5 t，功率 477 kW，斗容量 5.5~10.5 m³，填补了国内大型挖掘机的空白。

到 1995 年，我国挖掘机行业掀起了合资浪潮，先后在国内建立了十几家合资、独资挖掘机生产企业，世界上著名的挖掘机制造厂商绝大部分都在中国建立了合资、独资企业，他们带来了技术、资金和先进的管理方法，建立了有效的销售网络。中国加入世界贸易组织以后，国内挖掘机生产企业积极学习并接受世界挖掘机设计制造的先进理念和方法，在挖掘机制造技术、企业管理、产品销售和服务方面狠下功夫。2003 年 8 月，四川邦立全面改进、提升的系列液压挖掘机产品 CE220-6、CE400-6、CE420-6、CE(D)460-5、CE(D)460-6、CE(D)550-6、CE(D)650-6、CE1000-6 全面推向市场；10 月，当时国内最大吨位、最大斗容量的 CE1000-6（6.0 m³）矿山全液压挖掘机研发成功并推向市场。2006 年 5 月，当时全国最大吨位、最大斗容量的 CE(D)1250-7 型电动全液压挖掘机研发成功并投放市场。同时太原重工也开发了系列大型矿用液压挖掘机（主要指斗容量 15 m³ 以上的产品）以适应大型露天煤矿不同开采工艺的要求，主要型号有 WYD260、WYD390、WYD600、WYD900 等，其中 WYD260 型在准格尔露天煤矿投入生产作业多年。

除了太原重工和邦立重机外，2000 年以后成长起来的三一集团、中联重科、徐工集团等发展迅速，分别研制出 SY2000C 型、ZE3000ELS 型、XE7000E 型等大型矿用挖掘机，在大型矿用挖掘机方面取得突破性进展，与同斗容范围的国外挖掘机在技术水平上已逐步趋同。

2）设备生产厂家、主要型号和性能参数

目前，我国国内生产矿用液压挖掘机的企业主要有四川邦立重机、太原重工、徐工集团、三一集团、中联重科等，最大斗容量已达 45 m³。国内生产的大型液压铲主要参数见表 3-3-8。这些企业的液压挖掘机实物如图 3-3-15~图 3-3-17 所示。

表 3-3-8　国内生产的大型液压铲主要参数

序号	生产厂家	型号	斗容/m³	最大挖掘高度/m	最大卸载高度/m	功率/kW	工作重量/t
1	邦立重机	CED1000-7	5.5	12.8	9.3	450	
2		CED1250-7	6.5	13.2	9.5	450	
3		CED1260-8	7.0	14.44	9.51	500	125
4		CES1280-8	7.0	14.44	9.51	500	125
5		CED2200	13	15.5	11.0	2×400	220
6	太原重工	WYD260	15	15.5	8.9	1000	
7		WYD390	22	16.6	12	2×750	
8		WYD600	32	18.7	14.1	2×1300	
9		WYD800	45	19.8	14.6	2×1700	

表3-3-8（续）

序号	生产厂家	型号	斗容/m³	最大挖掘高度/m	最大卸载高度/m	功率/kW	工作重量/t
10	三一集团	SY2000C	12	13.97	8.96	746	195
11	中联重科	ZE3000ELS	17	15.33	10.2	1044	298
12	徐工集团	XE2000E	8~12	13.42	10.18	610	192
13		XE2800E	12~17	13.88	10.3	1200	290
14		XE3000	15~17	16.4	9.9	1193	285
15		XE4000	20~22	18.05	11.74	1491	384
16		XE4000E	21~23	15.67	11	1200/1786（60 Hz）	380
17		XE7000	30~36	16.7	12.9	2×1193	672
18		XE7000E	30~36	16.7	12.9	2×1250	660
19	柳工集团	952EHD	3.2	10.785	7.52	299	51

(a) WYD260型挖掘机　　　　　　(b) WYD390型挖掘机

图3-3-15　太原重工部分液压挖掘机

3）应用情况

总体来看，我国露天煤矿采用的液压挖掘机多为进口设备，只有少数矿区采用了四川邦立重机等厂家生产的国产设备。

我国最早引入液压铲作为主要采掘设备的是霍林河露天煤矿。霍林河煤矿在建矿初期，由于缺乏电源，1979年从德国O&K公司引入10台斗容量为8.1 m³的RH75型液压铲，与美国WABCO公司的75B后卸卡车配套采煤和剥离。平均工作循环时间为30 s，2.5 min即可装满车，可利用率为55%~75%，这些设备的使用使霍林河露天煤矿建矿速度大大提高。

1985年，安太堡露天煤矿开工建设，初期购入3台Demag公司生产的H241型液压铲，斗容量为14.4 m³。随后，我国新建和扩建的露天煤矿也相继购入小型液压反铲用于

图 3 – 3 – 16　邦立重机 CED1260 – 8 型液压挖掘机

图 3 – 3 – 17　徐工集团 XE7000E 型液压挖掘机

露天煤矿辅助工程。1989 年和 1996 年，伊敏河煤矿相继购入 1 台 WY252 – CW 型和 WY203HD 型液压挖掘机用于道路维护、挡墙构筑工作等。2010 年后，伊敏河煤矿又相继购入斗容量为 5.8 m^3 和 43 m^3 的液压铲，用于采煤。

随着液压铲技术的发展及其价格优势，液压铲在我国各大露天煤矿相继投入使用，如小龙潭露天煤矿完全使用液压铲代替电铲完成采装作业。表 3 – 3 – 9 为截至 2013 年底我国主要露天煤矿使用的液压铲统计。

表3-3-9 我国主要露天煤矿使用的液压铲统计（截至2013年底）

序号	应用露天煤矿	型号	标准斗容/m³	生产厂家或国家	用途	使用数量	投入时间	备注
1	胜利东二露天煤矿	EX3600	23	日立	采煤、剥离	2	2009年	
2		RH170	20	卡特彼勒公司	采煤机辅助作业	2	2012年	
3		CAT390D	4.6	卡特彼勒公司	辅助作业	2	2011年	
4	胜利西一露天煤矿	EX1900	12	日立	采煤/剥离	2	2006—2010年	
5		EX2500	15	日立	采煤	2	2010年	
6	哈尔乌素露天煤矿	EX1900	12	日立	采煤及辅助作业	1	2009年	
7	黑岱沟露天煤矿	EX1900-2	12	日立	辅助作业	1	2009年	
8		EX3600-6	26	日立	岩石剥离	1	2010年	
9	伊敏河露天煤矿	EX8000	43	日立	岩石剥离	1	2013年	
10	布沼坝露天煤矿	CED1250	12.5	四川邦立重机	岩石剥离	1	2006年	

3.2.2 轮斗挖掘机

轮斗挖掘机是在链斗挖掘机、单斗挖掘机和其他采掘设备的基础上逐步发展起来的，目前是连续化作业设备中比较理想的一种多斗挖掘设备，也是目前世界上最大成套挖掘设备之一。轮斗挖掘机具有连续化作业、生产能力大、效率高、适应复杂煤层选采、运输坡度大、操作简单、维修方便、易实现现代化管理等优点，特别适合大型露天煤矿高效开采作业，主要应用在露天煤矿中剥离表土、挖掘有用矿物、倒堆作业、向车辆或输送带进行装载等工作场景，也广泛应用在混料堆置场、储料场、大型水利和土方工程中。然而，受我国露天煤矿剥离物赋存及设备技术的影响，轮斗挖掘机在我国的应用比较有限，相应的设备制造厂商数量也不多。

1. 发展历程

我国的轮斗挖掘机设计和制造业起步较晚，关键技术至今仍被国外公司垄断，国内还没有自主研发成功的产品。

20世纪90年代前，在机械工业部的组织下，我国曾有企业试验研制了几台中小型斗轮挖掘机并投入使用，但最后都因基础材料和配套件技术不成熟等因素而停滞。1975年，国内厂商曾经设计过型号为WLD1300/(5-7)30的轮斗挖掘机；1976年，杭州重型机械厂研制了WUD400/700型轮斗挖掘机，并在云南省小龙潭露天煤矿成功应用，为我国其他矿山使用连续开采工艺系统提供了宝贵的经验；1986年，国内厂商自行研制了WD520/(0.9)15中型轮斗挖掘机；同期小龙潭矿务局布沼坝露天煤矿引用由奥地利与中国联合制造的VABE550紧凑型斗轮挖掘机。

20世纪90年代后,我国曾有企业与国外公司合作,但只是为其配套加工几台套斗轮挖掘机的结构件,未掌握整套制造的关键技术。其中,元宝山露天煤矿成功地采用了由中国重型机械总公司和德国塔克拉夫公司加工制造的轮斗挖掘机,型号为SRs1602生产能力为3600 m^3/h,是当时亚洲最大的露天行走开采设备,工作场景如图3-3-18所示。SRchrs710/1×15型轮斗挖掘机是黑岱沟露天煤矿从德国克虏伯公司引进的。

图3-3-18 元宝山煤矿使用的SRs1602型轮斗挖掘机

为了改善和扭转我国斗轮挖掘机装备业的落后局面,提高我国连续工艺装备业国产化率,替代进口,大连重工通用设备有限责任公司与中煤科工集团沈阳设计研究院联合相关院校,经多年的研发,终于研制出我国首台全液压斗轮挖掘机,填补了国内这一领域的空白。截至2013年底,大连重工已经生产出小时能力300~3600 m^3 的DWY系列全液压轮斗挖掘机,系列产品具有体积小、重量轻、能耗小、挖掘力大、使用灵活、配套设备少、应用领域广、便于安装拆卸及运输等优点,如图3-3-19所示。

2. 设备生产厂家、主要型号和性能参数

目前,我国主要采用的轮斗挖掘机和露天煤矿有:中国与德国曼塔克拉夫公司联合研制的SRs1602.25.0/3.0型斗轮挖掘机,在元宝山露天煤矿中应用;从德国克虏伯公司引进的C3100ZG型轮斗挖掘机,在黑岱沟露天煤矿应用;K900型轮斗挖掘机在伊敏河矿区中应用;云南省小龙潭矿务局布沼坝矿在用的VABE550型斗轮挖掘机,是由奥地利与中国联合制造的紧凑型采掘设备;DWY2000型轮斗挖掘机在白音华一号矿应用,该设备可以直接采掘煤层,免去了爆破环节,同时破碎粒度也方便后续带式输送机运输,为煤层开采连续化创造了条件;内蒙古蒙东能源集团扎哈淖尔分公司于2013年试运一台德国TenovaTAKRAF公司生产的SRs2000型轮斗挖掘机用于扩能工程,这台轮斗挖掘机功率为1250 kW,设计生产能力为6600 t/h,臂长为44 m,最大采掘高度30 m,是东亚最大的轮斗挖掘机。

3 采装设备

图 3-3-19 白音华一号使用的大连重工全液压轮斗挖掘机

总体来看，国产轮斗挖掘机生产厂家较少，主要有大连重工、中国重机、杭州重机等企业，设备多为中外联合研制。国内使用的轮斗挖掘机统计见表 3-3-10，大连重工研制的 DWY2000 型全液压轮斗挖掘机技术参数见表 3-3-11。

表 3-3-10 国内使用的轮斗挖掘机统计

序号	理论生产能力/(m³·h⁻¹)	型号	生产厂家	应用露天煤矿
1	3100	C3100ZG	克虏伯	黑岱沟露天煤矿
2	3600	SRs1602	塔克拉夫与中国重机合制	元宝山露天煤矿
3	400/700	WUD 400/700	杭州重型机械厂	小龙潭露天煤矿
4	1500/2000	DW520/0.9.15	杭州重型机械厂	布沼坝露天煤矿
5	1785/2200	VABE 5500	中奥合作制造	布沼坝露天煤矿
6	6600	OSRs(K)2000.30/3.0	塔克拉夫	扎哈淖尔露天煤矿
7	2000	DWY2000	大连重工	白音华一号露天煤矿

表 3-3-11 大连重工研制的 DWY2000 型全液压轮斗挖掘机技术参数

项目	理论生产能力	斗轮直径	铲斗数量	单斗容积	上挖高度	下挖深度	行走速度	最大排料高度	最小排料高度	装机功率	整机重量	斗轮转速
单位	m³/h	m	个	m³	m	m	m/min	m	m	kW	t	r/min
参数	2000/2800	7	12	0.46/0.65	8.5	1	6	8.3	4.6	524	320/325	0~8

335

4 破 碎 设 备

国内外露天煤矿破碎设备分为固定/半固定破碎机、自移式破碎机。近年来，随着露天煤矿半连续开采工艺应用的日益广泛，国外半固定破碎机和自移式破碎机的研制及应用发展迅速，国外破碎设备以美国和德国企业生产的为主，主要特点是系统设计简洁、工作效率高、故障率低、便于维护。我国露天煤矿破碎设备存在创新型设计不足，特别是关键零部件的结构设计不合理，破碎效率低、可靠性较差、产品粒度不均匀等问题。今后我国移动破碎设备厂商应不断调整产业的方向与重心，在不断借鉴和吸收国外先进技术的基础上，加大科研资金的支持力度，坚持设备大型化和特大型化方向，完善破碎系统，提高破碎过程的自动化控制水平，增强设备的可靠性和可维修性，加强噪声和粉尘防治研究，保护作业人员身体健康。

4.1 国外破碎设备

传统破碎机有颚式、辊式、旋回式、锤式、反击式、喂给式等类型。对物料破碎的共同点都是通过对物料进行挤压或撞击达到破碎目的。辊式破碎机破碎脆性物料机理比较合理，露天煤矿应用较多。在此基础上，破碎站根据移动性能，分为固定破碎站、半固定/半移动破碎站和自移式破碎站。

4.1.1 固定/半固定破碎机

1. 设备发展历程及趋势

在应用间断－连续运输的早期实践中，运输机常设在地下斜井中并把破碎机安装在地下硐室里，即所谓固定式或半固定式破碎转载站，这种破碎站的建设工程量大、投资费用高，随着采剥工作的延深，不能满足最佳汽车运距的要求，丧失了间断－连续工艺的优越性。

半移动破碎站适用于汽车－半移动破碎站－带式输送机这种半连续运输开采工艺，这种开采工艺逐渐成为大型露天煤矿的主流开采工艺。

近年来，随着采矿工艺的不断改进和矿山设备水平的提高，移动式破碎站技术推广迅速，采用模块化和简约化设计，一方面缩短了现场安装时间，降低了维护成本；另一方面将破碎站布设于工作面端帮附近，结构必须简单、易于移设，能够满足每年移设3到4次的要求，这样露天煤矿的原煤运输不再经过内排土场，实现双环内排。基于上述原因，采用固定式破碎站的露天煤矿越来越少。

2. 设备主要型号和性能参数

当前国外露天煤矿广泛使用的破碎机型号和性能参数见表3－4－1。

3. 设备生产厂家和应用情况

2020年，Metso公司和Outotec公司完成合并，成立Metso Outotec公司，总部设在芬兰的赫尔辛基。Metso NW Rapid 半固定式破碎站采用颚式破碎机，装配有车轮，具体如图 3-4-1 所示。

表 3-4-1 国外露天煤矿广泛使用的破碎机型号和性能参数

国家	厂家	型号	破碎机类型	处理能力/(t·h^{-1})	物料	破碎形式	入料最大粒度/mm	出料粒度/mm
英国	MMD	MMD12000	自移式	12000	岩	双齿辊	3000	450
		MMD1400	自移式	9000	岩	双齿辊	1800	200
		MMD1250/1000	半固定	4500	岩	双齿辊	1800	200
		MMD1300	半固定	4000	煤	双齿辊	1800	200
		MMD1000	半固定	2500	煤	双齿辊	1800	200
德国	克虏伯			9000	岩	双齿辊	1800	200
		FMCS5998	自移式	6000	岩	双齿辊	1500	300
				4500	岩	双齿辊		300
			半固定	4000	煤	双齿辊		200
			半固定	2500	煤	双齿辊		200
			半固定	4000	煤	给料式		
		SB1521R	半固定	2000	煤	给料式	1500	300
	FAM	FZWB2025	自移式	5250	岩	双齿辊	1100	300
		FPB1314	自移式	1700	岩	反击破	1000	150
		SMCP3500	半固定	3500	岩	双齿辊	1000	200
		SMCP2300	半固定	2300	岩	双齿辊	1000	200
美国	STAMLER		半固定	9000	岩			
		BF-38K-63D-42S	半固定	4500	岩	单滚筒破碎	1800	
			半固定	4000	煤	单滚筒破碎	1800	
		BF-41D-62D-46S	半固定	2500	煤	单滚筒破碎	1800	
	MACLANAHA		半固定	9000	岩			
		DDC 48X96	半固定	4500	岩	双齿辊	1800	400
		DDFB 60-120	半固定	4000	煤	给料式	1500	300
		DDFB 60-80	半固定	2500	煤	给料式	1500	300

图 3-4-1　Metso NW Rapid 半固定式破碎站

德国 FAM 公司破碎机使用情况：2012 年，2 台 SCP1500 型固定式破碎机应用于摩洛哥 Halassa Prophat 煤矿，用于破碎煤炭，生产能力 1500 t/h；2014 年，2 台 SMCP2300 型破碎站应用于摩洛哥 Halassa Prophat 矿，用于破碎剥离物，产能 1050 t/h。

2004 年，英国 Cliffe Hill Quarry 铜矿投入使用 TAKRAF BSM-KS-2500 型半移动破碎站，破碎能力 7250 t/h，采用旋回式破碎机。2009 年，哈萨克斯坦东方露天煤矿投入使用 TAKRAF BSM-KS-4250 型半移动破碎站（图 3-4-2），主要用于破碎剥离物，破碎能力 4250 t/h，采用双齿辊式破碎机。2014 年，智利 Sierra Gorda 露天铜矿投入使用 TAKRAF BSM-KS-7250 型半移动破碎站，破碎能力 7250 t/h，采用旋回式破碎机。

图 3-4-2　TAKRAF BSM-KS-4250 型半移动破碎站

英国英迈特 MMD1150 筛分破碎机应用于白音华三号露天煤矿。

丹麦 FLSmidth 公司生产半移动破碎站（图 3-4-3），主要有直接供料和间接供料两种。直接供料半移动破碎站处理能力 1000~10000 t/h，料仓容量 30~550 m³，采用旋回式破碎机；间接供料半移动破碎站处理能力更大，可达 1000 t/h~15000 Mt/h，料仓容量 80~1200 m³，采用多种类型的破碎机。

图 3-4-3　FLSmidth 公司半移动破碎站

4.1.2　自移式破碎机

1. 设备发展历程及趋势

自移式破碎站本身具有行走装置，可在采掘工作面内工作，由装载设备直接给料。破碎站的移设频率取决于装载设备的推进速度，需要配套具有高度灵活性的带式输送机系统。

按行走方式分，自移式破碎机有液轮式、轨轮式、轮胎式、履带式、迈步式等几种。自移式破碎站可以通过减少自卸卡车的使用来降低运营成本，提高生产效率。

国外移动破碎站起源于固定在采石场内的早期破碎机装置。1907 年，德国研发出了移动式破碎机组，该移动式破碎机组依靠滚轮自行行走，并且带有分筛装置。而后，西欧和美国也相继开始研发可移动的破碎机组。1954 年，德国研究出破碎-筛分-转载站的装置，两年后，德国克虏伯公司研发出了移动破碎站，该设备是世界上第一台大型移动破碎站。20 世纪 60 年代开始，西班牙、法国等国家先后在其采石场、煤矿内逐渐采用了移动破碎站，美国、苏联和日本等国也相继从 20 世纪 70 年代开始研制并逐步采用移动破碎站。德国研制了第二代破碎站，使移动破碎站由原来的单一化系统变为由多个系统组成的、完整的破碎系统，成为近代移动破碎站发展的方向。随着大型矿山的开采以及对于降低矿山开发成本的要求,大型、高效、高处理量的大型移动破碎站相继研发出来。

近年来,破碎能力为 3000~6000 t/h 的大型移动破碎站的制造技术发展迅速,信息化和系统工程都已达到较高水平;但中小型移动破碎站(特别是破碎能力 1000 t/h 以下的)技术发展较慢,与大型移动破碎站相比,整机技术装备水平还有一定差距。

美国 Duval 公司在 Sierrita 铜钼矿率先应用了可移式破碎系统和设在露天矿边帮上的带式输送机运输系统。

自行式破碎转载站 20 世纪 80 年代有较大发展,当时在西德已形成系列,在苏联也制成了样机进行工业试验。

20 世纪 80 年代,美国移动式破碎机组配用的破碎机生产厂家主要有阿里斯-查尔莫斯公司、雷克斯诺德公司和富勒公司等。它们认为欧洲发展的移动式破碎机组一般生产能力都较小,重量也轻,不能满足美国采矿工业的需要,因而美国生产的移动式破碎机组以配用大型旋回式破碎机为主。

自移式破碎站的优点:一是灵活、方便、机动性强,在进行开采、输送或加工作业时,可大大节省基建投资或设备迁址费用;二是采用一体化整套机组设备安装形式、避免了在复杂场地上进行分体组件等基础设施安装作业,降低了人力、物力和财力的消耗;三是不仅可以在现场加工物料,而且可随开采面的不断推进而移动,不必通过汽车、输送机等将物料搬离现场再破碎加工,可大大节约物料运输的成本与时间;四是组合灵活、适应性强,可依据不同的破碎工艺要求组成不同的流程。

2000 年,澳大利亚 BHP 煤矿采购了 MMD 公司 10000 t/h 处理能力的全移动破碎站,于 2002 年投入运行,这是世界上第一台成功运行的大型自移式破碎站。德国克虏伯公司于 2007 年成功推出第一台破碎能力为 3000 t/h 的自移式破碎站(型号为 FMC3500)。该设备采用加热板,消除了料斗处的物料冻结,保证了连续的料流。

2. 设备主要型号和性能参数

小松公司的 P&H 4170c 型移动破碎站破碎能力 10000~12000 t/h,整合破碎和传送系统,装备双齿辊式破碎机,传送带宽 2400 mm,储料能力 170 m^3,3D 效果图如图 3-4-4 所示。

图 3-4-4　P&H 4170c 自移式破碎机

1990年，丹麦FLSmidth公司收购美国Fuller公司和FFE矿业公司（以矿物加工处理业务为主），加强对矿业领域的市场开拓（包括破碎机），其生产的自移式破碎站如图3-4-5所示。

图3-4-5 丹麦FLSmidth公司生产的自移式破碎站

Metso Outotec公司生产的Lokotrack LT200型履带式移动破碎站，重达400 t，生产能力2500 t/h，配备自家的C200型颚式破碎机。

2013年，中煤平朔集团布置了MMD公司全移动破碎站，采用MMD1400轮齿式筛分破碎机。

3. 设备生产厂家和应用情况

MMD公司1991年进入中国市场，到2016年共在中国安装了600余台破碎机。2013年，MMD公司全移动破碎站交付中煤平朔集团，处理能力10000 t/h。

德国FAM公司的FZWB2025自移式破碎站，2014年应用于中煤科工集团所属的乌兹别克斯坦Angren煤矿，用于剥离物破碎，生产能力5250 t/h，具体如图3-4-6所示。

图3-4-6 FAM FZWB2025自移式破碎站

德国 TAKRAF 公司的自移式破碎站在澳大利亚 Clermont 露天煤矿使用，处理能力 12000 t/h。

4.2 国内破碎设备

破碎设备借助机械力将大块物料破碎成一定块度的颗粒，是露天煤矿配合带式输送机运输的一个重要环节。破碎设备按移设方式分为固定式、半固定式、自移式和半移动式。半移动式破碎设备自身没有移动装置，在移动时需要装上行走装置或利用搬运车移动；自移式破碎机有履带行走装置和自驱动力装置。破碎设备按照破碎方式分为锤式、旋回式、颚式、辊式、反击式、单肘板式等。国内破碎设备类型及特点见表 3-4-2。

表 3-4-2 国内破碎设备类型及特点

序号	类型	移设方式	特点	应用典例
1	固定式	拆卸分部运输组装	与地面坚固连接	抚顺西露天煤矿
2	半固定式	整体驮运或分部驮运组装	与地面螺栓连接	黑岱沟露天煤矿、魏家峁露天煤矿
3	半移动式	大型设备牵引	布置在工作面无连接	小龙潭布沼坝露天煤矿
4	自移式	轮胎或履带自身行走机制	布置在工作面，无连接	伊敏露天煤矿

4.2.1 固定/半固定破碎机

固定式破碎机布置于坑口、地表或者境界外，需要永久性混凝土基础，土建费用高，在破碎机寿命期内不进行移动，进出料粒度大，适用范围广。但是随着采掘深度和水平的推进，汽车的运距加大，半连续工艺破碎站的优势逐渐降低。固定式破碎站半连续工艺在 20 世纪应用较为普遍，现在一般在金属矿初期破碎时使用，露天煤矿应用较少，实用性低。半固定式破碎站是固定式向半移动式发展的一个过渡阶段，也是现在大型露天煤矿应用最为广泛的一种破碎设备。从与地面连接来看，需要少量的混凝土基础，用螺栓连接方便拆卸。我国大型半固定式破碎机制造技术成熟，因此设备国产率高，购置费用低，维修简单。因为设备与地面连接，故可在矿山实现设备的大型化，适用于大型露天煤矿，尤其是煤电一体化的矿山。

1. 发展历程

新中国成立后，破碎机生产企业发展较快，主要有张家口煤机厂、西北煤机厂、洛阳矿山机械厂等。

大型破碎机的发展是伴随着半连续工艺在露天煤矿的应用而逐步发展起来的。如洛阳矿山机械厂在 20 世纪 80 年代根据国家重点计划开始研制大型破碎设备，突破了一系列关键技术，成功研发了大能力、高稳定性的双齿辊破碎机（破碎站）。1989 年，该厂按照沈阳煤炭设计院为霍林河露天煤矿设计的煤炭半连续运输系统，设计了 2000 t/h 的辊式破碎站，1992 年 4 月完成制造，经过负荷试车，达到预期效果。该破碎站为当时国内露天煤矿使用的最大的破碎站，为其他露天煤矿运煤系统改造提供了丰富的设计、使用、建设经验。

目前,北方重工设计、生产制造的最大旋回破碎机型号为PXF60110,产量达到5800~7000 t/h。洛阳矿山机械厂已可以生产处理能力达9000 t/h的破碎站,可破碎露天煤矿的各种矿岩,基本能满足国内特大型露天煤矿矿岩破碎的需求。

2. 设备生产厂家、主要型号和性能参数

目前国内主要生产大型破碎站(机)的厂家有中信重工、北方重工、太原重工和洛阳矿山机械厂等。表3-4-3、表3-4-4为洛阳矿山机械厂和太原重工生产的破碎站(机)技术参数。中信重工、北方重工生产的破碎站(机)如图3-4-7、图3-4-8所示。

表3-4-3 洛阳矿山机械厂生产的破碎站(机)技术参数

序号	技术指标	单位	2100 t/h破碎站	2000 t/h破碎站	PZCB-1400	PZY-400
1	料仓容积	m³	100	120	180	
2	工作温度	℃	-25~40			
3	生产能力	t/h	2100	2000	1400	400~600
4	主机类型		双齿辊破碎机	单辊喂给式	双辊锤式破碎机	
5	给料粒度	mm	<1500×1500×1500	≤2000	≤1500	≤1500
6	排料粒度	mm	≤300	≤300	≤25	<150
7	破碎物料强度	MPa	≤150	≤85		
8	装机功率	kW	650	550	2350	700
9	重量	t	500	440	773	420
10	破碎站类型		半移动式	半固定式	半固定式	移动式

表3-4-4 太原重工生产的破碎站(机)技术参数

序号	型号	破碎方式	破碎能力/(t·h⁻¹)	入料口最大粒度/mm	出料粒度/mm
1	TZ1070-1650	旋回式	1500~10000	1400	400
2	TZ1370-1900				
3	TZ1530-2260				
4	TZ1530-2800				
5	TZ900	双齿辊式	2000~12000	2000	450
6	TZ1100				
7	TZ1300				
8	TZ1600				

(a) 颚式破碎机

(b) 圆锥破碎机

(c) 旋回破碎机

(d) 半移动式破碎站

图 3-4-7　中信重工生产的破碎站（机）

(a) 旋回破碎机（处理能力5800～7000 t/h）

(b) 圆锥破碎机（处理能力1252～1941 t/h）

图3-4-8 北方重工生产的破碎站（机）

3. 应用情况

目前，半固定或半移动破碎站工艺系统已基本覆盖国内大型露天煤矿，国内主要露天煤矿使用的国产一次破碎机（站）主要技术参数见表3-4-5。

表3-4-5 国内露天煤矿使用的国产一次破碎机（站）主要技术参数表

破碎站（机）类型式	处理能力	入料口最大粒度/mm	出料粒度/mm	使用的露天煤矿	生产厂家或国家	投用时间	备注
半移动式	1800 t/h	1500	<300	伊敏河露天煤矿	MMD	2003 年	采煤
半移动式	3000 t/h	1500	<300	平朔东露天煤矿	MMD	2011—2013 年	采煤
半固定式	2500 t/h	1200	<300	黑岱沟露天煤矿	英国	1996 年	采煤
半固定式	1400 t/h	1800	<200	元宝山露天煤矿	国产	1996 年	
半固定式	4500 m³/h	3000	<400	霍林河南露天煤矿	MMD	2009—2013 年	剥离
	2000 t/h	1500	<300	霍林河南露天煤矿	MMD	1993 年	采煤
固定式		300	<50	霍林河南露天煤矿	MMD	1993—2013 年	二破
半移动式	2500 t/h、1800 t/h	1200	<300	安家岭露天煤矿	MMD	2003 年	采煤
半移动式	3500 t/h	1500	<300	哈尔乌素露天煤矿	MMD	2011 年	采煤
半移动式	1800 t/h	2050	<300	布沼坝露天煤矿	DBT	2005 年	剥离

表 3-4-5（续）

破碎站（机）类型式	处理能力	入料口最大粒度/mm	出料粒度/mm	使用的露天煤矿	生产厂家或国家	投用时间	备注
半固定式	2000 t/h	1800	<300	宝日希勒一号露天煤矿	国产	2004—2012 年	采煤
半移动式	1500 t/h	1200	<300	魏家峁露天煤矿	MMD	2009—2012 年	采煤
半移动式	1000 t/h	1200	<300	铧尖露天煤矿	MMD	2009—20113 年	采煤
半移动式	3000 t/h	1500	<300	胜利东二号露天煤矿	哈兹马克	2011—2012 年	采煤
半固定式	3500 t/h	1500	<300	胜利西一露天煤矿	MMD	2006 年	采煤
半固定式	4500 m³/h	3000	<400	扎哈淖尔露天煤矿	MMD	2011 年	剥离

4.2.2 自移式破碎机

自移式破碎机配有行走装置，可以与电铲一起移动，这种工艺几乎不需要卡车进行转运物料，可以充分发挥带式输送机运输效率高的优势。但是该工艺对生产条件要求极高，需要平直的工作线，并且该工艺移设频率快，输送带布置于工作面，随工作面移动而周期性移动，移动周期短，费用高，初期投资大，破碎站维修难度大，管理复杂。自移式破碎机一般适用于地质条件好、煤层倾角小、工作线距离长的露天煤矿。

1. 设备发展历程

我国移动破碎站研制相对较晚，1968 年，在借鉴与吸收国外移动破碎机的经验与技术过程中，自主研发出第一台移动破碎站，破碎能力达到了中等水平，生产效率较高，节约了能源、移动灵活、安装方便，为我国此后移动破碎站的发展奠定了基础。

1984 年，在湖北省松滋矿山机械厂与洛阳矿山机械研究所的合作与努力下，我国研制成功了 YPS-60 型移动破碎站，并得到了推广应用，取得了良好的效果。

1992 年，沈阳重型机械厂根据首钢水厂半连续工艺设备的要求，与美国富勒公司合作制造了 60in×89in 型液压旋回破碎机，用于岩石破碎。主破碎机额定生产能力 3500 t/h。

面对国内自移式破碎系统生产制造技术空白的局面，2009 年，北方重工集团公司与中煤科工沈阳设计研究院、中煤能源平朔煤业有限责任公司成立了产业联盟，开发电驱动半连续开采成套装备。2013 年，大部分零部件已完成制造，用于采煤环节，设计小时生产能力 3600 t/h。该系统成为第一套完全自主设计、自主研发、自主生产并成功应用的半连续工艺系统。

2012 年，太原重工也积极投入自移式破碎机半连续工艺系统的研发中，在多方面调研、反复论证、消化吸收国外技术的基础上，研制出适合于 2×10^7 t 级以上大型露天煤矿使用的 6000~9000 t/h 半连续开采工艺用成套设备。

目前，国内移动破碎站厂家不断调整产业的方向与重心，在不断借鉴和吸收国外先进技术的基础上，加大科研资金的支持力度，大力提高移动破碎站自主研发水平和制造水平。如重庆龙建集团成功推出克洛斯镘 KLSM 移动破碎站；中国煤炭科工集团通过了"大型露天矿工艺系统关键设备研制"的项目报告，提出了研制 3000 t/h 和 9000 t/h 自移动破碎站的计划，通过了大型露天矿山连续开采工艺系统和成套设备研发的技术参数要求；太原重工已研制出 12000 t/h 的半自移动破碎站。对满足我国建设大型露天矿需要，振兴民族装备产业，替代同类设备进口，达到国产化和基本自给的目标，具有重要的现实意义和经济、社会意义。

2. 设备生产厂家、主要型号和性能参数

目前，国内生产移动破碎机（站）的厂家主要有洛阳矿山机械厂、北方重工、太原重工、重庆龙建、中煤科工集团、云南凯瑞特重工等企业。洛阳矿山机械厂生产的部分型号半移动破碎站技术参数见表 3-4-6，太原重工生产的破碎机（站）主要技术参数见表 3-4-7。上述企业生产的移动式破碎站（机）如图 3-4-9~图 3-4-12 所示。

表 3-4-6　洛阳矿山机械厂生产的部分型号半移动破碎站技术参数

序号	技术指标	单位	4500 t/h 破碎站	4000 t/h 破碎站	2500 t/h 破碎站
1	破碎能力	t/h	4500	4000	2500
2	物料		岩	煤	煤
3	组成部分		板式给料机	板式给料机	板式给料机
4			破碎机	破碎机	破碎机
5			排料皮带机	排料皮带机	排料皮带机
6	破碎形式		双齿辊	双齿辊	双齿辊
7	料仓容积	m^3	300	300	300
8	卸车台位		2	2	2
9	给料方式		自卸卡车	自卸卡车	自卸卡车
10	入料最大粒度	mm	1800	1800	1800
11	出料粒度	mm	400	400	400
12	驱动方式	给料机	电机、减速机	电机、减速机	电机、减速机
13		破碎机	电机、减速机	电机、减速机	电机、减速机
14	破碎机电机功率	给料机	2×500	2×400	2×355
15	电机电压	kV	6	6	6
16	破碎辊直径	mm	1600	1600	1600
17	破碎辊转速	r/min	55	55	45

表3-4-6(续)

序号	技术指标	单位	4500 t/h 破碎站	4000 t/h 破碎站	2500 t/h 破碎站
18	破碎齿结构		轮齿式	轮齿式	轮齿式
19	设计寿命	a	10	10	10
20	主要易损件		轮齿	轮齿	轮齿
21	易损件寿命		10个月左右	10个月左右	12个月左右
22	大修周期	a	2	2	2
23	外形尺寸	mm×mm×mm	10750×4700×2650	10550×4700×2650	9200×4700×2650
24	重量	t	175	160	130
25	移动方式		350 t 履带搬运车	350 t 履带搬运车	350 t 履带搬运车
26	润滑方式		自动润滑	自动润滑	自动润滑
27	监控措施		油温、电流、反转	油温、电流、反转	油温、电流、反转
28	耐压强度	MPa	160	160	60

(a) Wotetrack履带反击式破碎站

(b) Wotetrack履带颚式破碎站

(c) Wotetrack履带圆锥破碎站

(d) 轮胎圆锥破移动破碎站

(e) 轮胎颚式移动破碎站

(f) 轮胎反击破移动破碎站

图3-4-9 洛阳矿山机械厂生产的移动式破碎站(机)

表 3-4-7　太原重工生产的破碎机（站）主要技术参数表

设备类型	处理能力/(t·h^{-1})	入料口最大粒度/mm	出料粒度/mm	使用的露天煤矿
半移动旋回式	1500～10000	1400	<400	攀钢白马矿 太钢袁家村铁矿
双齿辊半移动破碎站	2000～12000	2000	<450	
双齿辊自移动破碎站	2000～12000	2000	<450	

图 3-4-10　北方重工生产的自移式破碎站（500～5000 t）

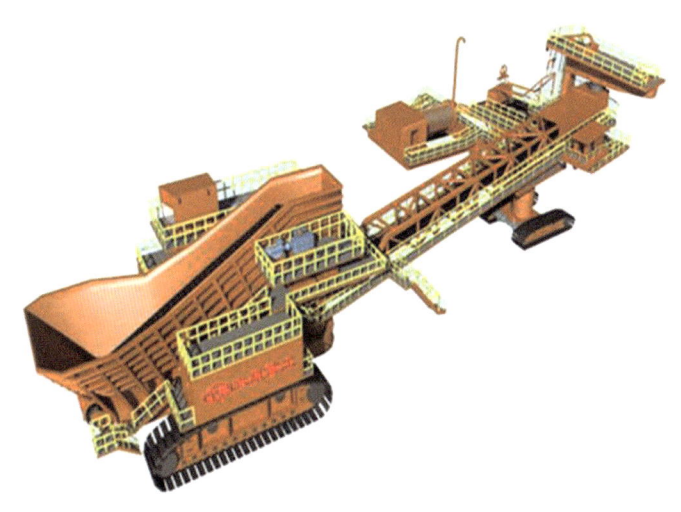

图 3-4-11　太原重工双齿辊自移动破碎站

(a) 履带移动颚式破碎机(处理能力610t/h)　　(b) 履带移动反击式破碎站(处理能力650t/h)

图 3-4-12　云南凯瑞特重工生产的移动破碎机（站）

3. 应用情况

我国露天煤矿资源赋存条件较为复杂，适用于自移式破碎机（站）连续工艺系统的大型露天煤矿较少。此外，我国大型自移式和半移动式的破碎机（通过能力 2000 m³/h 以上）的制造和应用进展相对缓慢。因此目前我国采用自移式破碎站半连续工艺的露天煤矿数量并不多，主要有华能伊敏煤电公司露天矿、内蒙古白音华二号矿、大唐胜利东二号露天矿、中煤平朔东露天矿等，其采用的破碎机也多为进口设备。国产自移式破碎机主要用于金属非金属矿山，在煤矿应用较少。国内露天煤矿使用的自移式破碎机（站）主要技术参数见表 3-4-8、表 3-4-9。

表 3-4-8　国内露天煤矿使用的自移式破碎机（站）主要技术参数

使用的露天煤矿	处理能力/(t·h⁻¹)	入料口最大粒度/mm	出料粒度/mm	生产厂家	备注
伊敏河露天煤矿	3000	1500	<300	克虏伯	采煤
平朔东露天煤矿	9000	1500	<400	MMD	剥离
白音华二号及三号露天煤矿	6000	1500	<400	克虏伯	剥离
白音华二号露天煤矿	3000	1500	<300		采煤
小龙潭布沼坝露天煤矿	2200	1500	<300	DBT	采煤

表 3-4-9　伊敏自移式破碎机成套设备技术参数

设备名称	技术指标	单位	参数
破碎机	高度（至上层平台）	m	17.2
	破碎辊规格	mm×mm	2000×2500
	整机工作长度	m	44.513
	宽度	m	12.6

表 3-4-9（续）

设备名称	技术指标	单位	参数
破碎机	工作重量	t	958
	行走速度	m/min	3~12
	履带中心距	m	10
	平均地面压力	kPa	195
	额定生产能力	t/h	3000
	最大生产能力	t/h	3500
	物料破碎粒度	mm	0~300
	主变容量	kV·A(60 kV/0.4 kV)	1600
	主变重量	kg	4200
	辅变容量	kV·A(400 V/400 V)	30
	回转范围	(°)	360
	回转减速器重量	kg	650
	回转制动器重量	kg	100
	行走减速器重量	kg	16880
	破碎辊减速器重量	kg	8750
	破碎机液力偶合器重量	kg	710
板式给料机	重量	t	96.996
	滚筒中心距	m	25.9
	受料高度	m	7.6
	受料斗容	m³	70
	给料机内侧宽度	m	2.4
	额定速度	m/s	0.5
	最大速度	m/s	0.6
溢料清扫器	中心距	m	15.8
	额定速度	m/s	0.5
	刮料机内侧宽度	m	2.8

5 运 输 设 备

露天煤矿运输设备包括卡车和带式输送机。国外的卡车制造大多起步于20世纪初，1934年美国生产出世界第一台非道路矿用卡车，经过一百多年的发展，卡车制造技术日趋成熟，实现了大型化和智能化，无人驾驶矿用卡车已经参与到矿山的实际生产和运营之中。带式输送机主要用于褐煤露天开采，逐步向自动化与智能化方向发展，但需要针对煤层赋存条件进行严格的选型设计。20世纪60年代我国开始矿用卡车的研制，目前部分技术已经达到世界先进甚至领先水平，2022年制造出世界上载重最大的400 t矿用卡车。国产矿用卡车需要加强关键部件的自主研发，提高整体性能，优化总体结构。20世纪80年代我国开始矿用卡车无人驾驶技术的研究，2018年以来国有大型露天煤矿陆续投入矿用卡车无人驾驶技术及装备参与矿山生产。

5.1 国外运输设备

5.1.1 卡车

1. 设备发展历程及趋势

1934年，美国Euclid公司（Terex公司前身）生产出世界第一台非道路矿用卡车1Z Trac-Truk。1953年，该公司被通用汽车公司收购，之后该品牌的自卸卡车占领美国一半以上的市场，被美国政府从通用公司拆分出去。1970年，通用汽车公司建立了Terex品牌，用于延续Euclid公司的产品。露天矿用卡车的发展体现在以下两个方面：

1）卡车大型化

在高产出、低成本的矿业发展趋势下，矿用自卸卡车载重量由几吨增至450 t。2016年，小松公司在《收购Joy Global》的报告中分析了2000—2015年采矿业对装卸卡车的总体需求，对320~345 t和345~400 t大型卡车的需求在2010—2014年持续增长，超过总需求量的35%；对200 t卡车的需求在不断降低，占比不到20%。

设备尺寸增大的同时，卡车与其他设备仍要保持互动，需要新技术与装备完成稳定、可靠的互动。

液压传动提高了柴油自卸车的平顺性。柴油车逐渐朝着驾驶方便、运行平稳等方向发展，而其中液压技术作为一种具有缓冲性能的技术，在提高柴油车安全性、可靠性等方面发挥着积极作用。

液压机械传动向电传动（电动轮）发展。在电动轮自卸车发展的早期，车辆只有60~70 t级别。随着技术的发展，整车厂商和电动轮供应商都向更大吨位发展，加上电传动系统成本高，逐渐形成了百吨以下主要为液压机械传动，而百吨以上级别采用电传动的企业只有卡特彼勒公司，其他企业仍采用机械传动。目前液压机械式变速器仍然占绝大部分，但随着电传动设备的发展，成本会继续降低，得到的应用也会更广泛，比如别拉斯公司就将电传动应用到 90 t 级别的 7558 型自卸卡车上。

小松公司 1996 年率先推出世界上第一台 930E 型 AC 传动超大型电动轮矿用自卸车，有效载重高达 272 t，是当时最大的矿用汽车。

电传动系统按技术不同可以分为直-直流传动系统、交-直流传动系统、交-直-交流传动系统。交-直-交传动系统是最新的技术，这种系统结构简单，占用整车空间小，功率密度大，适用于大型矿用自卸车。

日立公司的 Trolley 卡车可以在柴油模式和 Trolley 模式切换，当卡车在 Trolley 模式时，卡车的发动机在 1200 r/min 怠速，仅把发动机的能量用于辅助设备和液压泵。Trolley 模式在爬坡时有更高的速度，发动机使用寿命更长，更环保。利勃海尔公司的设备同样采用了 Trolley 模式。

2）卡车无人驾驶

计算机技术、通信技术、定位技术、导航技术、传感器技术、车辆控制技术的日益成熟，为矿用无人驾驶卡车应用提供了一个全新的发展机遇，全球主要矿用车制造商在无人驾驶领域的研究及应用上都取得了较大的进展。目前小松、卡特、日立、利勃海尔、别拉斯等矿用车辆供应商均已开展无人驾驶矿用车的应用研究。

矿用无人驾驶卡车的研究早在 20 世纪 70 年代就开始了。1994 年，Cat 公司 2 台无人驾驶矿卡在美国投入使用。1995 年，小松公司 1 台载重 77 t 的矿卡在日本的一个采石场进行了无人驾驶采矿试验。目前，5 大全球矿用车供应商都在进行无人驾驶矿用车的应用与研究。小松公司的自动运输系统已经在澳大利亚和智利的煤矿运行多年，投入 180 多台 930E 无人驾驶矿车，累计运输物料超过 2.0×10^9 t。卡特彼勒公司也有超过 150 多台矿用无人驾驶卡车在帮助近 10 家矿业公司运输铁矿石、铜和油砂等物资，已为客户安全移送超过 1.0×10^9 t 的物料。日立、利勃海尔和别拉斯公司的无人驾驶技术也在试验中。小松公司宣布将在巴西卡拉加斯矿山增加 37 台 930E 无人驾驶矿车。

进入 21 世纪，以卡特彼勒公司"Mine Star"系统和小松公司"AHS"系统为代表的卡车无人驾驶技术进展迅速。"MineStar"系统由车辆管理系统（Fleet）、生产现场管理系统（Terrain）、安全探测系统（Detect）、设备诊断系统（Health）与调度协同指挥系统（Command）5 个功能模块组成。2014 年，卡特彼勒公司年报中指出，在西澳大利亚自动化的卡特卡车可以全年无休不停运转，只在加油和保养时休息。小松公司的卡车无人驾驶功能主要通过自动化运输系统实现，系统通过控制装置、GPS 卫星、无线通信技术和软件协调运行取代原来坐在驾驶室内司机的工作。

目前有超过 350 辆卡特彼勒公司的无人驾驶卡车在北美、南美、澳大利亚等 23 个国家和地区的矿区运行，涵盖铁、铜、金、煤等矿山，完成 5.0×10^9 t 物料运输，累计行驶超 2.0×10^8 km，相当于环绕地球 5000 圈以上。

2. 设备主要型号和性能参数

当前国外主要矿用自卸卡车型号和性能参数见表 3-5-1。卡特彼勒公司生产的矿用自卸车如图 3-5-1 所示。

卡特彼勒公司的矿用自卸卡车主要有 7 个型号，最小的型号为 785，载重 136 t，也是卡特彼勒第一台矿用卡车；最大的型号为 798AC，载重 372 t，具体如图 3-5-1 所示。

表3-5-1 国外主要矿用自卸卡车型号和性能参数

国家	厂家	主要型号	载重/t	动力/kW	总重/t	传动系统类型（电/机械）
德国	利勃海尔	T236	100	895	180	
		T264	240	2013	416	
		T274	305	2720	528	
		T284	363	2720	605	
日本	小松	HD325-8	36.6	386		机械
		HD405-8	40	386		机械
		HD465-8	55	578		机械
		HD605-8	63	578		机械
		HD785-8	92.2	895		机械
		730E-10	186	1491		电
		830E-5	227	1864		电
		860E-1K	254	2013		电
		930E-4SE	290	2610		电
		960E-2K	326	2610		电
	日立	EH3500AC-3	181	1491		
		EH4000AC-3	221	1864		
		EH5000AC-3	296	2125		
白俄罗斯	Belaz	7540	30			机械
		7544	32			机械
		7547	42~45			机械
		7545	45			机械
		7555	55~60			机械
		7557	90			机械
		7558	90			电
		7513	110~136			电
		7513R	130~136			电
		7517	160			电

表 3-5-1（续）

国家	厂家	主要型号	载重/t	动力/kW	总重/t	传动系统类型（电/机械）
白俄罗斯	Belaz	7518	180			电
		7530	220			电
		7531	240			电
		7532	290			电
		7560	360			电
		7571	450	2×1715	810	电
美国	Cat	785	139	1193	249	机械
		789				机械
		793F				机械
		794AC				电
		796AC				电
		797F	364	2983	623.6	机械
		798AC	372	2610	623.6	电

图 3-5-1　卡特彼勒公司生产的 798 型矿用自卸卡车

卡特彼勒公司液压机械传动自卸卡车型号有 785、785D、789D、789、793F、793D、797F。最大的型号为 797F，采用柴油发动机，Tier 4 排放标准，4000 马力，总重量约 624 t，标称载重 364 t。卡特彼勒公司电传动自卸卡车型号主要有 794AC、796AC 和 798AC 三款，载重范围 297～372 t。卡特彼勒自卸卡车电传动系统的特点是高电压（2600 V）、低电流，自行开发了 MineStar Command 自动驾驶系统，装有该系统的自卸车装卸量已超过 2.4×10^9 t。

日本小松公司的矿用自卸卡车有 3 个系列，分别是铰链式卡车、机械传动卡车和电传动卡车。铰链式卡车型号有 HM300-5 和 HM400-5 两款，载重能力分别为 27.2 t 和 40 t，装备自产柴油发动机。机械传动卡车编号为 HD，主要有 4 个型号，最小的型号为 HD325-8，载重能力 36.6 t；最大的型号为 HD785-8、载重能力 92.2 t，装备自产发动机。电传动自卸卡车是小松公司产品线中吨位最大的，主要有 5 个型号，最小的型号为 730E-10，载重能力 186 t；最大的型号为 930E-5，装备自产 16 缸柴油发动机，载重能力 290 t。小松公司生产的 HM300 型铰链式自卸卡车、HD605-8 型机械传动自卸卡车、930E-5 型电传动自卸卡车分别如图 3-5-2～图 3-5-4 所示。

图 3-5-2　小松 HM300 型铰链式自卸卡车

图 3-5-3　小松 HD605-8 型机械传动自卸卡车

5 运 输 设 备

图3-5-4 小松930E-5型电传动自卸卡车

印度 BEML 公司有5个型号的自卸卡车，最小的型号为 BH35-2，最大载荷 31.75 t，装备康明斯柴油发动机；最大的型号为 BH205E-AC，最大载荷 186 t，具体如图 3-5-5 所示。

图 3-5-5 印度 BEML 公司生产的 BH205E 自卸卡车

德国利勃海尔公司的矿用自卸卡车有4个型号，最小的型号为 T236，载荷 100 t，车总重 180 t，装备康明斯柴油发动机，最大功率为 882 kW，排放标准为 Tier2；最大型号为 T284，载荷 375 t，车总重 617 t，装备利勃海尔 D9816 柴油发动机（图 3-5-6）也可以选装 MTU 柴油发动机，最大功率为 2957 kW。自卸车装有主动智能控制系统，通过四轮速度感应和优化、打滑控制、防翻滚等功能提高卡车性能。自动化方案是卡车上装配感应器和机器人，与运输管理系统配套使用。电铲辅助系统（图 3-5-7）通过连接自卸卡车上的电力驱动系统到架空线网架，实现电力辅助驾驶，以提升车速，每公里柴油消费量也从 50 L 降至 2.5 L。公司生产的 T262、T282 两个型号自卸卡车已在美国黑雷露天煤矿使用。

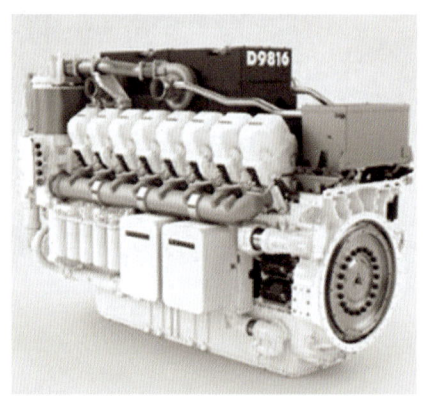

图 3-5-6　利勃海尔 D9816 柴油发动机

图 3-5-7　利勃海尔电铲辅助系统

日本日立公司有 3 个型号的矿用自卸卡车，全部采用康明斯柴油发动机，最小的型号为 EH3500AC-3，标称载荷 181 t，动力为 1470 kW，最大的型号是 EH5000AC-3，标称载荷 296 t，动力 2095 kW。

别拉斯公司的自卸卡车分为两大系列，即液压传动系列和电传动系列。电传动系列自卸卡车吨位更高，载荷 90~450 t，共 10 款车型；液压传动系列卡车载荷 30~90 t，采用康明斯或 MTU 柴油发动机，共 6 款车型。Belaz-7571 型自卸卡车（图 3-5-8）是当今世界最大的矿用自卸卡车，工作重量 390 t，总重量 810 t，载荷 450 t，搭载两台 MTU 生产的 2300 马力柴油发动机，最大车速 64 km/h，转弯半径 19.8 m，依托西门子 MMT500 交 – 直 – 交传动系统，在复杂恶劣的路况环境下，依然能够保持车况平稳。

图 3 – 5 – 8　Belaz – 7571 型自卸卡车

意大利 Perlini 公司目前主要有三款矿用自卸车，最小的型号为 DP405WD，总重量 70 t，载荷 40 t，551 马力；最大的型号为 DP905WD，载荷 95 t，装备 MTU 柴油发动机，1050 马力，Tier 2 排放标准。

3. 设备生产厂家和应用情况

截至 2022 年 5 月，全球运营的无人驾驶卡车数量达到 1068 辆，年增长率为 39%。澳大利亚运营的无人驾驶卡车数量最多，在 25 座矿山配备了 706 辆，与 2021 年、2020 年相比，分别增加了 145 辆和 352 辆；其次为加拿大，无人驾驶卡车运营数量从 2021 年的 143 辆增加到 177 辆；中国 69 辆，智利 33 辆。从客户拥有量方面看，必和必拓目前拥有 300 辆无人驾驶卡车，是拥有无人驾驶卡车拥有量最多的企业；其次是福特斯库金属集团，拥有 193 辆；力拓集团拥有 187 辆。福特斯库金属集团的 193 辆无人驾驶卡车包括 Goonyella Riverside 矿的 95 辆卡车、Daunia 矿的 34 辆卡车（该矿的整个卡车机队现在都是无人驾驶卡车），以及在澳大利亚皮尔巴拉地区 South Flank 铁矿的 42 辆小松 930E – 5 型卡车。英美资源集团的首个无人驾驶矿用卡车机队已经部署在其 Quellaveco 铜矿项目，现场有 22 辆无人驾驶卡车，计划到 2022 年下半年拥有 27 辆无人驾驶卡车。总体来看，预计到 2025 年底，无人驾驶卡车数量将超过 1800 辆。增量主要来自必和必拓，该公司计划到 2023 年，在其西澳大利亚州铁矿和昆士兰州煤矿实现 500 辆运输卡车的自动化。加拿大 Natural Resources 公司和 Suncor 能源公司也计划在 2025 年底前为其油砂矿增加 100 多辆无人驾驶卡车。具体到露天煤矿，卡特彼勒公司的矿用自卸车广泛应用于世界主要大型露天煤矿，比如美国黑雷露天煤矿、北安特洛浦罗切尔露天煤矿，澳大利亚风景（Peak Downs）露天煤矿，中国安家岭、安太堡、东露天煤矿等。

卡特彼勒公司自卸卡车传动装置的显著特点是以液压机械传动为主，其他厂商的大吨位自卸卡车一般采用电传动动力系统。2010 年，卡特彼勒生产出了第一款交流电动卡车，型号为 795F AC，第一批 795F AC 型产品同年发给瑞典煤矿使用；这一年还完成了第 50000 辆 777F 型产品的交货，收货方为哥伦比亚煤矿。卡特彼勒公司在过去的 20 多年里，生产了 1000 多台 CAT 797s 型产品，主要用于加拿大的油砂开采。

小松公司自卸卡车应用情况：美国黑雷露天煤矿使用 930E 电动卡车；中国黑岱沟使用 630E、730E、830E、930E 电动卡车。

我国平朔东露天矿配备有日立公司的 NET200 矿用卡车。

超过 80 个国家在使用白俄罗斯 Belaz 公司生产的矿用自卸卡车，占全球市场约 30% 的份额。俄罗斯塔尔丁斯基煤矿最大的自卸车型号是 BelAZ-75600。国内扎哈淖尔露天煤矿使用的型号是 BELAZ-75131，霍林河南露天煤矿使用的型号是 BELAZ-75306。

意大利 Perlini 公司主要生产矿用自卸卡车，公司成立于 1957 年，目前已经有超过 12000 辆卡车在世界各地工作。

5.1.2 带式输送机

1. 设备发展历程及趋势

带式输送机是间断-连续工艺系统的中心环节，也是系统中投资最多、作业成本最高的设备。

带式输送机排岩在开采褐煤的露天煤矿已经应用了几十年，但是在开采硬岩的露天煤矿中应用则是从 20 世纪 80 年代开始的。

开采坚硬矿岩的深坑露天煤矿，带式输送机应用的主要技术发展方向是：向大倾角运输机发展，这将使运输线路定线大为简化，使运输机沟道的掘进工作量减至最小甚至消失；向多驱动方向发展，特别是应用线性多驱动系统，能够大大减少输送带重段的张应力，减小输送带的结构抗张强度；采用高强度化纤帘布层输送带，提高输送带的使用寿命，减少输送带自重；辅助工作的机械化和自动监测配套；多样化发展，针对不同的运输角度、现场使用需求，开发了多种不同形式的带式输送机，可以根据最大倾角、运量、长度、物料块度、转弯半径、物料密度选取合适的布局形式，以满足物料连续运输的要求。

夹带式带式输送机可将物料进行大角度甚至 90°倾角提升。夹带式带式输送机安装与常规带式输送机类似，可在倾斜或垂直面上由支腿固定，也可配合桁架结构在露天矿上方通过。其工作原理是使用两条输送带将物料夹在中间，物料被输送带夹紧、压缩。夹带式带式输送机使用的输送带最宽可达 3 m，最大运量可达 10000 t/h。

蛇形带式输送机在夹带式输送机的基础上做了一定的改进，这种输送机托辊组布置在夹层带上下两个面并在设计时形成一定的弧度，使输送带产生轻微的曲线。当物料在曲线上移动时，会对铺在上面的输送带产生径向压力。托辊组在顶部的输送带上形成另一个曲线时，会对另一侧产生同样的压力。

波状挡边带式输送机加上了波状挡边及横隔板，可以使输送带在 90°的倾角下运输物料，同时不影响该设备在水平段的运行。

绳索带式输送机适用于复杂地形及有环保要求的输送系统，可轻松越过河流、峡谷、建筑物等地形，跨距可达 500 m。绳索是输送系统唯一的支撑结构，这也使该输送系统的重量比传统系统要轻 30%。

为了践行节能减排、绿色发展的道路，带式输送系统减少能耗是今后发展的必然趋势。现在带式输送机降低能耗的研究主要集中在降低滚动摩擦阻力上。改变传统带式输送机结构来降低整机阻力也是一种思路。

带式输送机逐步向自动化与智能化方向发展。未来将有更多的设备可以实现由计算机辅助、单人操作且控制更加精准。同时智能化系统可以监控整机状态为设备维护提供辅助判断，减少维护频率，为长时间可靠运行提供保障。

2. 设备生产厂家和应用情况

德国 TAKRAF 公司于 1924 年第一次在德国 Plessa 露天矿应用其生产的剥离物传输系统——TAKRAF 无挡驱动传输技术。

2019 年，TAKRAF 在智利的 Chuquicamata 铜矿安装了带式输送机系统，将铜矿从地下传输到地面。这个系统总动力为 58 MW，两条带式输送机沿着地下 7 km 的隧道，爬升 1 km 的高度，将铜矿送到地面，然后通过一条长 6 km 的带式输送机将铜矿送到分配站。该套系统的驱动能力为 11×5 MW，无挡驱动，每个驱动鼓的驱动能力为 10 MW。

1999 年，TAKRAF 公司在美国科罗拉多的 Henderson 矿安装了带式输送系统，该系统主要由隧道输送机 PC2 和长距离输送机 PC3 组成，理论输送能力为 1420 m³/h。隧道输送机 PC2 总长度 16820 m，可升高 471 m。

2001 年，TAKRAF 在俄罗斯 Oblast Leningrad 煤矿安装了工厂内输送系统，包括 16 条带式输送机，输送带长度 90~520 m，总长度约 5500 m，理论输送能力为 4200 t/h。

2010 年，TAKRAF 公司在智利 Radomiro Sulfurus 铜矿安装了长度 8120 m 的长距离带式输送机，理论输送能力 7700 t/h。2016 年，TAKRAF 公司在印度铝矿安装了总长度 19 km 的长距离带式输送机，由两条带式输送机组成，一条长度为 14.5 km，另一条长度为 3.6 km，理论输送能力 2850 t/h。

德国 FAM 公司生产地面长距离带式运输机、管状带式运输机、工厂内运输机。波黑 Stanari 坑口燃煤电厂 2016 年装配 5 个 FAM 带式运输机，配套一个半移动式坑口破碎站，用于运输褐煤，输送能力达到 1000 t/h，具体如图 3-5-9 所示。2016 年，意大利 Brindisi

图 3-5-9　波黑 Stanari 坑口燃煤电厂 FAM 带式运输系统

电厂装配了 20 台 FAM 带式运输机，硬煤输送能力达到 3000 t/h。

丹麦 FLSmidth 公司生产多种类型的带式传输机，包括管状传输机、工厂内运输机、长距离运输机、可移动可延伸运输机。

5.2 国内运输设备

露天煤矿运输设备主要有自卸式卡车（简称卡车，包括双能源卡车）、带式输送机（包括大倾角带式输送机）、电机车、斜坡提升绞车等。它们可以单独使用，也可以联合使用，组合成各种运输方式。

5.2.1 矿用卡车

矿用卡车是指在露天煤矿山内完成岩石土方和矿物运输任务的非公路重型自卸车。矿用自卸卡车通常分为两大类，即刚性自卸车和铰接式自卸车。刚性自卸车按照传动方式又分为机械传动式和电力传动式两种。国内大型露天煤矿使用较多的为电动轮式刚性自卸卡车。

1. 设备发展历程

我国矿用重型自卸卡车的发展，从卡车的载重量、卡车电动轮驱动方式等方面看，主要经历了 4 个阶段。

第一阶段：20 世纪 70 年代初到 80 年代中期，电动轮卡车实现从无到有的突破。新中国成立后，我国汽车工业主要以中型载货车、军用车及改装车为发展重点，使得产业结构从开始就出现了"缺重少轻"的问题，矿用自卸车等重型车辆，需从苏联和东欧国家大量进口。60 年代初期，中苏关系破裂，阻断了我国矿山车辆的进口来源，60 年代中后期，国家提出"大打矿山之仗"的决策，研制矿用自卸车成为发展重点。1969 年 9 月，上海汽车制造厂等单位，采取全国大协作方式，试制成功 SH380 型 32 t 矿用自卸车。此后，长春、本溪、天津、常州、北京、白银等地，陆续试制成功 15～42 t 矿用自卸车。70 年代以后，我国开始研制百吨级电动轮自卸车，主要研制厂家有湘潭电机厂、本溪重型汽车厂和常州冶金机械厂，但仅有湘潭电机厂取得了成功。1974 年起，湘潭电机厂与鞍山冶金矿山公司、长春一汽、美国 WABCO 等企业，合作研制大型电动轮自卸车。经过三年努力，于 1977 年 4 月 29 日，制成我国首台百吨级电动轮车——"韶峰"SF-3100 型电动轮自卸车。该车自重 93 t，载重 108 t，采用 4×2 后轮驱动方式。此阶段我国主要研制 100 t 级左右的交-直系统卡车，典型产品型号为 SF3100 和 LN3100，载重都为 108 t。产品主要零部件均为国内生产，整车性能达到了同类产品国际先进水平。

第二阶段：20 世纪 80 年代中期到 21 世纪初期。此阶段国内卡车制造企业引进国外先进技术，一方面对原有技术进行改造，另一方面自主开发出一大批卡车传动、控制等方面的关键技术。改革开放后，由于国产矿用车难以满足需求，各厂矿企业开始从国外进口载重车辆。江西德兴铜矿首次从美国引进 10 台装载量为 154 t 当时世界上最先进的电动轮自卸车，后续各大矿业公司所采用的大型矿铲均以进口为主。虽然引进国外先进的矿用汽车可以解燃眉之急，然而长期大量进口整车也出现了不少问题：一是影响中国的能源安全；二是整车和备件价格昂贵且交货周期长，导致开采成本大幅增加；三是严重损害电动轮自卸车民族产业的生存和发展。

第三阶段：21世纪初至2015年前后。为确保国民经济持续健康发展，党的"十六大""十七大"分别提出了大力振兴装备制造业的战略任务。2006年，国务院出台了《关于加快振兴装备制造业的若干意见》，明确了220 t级以上大型矿用电动轮自卸卡车是国务院确定的16个重大技术装备关键领域之一。2009年，国务院出台了《装备制造业调整和振兴规划》，依托十大领域重点工程，煤矿与金属矿采掘部分明确将大型电动轮自卸卡车列入优先发展目录。受煤炭行业繁荣和国内大型露天煤矿开发速度加快的影响，国内一大批企业进入矿用自卸卡车生产研发领域，我国大型矿用卡车技术得到快速发展，销售区域也从国内走向世界。2008年10月28日，湖南湘电集团研制的SF33900型220 t交流传动电动轮自卸车成功下线，标志着我国矿用车辆迈上新台阶，湘电集团也成为全球少数几家能够研制大型矿用汽车的企业之一。此阶段我国自卸卡车传动技术由直流发展为交流传动，载重量也从200 t以下跃升到360 t以上，自主程度已提高到相当高的水平。卡车制造技术已达到国际先进水平，部分技术已达到国际领先水平。

第四阶段：2015年以来。这一阶段的标志性特征是国产矿用卡车的研发制造开始向智能化和无人驾驶方向进军，同时部分大型矿用车开始迈出国门，出口国际市场。目前，北方重工、湘电重机、徐工矿山、航天重工等国内矿用卡车生产厂家都在开展无人驾驶系统研发，北方重工则开始大批量出口国际市场。2018年8月，北方重工MT3600型自卸卡车在白云鄂博矿区进行了国内第一辆无人驾驶卡车试验。2019年7月，航天重工与国能宝日希勒能源公司合作将两辆在用的航天重工HT3110型矿用车进行了无人化升级改造，目前已实现了固定道路无人驾驶、自动避障等功能，并在江西铜业集团公司城门山矿开展了1辆110 t无人驾驶矿用车工业试验运行。2019年11月，河南能源焦煤公司与中国移动签订了5G战略合作协议，该项目计划使10台钻机、13台挖掘机和60台矿用卡车实现远程控制或者无人驾驶，将露天矿区铲、装、运工序全部无人化，极大地提高生产效率和安全性，达到智慧矿山的要求。2020年，由中国兵器工业集团内蒙古北重集团有限公司生产的我国首批出口澳大利亚的"巨无霸"NTE360A型电动轮矿用车完成交车仪式，矿车长16 m、高8 m、宽10 m，拥有直径4 m的轮胎。这是中国制造的大型矿用车首次大批量出口到澳大利亚高端市场，具有里程碑意义。扎哈淖尔煤矿是我国自行设计、开发、建设的第1座露天煤矿，目前扎哈淖尔煤业公司已安装7座5G基站，实现了生产现场信号全覆盖，不仅消除了监管盲区，还提高了生产效率及经济效益。

2. 设备生产厂家、主要型号和性能参数

目前，国内生产矿用卡车的厂家主要有湘潭电机股份公司、内蒙古北方重工集团公司、徐工集团、三一重工、中国航天科工集团、北京首钢重型汽车制造股份有限公司、中车集团大同428厂、秦皇岛重型设备制造厂等。

湘电重型装备有限公司是我国目前销量最大、自主研发能力最强的矿用电动轮自卸卡车生产企业，该公司生产的矿用卡车技术参数见表3-5-2，SF35100型电动轮自卸卡车如图3-5-10所示。

表3-5-2　湘电重型装备有限公司生产的矿用卡车技术参数

序号	型号	标准车厢容积/m³		载重	发动机额定功率/kW	最高时速/(km·h⁻¹)	最大爬坡度/%	驱动形式	备注
		平装	2:1堆装						
1	SF32001DC	48	68	110 t	895	45	17.5	4×2后驱驱动	斗容可选
2	SF32001AC	48	68	110 t	895	50	20	4×2后驱驱动	斗容可选
3	SF32100AC	48	68	120 t	895	50	20	4×2后驱驱动	斗容可选
4	SF32500AC	54	85	136 t	1398	64.5	18	4×2后驱驱动	斗容可选
5	SF32601	54	85	154 t	1398	54.7	18	4×2后驱驱动	斗容可选
6	SF33201	77	111	186 t	1491	55.7	16	4×2后驱驱动	斗容可选
7	SF33901	110	138	230 t	1865	64.5	16	4×2后驱驱动	斗容可选
8	SF35100	176	203	300 t	2013	64.5	16	4×2后驱驱动	斗容可选
9	SF31904T	—	—	110 t	895	40	17	4×2后驱驱动	清障车
10	SF33901T	—	—	220 t	1864	64.5	16	4×2后驱驱动	清障车
11	SF32000W	—	—	100 m³	895	40	17.5	4×2后驱驱动	洒水车

图3-5-10　湘电重型装备有限公司生产的SF35100型电动轮自卸卡车

内蒙古北方重型汽车股份有限公司于1988年成立，从特雷克斯集团引进由数百台先进设备与数千套工装组成的重型矿用汽车生产线，同时引进其产品技术，按照其设计图纸、工艺流程、质量标准和检验规范组织生产,主要生产 120~360 t 大型电传动矿用自卸卡车。该公司生产的矿用卡车技术参数见表 3-5-3,NTE360 型电传动矿用自卸卡车如图 3-5-11 所示。

表 3-5-3 内蒙古北方重型汽车股份有限公司生产的矿用卡车技术参数

序号	型号	标准车厢容积/m³		载重/t	发动机额定功率/kW	最高时速/(km·h⁻¹)	总长/总宽/总高/mm	传动类型
		平装	2:1 堆装					
1	NET150	56.4	88	136	1193	64.4	13435/7760/6650	交流驱动
2	NET200	92	123	172~186	1510	56.3	13000/7300/6900	交流驱动
3	NET240	100	144	220~236	1864	64	14800/7640/7300	交流驱动
4	NET240DC	100	144	220	1864	48	14940/7640/7380	交流驱动
5	NET260	114	156	220~236	1864	56	14400/8350/7400	交流驱动
6	NET330	143	218	300	2014	59	15350/9390/7300	交流驱动
7	NET360	152	218	330	2800	59	15350/9390/7820	交流驱动
8	NET360A	211	256	330~360	2800	64.5	15870/10380/8270	交流驱动

图 3-5-11 内蒙古北方重型汽车股份有限公司生产的 NTE360 型电传动矿用自卸卡车

徐工集团是我国工程机械行业规模宏大、产品品种与系列齐全、极具竞争力、影响力和国家战略地位的千亿级龙头企业,目前可以生产出最大载重 400 t 的矿用卡车。徐工集团生产的矿用卡车技术参数见表 3-5-4,XDE400 型双桥刚性矿车如图 3-5-12 所示。

表3-5-4 徐工集团生产的矿用卡车技术参数

序号	型号	标准车厢容积/m³		载重/t	发动机额定功率/kW	最高时速/(km·h⁻¹)	最大爬坡度/%	最小转弯直径/m
		平装	2:1堆装					
1	XDR80T	35	50	72	353	45	30	11
2	XDR90T	35	53	81	412	45	30	11
3	XDR100T	52	70	91	588	40	28	12
4	XDE200	60	73	120	970	50	20	25
5	XDE200			180	1511		18	
6	XDE240	118	148	230	1865	64	17	28.4
7	XDE320	171	211	300	2014	64.5	18	29.2
8	XDE400	183	250	400	2800	60	22.3	34

图3-5-12 徐工集团生产的XDE400型双桥刚性矿车

三一矿机有限公司成立于2003年。2008年10月推出载重55 t的SRT55型矿用自卸卡车,2009年6月又推出载重95 t的SRT95型矿用自卸卡车,2009年12月载重33 t的SRT33型矿用自卸卡车问世,形成了机械传动矿用自卸卡车生产系列,之后又开始研发电动轮自卸卡车。2013年,推出SET230型交流驱动电动轮自卸卡车(图3-5-13),装备了大马力柴油发动机和高效率的交流驱动系统,由电子控制器控制。该公司生产的矿用卡车技术参数见表3-5-5,SET230型交流电驱动自卸卡车如图3-5-13所示。

表3-5-5 三一矿机有限公司生产的矿用卡车技术参数

序号	型号	标准车厢容积/m³	载重/t	发动机额定功率/kW	最大速度/(km·h⁻¹)
1	SRT95	60	95	783	47
2	SET230	146	230	1865	64

图3-5-13 三一矿机有限公司生产的SET230型交流电驱动自卸卡车

北京首钢重型汽车制造厂自2000年生产出首批载重42 t矿用自卸卡车以来，目前已具备40~170 t级直流、交直流及交流电动轮自卸卡车的自主生产和研发能力，特别是电控系统完全可以自主生产，成为世界上仅有的几家可以独立生产自卸卡车电控系统的企业之一。该公司生产的矿用卡车技术参数见表3-5-6，SGE240型电传动矿用车如图3-5-14所示。

表3-5-6 首钢重型汽车制造厂生产的矿用卡车技术参数

序号	型号	标准车厢容积/m³	载重/t	发动机额定功率/kW
1	SGE150	92	136	1193
2	SGE170	91	170	1343
3	SGE190DC	91	190	1491
4	SGE190AC	91	190	1491

中冶京诚（湘潭）重工设备有限公司成立于2007年。2012年，我国首台载重363 t的MCC600（工业试验时编号为HMTK600B）型矿用自卸卡车研制成功（图3-5-15），当年7月在神华哈尔乌素露天煤矿使用。2013年，公司生产的MCC400A型220 t矿用自

图 3-5-14　首钢重汽生产的 SGE240 型电传动矿用车

卸卡车在江西德兴铜矿富家坞采区投入生产。中冶京诚成为当时国内第一家可以生产 363 t 级别卡车的企业，其生产的矿用卡车技术参数见表 3-5-7。

图 3-5-15　中冶京诚（湘潭）重工设备有限公司生产的 MCC600 型自卸卡车

表 3-5-7　中冶京诚（湘潭）重工设备有限公司生产的矿用卡车技术参数

序号	型号	标准车厢容积/m³	载重/t	发动机额定功率/kW	最大速度/(km·h^{-1})
1	MCC400A	140	220	1864	54
2	HMTK600B		363	2722	54

除了上述公司及产品外,国内还有中国北车的 EQ190AC(载重 190 t)、汉江重科的 HKC190T、航天重工的 HT3110(载重 110 t)及 WTW220E(图 3-5-16,载重 220 t,采用双发动机、4 轴线、8 悬架、16×16 全轮驱动、全轮转向等核心技术)、中国南车的 SCT-121(载重 220 t)等型号的矿用自卸卡车。国内其他厂家生产的矿用自卸卡车技术参数见表 3-5-8。

图 3-5-16 航天重工 WTW220E 型电动轮自卸卡车

表 3-5-8 国内其他厂家生产的矿用自卸卡车技术参数

序号	生产厂家	型号	标准车厢容积/m³	载重/t	发动机额定功率/kW	最大速度/(km·h⁻¹)
1	北车 6 集团	EQ190AC	108	190	1492	45
2	南车集团	SCT-121	148	220	1864	64
3	汉江重科	HKC190T	108	190	1492	45
4	航天重工	HT3110	65	110	899	
5		HT5220	130	220	2×895	45
6		HT3363	220	363	2800	64
7		WTW220E	140	220		
8	天业通联	TTM100	58	91	783	61.5
9	中车大同电机车	CR110M	60	91	772	55
10		CR240E	160	220	1839	57
11		CR330	218	300	2206	58

3. 设备应用情况

自卸卡车是伴随着单斗–卡车间断工艺的应用开始在我国大规模使用的。20 世纪 70 年代前卡车运输工艺只在非煤矿山使用，车型基本为 40 t 以下刚性机械传动。1973 年，大峰露天煤矿开工建设，设计开采工艺为单斗–卡车间断式开采工艺，随后设计建设的"五大露天煤矿"及新建、改扩建露天煤矿几乎都使用了单斗–卡车工艺，自卸卡车在露天煤矿的应用进入大发展时期。截至 2013 年底，国内主要大型露天煤矿使用的自卸式卡车见表 3–5–9。据统计，目前我国露天矿山使用的百吨级以上矿用自卸卡车超过 2000 台。

表 3–5–9 国内主要大型露天煤矿使用的主要型号自卸式卡车（截至 2013 年底）

序号	露天煤矿名称	型号	标准载重/t	生产厂家	使用数量/台	购买时间	备注
1	安家岭露天矿	730E	185	小松	31	2001 年	
2		930E	290		32	2008 年	
3		789C	177	卡特彼勒	18	2001 年	
4	安太堡露天矿	685E	180	小松	11	1996 年	
5		730E	185		16	2001 年	
6		930E	290		40	2008 年	
7		789A(B)	177	卡特彼勒	34	1996 年	
8		170D	154	WABCO	29	1986 年	
9		R190	173	日立	15	1993 年	
10	白音华二号露天煤矿	BELAZ–75131	130	别拉斯	24	2009 年	
11	白音华一号露天煤矿	SF31904	108	湘电		2009—2012 年	
12	宝日希勒露天煤矿	MT4400AC	236	北方重汽	12	2010 年	
13		TR100(C)	91		33	2006 年、2007 年	
14	宝日希勒露天煤矿	SF31904c	108	湘电	4	2006—2008 年	
15		SF33900	220		6	2012 年	
16	抚顺西露天矿	BELAZ–7523	42	别拉斯		1996 年	
17		SF31904	108	湘电		1990 年	
18		HD–680	69	小松		1981 年	
19		R85	70			1984 年	
20	哈尔乌素露天煤矿	MT4400AC	236	北方重汽	18	2009 年	
21		MT5500B	326		37	2009 年	

表 3-5-9（续）

序号	露天煤矿名称	型号	标准载重/t	生产厂家	使用数量/台	购买时间	备注
22	哈尔乌素露天煤矿	SF33900	220	湘电	12	2010 年	
23		MCC600B	363	中冶京诚	1	2012 年	
24		930E	290	湘电	30	2010 年	
25		SF35100	300		2	2012 年	
26	黑岱沟露天煤矿	630E	154	小松	59	1992 年	
27		730E	185		5	1997 年	
28		830E	220		10	2009 年	
29		930E	290		14	2011 年	
30		SF33900	220	湘电	13	2011 年	
31		SF32601	108		24	1997 年	大部分报废
32	霍林河南露天煤矿	TR100	91	北方重汽	25	2005—2012 年	
33		HD-680	68	小松	29	1985 年	已报废
34		BELAZ-75473	45	别拉斯	20	2007 年、2008 年	
35		BELAZ-75306	220		15	2007 年、2008 年	
36		SF3103C	108	湘电	13	1987—1991 年	已报废
37		SF3102	100		17	1988 年	已报废
38		SF31904	108		67	2002—2009 年	
39		75B	68	WABCO	57	1978 年	已报废
40		LN3103	108	本溪重汽	7	1988 年	已报废
41		LN392	67.95		7	1980 年	已报废
42	平朔东露天煤矿	730E	185	小松	7	2008—2012 年	安家岭调入
43		930E	290		27	2008—2012 年	
44		789	177	卡特彼勒	12	2008—2012 年	安太堡调入部分
45		170D	154	WABCO	27	2008—2012 年	安太堡调入
46	胜利东二露天煤矿	TR100	91	北方重汽	27	2008 年、2009 年	
47		BELAZ75310	220	别拉斯	13	2012 年	
48		SF31904c	108	湘电	22	2008 年、2009 年	
49		SF33900	220		9	2011 年	
50		WTW220E	220	航天重工	1	2013 年	

表 3-5-9（续）

序号	露天煤矿名称	型号	标准载重/t	生产厂家	使用数量/台	购买时间	备注
51	胜利西一露天煤矿	MT4400	220	北方重汽	22	2009—2013 年	
52		830E	220	小松	28	2009—2013 年	
53		SF31904c	108	湘电	5	2010—2013 年	
54		TR100-C	100		30	2006—2010 年	煤斗
55	伊敏河露天煤矿	MT3700	172	北方重汽	15	2008—2012 年	
56		TR100	91		5	2009—2012 年	
57		3311E	85		16	1996—2003 年	岩斗
58		SF33900	220	湘电	22		
59		SF3103C	108		22	1995—2007 年	
60		SF31904	108		15	2003—2007 年	
61		325M	77	本溪重汽	2	1993 年、1994 年	
62		140M	31.8		4	1998 年	
63		SGA3722	42	首钢重汽	1	2007 年	排灰
64	元宝山露天煤矿	TR100(C)	91	北方重汽	34	2003—2008 年、2011 年、2013 年	
65		LN392	68	本溪重汽	8	1997 年	
66	扎哈淖尔露天煤矿	SF31904	109	湘电	33	2008—2012 年	
67		TR100C	90	北重	17	2008 年	
68		BELAZ-75473	45	别拉斯	12	2008—2012 年	
69		BELAZ-75131	130		20	2009 年	
70	大峰露天煤矿	SF33901a	220	湘电	12	2012 年	
71		TR50	45	北重	22	1995—2004 年	
72		SGA3722	45	首钢重汽	13	2003 年	
73		SF31904c	108	湘电	18	1995—2003 年	
74	白音华四号露天煤矿	SF31904c	108		10	2007 年、2008 年	
75	朝阳宝清露天煤矿	BELAZ-75306	220	别拉斯	4	2010—2012 年	
76	扎尼河露天煤矿	TR100C	91	北方重汽	10	2011 年、2013 年	
77		SF31904C	108	湘电	4	2013 年	胜利西一调拨

5.2.2 带式输送机

1. 发展历程

带式输送机在我国煤矿的应用经历了从通用到特殊、小型到大型、单机到成套的发展历程。我国在 20 世纪 50 年代就可以自制线芯带式输送机。1968 年，我国第一台钢丝绳牵引带式输送机在阳泉四矿试制成功。1970 年，夹钢丝绳芯带式输送机在平顶山煤矿首先投入使用。1976 年，一机部、冶金部和燃化系统联合做出了钢丝绳芯带式输送机系列化设计，即 DX 系列，此系列对煤炭、化工和冶金矿山都适用。1980 年以后，随着露天煤矿半连续工艺的发展，新建（改扩建）的大型露天煤矿开始大量使用带式输送机运输。在以后的发展过程中，基本上是在大型化、智能化、安全化、功能多样化、监测自动化等方面进行优化和改良。

21 世纪以来，随着工业制造水平的提高和电子信息技术的发展，带式输送机的技术发展呈现出大运量、高带速、大功率、长运距、多机型等特点，应用范围涵盖了大中小型井工矿和露天矿的散料运输。在近 20 年的发展过程中，我国在对带式输送机的研发上取得了一定成果。尤其是在对大功率、长运输距离的带式输送机的研究上取得了很大的进步，并填补了大倾角、长距离带式输送机和可伸缩带式输送机的技术空白，对带式输送机关键部件的关键技术进行了更深的研发。在此基础上成功研制出了软启动和制动装置以及基于 PLC 的可编程控制装置。截至目前，国内带式输送机系统设计制造能力已完全可以满足国内特大型露天煤矿的运输需求。

2. 设备生产厂家和性能参数

目前，国内生产带式输送机的厂家非常多，主要有上海科大重工、宁波甬港、山东山矿、洛阳矿山机械、安徽盛远、衡阳起运、大陆机械等。

上海科大重工集团装备了带式输送机专有生产设备和生产加工工艺，滚筒生产专有设备、托辊自动生产线、中间架自动生产线、托辊支架自动焊接线、支腿自动焊接线实现了带式输送机标准部件的智能化制造；目前已生产出大运量（输送能力 23500 t/h）和单机长度（7.1 km）的管状带式输送机。国内生产的部分带式输送机设计参数见表 3-5-10。元宝山露天煤矿使用的带式输送机如图 3-5-17 所示。

表 3-5-10 国内生产的部分带式输送机设计参数

序号	生产厂家	单位	宁波甬港	山东山矿	沈阳矿山机械	安徽盛远	衡阳起运	大陆机械
1	最大带宽	mm	800~2000	650~2200	800~2200	500~1600	500~2400	500~2200
2	设计能力	t/h	3000	7200	6750	3000	7000	6000
3	最大单机长度	m	3658	7200	16900	4287	8360	4360
4	滚筒使用寿命	h	50000	50000	50000	50000	50000	50000
5	托辊使用寿命		30000 h 损坏率 5%	30000 h	30000 h 损坏率 6%	30000 h 损坏率 10%	30000 h 损坏率 12%	30000 h
6	滚筒包胶		外委	自己热铸	自己热铸	自己热铸	自己热铸	自己热铸

表3-5-10（续）

序号	生产厂家	单位	宁波甬港	山东山矿	沈阳矿山机械	安徽盛远	衡阳起运	大陆机械
7	滚筒与轴连接		胀套连接	胀套连接	胀套连接	胀套连接	胀套连接	胀套连接
8	张紧形式		重锤、液压绞车	重锤、液压绞车	重锤、液压绞车	重锤、液压绞车	重锤、液压绞车	重锤、液压绞车
9	联轴器形式		柱销、链轮、弹簧	柱销、刚性联轴器	柱销、弹性、刚性	柱销、弹性联轴器	柱销、弹簧	柱销、刚性

图3-5-17　元宝山露天煤矿使用的带式输送机

3. 设备应用情况

在露天矿半连续工艺系统中，带式输送机是整个系统中的关键环节，目前采用该工艺的露天矿山有元宝山、霍林河等部分露天煤矿及部分黑色和有色金属露天矿山。同时，一些采用其他采煤工艺的露天煤矿也越来越多地使用带式输送机，形式也越来越多样化。国内主要大型露天煤矿使用的带式输送机技术见表3-5-11。

表3-5-11　国内主要大型露天煤矿使用的带式输送机技术参数

序号	露天煤矿名称	运输的物料	带式输送机		投用时间
			带宽/mm	带速/(m·s^{-1})	
1	胜利西一露天煤矿	煤炭	1600	4	2006年
2	胜利东二露天煤矿	煤炭	1600	5	2011年

表 3-5-11（续）

序号	露天煤矿名称	运输的物料	带式输送机 带宽/mm	带式输送机 带速/(m·s^{-1})	投用时间
3	扎哈淖尔露天煤矿	上部表土	2000	5	2013 年
		中下岩石	1600	5	2009 年
		煤炭	1400	4	2008—2013 年
4	白音华一号露天煤矿	煤炭	1400	4.5	2011 年
5	白音华二号露天煤矿	岩石	1600	5	2013 年
		煤炭	1600	4	2013 年
6	安太堡露天煤矿	煤炭	1600 和 1400	4	2002 年、2009 年
7	安家岭露天煤矿	煤炭	1600 和 1400	4	2003 年
8	平朔东露天煤矿	上部岩石	1800	5	2013 年
		煤炭	1600 和 1400	4	2010—2013 年
9	黑岱沟露天煤矿	上部表土	1400	5	1997 年
		煤炭	1400	4.5	1997 年
10	哈尔乌素露天煤矿	煤炭	1600	5	2011 年
11	伊敏河露天煤矿	煤炭	1400	4.5	2007 年
12	宝清露天煤矿	煤炭	1600	4	2009—2012 年
13	元宝山露天煤矿	土砂	1400	5.85	1997 年、2011 年
		煤炭	1400	4.5	1997 年
		岩石	1600	5.85	1997 年
		煤炭	1200	3.15	1996 年
14	霍林河南露天煤矿	岩石	1600	5	2009 年/2012 年
		煤炭	1400	4	1992 年
			2000	4	2009—2012 年
15	布沼坝露天煤矿	岩石	2000	4	2007—2013 年
		煤炭	1200/1400	3.15/4.5	1985 年/1993 年
16	白音华三号露天煤矿	岩石	1600	5	2013 年
17	白音华四号露天煤矿	煤炭	1400	4	2007 年

6 排 土 设 备

露天煤矿排土设备主要有排土机、推土机和前装机 3 种，美国和德国是国外生产排土设备最早的国家，1946 年，德国克虏伯公司制造的第一台排土机在德国 Tagubau Fortuna 露天煤矿投入使用。目前 3 种设备制造技术成熟、产品系列齐全、应用效果较好。我国排土设备制造厂商自主创新投入不足，核心技术与国外先进企业的技术有较大差距，大型、超大型功率机种较少，技术性能相对较差，可靠性不高，应用效果不理想。

6.1 国外排土设备

6.1.1 排土机

1. 设备发展历程及趋势

排土机是露天矿带式输送机排土系统的主要组成部分，属于大型的矿岩输送设备。从结构形式上一般可分为两大类，即悬臂式排土机和延伸式排土机，目前国内外露天矿使用的排土机主要是悬臂式。悬臂式排土机由受料臂、排料臂、配重臂、行走结构、回转机构等部分组成。排料臂由大型桁架结构及排料输送机组成，是悬臂式排土机的关键部件。受料臂上安置受料输送机，可独立旋转、提升和下放；受料臂长度是决定排土机排土带宽度的重要因素。排料臂长度可根据所需的排土带宽度、排土高度及输送机的移动周期来确定。延伸式排土机由旋转底座、固定支架、悬臂、主排土带式输送机、横向布料带式输送机和操作室等组成。

排土机按行走机构的类型分为履带式、轨道式、迈步式、迈步轨道式，其中，履带式排土机由于其移动性能好，应用最为广泛。

克虏伯公司是世界上最早生产排土机的厂商之一，1946 年在德国的 Tagubau Fortuna 露天矿应用了该公司的排土机，设计排土能力 2640 m^3/h，带宽 2000 mm，受料臂长 38.5 m，卸料臂长 70 m，卸料高度 30.5 m。1995 年，克虏伯制造了目前世界上最大的排土机 Absetzer761，应用于德国 Hambach 露天煤矿，最大排土能力达到 3×10^5 m^3/d，工作重量 5900 t，带宽 3.2 m，整机总装机容量 11600 kW，卸料臂长度 100 m。

随着工业和科技的发展，排土机逐步向大型化、大功率、智能化方向发展。

2. 设备主要型号和性能参数

当前国外露天煤矿广泛使用的排土机主要型号和性能参数见表 3-6-1。

表 3-6-1 国外露天煤矿广泛使用的排土机型号和性能参数

国家	厂家	型号	处理能力	受料臂长度/m	卸料臂长度/m	最大卸料高度/m	行走速度/(m·min^{-1})	带宽/m
瑞典	山特维克	VASP 1800/30+45	10000 t/h	30	40	17.6	8	1.8
		VASP 1800/70+100	10700 t/h	70	100	27	6	1.8

表 3-6-1（续）

国家	厂家	型号	处理能力	受料臂长度/m	卸料臂长度/m	最大卸料高度/m	行走速度/(m·min^{-1})	带宽/m
德国	克虏伯	ARs $\frac{3200}{83+100} \times 35$	22500 t/h	83	100	35	9.3	2.4
		ARs $\frac{3200}{83+100} \times 41.5$	21300 t/h	83	100	41.5		2.4
		ARs $\frac{3200}{52+84} \times 38$	11860 t/h	52	84	38		2
	塔克拉夫	ARs-B 12500.90	20000 t/h	45	90	40		2.4
		A2Rs-B 7500.50	7500 m³/h	45	70±2	21		2.2
		A2Rs-B 5500.60.1	8800 t/h	50±1.5	80	17.5		1.8
	FAM	ST 18000.70 RLC	18000 t/h	44	70	15	6	2.4
		ST 12100.60 RH	12100 t/h	50	60	22	6	2.0
		ST 7000.45 RH	7000 t/h	45	45	15	6	1.6
		ST 4200.50 RH	4200 t/h	60	50	6	6	
		ST 1700.140 P	1700 t/h	45	140	33	6	1.2

3. 设备生产厂家和应用情况

克虏伯公司制造的排料能力达 40000 m³/h 的排土机，整机质量最大 6000 t，是当时最大的排土机。内蒙古准格尔露天煤矿采用克虏伯 Ars1800 型排土机，理论排弃能力 6200 m³/h，最大上排高度 20 m，最大下排高度 25 m，带宽 1.8 m。

印度奈维利露天煤矿使用多台 TAKRAF 型排土机。1986 年，云南小龙潭沼坝露天煤矿投入使用 TAKRAF PL-1000 型排土机。2014 年，内蒙古扎哈淖尔露天煤矿投入使用 TAKRAF ARs-7900 型排土机。元宝山露天煤矿采用 TAKRA FA2Rs-B5000·60 型排土机。

6.1.2 推土机

1. 设备发展历程及趋势

1977 年，卡特彼勒公司展示了 Cat D10 的三角履带高架链轮系统。卡特彼勒公司的底盘系统始于最初的 Cat 公司的履带式推土机。Terex 公司在 20 世纪 70 年代生产出世界第一台双引擎推土机 TC12。2015 年卡特彼勒公司推出 Cat Slope Assist 系统，这是一款针对履带式推土机的集成铲刀控制系统，可以通过自动保持推土机铲刀的设定角度，帮助操作员快速达到目标坡度。操作员可以从驾驶室对所需的 2-D 坡度进行简单编程，无需坡度标杆或 GPS 设备。Slope Assist 系统可自动调整铲刀移动，以在整个移动过程中保持精确的铲刀角度。操作员只需集中精力控制好机器的速度和方向，而 Slope Assist 则确保精确的铲刀工作。Slope Assist 能使操作员的坡度平整速度提高 39%，同时实现更高质量的平表面并显著减少操作员的工作量。

2. 设备主要型号和性能参数

当前国外露天煤矿广泛使用的推土机型号和性能参数见表 3-6-2。

表 3-6-2 国外露天煤矿广泛使用的推土机型号和性能参数

国家	厂家	型号	工作重量/t	发动机功率/kW	铲斗容量/m³
德国	利勃海尔	PR756	43	259	11.8
		PR764	53.6	310	17
		PR766	54	310	17
		PR776	73	564	22
日本	小松	D375A-8	74	455	18.5~22
		D475A-8	115	664	27.2~34.4
美国	CAT	992	105.8	607	11.5~24.5
		D9	49.9	337	16.6
		D10	70	538	22
		D11	104	634	

卡特彼勒公司的矿用大型推土机有 4 个型号，最小型号的是 D9，诞生于 1955 年，功率 323 kW，几乎占其大型推土机销量的一半；最大的型号是 D11，功率 625 kW。卡特彼勒公司的推土机可以选装远程控制、自动铲刀辅助系统、自动装载等自动化辅助系统。

印度 BEML 公司有 3 款露天矿用推土机，装配康明斯柴油发动机，最小的型号为 BD155，工作重量约 39 t，功率 238 kW；最大的型号为 BD475-1，工作重量 100 t，功率 632 kW，具体如图 3-6-1 所示。

图 3-6-1 印度 BEML BD475-1 推土机

利勃海尔公司生产的PR776型推土机是世界上最大的静液传动推土机，于2016年正式发布，具体如图3-6-2所示。

图3-6-2 利勃海尔公司生产的PR776型推土机

3. 设备生产厂家和应用情况

矿用大型推土机市场主要由卡特彼勒和小松两家企业占据，利勃海尔作为后起之秀开始发力于大型矿用推土机市场。小松推土机在国内露天煤矿应用广泛，比如安家岭、安太堡和东露天煤矿使用小松D375A型和D475A型履带式推土机。安太堡露天煤矿使用卡特彼勒D10N型、D10R型、D11T推土机。

6.1.3 前装机

1. 设备发展历程及趋势

20世纪70年代初，前端式装载机发展迅速，铲斗容积已与采矿型挖掘机不相上下，有的斗容量达到27 m^3。

2. 设备主要型号和性能参数

卡特彼勒公司的大型轮式前装机主要有6款，1990年994系列产品投入生产，最小尺寸的型号为986k，斗容量5~10.3 m^3；最大尺寸的型号为994k。卡特彼勒994k大型轮式前装机于2016年1月推出，是第5代机型，也是目前Cat产品线中机型最大的，采用Cat3516E发动机，净功率1297 kW，铲斗容量19.1~43.6 m^3，具体如图3-6-3所示。

白俄罗斯别拉斯前装机，Belaz-78250前装机工作重量107.8 t，装备康明斯柴油发动机，1050马力，斗容量11 m^3。采用电力传动系统替代了结构复杂的变速箱系统，还可选择远程控制系统。

日本小松公司目前主要生产5个型号的矿用轮式装载机，全部采用自家生产的柴油发动机。最小型号的前装机斗容量为11.5 m^3，最大型号的前装机WE2350（图3-6-4）是世界上最大的装载机，铲斗容量40.52 m^3，用于配合400 t以上的矿用自卸卡车。

图 3-6-3　卡特彼勒 994k 大型轮式前装机

图 3-6-4　小松 WE2350 型前装机

3. 设备生产厂家和应用情况

卡特彼勒公司生产的前装机在国内有应用，如安太堡露天煤矿使用 1 台卡特彼勒 994K 型前装机。

6.2　国内排土设备

排土设备是指按照设计的技术参数，在排土场完成物料排弃、排土场平整等的设备。我国露天煤矿使用的排土设备有排土机、推土机、前装机、推土犁、挖掘机（单斗）等。其中推土机和排土机为国内使用最广泛的设备，中小型露天煤矿也使用液压挖掘机、前装机进行排土，个别露天煤矿也使用电铲排土。

6.2.1　排土机

排土机是露天煤矿连续或半连续开采成套设备的一部分，它与钢绳牵引带式输送机配套，适用于露天煤矿排土场和料场疏松物料的排弃和堆集。排土机按行走装置分为：履带式、步行式、轨道式、步行轨道式。其中履带式排土机在露天煤矿应用最广泛，源于其移动性能较好。相对于其他排土方法，由于其作业是连续的，故生产能力大，一次排弃宽度大，辅助作业时间少，自动化程度高。

1. 设备发展历程

排土机是随着连续、半连续工艺在国内露天煤矿的应用逐步发展起来的。始于20世纪70年代。1985年，大连起重成功研制国内第一台2000 m^3/h排土机。通过与国外公司合作，又先后开发了1000~5000 m^3/h的不同规格的排土机，用于云南省小龙潭露天煤矿等企业，大连重工也成为国内排土机生产骨干企业。

然而，随着国内露天矿山开采规模的不断扩大，上述几个规格的排土机已不能满足用户的需求。

到20世纪90年代，大重集团公司采取与德国塔克拉夫公司以合作制造的方式生产了A2Rs-B 5000·60型排土机投入元宝山露天煤矿，排土机设计能力为5000 m^3/h。1992年，沈阳北方重工为元宝山露天煤矿剥离提供了排土机，生产能力为3600 m^3/h。

2010年，元宝山露天煤矿1.5×10^7t扩能项目三号排土线工程采用大连重工集团公司的排土机，排土能力4400 t/h。2011年4月，北方重工联合中煤科工沈阳院以平朔安家岭露天煤矿9号煤系统改造工程为依托，开发了3200 t/h的排土机，前者在国产排土机研制方面处于国内领先水平。

2018年，太重集团公司依托山西太钢工程技术有限公司总包、太钢集团岚县矿业有限公司开发完成的国内首台套9000 t/h排土机（含卸料车）设备正式交付使用，该套设备由太重集团公司自主设计、制造、运输、安装及调试，是太重矿山设备分公司具有自主知识产权及核心技术的首台套设备，该设备不仅工作能力和效率国际领先，核心技术更是代表了当前国际的最高水平。

2. 设备生产厂家和性能参数

目前国内生产排土机的厂家主要有太原重工、大连重工、北方重工等企业。

太原重工自主研发的排土机分为配重臂上置式和下置式两种结构形式，可生产2000~18000 t/h的全系列排土机，可根据用户不同要求量身定制。表3-6-3为太原重工生产的部分排土机规格参数，图3-6-5所示为太原重工生产的9000 t/h排土机在太钢袁家村铁矿应用时的场景。

表3-6-3 太原重工生产的部分排土机规格参数

序号	额定处理能力/(t·h^{-1})	受/排料臂长度/m	带宽/mm	最大上排高度/m
1	3000	50	1200	16
2	4500	50	1400	18
3	7500	50	1600	18
4	9000	50	1800	18
5	18000	50	2400	20

图3-6-5　太原重工生产的9000 t/h排土机在太钢袁家村铁矿应用时的场景

北方重工生产的排土机结构简单，移动性好，长度范围为30～300 m，相应的机器作业重量为50～4000 t。为特殊条件下的应用，公司还开发了移动式跨坑排土机系统，卸料臂长为200 m，也可根据用户要求及作业现场条件设计生产特定类型、规格的排土机。大连重工生产的 A2Rs – B 5000·60 排土机技术参数见表 3 – 6 – 4。

表3-6-4　大连重工生产的 A2Rs – B 5000·60 排土机技术参数

名称	技 术 指 标	单位	数值	备注
运输能力	理论运输能力	m³/h	5000	松方
排弃规格	上排高度	m	15	
	下排高度	m	30	
	台阶坡面坡度		1∶15	
	排弃宽度	m	30	
排料臂	排土机回转中心到卸载滚筒中心水平长度	m	60	
	卸料滚筒中心在行走水平以上的高度	m	17	
受料臂	排土机回转中心到支撑车的中心长度	m	32±2.5	
	排土机中心到受料臂滚筒中心长度	m	42	
转载带式输送机	工作面带式输送机中心至转载带式输送机卸料滚筒中心长度	m	15±2.5	
	转载带式输送机相对受料臂的回转角度	(°)	±90	

表 3-6-4（续）

名称	技术指标	单位	数值	备注
排料臂回转机构	卸料滚筒中心处的回转速度	m/min	15	
回转范围	相对于下部机构	(°)	360	
	相对于受料臂	(°)	±105	
排料臂提升机构	设计形式			双绳绞车系统
	卸料滚筒中心处提升速度	m/min	3	
排土机行走机构	履带组数	组	3	单履带
	行走速度	m/min	6	
	作业时最大综合坡度		1∶30	
	调动时最大综合坡度		1∶20	
	作业重量下的平均对地压力	N/cm²	—	
	最小曲率半径	m	60	
支撑行走机构	履带组数	组	2	单履带
	行走速度	m/min	6	
	作业时最大综合坡度		1∶30	
	调动时最大综合坡度		1∶20	
	作业重量下的平均对地压力	N/cm²	—	
	最小曲率半径	m	60	
转载带式输送机支撑机构	行走机构			轨道式
	行走速度	m/min	6	
	最大轮压	kN	60	

3. 设备应用情况

带式排土机排土效率高，生产能力大，是实现露天矿采、运、排连续化生产所必需的排土设备。受技术、工艺条件所限，我国采用这种排土方式的露天煤矿较少，部分露天煤矿使用的排土机主要来自进口。大连重工生产的部分型号排土机在布沼坝露天煤矿、元宝山露天煤矿有应用，而太原重工生产的排土机则主要应用于包钢、太钢、鞍钢、大唐锡林浩特等企业的非煤矿山。国内露天煤矿使用的排土机主要技术参数见表 3-6-5。

表 3-6-5 国内露天煤矿使用的排土机主要技术参数

露天煤矿名称	型号	理论能力/(m³·h⁻¹)	上排高度/m	下排高度/m	受料臂长度/m	卸料臂长度/m	行走速度/(m·min⁻¹)	带宽/m	带速/(m·s⁻¹)	制造商
布沼坝露天煤矿	PL-2400	2400	10	10						大连重工
	PS2000	2000	10	15	18	35	5.5	1.2	4	
平朔东露天煤矿	PA200 1800/50+50	6000			50	50		1.8		山特维克
元宝山露天煤矿	PLK2800·50+50	2800	15	30	50±2.5	50		1.6	5	大连重工
	A2Rs-B5000·60	5000	15	30	60	60	6	1.8	5.86	
扎哈淖尔露天煤矿	Ars-B7900·55	7900	20	30	70	55	1.6~1.8	2	5	塔克拉夫
	SP1600/50+50&TR1600	4800	20	30	50	50		1.6	5	山特维克
白音华二号露天煤矿 白音华三号露天煤矿 霍林河南露天煤矿	SP 1600/50+50	4800	20	30	50	50		1.6	5	山特维克
黑岱沟露天煤矿	Ars1800/(50+50)×22	6200	20	25	50	50		1.8	5.5	克虏伯

6.2.2 推土机

推土机是一种工程车辆,前方装有大型的金属推土刀,使用时放下推土刀,向前铲削并推送泥、沙土及石块等,推土刀位置和角度可以调整。推土机能单独完成挖土、运土和排土工作,具有操作灵活、转动方便、所需工作面小、行驶速度快等特点。推土机分为履带式和轮胎式两种。履带式推土机附着牵引力大,接地比压小,爬坡能力强,但行驶速度低。轮胎式推土机行驶速度高,机动灵活,作业循环时间短,运输转移方便,但牵引力小,适用于工作环境需要经常变换的工地和野外工作的情况。

露天煤矿排土工程使用的推土机行走方式一般为履带式,轮胎式推土机用于采掘工作面的平整、剥离物的短距离推运等辅助工程。

1. 设备发展历程

我国的推土机产业是新中国成立以后才开始发展的。20世纪60年代前,露天矿山使用的设备规格小、结构陈旧、技术性能低。随着国民经济的发展,大型矿山对中大型履带式推土机的需求不断增加,我国中大型履带式推土机制造业虽有较大发展,但已不能满足国民经济发展的需要。

20世纪70年代,国内厂家开始引进国外技术和设备并与国外厂商合作制造产品。上海彭浦机械厂、陕西黄河工程机械厂与日本小松公司合作分别制造出 D355A-3 型和

D85A-18型履带式推土机。河北宣化工程机械股份有限公司（简称"宣工"）于70年代末生产了第一台功率超过100马力的推土机。

20世纪80年代，宣工引进美国卡特彼勒公司的D60型推土机制造技术，极大地缩小了与国外先进企业的技术差距。TY165系列推土机的发展与壮大也得益于D6D推土机技术的引进。

1980年1月，济宁机器厂、济宁通用机械厂、济宁动力机械厂合并成立了山东推土机总厂（简称"山推"），从日本小松公司引进D85、D155产品技术及KES标准和生产工艺，1981年生产了第一台TY220型（220马力，升级改造后型号为SD22）推土机。1989年，洛阳第一拖拉机集团与卡特彼勒公司签订了生产N系列推土机的合作生产合同，共同生产D8N、D9N、D10N和D11N 4种机型，自制率50%。D9N和D10N两个型号的推土机在新疆、内蒙古的露天煤矿投产使用，效果良好。

20世纪90年代，我国履带式推土机进入联合攻关和自主开发新产品的时代，研制水平有了长足的进步，并形成了一定生产规模，产品技术含量大幅提高，市场竞争力增强。上海彭浦机器厂和天津工程机械研究所联合完成"八五"科技攻关新产品——上海410型履带式推土机，发动机功率306 kW，是当时我国自主开发的最大的推土机。

2012年，广西柳工机械股份有限公司（简称"广西柳工"）收购波兰HSW公司，2013年推出了TD-40E大型推土机。该机采用模块化的传动系统、简单可靠的履带行走系统以及独特的双速转向系统，避免了功率损失。双速转向系统使得操作性能和舒适性达到一个新水平，速度、方向和转向都可以毫不费力地用左手操纵杆进行控制。

2013年，山推研制出中国最大马力的推土机SD90-5（额定功率达到900马力），备受业内瞩目。该产品几乎已经赶上国际巨头的同类产品技术水平，从而使得山推推土机的全系列产品在海外市场与国际巨头展开了全面对阵。

2014年，中国国机重工集团有限公司（简称"国机重工"）研制出当时世界最大功率电传动推土机D320E，可降低燃油消耗15%，可减少10%以上有害污染物排放。

2015年，山推研发出全球首台燃气型履带式推土机SD20-5LNG，采用液化天然气发动机，满足国三排放标准，燃料费用节省30%，碳排放减少50%，可吸入颗粒物排放基本为零。

2019年，山推生产的全球首台5G远程遥控大马力推土机实现商业化，5G技术应用和智能制造水平进一步提升；全国最大马力推土机顺利交付客户，填补了国内大马力推土机的技术空白，为大马力推土机国产化奠定了基础。近几年，山推相继研发出DH46-C3型静压驱动推土机、SD60-C5型模块化液力传动推土机和SD90-C5 RS型履带式推土机，额定功率分别达到380 kW、450 kW、708 kW，最大达到960马力以上，形成了全系列产品，不仅满足了国内市场需要，而且已投入国际市场，部分技术已经超越国际巨头相关产品的技术水平。

2. 设备生产厂家、主要型号和性能参数

目前国内生产矿用推土机的厂家主要有山推、广西柳工、宣工、国机重工等企业。

山推是目前国内最大的履带推土机生产商，其生产的推土机主要技术参数见表3-6-6，生产的新式推土机如图3-6-6所示。

表 3-6-6　山推生产的推土机主要技术参数表

序号	型号	额定功率	整机外形尺寸/(mm×mm×mm)	工作质量/kg	接地比压/kPa	前进速度/(km·h^{-1})	铲土深度/mm	燃油箱容积/L
1	DH10-C2 XL	86 kW	4442×2860×2885	9680	44.4	0~9	450	197
2	SD13C	105 kW	4492×3700×2950	13900	44.8	F1：0~3.2 F2：0~5.9 F3：0~9.8	590	280
3	DH13-K2 XL	118 kW	4987×3300×3110	14200	48	0~10	460	263
4	SD16C	131 kW	5427×3900×3032	17500	50	F1：0~3.29 F2：0~5.82 F3：0~9.63	540	315
5	SD17-C3 XL	140 kW	5345×3455×3200	17000	54	F1：0~3.5 F2：0~6.2 F3：0~10.6	540	338
6	DH16-K2 XL	142 kW	5800×3400×3180	17635	50	0~10	642	389
7	DH17-C3 XL	152 kW	5068×3388×3154	17730	63.7	0~10	520	352
8	DE17-X	240 kW·h	5350×3388×3100	18750	61.3	0~10	520	无（电动）
9	DH17-C2 CH	162 kW, 141 kW, 120 kW	5250×3420×3080	18700	57.3	0~10	520	305
10	DH17-C2R CH（遥控）	162 kW	5250×3420×3080	18700	57.3	0~10	520	305
11	SD20-C6	162 kW	6805×3460×3305	21000	60.5	0~3.9/6.8/10.6	450	415
12	SD22C	175 kW	5820×4200×3402	24000	57.5	F1：0~3.6 F2：0~6.5 F3：0~11.2	538	450
13	SD23C	179 kW	5860×4200×3380	24660	57	F1：0~3.8 F2：0~6.8 F3：0~13.8	538	470
14	SD24-C3 CH	195 kW	6300×4288×3460	24850	54	F1：0~3.8 F2：0~6.9 F3：0~11.8	540	450

表3-6-6（续）

序号	型号	额定功率	整机外形尺寸/(mm×mm×mm)	工作质量/kg	接地比压/kPa	前进速度/(km·h^{-1})	铲土深度/mm	燃油箱容积/L
15	DH24-C2 CH	157 kW, 179 kW, 198 kW	6474×3800×3192	24475	64.5/59.6	0~11	545	390
16	DH24 C2R CH（遥控）	198 kW	6474×3800×3192	24475	64.5/59.6	0~11	545	390
17	DH24-C3 CH	173 kW, 195 kW, 213 kW	6474×3800×3350	24475	64.5	0~11	545	489
18	SD32C	257 kW	8650×4806×3760	40500	98.4	F1：0~3.6 F2：0~6.6 F3：0~11.5	560	640
19	DH46 C3 RS	380 kW	9325×4320×3990	56200	120	0~11	650	880
20	SD60-C5	450 kW	9750×6750×4370	72550	133	F1：3.8 F2：6.8 F3：11.8	715	1150
21	SD90-C5 RS	708 kW	11500×5265×4590	106260	143.7	F1：0~3.5 F2：0~6.3 F3：0~10.9	1010	1638

(a) DH46-C3型静压驱动推土机

(b) SD60-C5型模块化液力传动推土机

(c) SD90-C5 RS型履带式推土机

图 3-6-6　山推生产的新式推土机

广西柳工是世界工程机械 50 强企业,生产的推土机有 7 种型号,额定功率 82~257 kW,技术参数见表 3-6-7,B320 型推土机如图 3-6-7 所示。

表 3-6-7　广西柳工生产的推土机主要技术参数

序号	型号	额定功率/ kW	推土铲容量/ m^3	整机重量/ kg	接地比压/ kPa	前进速度/ $(km \cdot h^{-1})$	切土深度/ mm	发动机排量/ L
1	B110C	82	1.7	9800	32	3.2、8.8	620	4.3
2	B160C	131	4.5	17000	67	3.8、6.8、10.6	540	9.7

表 3-6-7（续）

序号	型号	额定功率/kW	推土铲容量/m³	整机重量/kg	接地比压/kPa	前进速度/(km·h⁻¹)	切土深度/mm	发动机排量/L
3	B160CL	131	3.8	18500	—	3.8、6.8、10.6	460	9.7
4	B161CL	131	3.8	18500	27	2.7、3.7、5.4、7.6、11	485	9.7
5	B230C	179	7.8	24540	76	3.8、6.8、11.8	540	14
6	B230CS	179	5.4	25830	39	3.8、6.8、11.8	545	14
7	B320C	257	10.4	34000	94	3.7、6.8、11.8	560	14

图 3-6-7　广西柳工生产的 B320 型推土机

宣工是我国生产推土机、装载机等工程机械产品的重点骨干企业，其自行开发研制的 SD7（220 马力）型高驱动推土机填补了当时国内的空白。目前，宣工有 130、140、160、165、230、240、320、430 等马力的系列推土机，传动方式包括液力传动、机械传动、静液压传动，工况变型产品涵盖标准型、湿地型、沙漠型、推煤型、森林伐木型、环卫型、高原型、垦荒型、多功能型、推耙型、矿山型等多种功能型号。宣工生产的部分推土机技术参数见表 3-6-8，SD9 型推土机如图 3-6-8 所示。

表 3-6-8　宣工生产的部分推土机技术参数

序号	型号	额定功率/kW	整机外形尺寸/(mm×mm×mm)	工作质量/kg	接地比压/kPa	前进速度/(km·h⁻¹)	铲刀容量/m³
1	SD5K	95	4922×3060×2999	13200	50	0~10.5	3.1
2	T140-3C	103	—	—	—	—	—
3	T160-3	121	6216×3479×3150	17809	63.6	0~11.0	
4	SD7N	169	7651×3552×3402	28700	74.9	0~10.9	
5	SD7K	176	7616×3552×3402	29000	78	0~10.5	8.1
6	SD8N	257	7930×3940×3549	37300	94	0~10.8	—
7	SD9	257	8478×4314×3970	48880	112	0~12.2	13.5

图 3-6-8　宣工生产的 SD9 型推土机

国机重工成立于 2011 年 1 月，目前生产的推土机涵盖了各种工况变型产品，最大功率已达到 257 kW。国机重工生产的部分推土机主要技术参数见表 3-6-9，YD320 型推土机如图 3-6-9 所示。

表 3-6-9　国机重工生产的部分推土机主要技术参数

序号	型号	额定功率/kW	整机外形尺寸/(mm×mm×mm)	工作质量/kg	接地比压/kPa	最大牵引力/kN
1	T80	70	4000×2480×2740	8600	53	69
2	TS100L	81	4400×3200×3060	10850	24.5	95
3	TS120N	93	4575×3375×2940	13000	37	115
4	YD160	131	5080×3612×3322	17500	68	154

表3-6-9（续）

序号	型号	额定功率/kW	整机外形尺寸/(mm×mm×mm)	工作质量/kg	接地比压/kPa	最大牵引力/kN
5	T160	132	5245×3447×3040	17500	68	146
6	YD320	179	5590×3725×3522	24220	76	266
7	D320E	257	6880×4130×3725	33200	99.4	288
8	YD320	257	6880×4130×3725	37200	105	281

图3-6-9　国机重工生产的YD320型推土机

3. 设备应用情况

进入20世纪80年代，国内露天煤矿开发速度加快。推土机为国内大型露天煤矿使用最广泛的排土设备。矿山市场由于其工况的特殊性，所使用的推土机基本集中在420马力以上的机型，而这一马力档次以上的品牌市场一直被国外公司占据着，国内露天煤矿使用的大型推土机主要来自小松和卡特彼勒公司。

安太堡露天煤矿在挖沟剥离工程中采用了高架链轮式推土机，抚顺露天煤矿也购置了D10N型推土机。

20世纪80年代以后新建和改扩建的大型露天煤矿大部分使用了小松和卡特彼勒公司的推土机。国内900马力的SD32型推土机已研制成功，完全可以满足国内特大型露天煤矿排土和辅助工程需求，在元宝山、霍林河南及胜利东二露天煤矿运行良好。2016—2020年，山推生产的SD90-C5型、DH17-C2型推土机开始应用于国内一些大型露天煤矿。国内露天煤矿使用的推土机主要技术参数见表3-6-10。宝日希勒露天煤矿智能遥控推土机如图3-6-10所示。

表 3-6-10　国内露天煤矿使用的推土机主要技术参数

序号	露天煤矿名称	型号	总重/t	推土板宽度/m	推土板高度/m	功率/kW	制造厂家
1	元宝山、安家岭、宝日希勒露天煤矿	TY220	24.6	3.7	1.3	175	黄工、移山
2	元宝山、伊敏河、大峰露天煤矿	T-220		4.4	1.1	162	山推
3	胜利东二、霍林河元宝山露天煤矿	SD-32	37.2	4.13	1.6	235	山推
4	国内某大型露天煤矿（2016年）	SD90-C5	106.26			708	山推
5	云南某大型露天煤矿（2020年）	DH17-C2	18.7			162	山推
6	胜利东二、黑岱沟、哈尔乌素、霍林河、安太堡、安家岭、伊敏河、白音华二号露天煤矿	D375A	66.7	4.7	2.3	391	小松
7	黑岱沟、哈尔乌素、平朔东露天、安太堡、安家岭、朝阳宝清露天煤矿	D475A	103.7	5.3	2.6	641	小松
8	霍林河、伊敏河露天煤矿	D9R	49	4.6	2.0	302	卡特
9	黑岱沟、伊敏河、安太堡露天煤矿	D10N	65.7	4.8	1.8		卡特
10	胜利西一、宝日希勒、伊敏河露天煤矿	D10T(R)	66.4			426	卡特
11	黑岱沟、哈尔乌素、霍林河南、大峰露天煤矿	D11T(R)		5.6	2.7	634	卡特

6.2.3　前装机

矿用前装机有两种，即履带式前装机和轮胎式前装机。履带式前装机实质上是一种挖掘机，适用于单纯的挖掘作业或需要稳定性较高和对地比压较小的作业地点。轮胎式前装机具有重量轻、行走速度快、机动灵活、一机多能等优点，在露天煤矿使用得越来越多。目前使用最广泛的是斗容量为 4.6～12 m³ 的轮胎式前装机，最大的斗容量可达 40.5 m³。前装机在中小型露天煤矿已作为主要装载设备，在大型露天煤矿配合电铲作业，可提高电铲效率，还能完成多种辅助作业，如清理工作面、修路、填塞钻孔、排土、清理边坡、运输重型零部件、在贮矿场进行装载工作、松散土岩及清除积雪等。

1. 设备生产厂家、主要型号和性能参数

目前，国内只能生产斗容量 7 m³ 以下的前装机，主要厂家有柳工、徐工、常州林业、

图 3-6-10 宝日希勒露天煤矿智能遥控推土机

沈阳矿山机械厂、成都工程机械厂等企业。其他诸如烟台工程机械厂、厦门工程机械厂、宜春工程机械厂等生产的前装机斗容量不足 3 m³，在露天煤矿无应用。部分国产前装机主要技术参数见表 3-6-11。

表 3-6-11 部分国产前装机主要技术参数

序号	生产厂家	型号	标准斗容/m³	额定功率/kW	额定载重量/kg	卸载高度/mm	最大掘起力/kN
1	柳工	ZL90	4.5	298	9000	3320	—
2		CLG870H	5	180	7000	3155	210
		CLG890H	5.4	261	9000	3300	236
3		CLG8128H	7	418	12000	4094	432
4	徐工	LW900KN	5	250	9000	3400	260
5		LW1000KN	5.5	298	10000	3450	290
6		LW1100KN	5.5	291	11000	3450	290
7		LW1200KN	6.5	418	12000	3845	394
8		LW1400KN	7	418	14000	3845	—
9	沈阳矿山机械	QJ-5	5	298	10000	3600	—
10		FL460	4.6	224	9300	3300	—

表 3-6-11（续）

序号	生产厂家	型号	标准斗容/m³	额定功率/kW	额定载重量/kg	卸载高度/mm	最大掘起力/kN
11	成工	CG990	4.5~6.8	250	9000	3300	—
12	常工	980H	3.2~4.8	—	7000~8000	3220	222
13		996	5.1		9000	—	
14		9126	6.6	390	12000	3873	391

2. 设备应用情况

目前，国内使用大斗容前装机的露天煤矿企业主要有神华准能、大唐锡林浩特矿业和中煤平朔集团等。国内使用的大斗容前装机的露天煤矿及设备技术参数见表 3-6-12。图 3-6-11 所示为柳工生产的 CLG8128H 型前装机，图 3-6-12 所示为常工生产的 9126 型前装机，图 3-6-13 为哈尔乌素露天煤矿使用的 L2350 型前装机。

表 3-6-12 国内使用的大斗容前装机的露天煤矿及设备技术参数

序号	技术指标	标准斗容/m³	挖掘高度/m	卸载高度/m	挖掘深度/m	匹配卡车载重范围/t	功率/kW	露天煤矿名称
1	L950	13.76	9.21	4.59	0.45	68~90	783	哈尔乌素露天煤矿
2	L1150	19.11		5.64		120~200	898	胜利东二露天煤矿
3	L1350	21.4	11.11	6.43	0.21	190~320	1193	黑岱沟露天煤矿
4	L2350	40.5	13.39	7.02	0.25	240~400	1715	哈尔乌素露天煤矿
5	994	18.6		5.92	0.82	120~200	996	安太堡露天煤矿
6	992G	8	10	4.16	0.58	60~180	508	安太堡露天煤矿

图 3-6-11 柳工生产的 CLG8128H 型前装机

6 排 土 设 备

图 3-6-12 常工生产的 9126 型前装机

图 3-6-13 哈尔乌素露天煤矿使用的 L2350 型前装机

参 考 文 献

[1] 应急管理部信息研究院. 世界煤炭工业发展研究(2020)[M]. 北京：应急管理出版社，2021.

[2] 王显政. 当代世界煤炭工业[M]. 北京：煤炭工业出版社，2011.

[3] 李锡林. 世界煤炭工业发展报告[M]. 北京：煤炭工业出版社，1999.

[4] 中国煤炭学会露天开采专业委员会等. 中国露天煤炭事业百年发展报告(1914—2013)[M]. 北京：煤炭工业出版社，2015.

[5] 中国煤炭工业协会煤炭工业技术委员会等. 中国露天煤炭事业发展报告(1914—2007)[M]. 煤炭工业出版社，2008.

[6] 张智明，苏新旭，陆伯，等. 海外煤炭资源开发前景研究[M]. 北京：煤炭工业出版社，2017.

[7] 应急管理部信息研究院. 2015—2022 中国煤炭发展报告[M]. 北京：煤炭工业出版社，2023.

[8] 煤炭工业技术委员会. 平朔露天矿区绿色生态环境重构关键技术与工程实践[M]. 北京：煤炭工业出版社，2018.

[9] 国家统计局能源司. 中国能源统计年鉴2021[M]. 北京：中国统计出版社，2022.

[10] 王建国. 我国煤炭资源合理开发与现代化露天开采技术[J]. 采矿技术，2006(9)：59-61.

[11] BP 公司. BP 世界能源统计年鉴2022[R/OL]. 英国伦敦：BP 公司，2022.

[12] Global Energy Monitor. GEM Wiki[EB/OL]. (2020-12-24)[2022-12-08]. https://www.gem.wiki/Category：Coal_mines.

[13] International Energy Agency, Coal Information 2022[R/OL]. https://www.iea.org/reports/coal-2022.

[14] International Energy Agency. World Energy Outlook 2022[R/OL]. https://www.iea.org/reports/world-energy-outlook-2022.

[15] 田会，才庆祥，甄选. 中国露天采煤事业的发展展望[J]. 煤炭工程，2014，46(10)：11-14.

[16] 郑友毅. 从科学发展观角度，看中国露天煤矿的建设与发展历程[J]. 煤炭工程，2007，41(2)：9-11.

[17] 路占元，董向忠，蒯本秋，等. 我国露天煤矿技术发展方向[J]. 煤炭技术，2007(4)：1-3.

[18] 张宝卫，秦少华. 国家能源集团准能黑岱沟露天煤矿智能化建设实践与经验[J]. 中国煤炭，2021，47(S1)：166-171.

[19] 张波，袁金祥，赵耀忠，等. 伊敏露天煤矿智能化建设关键技术与发展前景研究[J]. 中国煤炭，2021，47(S1)：183-187.

[20] 袁广忠，徐长友，平彦军，等. 国家电投集团内蒙古能源有限公司智能化建设探索与实践[J]. 中国煤炭，2021，47(S1)：45-49.

[21] 张幼蒂. 现代露天开采技术国际发展与我国露天采煤前景[J]. 露天采矿技术，2005(3)：1-3.

[22] EIA. Annual Coal Report 2021[R/OL]. (2022-10-19)[2023-08-30]. Washington DC：EIA，2022.

[23] EIA. Coal Data[DB/OL]. (2023-07-26)[2023-08-30]. Washington DC：EIA，2023. https://www.eia.gov/coal/data.php.

[24] EIA. The number of producing U. S. coal mines fell in 2020[EB/OL]. (2021-07-30)[2023-08-30]. https://www.eia.gov/todayinenergy/detail.php，2021-07-30.

[25] Statista. Productive capacity of coal mines in the United States from 2009 to 2018, by mine type[EB/OL]. (2021-01-27)[2023-08-30]. https://www.statista.com/statistics/1106977/coal-mine-productive-capacity-by-type/，2019-10.

[26] EPA. Basic Information about Surface Coal Mining in Appalachia［EB/OL］.（2022－11－02）［2023－08－30］. https：//www.epa.gov/sc－mining/basic－information－about－surface－coal－mining－appalachia，2022－11－2.

[27] OSMRE. Laws & Regulations［EB/OL］.（2021－11－25）［2023－08－30］. https：//www.osmre.gov/laws－and－regulations，2023.

[28] Innovation and Science Australian. Australian 2030：prosperity through innovation［R/OL］. Canberra：Australian Government，2017. https：//www.industry.gov.au/sites/default/files/2021－08/document/pdf/australia－2030－prosperity－through－innovation－full－report.pdf.

[29] Australian Government. Resources and Energy Quarterly June 2022［R］. Canberra：Department of Industry，Science，Energy and Resources，2021.

[30] Geoscience Australia. Australia's Energy Commodity Resources 2021：Coal［EB/OL］.（2021－12－24）［2022－12－08］. http：//www.ga.gov.au/digital－publication/aecr2021/coal.

[31] Australian Coal Industry's Research，2021. https：//www.acarp.com.au/.

[32] 孙云杰，玄兆辉. 澳大利亚创新能力、创新战略及对中国的启示［J］. 全球科技经济瞭望，2019，34（3）.

[33] Ministry of Coal，Government of India. Coal Statistics 2021［EB/OL］.（2022－06－30）［2023－09－28］. https：//www.coal.nic.in/index.php/en/public－information/statistical－report.

[34] Ministry of Coal，Government of India. Technology Roadmap for Coal Sector［EB/OL］.（2022－05－09）［2023－10－08］. https：//coal.nic.in/sites/default/files/2022－05/09－05－2022vp1.pdf.

[35] Office of the Chief Economist. Coal in India 2021［R/OL］. Canberra：Department of Industry，Science and Resources. https：//www.industry.gov.au/sites/default/files/2021－08/coal－in－india－2021－report.pdf.

[36] RK Patel，Alok，N Kishore. Research article assessment of comparative operating cost of new dragline VS outlive dragline［J］. Asian Journal of Science and Technology，2017，8（9）：5511－5516.

[37] 张玉银，张抗. 印度能源构成特点和发展趋势［J］. 中外能源，2014，19（11）：1.

[38] 林圣华. 世界主要产煤国煤炭行业管理模式及启示［J］. 煤炭经济研究，2016：36－38.

[39] 王伟东，李少杰，韩儿曦. 世界主要煤炭资源国煤炭供需形势分析及行业发展展望［J］. 中国矿业，2015（2）：62－65.

[40] 刘闯，蓝晓梅. 世界煤炭供需形势分析［J］. 中国煤炭，2020，46（4）：99－104.

[41] 王海波. 印尼能源消费影响因素分析及需求预测研究［D］. 中国地质大学(北京)，2019.

[42] OEI P Y，BRAUERS H，HERPICH P. Lessons from Germany's hard coal mining phase out policies and transition from 1950 to 2018［J］. Climate Policy，2020，20（8）：963－979.

[43] KRETSCHMANN J，EFREMENKOV A B，KH ORESHOK A A. From mining to post－mining：The sustainable development strategy of the German hard coal mining industry［J］. Earth and Environmental Science，2017，50：12－24.

[44] 黄岚. 德国煤炭工业发展趋势［J］. 中国煤炭，2021，97（4）：94－101.

[45] 梁萌，徐鑫，陈欢，等. 21世纪俄罗斯煤炭工业现状及未来发展战略［J］. 中国煤炭，2017，43（7）：159－164.

[46] 董怀儒. 露天开采——俄罗斯煤炭工业发展的主要方向［J］. 中国煤炭，1995，21（3）：52－56.

[47] 李平，吕福军. 俄罗斯煤炭工业现状及本世纪处的发展探析［J］. 中国煤炭，2001，27（8）：55－57.

[48] 克拉杨斯基. 技术改造——俄罗斯煤炭工业发展的新阶段［C］//2011国际煤炭峰会论文集，2011.

［49］ 文世芸. 世界露天采矿设备发展特点和趋向［J］. 露天采矿技术，1987，（2）：44－47.

［50］ 易欣. 现代化露天采矿设备［J］. 矿业装备，2017(4)：20.

［51］ ZENKOV V. Remote sensing of mining and haulage equipment arrangement in russia：a case–study of the coal and iron ore industry［J］. Eurasian Mining，2020，（2）：46－49.

［52］ 黄秋菊. 俄罗斯煤炭工业发展战略探析——基于《2030年前俄罗斯煤炭工业长期发展规划纲要》［J］. 俄罗斯东欧中亚研究，2013，（2）：48－54，96.

［53］ 于海旭，刘闯，金磊，等. 世界露天煤矿发展综述［J］. 中国煤炭，2023，49(6)：116－125.

［54］ 杨晓伟，王妍，刘欣，等. 我国露天煤矿发展现状及展望［J］. 中国煤炭，2023，49(6)：126－133.

［55］ 张幼蒂，才庆祥，李克民，等. 世界露天开采技术发展特点及我国露天采煤科研规划建议［J］. 中国煤炭，1996，（10）：4.

［56］ 张峰玮，甄选，陈传玺. 世界露天煤矿发展现状及趋势［J］. 中国煤炭，2014，40(11)：113－116.

［57］ 李浩荡，佘长超，周永利，等. 我国露天煤矿开采技术综述及展望［J］. 煤炭科学技术，2019，47(10)：24－35.

［58］ 才庆祥，陈彦龙. 中国露天煤矿70年成就回顾及高质量发展架构体系［J/OL］. 煤炭学报，2024，49(1)．https：//www. Chinacaj. net.

［59］ 王忠鑫，田会，王东，等. 露天采矿科学目标的演变与未来发展趋势［J/OL］. 煤炭学报，2023，12.

［60］ 李旭涛，刘志明，张幼振，等. 我国露天煤矿开采工艺及装备研究现状与发展趋势［J］. 露天采矿技术，2023，38(5)：6－9.

［61］ 周宇. 露天煤矿高效开采新技术和新装备［J］. 矿业装备，2023(4)：96－97.

［62］ P. N. 格里姆肖. 80年代中期的挖掘设备［J］. 国外金属矿采矿，1985，（12）：21－27.

［63］ 陈积松，等. 俄罗斯与哈萨克斯坦的露天煤矿开采工艺技术［J］. 金属矿山，1994，（6）.

［64］ 高文亮，华辉. 2008年俄罗斯煤炭工业发展状况［J］. 世界煤炭，2009，（7）：123－126.

［65］ 范延新. 俄罗斯煤炭的主要产地研究［J］. 黑龙江科学，2018，（6）：157，158.

［66］ Committee on Statistics, Ministry of National Economy of the Republic of Kazakhstan. Kazakhstan in 2017：Statistical Yearbook［R］.

［67］ 杨骐骝，王茜颖. 哈萨克斯坦煤炭工业发展趋势研究［J］. 中国煤炭，2021，47(9)：89－94.

［68］ Global Energy Monitor Wiki. Coal mines in Kazakhstan［EB/OL］.（2020－10－01）［2022－12－8］. https：//www. gem. wiki/Category：Coal_mines_in_Kazakhstan.

［69］ B·M·日达米洛夫，A·И·古尔戈诺夫，A·A·格拉契夫，等. 半连续工艺在苏联露天煤矿的应用［J］. 露天采矿，1991(1)：36－40.

［70］ Russian Mining Industry［EB/OL］.［2022－12－08］. https：//mining–media. ru/en/articleen/7985–development–strategy–and–new–line–of–mining–excavators–manufactured–by–iz–kartex–omz–group.

［71］ 宋文祥. 苏联露天煤矿运输的现状和发展趋向［J］. 有色金属(矿山部分)，1980，(6)：43－44＋51.

［72］ 阿赛特. 哈萨克斯坦工程机械进口贸易研究［D］. 北京：北京交通大学，2016.

［73］ Bogatyr Komir coal mine in Kazakhstan set to start up its extensive thyssenkrupp IPCC system by 2022［EB/OL］.（2021－2－7）［2022－12－8］. https：//im–mining. com/2021/02/07/bogatyr–komir–coal–mine–kazahstan–set–start–extensive–thyssenkrupp–ipcc–system–2022/.

［74］ Shubarkol Komir coal mine in Kazakhstan expands Hitachi mining fleet［EB/OL］.（2016－2－12）［2022－12－8］. https：//www. im–mining. com/2016/02/12/shubarkol–Komir–coal–mine–in–kazakhstan–expands–hitachi–mining–fleet/.

[75] 白穆哈麦托夫 C K. 哈萨克斯坦煤炭工业的发展战略[J]. 中国煤炭, 1995, 4: 71-72.

[76] 驻哈萨克经商参处. 哈萨克斯坦能源综述: 储备、开采和投资[R/OL]. (2016-12-8)(2015-11-20). http://kz.mofcom.gov.cn/article/ztdy/201511/20151101191242.shtml.

[77] Samruk-energy JSC. Samruk-energy JSC intergrated annual report 2022[R/OL]. https://www.samruk-energy.kz/images/documentsSE_AR_2022_T1_ENG.pdf.

[78] 哈萨克国际通信社. 哈萨克斯坦今年将生产1.2亿吨煤炭[R/OL]. (2020-03-26). https://www.inform.kz/cn/1_2_a3629468.

[79] Canada Energy Regulator. Provincial and Territorial Energy Profiles-Canada[R/OL]. https://www.cer-rec.gc.ca/nrg/ntgrtd/mrkt/nrgsstmprfls/cda-eng.html.

[80] Natural Resource Canada. Coal Fact[R/OL]. https://www.nrcan.gc.ca/science-data/data-analysis/energy-data-analysis/coal-facts/20071.

[81] Coal Association of Canada. Coal Production Stats[R/OL]. https://coal.ca/coal-resources/about-the-coal-industry/coal-production-stats/.

[82] Alberta Government. About coal. https://www.alberta.ca/about-coal.aspx.

[83] Alberta Government. About coal-overview[R/OL]. https://www.alberta.ca/about-coal-overview.aspx.

[84] Alberta Government. Coal acts and regulations[R/OL]. https://www.alberta.ca/coal-acts-and-regulations.aspx.

[85] Coal and mineral development in Alberta 2018 year in review[R/OL]. https://open.alberta.ca/publications/2291-1553.

[86] BC Government. Coal-overview[R/OL]. https://www2.gov.bc.ca/gov/content/industry/mineral-exploration-mining/british-columbia-geological-survey/geology/coal-overview.

[87] BC Government. Production data: coal[R/OL]. https://www2.gov.bc.ca/gov/content/industry/mineral-exploration-mining/further-information/statistics/production/production-data-archive#coal.

[88] The Government of British Columbia. Reclamation and Closure for Regional Mines[EB/OL]. (2022-12-24)[2023-11-30]. https://www2.gov.bc.ca/gov/content/industry/mineral-exploration-mining/permitting/reclamation-closure/reclamation-regional-mines.

[89] Natural Resources Canada. Canada Invests in Green Coal Mine Reclamation Project in Alberta[EB/OL]. (2022-12-24)[2023-11-30]. https://www.canada.ca/en/natural-resources-canada/news/2019/08/canada-invests-in-green-coal-mine-reclamation-project.

[90] 董大啸, 苏新旭. 加拿大煤炭资源开发前景研究[J]. 中国煤炭, 2014, (8): 125-131.

[91] 姚立春, 陈歌, 阴明, 等. 加拿大煤炭资源调查研究[J]. 煤炭经济研究, 2014: 31-34.

[92] 黄天爽, 赵铭芳, 轩峰, 等. 端帮开采技术在露天煤矿的应用[J]. 露天采矿技术, 2020, 35(5): 69-71.

[93] 赵环帅. 国内外轮到挖掘机的研究状况与发展趋势[J]. 露天采矿技术, 2013, (3): 50-65.

[94] 梁辉. 对露天煤矿轮斗挖掘机连续工艺的基本认识及存在的问题和改进意见[J]. 内蒙古科技与经济, 2004, (24): 45-47.

[95] Energy Department of South Africa. South African coal sector report: directorate: energy data collection, management and analysis[R/OL]. (2022) http://www.energy.gov.za/files/media/explained/South-African-Coal-Sector-Report.pdf.

[96] New coal technologies to play a part in South Africa's future[EB/OL]. (2017) https://www.miningreview.com/southern-africa/new-coal-technologies-play-part-south-africas-future/.